四川省省属高校民族预科统编教材
高等学校民族预科规划教材

数 学

(第二版)

主　编　何丽亚　江海洋　谢　燕
副主编　文琼瑶　陈　芳　陈　新
　　　　谌悦斌　敬连顺　蒲永锋

西南交通大学出版社
·成都·

图书在版编目（CIP）数据

数学 / 何丽亚，江海洋，谢燕主编. —2版. —成都：西南交通大学出版社，2015.8（2018.7 重印）
四川省省属高校民族预科统编教材 高等学校民族预科规划教材
ISBN 978-7-5643-4066-7

Ⅰ. ①数… Ⅱ. ①何… ②江… ③谢… Ⅲ. ①数学–高等学校–教材 Ⅳ. ①O1

中国版本图书馆 CIP 数据核字（2015）第 170105 号

四川省省属高校民族预科统编教材
高等学校民族预科规划教材

数 学
（第 2 版）

主编 何丽亚 江海洋 谢 燕

*

责任编辑 张宝华
封面设计 严春艳

西南交通大学出版社出版发行
（四川省成都市二环路北一段 111 号西南交通大学创新大厦 21 楼
邮政编码：610031 发行部电话：028-87600564）
http://press.swjtu.edu.cn

成都中永印务有限责任公司印刷

*

成品尺寸：185 mm×260 mm 印张：22.25
字数：553 千字
2015 年 8 月第 2 版 2018 年 7 月第 7 次印刷
ISBN 978-7-5643-4066-7
定价：54.00 元

图书如有印装质量问题 本社负责退换
版权所有 盗版必究 举报电话：028-87600562

第二版前言

为了适应少数民族预科教育改革发展的新形势、新要求，进一步提高少数民族预科教学质量，针对四川省省属高等学校民族预科统编教材《数学》出版两年来，师生在使用过程中提出的宝贵意见与建议，我们原编写人员对该教材进行了系统的修改和编写，同时吸收了该领域中许多新的研究成果．本书中带（*）号的内容可供学生选学．

参加本版编写的人员：蒲永锋编写第一章；谢燕编写第二章；陈芳编写第三章；湛悦斌编写第四章，文琼瑶编写第五章，江海洋编写第六章，耿道霞编写第七章，陈新编写第八章；敬连顺编写第九章；何丽亚负责制订编写提纲和全书统稿、并编写第十章和本预专预试卷及答案；李世光、陈宗元参与编写．

四川省属高等学校民族预科

《数学》教材编写组

2015 年 5 月

前　言

少数民族预科教育，是民族高等教育的重要组成部分，是高等教育的特殊层次。举办民族预科教育，是党的民族政策的重要体现，是为民族地区培养少数民族人才的特殊措施，是少数民族学生步入高等学校继续深造的阶梯。少数民族预科教育，应根据少数民族学生的特点，采取特殊措施，着重提高文化基础知识，加强基本技能训练，使学生在德、智、体方面都得到进一步提高，为进入本、专科阶段学习奠定基础。为进一步提高少数民族预科教学质量，根据教育部《普通高等学校少数民族预科班、民族班管理办法（试行）》《普通高等学校少数民族预科（数学）教学大纲》的要求，结合少数民族预科教育的特点及民族预科学生的实际，以及结合四川民族学院、西昌学院、阿坝师专民族预科数学教学团队的工作实践和编者多年从事民族预科教学的经验，我们组织编写了这套四川省省属高校民族预科统编教材、高等学校少数民族预科规划教材的数学学科部分，可供少数民族本科预科、专科预科和其他预科学生使用，带（*）号的内容可选学。

本教材重视数学基础知识的掌握、基本技能的训练，注意了高中内容与大学教学内容的过渡与衔接，加大了高等数学在教材中的比例。期望学生通过预科数学的学习，能够提高其分析问题和解决问题的能力，为将来的学习夯实基础。教师可根据各层次预科的目标要求和学生的实际情况选用或要求学生自学。

本书由何丽亚担任第一主编，负责制订编写提纲和全书统稿，并编写第十章、本科预科和专科预科试卷及答案；江海洋担任第二主编，编写第六章；谢燕担任第三主编，编写第二章。文琼瑶担任副主编，编写第五章；陈芳担任副主编，编写第三章；陈新担任副主编，编写第八章；谌悦斌担任副主编，编写第四章；敬连顺担任副主编，编写第九章；蒲永锋担任副主编，编写第一章；耿道霞编写第七章；李世光、陈宗元参与编写。本教材的编写和出版得到了四川民族学院、西昌学院、阿坝师专学校领导的关怀以及西南交大出版社的大力支持，在此谨致谢意！

由于我们的水平和经验有限，加之时间仓促，书中难免存在疏漏和不妥之处，希望广大读者提出批评与指正。

民族预科《数学》教材编写组
2013 年 5 月

目 录

第一章　集合与简易逻辑 1
　第一节　集　合 1
　　习题　1-1-1 3
　　习题　1-1-2 5
　　习题　1-1-3 7
　*第二节　简易逻辑 8
　　习题　1-2-1 10
　　习题　1-2-2 13
　　小　结 14
　　复习题一 15
第二章　式 17
　第一节　整式的加、减法与乘法 17
　　习题　2-1 22
　第二节　恒等变形与待定系数法 22
　　习题　2-2 25
　第三节　分　式 25
　　习题　2-3 32
　第四节　部分分式 33
　　习题　2-4 38
　第五节　根　式 39
　　习题　2-5 43
　第六节　零指数、负指数与分数指数幂 44
　　习题　2-6 47
　　小　结 48
　　复习题二 50
第三章　方程与不等式 52
　第一节　一元二次方程 52
　　习题　3-1 55
　第二节　分式方程与无理方程 56
　　习题　3-2 57
　第三节　二元二次方程组 58
　　习题　3-3 62
　第四节　不等式的性质 63
　　习题　3-4 65
　第五节　解不等式 67
　　习题　3-5 73

小　结 ·· 74
　　复习题三 ·· 75
第四章　函　数 ·· 77
　第一节　函数的概念和性质 ·· 77
　　习题　4-1 ··· 84
　第二节　幂函数、指数函数和对数函数 ·· 85
　　习题　4-2 ··· 90
　第三节　三角函数 ·· 91
　　习题　4-3 ··· 96
　第四节　三角函数公式（一）··· 97
　　习题　4-4 ·· 102
　第五节　三角函数公式（二）··· 103
　　习题　4-5 ·· 108
　第六节　三角函数的图形和性质 ·· 109
　　习题　4-6 ·· 114
　第七节　反三角函数 ··· 115
　　习题　4-7 ·· 119
　第八节　解三角形 ··· 120
　　习题　4-8 ·· 123
　　小　结 ·· 124
　　复习题四 ··· 125
第五章　排列、组合和二项式定理 ··· 127
　第一节　排　列 ··· 127
　　习题　5-1 ·· 133
　第二节　组　合 ··· 133
　　习题　5-2 ·· 137
　第三节　二项式定理 ·· 138
　　习题　5-3 ·· 141
　第四节　数学归纳法 ·· 141
　　习题　5-4 ·· 146
　　小　结 ·· 146
　　复习题五 ··· 148
第六章　平面解析几何 ·· 150
　第一节　平面坐标法 ·· 150
　　习题　6-1 ·· 155
　第二节　直　线 ··· 155
　　习题　6-2 ·· 161
　第三节　圆 ·· 163
　　习题　6-3 ·· 168
　第四节　椭　圆 ··· 169

  习题 6-4 ……………………………………………………………… 174
 第五节 双曲线 …………………………………………………………… 175
  习题 6-5 ……………………………………………………………… 180
 第六节 抛物线 …………………………………………………………… 181
  习题 6-6 ……………………………………………………………… 185
 *第七节 坐标轴的平移 …………………………………………………… 186
  习题 6-7 ……………………………………………………………… 189
 小 结 ………………………………………………………………………… 189
 复习题六 …………………………………………………………………… 191

第七章 复数与一元高次方程 …………………………………………… 192
 第一节 复 数 …………………………………………………………… 192
  习题 7-1 ……………………………………………………………… 196
 第二节 复数的运算 ……………………………………………………… 197
  习题 7-2 ……………………………………………………………… 206
 第三节 余式定理与因式定理 …………………………………………… 208
  习题 7-3 ……………………………………………………………… 212
 第四节 一元高次方程 …………………………………………………… 212
  习题 7-4 ……………………………………………………………… 217
 小 结 ………………………………………………………………………… 218
 复习题七 …………………………………………………………………… 220

第八章 极限与连续 ……………………………………………………… 222
 第一节 数列及其极限 …………………………………………………… 222
  习题 8-1 ……………………………………………………………… 230
 第二节 函数的极限 ……………………………………………………… 231
  习题 8-2 ……………………………………………………………… 234
 第三节 无穷小与无穷大 ………………………………………………… 235
  习题 8-3 ……………………………………………………………… 237
 第四节 函数极限的运算法则 …………………………………………… 238
  习题 8-4 ……………………………………………………………… 241
 第五节 两个重要极限 …………………………………………………… 242
  习题 8-5 ……………………………………………………………… 244
 第六节 函数的连续性 …………………………………………………… 244
  习题 8-6 ……………………………………………………………… 248
 小 结 ………………………………………………………………………… 249
 复习题八 …………………………………………………………………… 249

第九章 导数、微分及其应用 …………………………………………… 251
 第一节 导 数 …………………………………………………………… 251
  习题 9-1 ……………………………………………………………… 256
 第二节 求导法则 ………………………………………………………… 257
  习题 9-2 ……………………………………………………………… 262

第三节 隐函数的导数 高阶导数 ········· 262
　　习题 9-3 ········· 264
第四节 微　分 ········· 264
　　习题 9-4 ········· 268
第五节 微分中值定理 ········· 269
　　习题 9-5 ········· 271
第六节 洛必达（L'Hospital）法则 ········· 271
　　习题 9-6 ········· 274
第七节 函数单调性的判别法及函数极值 ········· 275
　　习题 9-7 ········· 279
第八节 函数最值及其应用 ········· 280
　　习题 9-8 ········· 282
第九节 函数的图形 ········· 282
　　习题 9-9 ········· 286
　　小　结 ········· 286
　　复习题九 ········· 286

第十章　积分及其应用 ········· 288

第一节 原函数与不定积分 ········· 288
　　习题 10-1 ········· 291
第二节 换元积分法与分部积分法 ········· 291
　　习题 10-2 ········· 296
第三节 有理函数积分举例 ········· 297
　　习题 10-3 ········· 298
第四节 定积分概念 ········· 298
　　习题 10-4 ········· 302
第五节 微积分的基本定理 ········· 302
　　习题 10-5 ········· 305
第六节 定积分的换元法和分部积分法 ········· 305
　　习题 10-6 ········· 307
第七节 定积分的应用 ········· 307
　　习题 10-7 ········· 310
　　小　结 ········· 310
　　复习题十 ········· 310
　　数学试卷 ········· 311
　　数学试卷答案 ········· 314
　　数学试卷 ········· 317
　　数学试卷答案 ········· 320

习题答案 ········· 323

参考文献 ········· 345

第一章　集合与简易逻辑

集合是近代数学的重要概念之一，集合的思想已经渗透到许多科学领域中，它在计算机、人工智能和日常生活中有着广泛的应用．逻辑是研究思维形式及其规律的科学，掌握一定的逻辑知识，不仅是学习数学和各门学科所必需的，而且对于我们正确认识世界、表达思想及从事工作，都是必不可少的．本章将介绍集合和简易逻辑．

第一节　集　合

一、集合的概念

在小学和初中数学课本中有如下一些关于集合的图形和语句.
（1）在小学数学课本中有图 1.1 所示的集合图形．

图 1.1

（2）在初中数学课本中也讲过一些集合，例如图 1.2 所示的集合图形．

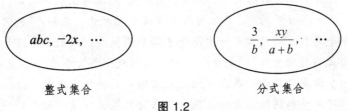

图 1.2

（3）在初中代数中，学习数的分类时就用到了"正数的集合""负数的集合"等．此外，对于一元一次不等式 $3x-1>5$，所有大于 2 的实数都是它的解．我们也可以说，这些数组成这个不等式的解的集合，简称为这个不等式的解集．

（4）在初中几何中，学习圆时曾讲到，圆是到定点的距离等于定长的点的集合．可以说几何图形都可以看成点的集合．

从这些例子可以看出，集合可以由一些数、一些代数式、一些点、一些图形，也可以由一些物体组成．

一般地，把具有某种属性的一些对象，看作一个整体，就成为一个集合，也简称集。例如，"我校足球队的队员"组成一个集合；"太平洋、大西洋、印度洋、北冰洋"也组成一个集合。一般用大括号把所描述的内容括起来表示集合，如上面的两个集合就可以表示成

$$\{我校足球队的队员\} \quad 与 \quad \{太平洋、大西洋、印度洋、北冰洋\}$$

为了方便起见，还经常用大写字母 $A, B, C, \cdots$ 来表示集合，如上面两个集合可记为

$$A = \{我校足球队的队员\}, \quad B = \{太平洋、大西洋、印度洋、北冰洋\}$$

下面是一些常用的数集及其记法：

全体非负整数的集合，通常简称为**非负整数集**或**自然数集**，记为 **N**；

正整数集记为 N^* 或 N_+；

整数集记为 Z；

有理数集记为 Q；

实数集记为 R。

集合中的每个对象叫做这个集合的**元素**。例如，太平洋、大西洋、印度洋、北冰洋是集合 $B = \{太平洋、大西洋、印度洋、北冰洋\}$ 中的元素。集合的元素常用小写字母 $a, b, c \cdots$ 表示。若 a 是集合 A 的元素，就说 a 属于集合 A，记作

$$a \in A$$

若 a 不是集合 A 的元素，就说 a 不属于集合 A，记作

$$a \notin A$$

例如，$A = \{1, 2, 3, 4, 5\}$，那么，$5 \in A$，而 $0.5 \notin A$。

关于集合的概念，要注意以下几点：

第一，对于一个给定的集合，它的元素必须是确定的。也就是说，给定一个集合，任何一个对象是不是这个集合中的元素也就确定了，即一个对象或者是这个集合中的元素，或者不是这个集合中的元素，二者必居其一。例如，给出集合{地球上的四大洋}，它只有太平洋、大西洋、印度洋、北冰洋四个元素，其他对象都不是它的元素。又如，"我们班上的全体高个子"就不能组成一个集合，因为没有给出高个子的身高标准，我们不知道多高的个子才算高个子。还有"相当大的数的全体""美丽的图形"能形成一个集合吗？

第二，对于一个给定的集合，集合中的元素必须是互异的。也就是说，集合中的任何两个元素都是不同的对象；相同的元素归入同一集合时只能算作这个集合的一个元素，因此，集合中的元素是没有重复现象的。例如，学校小卖部进了两次货，第一次进的货是圆珠笔、钢笔、橡皮、笔记本、方便面、汽水共 6 种，第二次进的货是圆珠笔、铅笔、火腿肠、方便面共 4 种，问两次一共进了几种货？若回答两次一共进了 $10 = 6 + 4$ 种，显然是不对的。

第三，若无特别需要，集合中的元素可以是无序的。

二、集合的表示法

集合的表示法常用的有列举法、描述法、韦恩图法。

列举法是把集合中的元素一一列举出来的方法。

例如，由方程 $x^2-4=0$ 的所有解组成的集合，可以用列举法表示为 $\{-2,2\}$. 集合 $\{-2,2\}$ 的元素有两个. 一般地，含有有限个元素的集合叫做**有限集**.

描述法是用确定的条件表示某些对象是否属于一个集合的方法.

例如，不等式 $x-2>3$ 的解集可以用描述法表示为 $\{x|x-2>3,x\in\mathbf{R}\}$. 集合 $\{x|x-2>3\}$ 中的元素有无限个. 一般地，含有无限多个元素的集合叫做**无限集**.

由方程 $x^2+1=0$ 的所有实数解组成的集合可表示为 $\{x|x^2+1=0,x\in\mathbf{R}\}$. 由于此方程无实数解，所以集合 $\{x|x^2+1=0,x\in\mathbf{R}\}$ 中没有元素. 一般地，把不含任何元素的集合叫做**空集**，记作 $\varnothing$.

为了形象地表示集合，我们常常画一条封闭的曲线，用它的内部来表示一个集合，通常称为**韦恩图**. 如集合 $\{2,4,6,8,10\}$ 用韦恩图表示为图 1.3（a），三角形按角分类用韦恩图表示为图 1.3（b），12 的正整数倍数的集合用韦恩图表示为图 1.3（c）. 这种表示法形象、直观.

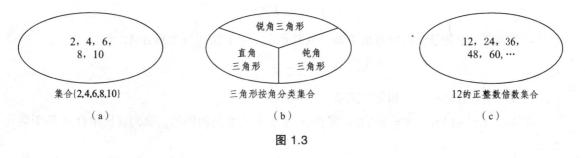

图 1.3

习题 1-1-1

1. 用符号 $\in$ 或 $\notin$ 填空：

（1）若 $A=\{x|x^2=x\}$，则 -1 _____ A；

（2）若 $B=\{x|x^2+x-6=0\}$，则 3 _____ B；

（3）若 $C=\{x\in\mathbf{Z}|-1<x<10\}$，则 8 _____ C；

（4）若 $D=\{x|-2<x<3,x\in\mathbf{Z}\}$，则 1.5 _____ D.

2. 在下列各小题中，分别指出了一个集合的所有元素，用适当的方法把这个集合表示出来，并说出它们是有限集还是无限集：

（1）组成中国国旗图案的颜色；

（2）世界上最高的山峰；

（3）由 1，2，3 这三个数字抽出一部分或全部数字（没有重复）所组成的一切自然数；

（4）平面内到一定点 O 的距离等于定长 $l(l>0)$ 的所有点 P.

3. 把下列集合用另一种方法表示出来：

（1）$\{1,5\}$；　　　　　　　　　（2）$\{x|3<x<7,x\in\mathbf{Z}\}$；

（3）$\{2,4,6,8\}$；　　　　　　　（4）$\{x|x^2+x-1=0\}$.

三、子集、全集与补集

1. 子集

在集合与集合之间,存在着"包含"与"相等"的关系.

先看集合与集合之间的"包含"关系.

设 $A = \{1, 2, 3\}$,$B = \{1, 2, 3, 4, 5\}$,集合 A 是集合 B 的一部分,我们就说集合 B 包含集合 A.

一般地,对于两个集合 A 与 B,如果集合 A 的任何一个元素都是集合 B 的元素,我们就说集合 A **包含于集合** B,或者说集合 B **包含集合** A,记作

$$A \subseteq B \quad (\text{或 } B \supseteq A)$$

这时我们也说集合 A 是 B 的**子集**.

当集合 A 不包含于集合 B,或集合 B 不包含集合 A 时,记作

$$A \nsubseteq B \quad (\text{或 } B \nsupseteq A)$$

我们规定,**空集是任何集合的子集**. 也就是说,对于任何一个集合 A,有

$$\varnothing \subseteq A$$

再看两个集合之间的"相等"关系.

设 $A = \{x \mid x^2 - 1 = 0\}$,$B = \{-1, 1\}$,集合 A 与 B 的元素是相同的,我们就说集合 A 等于集合 B.

一般地,对于两个集合 A 与 B,如果集合 A 的任何一个元素都是集合 B 的元素;同时,集合 B 的任何一个元素也都是集合 A 的元素,我们就说集合 A 等于集合 B,记作

$$A = B$$

由集合的"包含"与"相等"的关系可以得出下面的结论:

(1)对于任何一个集合 A,因为它的任何一个元素都属于 A 本身,所以

$$A \subseteq A$$

也就是说,**任何一个集合是它本身的子集**.

对于两个集合 A 与 B,如果 $A \subseteq B$,并且 $A \neq B$,我们就说集合 A 是集合 B 的**真子集**,记作

$$A \subsetneqq B \,(\text{或 } B \supsetneqq A)$$

用图形表示为图 1.4.

显然,空集是任何非空集合的真子集.

容易知道,对于集合 A, B, C,如果 $A \subseteq B$,$B \subseteq C$,那么 $A \subseteq C$.

同样可知,对于集合 A, B, C,如果 $A \subsetneqq B$,$B \subsetneqq C$,那么 $A \subsetneqq C$.

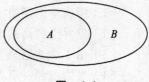

图 1.4

(2)对于集合 A, B,如果 $A \subseteq B$,同时 $B \subseteq A$,那么 $A = B$.

例1 写出集合 $\{a, b\}$ 的所有子集,并指出其中哪些是它的真子集?

解 集合 $\{a, b\}$ 的所有子集是 $\varnothing, \{a\}, \{b\}, \{a, b\}$,其中 $\varnothing, \{a\}, \{b\}$ 是它的真子集.

2. 全集与补集

先看一个例子.

设集合 S 是全班同学组成的集合，集合 A 是班上所有参加校运动会的同学组成的集合，而集合 B 是班上所有没有参加校运动会的同学组成的集合，那么这三个集合有什么关系呢？容易看出，集合 B 就是集合 S 中除去集合 A 之后余下同学所组成的集合.

一般地，设 S 是一个集合，A 是 S 的一个子集（即 $A \subseteq S$），由 S 中所有不属于 A 的元素组成的集合，叫做 S 中子集 A 的**补集**（或**余集**），记作 $\complement_S A$，即

$$\complement_S A = \{x \mid x \in S \text{ 且 } x \notin A\}$$

图 1.5 中的阴影部分表示 A 在 S 中的补集 $\complement_S A$.

例如，如果 $S = \{1, 2, 3, 4, 5, 6\}$，$A = \{1, 3, 5\}$，那么

$$\complement_S A = \{2, 4, 6\}$$

图 1.5

如果集合 S 含有我们所要研究的各个集合的全部元素，这个集合就可以看作一个**全集**，全集通常用 U 表示.

例如，在实数范围内讨论问题时，可以把实数集 **R** 看作全集 U，那么有理数集 **Q** 的补集 $\complement_U \mathbf{Q}$ 就是全体无理数的集合.

习题 1-1-2

1. 写出集合 $\{a, b, c\}$ 的所有子集，并指出哪些是真子集.

2. 用适当的符号（$\in$，$\notin$，$=$，$\subsetneqq$ 或 $\supsetneqq$）填空：

（1）a _____ $\{a, b, c\}$； （2）d _____ $\{a, b, c\}$；

（3）$\{a\}$ _____ $\{a, b, c\}$； （4）$\{a, b\}$ _____ $\{b, a\}$；

（5）$\{2, 4, 6, 8\}$ _____ $\{2, 8\}$； （6）$\varnothing$ _____ $\{1, 2, 3\}$.

3. 填空：

（1）如果 $S = \{x \mid x \text{ 是小于 } 9 \text{ 的正整数}\}$，$A = \{1, 2, 3\}$，$B = \{3, 4, 5, 6\}$，那么 $\complement_S A$ = _____，$\complement_S B$ = _____.

（2）如果全集 $U = \mathbf{Z}$，那么 **N** 的补集 $\complement_U \mathbf{N}$ = _____.

（3）如果全集 $U = \mathbf{R}$，那么 $\complement_U \mathbf{Q}$ 的补集 $\complement_U(\complement_U \mathbf{Q})$ = _____.

4. 图中 A, B, C 表示集合，说明它们之间有什么包含关系.

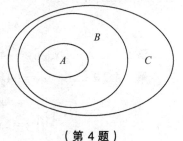

（第 4 题）

5. 在下列各题中，指出关系式 $A = B$，$A \subseteq B$，$A \supseteq B$，$A \subsetneqq B$，$A \supsetneqq B$ 中哪些成立：

（1）$A = \{1, 3, 5, 7\}$，$B = \{3, 5, 7\}$；

（2）$A = \{1, 2, 4, 8\}$，$B = \{8 \text{ 的约数}\}$.

6. 判断下列各式是否正确，并说明理由：

（1）$2 \subseteq \{x \mid x \leqslant 10\}$； （2）$2 \in \{x \mid x \leqslant 10\}$； （3）$\{2\} \subsetneqq \{x \mid x \leqslant 10\}$；

（4）$\varnothing \in \{x|x \leqslant 10\}$；　　（5）$\varnothing \subsetneqq \{x|x \leqslant 10\}$；　　（6）$\varnothing \not\subseteq \{x|x \leqslant 10\}$；

（7）$A = \{4, 5, 6, 7\} \not\subseteq B = \{2, 3, 5, 7, 11\}$；

（8）$A = \{4, 5, 6, 7\} \not\supseteq B = \{2, 3, 5, 7, 11\}$.

7. 设 $S = \{至少有一组对边平行的四边形\}$，$A = \{平行四边形\}$，求 $\complement_S A$.

8. 设 $U = \mathbf{Z}$，$A = \{x|x = 2k, k \in \mathbf{Z}\}$，$B = \{x|x = 2k+1, k \in \mathbf{Z}\}$，求 $\complement_U A$，$\complement_U B$.

四、交集、并集

看下面三个图（见图 1.6）.

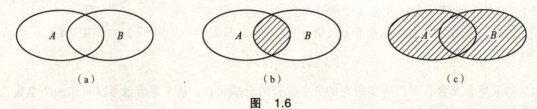

图　1.6

在图 1.6 中给出了两个集合 A 与 B，集合 A 与 B 的公共部分叫做集合 A 与 B 的交（见图 1.6（b）的阴影部分），集合 A 与 B 合并在一起得到的集合叫做 A 与 B 的并（见图 1.6（c）的阴影部分）.

一般地，由所有属于集合 A 且属于集合 B 的元素所组成的集合，叫做 A 与 B 的交集，记作 $A \cap B$，读作 "A 交 B"，即

$$A \cap B = \{x|x \in A \text{ 且 } x \in B\}$$

由所有属于集合 A 或属于集合 B 的元素所组成的集合，叫做 A 与 B 的并集，记作 $A \cup B$，读作 "A 并 B"，即

$$A \cup B = \{x|x \in A \text{ 或 } x \in B\}$$

由交集定义容易知道，对于任何集合 A, B，有

$$A \cap A = A, \quad A \cap \varnothing = \varnothing, \quad A \cap B = B \cap A$$

由并集定义容易知道，对于任何集合 A, B，有

$$A \cup A = A, \quad A \cup \varnothing = A, \quad A \cup B = B \cup A$$

例 2　设 $A = \{(x, y)|y = -4x + 6\}$，$B = \{(x, y)|y = 5x - 3\}$，求 $A \cap B$.

解　$A \cap B = \{(x, y)|y = -4x + 6\} \cap \{(x, y)|y = 5x - 3\}$

$= \left\{(x, y) \middle| \begin{cases} y = -4x + 6 \\ y = 5x - 3 \end{cases}\right\}$

$= \{(1, 2)\}$.

例 3　设 $A = \{等腰三角形\}$，$B = \{直角三角形\}$，求 $A \cap B$.

解　$A \cap B = \{等腰三角形\} \cap \{直角三角形\} = \{等腰直角三角形\}$.

例 4　设 $A = \{4, 5, 6, 8\}$，$B = \{3, 5, 7, 8\}$，求 $A \cup B$.

解 $A \cup B = \{4, 5, 6, 8\} \cup \{3, 5, 7, 8\} = \{3, 4, 5, 6, 7, 8\}$.

注：集合中的元素是没有重复现象的，在两个集合的并集中，原两个集合的公共元素只能出现一次，不能写成
$$A \cup B = \{3, 4, 5, 5, 6, 7, 8, 8\}$$

例 5 设 $U = \{1, 2, 3, 4, 5, 6, 7, 8\}$，$A = \{3, 4, 5\}$，$B = \{4, 7, 8\}$. 求：$\complement_U A$，$\complement_U B$，$(\complement_U A) \cap (\complement_U B)$，$(\complement_U A) \cup (\complement_U B)$.

解 $\complement_U A = \{1, 2, 6, 7, 8\}$；

$\complement_U B = \{1, 2, 3, 5, 6\}$；

$(\complement_U A) \cap (\complement_U B) = \{1, 2, 6\}$；

$(\complement_U A) \cup (\complement_U B) = \{1, 2, 3, 5, 6, 7, 8\}$.

习题 1-1-3

1. 设 $A = \{3, 5, 6, 8\}$，$B = \{4, 5, 7, 8\}$，求 $A \cap B$，$A \cup B$.

2. 用适当的符号（$\subseteq$，$\supseteq$）填空：

$A \cap B \underline{\quad} A$，$B \underline{\quad} A \cap B$，$A \cup B \underline{\quad} A$，$A \cup B \underline{\quad} B$，$A \cap B \underline{\quad} A \cup B$.

3. 设 $A = \{x \mid x < 5\}$，$B = \{x \mid x \geq 0\}$，求 $A \cap B$.

4. 设 $A = \{$锐角三角形$\}$，$B = \{$钝角三角形$\}$，求 $A \cap B$.

5. 设 $A = \{x \mid -1 < x < 2\}$，$B = \{x \mid 1 < x < 3\}$，求 $A \cup B$.

6. 设 $A = \{$平行四边形$\}$，$B = \{$矩形$\}$，求 $A \cup B$.

7. 设 $A = \{(x, y) \mid 3x + 2y = 1\}$，$B = \{(x, y) \mid x - y = 2\}$，$C = \{(x, y) \mid 2x - 2y = 3\}$，$D = \{(x, y) \mid 6x + 4y = 2\}$，求 $A \cap B$，$B \cap C$，$A \cap D$.

8. 设 $U = \{$小于 9 的正整数$\}$，$A = \{1, 2, 3\}$，$B = \{3, 4, 5, 6\}$，求 $A \cap B$，$\complement_U (A \cap B)$.

9. 设 U 是全集，A，B 是 U 的子集，用阴影表示：

（1）$(\complement_U A) \cup (\complement_U B)$；　　　　　　（2）$(\complement_U A) \cap (\complement_U B)$.

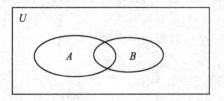 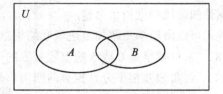

（第 9 题）

10. 学校开运动会，设 $A = \{$参加百米赛跑的同学$\}$，$B = \{$参加跳高比赛的同学$\}$，求 $A \cap B$.

11. 用适当的集合填空：

∩	∅	A	B
∅			
A			
B		B∩A	

∪	∅	A	B
∅			
A			
B			

∩	∅	A	$\complement_U A$
∅			
A			
$\complement_U A$			

∪	∅	A	$\complement_U A$
∅			
A			
$\complement_U A$			

12. 设 $U = \{x \mid 0 < x \leqslant 10 \text{ 且 } x \in \mathbf{Z}\}$，$A = \{1, 2, 4, 5, 9\}$，$B = \{4, 6, 7, 8, 10\}$，$C = \{3, 5, 7\}$，求 $A \cap B$，$A \cup B$，$(\complement_U A) \cap (\complement_U B)$，$(\complement_U A) \cup (\complement_U B)$，$(A \cap B) \cap C$，$(A \cup B) \cup C$。

13. 设 $U = \{a, b, c, d, e, f\}$，$A = \{a, c, d\}$，$B = \{b, d, e\}$，求 $\complement_U A$，$\complement_U B$，$(\complement_U A) \cap (\complement_U B)$，$(\complement_U A) \cup (\complement_U B)$，$\complement_U (A \cap B)$，$\complement_U (A \cup B)$，并指出其中相等的集合。

14. 设全集 $U = \{1, 2, 3, 4, 5, 6, 7\}$，$A = \{1, 2, 3, 4\}$，$B = \{2, 4, 6, 7\}$，求 $(\complement_U A) \cap (\complement_U B)$。

*第二节　简易逻辑

一、逻辑联结词

我们在初中已经学过命题，即可以判断真假的语句叫做命题．请看下面的语句．

（1）"3 是 12 的约数"．
（2）"2 是最小的质数"．
（3）"0 是自然数"．
（4）"两个无理数的和是无理数"．
（5）"菱形不是平行四边形"．
（6）"是偶数就不会是质数"．
（7）"可以判断真假的语句叫做命题"．

这些语句都是命题．其中（1）、（2）、（3）、（7）是真的，叫做**真命题**；（4）、（5）、（6）是假的，叫做**假命题**．（1）、（2）、（3）三个命题比较简单，这样直接断定某类事物具有或不具有某种属性的命题叫做**简单命题**．

我们可以由简单命题加上逻辑联结词组合成一个比较复杂的命题．例如，

（8）"末位数字是 0 或 5 的整数是 5 的倍数"．
（9）"对角线互相平分且相等的四边形是矩形"．
（10）"0 非奇数"．

像（8）、（9）、（10）这样由简单命题与逻辑联结词构成的命题，叫做**复合命题**．

我们常用小写拉丁字母 $p, q, r, s\cdots$ 来表示命题，则上面复合命题（8）、（9）、（10）的构成形式分别是：

p 或 q，记作 $p \vee q$；

p 且 q，记作 $p \wedge q$；

非 p，记作 $\neg p$．

非 p 也叫做命题 p 的否定．

例 1　分别指出下列复合命题的形式及构成它的简单命题：

（1）12 既是 3 的倍数，也是 4 的倍数；

（2）王红是学生会干部或团委干部；

（3）平行线不相交．

解　（1）这个命题是 p 且 q 的形式，其中 p：12 既是 3 的倍数，q：也是 4 的倍数．

（2）这个命题是 p 或 q 的形式，其中 p：王红是学生会干部．q：王红是团委干部．

（3）这个命题是非 p 的形式，其中 p：平行线相交．

怎样判断一个复合命题的真假呢？让我们分析一下上面讲的三种复合命题．

（1）非 p 形式的复合命题：当 p 为真时，非 p 为假；当 p 为假时，非 p 为真．

例如，如果 p 表示"2 是 10 的约数"为真，那么，非 p 即"2 不是 10 的约数"为假．

非 p 形式的复合命题的真假可以用表 2.1 表示：

表 2.1

p	非 p
真	假
假	真

（2）p 且 q 形式的复合命题：当 p,q 都为真时，p 且 q 为真；当 p,q 中至少有一个为假时，p 且 q 为假．

例如，如果 p 表示"6 是 18 的约数"，q 表示"6 是 24 的约数"，r 表示"6 是 15 的约数"，那么，p 且 q 即"6 是 18 的约数且是 24 的约数"为真，因为 p,q 都为真；p 且 r 即"6 是 18 的约数且是 15 的约数"为假，因为 r 为假．

p 且 q 形式的复合命题的真假可以用表 2.2 表示：

表 2.2

p	q	p 且 q
真	真	真
真	假	假
假	真	假
假	假	假

（3）p 或 q 形式的复合命题：当 p,q 至少有一个为真时，p 或 q 为真；当 p,q 都为假时，p 或 q 为假．

例如，如果 p 表示"6 是 18 的约数"，q 表示"6 是 15 的约数"，r 表示"6 是 13 的约数"，那么，p 或 q 即"6 是 18 的约数或是 15 的约数"为真，因为 p 为真；q 或 r 即"6 是 15 的约数或是 13 的约数"为假，因为 q,r 都为假．

p 或 q 形式的复合命题的真假可以用表 2.3 表示：

表 2.3

p	q	p 或 q
真	真	真
真	假	真
假	真	真
假	假	假

像上面这样表示命题的真假的表叫**真值表**.

例 2 分别指出下列各组命题构成的 "p 或 q""p 且 q""非 p" 形式的复合命题的真假：

（1）p：$3+3=5$，q：$5>4$；

（2）p：6 是质数，q：5 是 12 的约数；

（3）p：$3 \in \{3,4\}$，q：$\{3\} \subseteq \{3,4\}$；

（4）p：$\varnothing \subseteq \{0\}$，$q$：$\varnothing = \{0\}$.

解 （1）因为 p 假 q 真，所以 "p 或 q" 为真，"p 且 q" 为假，"非 p" 为真.

（2）因为 p 假 q 假，所以 "p 或 q" 为假，"p 且 q" 为假，"非 p" 为真.

（3）因为 p 真 q 真，所以 "p 或 q" 为真，"p 且 q" 为真，"非 p" 为假.

（4）因为 p 真 q 假，所以 "p 或 q" 为真，"p 且 q" 为假，"非 p" 为假.

习题 1-2-1

1. 分别写出由下列各组命题构成的 "p 或 q""p 且 q""非 p" 形式的复合命题：

（1）p：6 是 18 的约数，q：6 是 24 的约数；

（2）p：矩形的对角线相等，q：矩形的对角线互相平分.

2. 分别用 "p 或 q""p 且 q""非 p" 填空：

（1）命题 "8 是自然数且是偶数" 是_____的形式；

（2）命题 "3 大于或等于 2" 是_____的形式；

（3）命题 "4 的算术平方根不是 2" 是_____的形式；

（4）命题 "正数或 0 的平方根是实数" 是_____的形式.

3. 分别写出由下列各组命题构成的 "p 或 q""p 且 q""非 p" 形式的复合命题：

（1）p：$\sqrt{3}$ 是有理数，q：$\sqrt{3}$ 是无理数；

（2）p：方程 $x^2+x-1=0$ 的两根符号不同，q：方程 $x^2+x-1=0$ 的两根绝对值不同；

（3）p：正方形的四条边相等，q：正方形的四个角相等；

（4）p：三角形两条边的和大于第三边，q：三角形两条边的差小于第三边.

4. 指出下列复合命题的形式及构成：

（1）12 是 48 与 36 的公约数；

（2）方程 $x^2+x=0$ 没有实根；

（3）10 或 15 是 5 的倍数.

5. 判断下列命题的真假：

（1）$5<2$ 且 $7<3$； （2）$3<5$ 或 $3>5$； （3）$7 \geqslant 8$；

(4) 方程 $x^2 - 3x - 4 = 0$ 的判别式大于或等于 0.

6. 分别指出由下列各组命题构成的"p 或 q""p 且 q""非 p"形式的复合命题的真假：
(1) p：$\sqrt{2}$ 是无理数，q：$\sqrt{2}$ 是实数；
(2) p：$3 < 2$，q：$8 + 7 \neq 15$.

二、四种命题

我们知道数学命题要求能够判断其真假，而现实生活中有些语句是无法判断其真假的. 如 $x > 2$ 和 $x^2 > 4$ 都不能判断其真假，因而它们都不是命题. 但如果把它们中的一个作为条件，另一个作为结论，就能判断其真假了，这样它们就构成了一个命题. 比如，"若 $x > 2$，则 $x^2 > 4$"是真命题；而"若 $x^2 > 4$，则 $x > 2$"是假命题.

"如 p 则 q"形式的命题也是一种复合命题，但它不同于上一节学过的"p 或 q""p 且 q""非 p"形式的复合命题，其中的 p,q 可以是命题，也可以不是命题，并且它既是现实生活中常见的语句，也是数学中不可缺少的一类命题.

在初中，我们学过命题与逆命题的知识，已经知道，在两个命题中，如果第一个命题的条件（或假设）是第二个命题的结论，并且第一个命题的结论是第二个命题的条件（或假设），那么这两个命题叫做**互逆命题**；如果把其中一个命题叫做**原命题**，那么另一个叫做原命题的**逆命题**. 一个命题的条件和结论分别是另一个命题的条件的否定和结论的否定，这样的两个命题叫做**互否命题**. 把其中一个命题叫做原命题，另一个就叫原命题的**否命题**. 一个命题的条件和结论分别是另一个命题的结论的否定和条件的否定，这样的两个命题叫做**互为逆否命题**. 把其中一个命题叫做原命题，另一个就叫做原命题的**逆否命题**.

一般地，用 p 和 q 分别表示原命题的条件和结论，用 $\neg p$ 和 $\neg q$ 分别表示 p 和 q 的否定，于是四种命题的形式就是：

原命题：若 p 则 q；
逆命题：若 q 则 p；
否命题：若 $\neg p$ 则 $\neg q$；
逆否命题：若 $\neg q$ 则 $\neg p$.

互逆命题、互否命题、互为逆否命题都是说两个命题的关系，若把其中一个叫做原命题，那么另三个命题分别叫做原命题的逆命题、否命题与逆否命题.

四种命题之间的关系如图 1.7 所示.

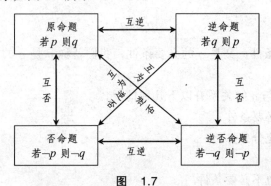

图 1.7

我们已经知道，原命题为真，它的逆命题不一定为真．一般地，一个命题的真假与其他三个命题的真假有如下关系．

（1）**原命题为真，它的逆命题不一定为真**．

例如，原命题"若 $a=0$，则 $ab=0$"是真命题，它的逆命题"若 $ab=0$，则 $a=0$"是假命题．

（2）**原命题为真，它的否命题不一定为真**．

例如，原命题"若 $a=0$，则 $ab=0$"是真命题，它的否命题"若 $a\neq 0$，则 $ab\neq 0$"是假命题．

（3）**原命题为真，它的逆否命题一定为真**．

例如，原命题"若 $a=0$，则 $ab=0$"是真命题，它的逆否命题"若 $ab\neq 0$，则 $a\neq 0$"是真命题．

例 3 设原命题是"当 $c>0$ 时，若 $a>b$，则 $ac>bc$"，写出它的逆命题、否命题、逆否命题，并分别判断它们的真假：

分析 "当 $c>0$ 时"是大前提，写其他命题时应该保留，原命题的条件是 $a>b$，结论是 $ac>bc$．

解 逆命题：当 $c>0$ 时，若 $ac>bc$，则 $a>b$．逆命题为真．

否命题：当 $c>0$ 时，若 $a\leqslant b$，则 $ac\leqslant bc$．否命题为真．

逆否命题：当 $c>0$ 时，若 $ac\leqslant bc$，则 $a\leqslant b$．逆否命题为真．

三、充分条件与必要条件

条件命题（"若 p 则 q"形式的命题）中，有的命题是真命题，有的命题是假命题．"若 p 则 q"为真，是指 p 经过推理可以得出 q．也就是说，如果 p 成立，那么 q 一定成立（p 蕴含 q），记作

$$p \Rightarrow q \quad \text{或者} \quad q \Leftarrow p$$

那么我们就称 p 是 q 的**充分条件**，q 是 p 的**必要条件**．

例如，"若 $x>2$，则 $x^2>4$"是一个真命题，可写成

$$x>2 \Rightarrow x^2>4$$

一般地，如果既有 $p \Rightarrow q$，又有 $q \Rightarrow p$，就记作

$$p \Leftrightarrow q$$

这时，p 既是 q 的充分条件，又是 q 的必要条件，我们就称 p 是 q 的**充分必要条件**，简称**充要条件**．

因此，两个命题 p 与 q 的关系有以下几种情况：

p 是 q 的充分而不必要条件；

p 是 q 的必要而不充分条件；

p 是 q 的充要条件；

p 是 q 的既不充分也不必要条件．

例如,"x 是 14 的倍数"是"x 是 7 的倍数"的充分而不必要条件;

"x 是 2 的倍数"是"x 是 14 的倍数"的必要而不充分条件;

"x 是 14 的倍数"是"x 是既是 2 的倍数也是 7 的倍数"的充要条件;

"x 是 14 的倍数"是"x 是 9 的倍数"的既不充分也不必要条件.

例 4 指出下列各组命题中,p 是 q 的什么条件（在"充分而不必要条件"、"必要而不充分条件"、"充要条件"、"既不充分也不必要条件"中选一种）？

（1）p：$(x-4)(x-5)=0$,q：$x-4=0$;

（2）p：同位角相等,q：两直线平行;

（3）p：$x=4$,q：$x^2=16$;

（4）p：四边形的对角线相等,q：四边形是平行四边形.

解 （1）因为
$$x-4=0 \Rightarrow (x-4)(x-5)=0$$
而
$$(x-4)(x-5)=0 \not\Rightarrow x-4=0$$
所以 p 是 q 的必要而不充分条件.

（2）因为
$$\text{同位角相等} \Leftrightarrow \text{两直线平行}$$
所以 p 是 q 的充要条件.

（3）因为
$$x=4 \Rightarrow x^2=16$$
$$x^2=16 \not\Rightarrow x=4$$
所以 p 是 q 的充分而不必要条件.

（4）因为
$$\text{四边形的对角线相等} \not\Rightarrow \text{四边形是平行四边形}$$
$$\text{四边形是平行四边形} \not\Rightarrow \text{四边形的对角线相等}$$
所以 p 是 q 的既不充分也不必要条件.

习题 1-2-2

1. 自己写一个条件命题"若 p 则 q"作为原命题,写出它的逆命题、否命题与逆否命题,并判断其真假.

2. 从"$\Rightarrow$""$\not\Rightarrow$"与"$\Leftrightarrow$"中选出适当的符号填空:

（1）$x>-2$ _____ $x>1$;

（2）$x^2=2x+1$ _____ $x=\sqrt{2x+1}$;

（3）$a>b$ _____ $ac>bc$.

3. 从"充分而不必要条件""必要而不充分条件""充要条件"与"既不是充分条件也不是必要条件"中选出适当的一种填空:

（1）"$a=b$"是"$ac=bc$"的 _____;

（2）"两个三角形全等"是"两个三角形相似"的_____；

（3）"$a+\sqrt{2}$ 是无理数"是"a 是无理数"的_____；

（4）"四边形的两条对角线相等"是"四边形是正方形"的_____；

（5）"$a+b$ 是无理数"是"a,b 是无理数"的_____；

（6）"同旁内角互补"是"两直线平行"的_____；

（7）"$a+5$ 是无理数"是"a 是无理数"的_____．

4．判断下列命题的真假：

（1）"$a>b$"是"$a^2>b^2$"的充分条件；

（2）"$a>b$"是"$a^2>b^2$"的必要条件；

（3）"$a>b$"是"$ac^2>bc^2$"的充分条件；

（4）"$a>b$"是"$a+c>b+c$"的充要条件．

小 结

一、本章的主要内容是集合的初步知识与简易逻辑知识．集合的初步知识与简易逻辑知识，是掌握和使用数学语言的基础，在学习函数及其他后续内容时，将得到充分的运用．

二、具有某种特性的一些对象的全体形成一个集合．集合中的各个对象叫做集合的元素．要了解和掌握有关集合的概念、集合的表示方法、子集、交集、并集、全集、补集等，并能用字母表示它们．

1．对一个给定的集合，它的元素是确定的；在一般情况下，我们规定集合中各对象是不相同的．

元素与集合的关系是属于或者不属于，符号 $\in$ 为属于符号，$\notin$ 为不属于符号．

2．集合的表示法常用的有列举法、描述法、韦恩图法等．

用列举法表示集合时，不必考虑元素之间的顺序；描述法也可以直接在大括号里写上集合中元素的公共属性；用韦恩图法表示集合比较形象、直观．

3．集合 A 是 B 的子集，记作 $A\subseteq B$．如果 $A\subseteq B$，而且 $B\subseteq A$，那么 $A=B$．

把不含任何元素的集合叫做空集，记作 $\varnothing$．规定：空集是任何集合的子集．

A 与 B 的交集，记作 $A\cap B$．它是 A 的子集，也是 B 的子集．特别地，$A\cap A=A$，$A\cap\varnothing=\varnothing$．

A 与 B 的并集，记作 $A\cup B$．集合 A,B 都是 $A\cup B$ 的子集．特别地，$A\cup A=A$，$A\cup\varnothing=A$．

通常用 U 表示全集．如果 A 是全集 U 的子集，则补集记作 $C_U A$，而 $C_U A$ 也是 U 的子集．$A,C_U A$ 及 U 的关系是 $A\cup C_U A=U$，$A\cap C_U A=\varnothing$．

三、简易逻辑中主要介绍了逻辑联结词："或""且""非"，四种命题及充要条件．

1．逻辑联结词："或""且""非"这些词叫做逻辑联结词．

简单命题：不含逻辑联结词的命题．

复合命题：由简单命题与逻辑联结词构成的命题．

2．如果已知 $p\Rightarrow q$，那么可以说，p 是 q 的充分条件，q 是 p 的必要条件．

如果已知 $p\Leftrightarrow q$，那么 p 是 q 的充要条件．

复习题一

1. 用列举法写出与下列集合相等的集合：
（1）$A = \{x \mid x^2 = 9\}$；
（2）$B = \{x \in \mathbf{N} \mid x \geq 1 \text{ 且 } x \leq 2\}$；
（3）$C = \{x \mid x = 1 \text{ 或 } x = 2\}$．

2. 用描述法表示下面的集合：
（1）多边形的集合；
（2）不等式 $3x - 5 < 7$ 的解集；
（3）大于 -3 而小于 4 的一切实数的集合．

3. 设 $A = \{a, b, c\}$，下面记法是否正确？为什么？
（1）$a \in A$；　　　　（2）$b \subsetneq A$；　　　　（3）$\{b\} \subsetneq A$；
（4）$A \subseteq A$；　　　　（5）$A \subsetneq A$；　　　　（6）$\{c\} \in A$；
（7）$\varnothing \in A$；　　　　（8）$\varnothing \subsetneq A$；　　　　（9）$\varnothing \subseteq A$．

4. 设 $A = \{x \mid x < 5, x \in \mathbf{N}^*\}$，$B = \{x \mid x < 9, x \text{ 为正偶数}\}$，求 $A \cup B$，$A \cap B$．

5. 填空：
（1）{有理数} $\cup$ {无理数} = {＿＿＿＿＿＿}；
（2）{有理数} $\cap$ {无理数} = {＿＿＿＿＿＿}．
（3）{18 的正约数} $\cap$ {24 的正约数} = {＿＿＿＿＿＿}；
（4）{2 的倍数} $\cap$ {3 的倍数} = {＿＿＿＿＿＿}；
（5）{20 以内的奇数} $\cap$ {20 以内的质数} = {＿＿＿＿＿＿}；
（6）{正方形} $\cap$ {菱形} = {＿＿＿＿＿＿}；
（7）{矩形} $\cup$ {平行四边形} = {＿＿＿＿＿＿}；
（8）{等腰三角形} $\cup$ {等边三角形} = {＿＿＿＿＿＿}．

6. 设全集 $U = \mathbf{R}$，$A = \{x \mid x \leq 6\}$，求：
（1）$A \cap \varnothing$，$A \cup \varnothing$；　　　　（2）$A \cap \mathbf{R}$，$A \cup \mathbf{R}$；
（3）$\complement_U A$；　　　　（4）$A \cap (\complement_U A)$，$A \cup (\complement_U A)$．

7. 图中 U 是全集，A，B 是 U 的两个子集，用阴影表示下面的集合：
（1）$\complement_U A \cap \complement_U B$；　　　　（2）$\complement_U A \cup \complement_U B$．

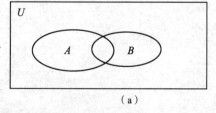
（a）

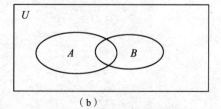
（b）

（第 7 题）

8. 判断下列说法是否正确：

（1）$|x|\neq 3 \Rightarrow x\neq 3$；

（2）$|x|=3 \Rightarrow x=3$ 且 $x=-3$.

9. 命题"a,b 都是偶数，则 $a+b$ 也是偶数"的逆否命题是（   ）.

（A）$a+b$ 不是偶数，则 a,b 都不是偶数.

（B）$a+b$ 不是偶数，则 a,b 不都是偶数.

10. 下列各小题中，p 是 q 的什么条件？

（1）p：a,b 是整数，q：$x^2+ax+b=0$ 有且仅有整数解；

（2）p：$a+b=1$，q：$a^3+b^3+ab-a^2-b^2=0$（其中 a,b 是实数）.

11. 下列各小题中，p 是 q 的什么条件（在"充分而不必要条件""必要而不充分条件""充要条件""既不充分也不必要条件"中选出一种）？

（1）p：$x=1$ 或 $x=2$，q：$x-1=\sqrt{x-1}$；

（2）p：$x=3$ 或 $x=2$，q：$x-3=\sqrt{3-x}$.

12. 已知 p,q 都是 r 的必要条件，s 是 r 的充分条件，q 是 s 的充分条件，那么，

（1）s 是 q 的什么条件？

（2）r 是 q 的什么条件？

（3）p 是 q 的什么条件？

13. 证明：对角互补的四边形的四个顶点共圆.

第二章 式

本章将研究整式的运算、恒等变形与待定系数法、分式及根式的运算.

第一节 整式的加、减法与乘法

我们把代表数的字母与数进行加、减、乘这几种运算所得的式子，称为关于这些字母的**整式**. 关于 x 的整式可用 $f(x), g(x)$ 等表示. 例如，

$$f(x) = 2x^2 - x + 4, \qquad g(x) = 6x + 4$$

关于 x, y 的整式可用 $F(x, y), G(x, y)$ 等表示，例如，

$$F(x, y) = 4x^2 + 7xy - 6y + 9, \qquad G(x, y) = 2x^2 - 4y^2 + 3xy - 5$$

当 $x = 1$ 时，整式 $f(x) = 2x^2 - x + 4$ 的值记为 $f(1)$，即

$$f(1) = 2 \times 1^2 - 1 + 4 = 5$$

同样，当 $x = 1$，$y = 2$ 时，整式 $F(x, y) = 4x^2 + 7xy - 6y + 9$ 的值可记为 $F(1, 2)$，即

$$F(1, 2) = 4 \times 1^2 + 7 \times 1 \times 2 - 6 \times 2 + 9 = 15$$

就整式的项数是一项、二项或二项以上来说，又分别把这些整式叫做单项式、二项式或多项式.

一、整式的加、减法

有关整式的加、减法法则可归纳如下：

（1）同类项相加（减），把它们的系数相加（减），并把共同的字母部分写在后面.

（2）多项式相加，要接连写出它们的所有项，而不改变其符号，再合并同类项进行化简.

（3）多项式相减，改变减式各项的符号再相加.

（4）括号法则：括号前是"＋"号，直接去掉括号，括号中各项符号不变；括号前是"－"号，去掉括号，括号中各项都变号.

下面举例说明整式的加法和减法.

例1 求 $7x^3 - 3x^2 - 5x - 1$ 与 $2x - 4x^2 + 12 - 5x^3$ 的差.

解 先将各多项式按 x 的降幂排列，再进行计算.

$$\text{原式} = (7x^3 - 3x^2 - 5x - 1) - (-5x^3 - 4x^2 + 2x + 12)$$
$$= 7x^3 - 3x^2 - 5x - 1 + 5x^3 + 4x^2 - 2x - 12$$
$$= 12x^3 + x^2 - 7x - 13$$

例 2 求关于 x, y 的整式 $(ax^3 + ax^2y + 2ab^2)$ 与 $(bx^2y - 5ab^2)$ 的和.

解 原式 $= ax^3 + ax^2y + 2ab^2 + bx^2y - 5ab^2$

$\qquad = ax^3 + ax^2y + bx^2y + 2ab^2 - 5ab^2$

$\qquad = ax^3 + (a+b)x^2y - 3ab^2.$

二、整式的乘法与分离系数法

1. 整式的乘法

整式乘法法则：

（1）两个单项式的乘积，等于系数的积乘字母因数的积，再用幂的运算法则把字母的积进行化简.

（2）两个单项式同号，积取" $+$ "号；两个单项式异号，积取" $-$ "号.

（3）单项式或多项式乘多项式的积，根据乘法分配律，可用乘式的每一项乘被乘式的每一项，再把所得的积相加.

例 3 计算 $(x^2 + x + 1)(x - 1)$.

解 $(x^2 + x + 1)(x - 1)$

$= x^2(x-1) + x(x-1) + (x-1)$

$= x^3 - x^2 + x^2 - x + x - 1$

$= x^3 - 1.$

当项数较多的多项式相乘时，为了便于整理，可用竖式来计算，但先要把多项式按某一字母的降幂（或升幂）排列，且以项数较多的一式作被乘式. 当被乘式与乘式有缺项时，留出空位或补上零.

例 4 求 $3x - 2x^2 + 4x^3 - 5$ 和 $x - 2x^2 - 1$ 的积.

解 按 x 的降幂排列.

$$
\begin{array}{r}
4x^3 - 2x^2 + 3x - 5 \\
\times)\ \ -2x^2 + x - 1 \\
\hline
-8x^5 + 4x^4 - 6x^3 + 10x^2 \\
4x^4 - 2x^3 + 3x^2 - 5x \\
+)\ \ \ \ \ \ \ \ \ \ \ -4x^3 + 2x^2 - 3x + 5 \\
\hline
-8x^5 + 8x^4 - 12x^3 + 15x^2 - 8x + 5
\end{array}
$$

所以

$$(3x - 2x^2 + 4x^3 - 5)(x - 2x^2 - 1) = -8x^5 + 8x^4 - 12x^3 + 15x^2 - 8x + 5$$

当多项式的各项次数都相同时，叫做**齐次式**.

例如，$x^2 + 4xy - y^2$，$a^3 - a^2b + b^3$ 等都是齐次式.

例 5 计算 $(a+b)(a^3-a^2b+b^3)$.

解 两个因式都是 a,b 的齐次式，按 a 的降幂、b 的升幂排列.

$$\begin{array}{r} a^3-a^2b+0+b^3 \\ \times)\quad a+b \\ \hline a^4-a^3b+0+ab^3 \\ +)\qquad a^3b-a^2b^2+0+b^4 \\ \hline a^4+0-a^2b^2+ab^3+b^4 \end{array}$$

所以
$$(a+b)(a^3-a^2b+b^3)=a^4-a^2b^2+ab^3+b^4$$

2. 分离系数法

上面例 4 和例 5 的计算说明，当按竖式计算两多项式之积时，各项排列的位置完全可以表示它们所含字母的次数，所以可以略去字母而只写出系数，以简化计算. 多项式有缺项的就补上零，这个方法称为**分离系数法**.

例 6 求 $2x^4-3x^3-4x+1$ 和 x^2-6x-9 的积.

解 如例 4，按 x 的降幂排列，只写出系数，缺项处补充以 0，在最后的结果中填入 x 的适当方幂（从 x^6 开始，因为积的最高次项的次数是 6）.

$$\begin{array}{r} 2\quad -3\quad +0\quad -4\quad +1 \\ \times)\quad 1\quad -6\quad -9 \\ \hline 2\quad -3\quad +0\quad -4\quad +1 \\ -12\quad +18\quad +0\quad +24\quad -6 \\ +)\qquad -18\quad +27\quad +0\quad +36\quad -9 \\ \hline 2\quad -15\quad +0\quad +23\quad +25\quad +30\quad -9 \end{array}$$

所以
$$(2x^4-3x^3-4x+1)(x^2-6x-9)=2x^6-15x^5+23x^3+25x^2+30x-9$$

例 7 证明恒等式：$(a^5+a^4b+a^3b^2+a^2b^3+ab^4+b^5)(a-b)=a^6-b^6$.

解 这是两个齐次式的乘积，按 a 的降幂、b 的升幂排列. 用分离系数法，最后结果的次数是 6.

$$\begin{array}{r} 1\quad +1\quad +1\quad +1\quad +1\quad +1 \\ \times)\quad 1\quad -1 \\ \hline 1\quad +1\quad +1\quad +1\quad +1\quad +1 \\ +)\qquad -1\quad -1\quad -1\quad -1\quad -1\quad -1 \\ \hline 1\quad +0\quad +0\quad +0\quad +0\quad +0\quad -1 \end{array}$$

所以
$$(a^5+a^4b+a^3b^2+a^2b^3+ab^4+b^5)(a-b)=a^6-b^6$$

三、乘法公式与因式分解

1. 乘法公式

利用上面的多项式乘法法则,我们可以得到一些乘法公式.用它们来求某些特殊形式的多项式的乘法比较简便,现在把最重要的、应当熟记的 7 个公式列举如下:

(1) $(a+b)^2 = a^2 + 2ab + b^2$.　　　　(2) $(a-b)^2 = a^2 - 2ab + b^2$.

(3) $(a+b)(a-b) = a^2 - b^2$.　　　　(4) $(a+b)^3 = a^3 + 3a^2b + 3ab^2 + b^3$.

(5) $(a-b)^3 = a^3 - 3a^2b + 3ab^2 - b^3$.　　(6) $(a+b)(a^2 - ab + b^2) = a^3 + b^3$.

(7) $(a-b)(a^2 + ab + b^2) = a^3 - b^3$.

下面举几个利用公式做乘法的例子.

例 8 求(1) $(-4x+3y)^2$;　　　　(2) $(-a-2b)^2$.

解 (1) $(-4x+3y)^2 = (-4x)^2 + 2(-4x)(3y) + (3y)^2$
$$= 16x^2 - 24xy + 9y^2.$$

(2) $(-a-2b)^2 = (-a)^2 + 2(-a)(-2b) + (-2b)^2$
$$= a^2 + 4ab + 4b^2.$$

或 $(-a-2b)^2 = [-(a+2b)]^2 = (a+2b)^2$
$$= a^2 + 4ab + 4b^2.$$

例 9 求(1) $(2x+5y)(5y-2x)$;　　　　(2) $(-3x+2)(-3x-2)$.

解 (1) $(2x+5y)(5y-2x) = (5y+2x)(5y-2x)$
$$= (5y)^2 - (2x)^2 = 25y^2 - 4x^2.$$

(2) $(-3x+2)(-3x-2) = (-3x)^2 - 2^2 = 9x^2 - 4$.

例 10 求(1) $\left(4x+\dfrac{1}{3}\right)^3$;　　　　(2) $(2x^2 - 5y^2)^3$.

解 (1) $\left(4x+\dfrac{1}{3}\right)^3 = (4x)^3 + 3(4x)^2\left(\dfrac{1}{3}\right) + 3(4x)\left(\dfrac{1}{3}\right)^2 + \left(\dfrac{1}{3}\right)^3$
$$= 64x^3 + 16x^2 + \dfrac{4}{3}x + \dfrac{1}{27}.$$

(2) $(2x^2 - 5y^2)^3 = (2x^2)^3 - 3(2x^2)^2(5y^2) + 3(2x^2)(5y^2)^2 - (5y^2)^3$
$$= 8x^6 - 60x^4y^2 + 150x^2y^4 - 125y^6.$$

例 11 求(1) $(2x+3)(4x^2 - 6x + 9)$;

(2) $(x+1)(x-1)(x^2+x+1)(x^2-x+1)$.

解 (1) $(2x+3)(4x^2 - 6x + 9) = (2x+3)[(2x)^2 - 3(2x) + 3^2]$
$$= (2x)^3 + 3^3 = 8x^3 + 27.$$

(2) $(x+1)(x-1)(x^2+x+1)(x^2-x+1)$
$$= [(x+1)(x^2-x+1)][(x-1)(x^2+x+1)]$$
$$= (x^3+1)(x^3-1) = x^6 - 1.$$

例 12 证明:$(a+b+c)^2 = a^2 + b^2 + c^2 + 2ab + 2ac + 2bc$.

证明 $(a+b+c)^2 = [(a+b)+c]^2 = (a+b)^2 + 2(a+b)c + c^2$
$= a^2 + 2ab + b^2 + 2ac + 2bc + c^2$
$= a^2 + b^2 + c^2 + 2ab + 2ac + 2bc$.

例 12 中的等式是三项和的平方公式，以后可作为公式来用.

2. 因式分解

把一个多项式化成几个整式的积的形式，叫做多项式的**因式分解**. 我们已经知道，因式分解有五种基本方法：（1）提取公因式法；（2）分组分解法；（3）应用公式法；（4）十字相乘法；（5）添项拆项法.

下面看几个例子.

例 13 分解因式：

（1）$4a^2bc + 6a^2b - 10a^2b^2$；　　　　（2）$12a^3b - 12a^2b^2 + 3ab^3$；

（3）$a^2 - 2ab + b^2 - 3b + 3a + 2$.

解 （1）$4a^2bc + 6a^2b - 10a^2b^2 = 2a^2b(2c + 3 - 5b)$.

（2）$12a^3b - 12a^2b^2 + 3ab^3 = 3ab(4a^2 - 4ab + b^2)$
$= 3ab(2a-b)^2$.

（3）$a^2 - 2ab + b^2 - 3b + 3a + 2$
$= (a^2 - 2ab + b^2) + (3a - 3b) + 2$
$= (a-b)^2 + 3(a-b) + 2$
$= (a-b+2)(a-b+1)$.

例 14 分解因式：

（1）$x^4 + x^2y^2 + y^4$；　　　　（2）$x^3 + 5x^2 + 3x - 9$.

解 （1）$x^4 + x^2y^2 + y^4 = x^4 + 2x^2y^2 + y^4 - x^2y^2$
$= (x^2 + y^2)^2 - (xy)^2$
$= (x^2 + y^2 + xy)(x^2 + y^2 - xy)$.

（2）$x^3 + 5x^2 + 3x - 9 = x^3 - x^2 + 6x^2 - 6x + 9x - 9$
$= x^2(x-1) + 6x(x-1) + 9(x-1)$
$= (x-1)(x^2 + 6x + 9)$
$= (x-1)(x+3)^2$.

除了前面介绍过的几个乘法公式外，有时还要用到下面的公式：

$$a^n - b^n = (a-b)(a^{n-1} + a^{n-2}b + \cdots + ab^{n-2} + b^{n-1}) \quad (n \text{ 为正整数})$$

$$a^n - b^n = (a+b)(a^{n-1} - a^{n-2}b + \cdots + ab^{n-2} - b^{n-1}) \quad (n \text{ 为正偶数})$$

$$a^n + b^n = (a+b)(a^{n-1} - a^{n-2}b + \cdots - ab^{n-2} + b^{n-1}) \quad (n \text{ 为正奇数}).$$

例如，$x^n - 1 = (x-1)(x^{n-1} + x^{n-2} + \cdots + x + 1)$；

$x^6 - 1 = (x-1)(x^5 + x^4 + x^3 + x^2 + x + 1)$；

$x^7 + 1 = (x+1)(x^6 - x^5 + x^4 - x^3 + x^2 - x + 1)$.

习题 2-1

1. 化简：
   (1) $a(a+b) - b(a-b)$;
   (2) $-3(a-b) - 2(a+b) - (3a-2b) + 5(a-2b)$;
   (3) $6m^2 - 5m(2n-m) + 4m\left(-3m - \dfrac{5}{2}n\right)$.

2. 计算：
   (1) $(24x + 6x^2 + x^3 + 60)(12x - 6x^2 + 12 + x^3)$;
   (2) $(x^3 + 3x^2y - 3xy^2 + 4y^3)(2x + 3y)$;
   (3) $(-5x + 2x^2 + 1 + 2x^4 - 3x^3)(x^2 - 1 - 2x)$;
   (4) $(3x^5 - 2x^4 - x^3 + 7x^2 - 6x + 5)(2x^2 - 3x + 1)$.

3. 用公式做乘法：
   (1) $\left(a^2 + \dfrac{2}{3}\right)^2$;
   (2) $(3x^2 - x + 5)^2$;
   (3) $(x^2 + 1)(1 - x^2)$;
   (4) $(y + 4)(y^2 - 4y + 16)$;
   (5) $(2x - 3y)^3$;
   (6) $(4a - b)(16a^2 + 4ab + b^2)$;
   (7) $(x + 1)(x - 1)(x - 1)(x + 1)$;
   (8) $(2 + x)(2 - x)(4 + x^2)$.

4. 分解下列因式：
   (1) $ab - a + b - 1$;
   (2) $x^4 + x^3 + x^2 + x$;
   (3) $x^4 - x^3 + x - 1$;
   (4) $4x^2 - y^2$;
   (5) $a^2 - (b - c)^2$;
   (6) $6x - x^2 - 9$;
   (7) $a^2 + 2ab + b^2 - ac - bc$;
   (8) $16(a - b)^2 - 9(a + b)^2$;
   (9) $2a^2 + 11ab + 12b^2$;
   (10) $(a + b)^2 + 15(a + b) + 56$;
   (11) $3a^3 + 6a^2b - 3a^2c - 6abc$;
   (12) $2x^2 + 4xy - 6ax + 3a - x - 2y$;
   (13) $6x^2 - 11xy + 3y^2$;
   (14) $(x - y)^2 - 7(x - y)z + 10z^2$.

第二节　恒等变形与待定系数法

一、恒等变形

不论下列等式：
$$a + b = b + a, \quad 5a + 4a = 9a$$
$$(a - b)^2 = a^2 - 2ab + b^2, \quad (a + b)(a - b) = a^2 - b^2$$

中的字母 a, b 取什么数值，等式左右两端的值总是相等的，我们称它们是**恒等式**.

恒等式是等式，但不是所有的等式都是恒等式. 如 $x + 3 = 12$ 就不是恒等式，因为只有当 $x = 9$ 时，等式两端的值才相等. 有时为了强调恒等式，用"≡"来代替"=".

通过运算,将一个式子换成另一个与它恒等的式子,叫做恒等变形(或恒等变换).例如,从 $a^2 + 2ab + b^2$ 变形为 $(a+b)^2$,或者反过来,由 $(a+b)^2$ 变形为 $a^2 + 2ab + b^2$,都是恒等变形.前面讲过的,整式的加减法、乘法运算、因式分解等都是恒等变形.

两恒等多项式有如下性质:设

$$f(x) = a_n x^n + a_{n-1} x^{n-1} + a_{n-2} x^{n-2} + \cdots + a_1 x + a_0$$

$$g(x) = b_n x^n + b_{n-1} x^{n-1} + b_{n-2} x^{n-2} + \cdots + b_1 x + b_0$$

则 $f(x) \equiv g(x)$ 的充分必要条件是 $a_i = b_i (i = 0, 1, 2 \cdots, n)$.

事实上,若 $f(x) \equiv g(x)$,则

$$(a_n - b_n)x^n + (a_{n-1} - b_{n-1})x^{n-1} + \cdots + (a_1 - b_1)x + (a_0 - b_0) \equiv 0 \tag{1}$$

对任何 $x \in \mathbf{R}$ 都为零,即

$$a_n - b_n = 0, \quad a_{n-1} - b_{n-1} = 0, \quad \cdots, \quad a_1 - b_1 = 0, \quad a_0 - b_0 = 0$$

从而 $a_i = b_i (i = 0, 1, 2, \cdots, n)$.

反之,若 $a_i = b_i (i = 0, 1, 2, \cdots, n)$,则(1)式对任何 $x \in \mathbf{R}$ 均为零,从而有

$$f(x) - g(x) \equiv 0$$

即 $f(x) \equiv g(x)$.

这个性质可简述为:如果两个多项式恒等,则它们的同次项系数相等;反之,如果两个多项式的同次项系数相等,则这两个多项式恒等.

例1 证明:$(a+b)(a-b)(a^2+b^2)(a^4+b^4) = a^8 - b^8$.

证明 因为

$$左端 = (a^2 - b^2)(a^2 + b^2)(a^4 + b^4) = (a^4 - b^4)(a^4 + b^4) = a^8 - b^8 = 右端$$

所以

$$(a+b)(a-b)(a^2+b^2)(a^4+b^4) = a^8 - b^8$$

例2 证明:$(a^2 + b^2)(c^2 + d^2) - (ac + bd)^2 = (ad - bc)^2$.

证明 因为

$$左端 = a^2c^2 + a^2d^2 + b^2c^2 + b^2d^2 - (a^2c^2 + 2abcd + b^2d^2) = a^2d^2 + b^2c^2 - 2abcd$$
$$右端 = a^2d^2 - 2abcd + b^2c^2$$

所以

$$(a^2 + b^2)(c^2 + d^2) - (ac + bd)^2 = (ad - bc)^2$$

例3 设 $f(x) = x_1^2 + 2x_2^2 + 5x_3^2 + 2x_1x_2 + 2x_1x_3 + 6x_2x_3$,求证:

$$f(x) = (x_1 + x_2 + x_3)^2 + (x_2 + 2x_3)^2$$

证明 把 $f(x)$ 中含 x_1 的项集项,并配方,得

$$f(x) = x_1^2 + 2x_2^2 + 5x_3^2 + 2x_1x_2 + 2x_1x_3 + 6x_2x_3$$
$$= (x_1^2 + x_2^2 + x_3^2 + 2x_1x_2 + 2x_1x_3 + 2x_2x_3) + x_2^2 + 4x_3^2 + 4x_2x_3$$
$$= (x_1 + x_2 + x_3)^2 + (x_2 + 2x_3)^2$$

二、待定系数法

先看一个例子.

例 4 已知 $(2-a)x^2+bx+c=x^2-5$,求 a,b,c.

解 根据两多项式恒等的性质,比较两边 x^2,x 的系数以及常数项,得

$$\begin{cases} 2-a=1 \\ b=0 \\ c=-5 \end{cases}$$

于是 $a=1$,$b=0$,$c=-5$.

例 4 表明,有时需要将给定的数学式子表示成与它恒等的另外一种形式,而这种新形式中含有待定的系数;然后根据恒等的性质,求出这些待定系数的值. 这种方法称为**待定系数法**. 待定系数法是数学中常用的方法.

例 5 将多项式 x^2+4x+6 化成关于 $x+1$ 的二次多项式.

解 关于 $x+1$ 的二次三项式的一般形式为

$$a(x+1)^2+b(x+1)+c$$

因此可设

$$x^2+4x+6=a(x+1)^2+b(x+1)+c \qquad (2)$$

其中 a,b,c 为待定系数. 将(2)式右端按乘法公式展开,合并同类项,得

$$x^2+4x+6=ax^2+(2a+b)x+(a+b+c)$$

比较恒等式两端 x 的同次项系数,得

$$\begin{cases} a=1 \\ 2a+b=4 \\ a+b+c=6 \end{cases}$$

解之得 $a=1$,$b=2$,$c=3$. 因此

$$x^2+4x+6=(x+1)^2+2(x+1)+3$$

另解 因为(2)式是恒等式,对 x 的任意数值,等式都成立. 因此设 $x=-1$,并代入(2)式,得

$$(-1)^2+4(-1)+6=0+0+c$$

即 $c=3$.

再设 $x=1$,并代入(2)式,再由 $c=3$,有

$$1+4+6=4a+2b+3$$

即 $2a+b=4$.

又设 $x=0$,并代入(2)式,可得

$$a+b=3$$

最后可得 $a=1$,$b=2$,$c=3$.

习题 2-2

1. 证明下列恒等式：
（1）$(a^2 - b^2)(x^2 - y^2) = (ax + by)^2 - (bx + ay)^2$；
（2）$(x + y)^3 - (x - y)^2(x + y) = 4xy(x + y)$；
（3）$(x^2 + 3x + 1)^2 - 1 = x(x + 1)(x + 2)(x + 3)$.

2. 证明二次齐次式：
（1）$f = x_1^2 + 2x_1x_2 + 2x_2^2 + 4x_2x_3 + 4x_3^2 = (x_1 + x_2)^2 + (x_2 + 2x_3)^2$；
（2）$f = 2y_1^2 - 2y_2^2 - 4y_1y_3 + 8y_2y_3 = 2(y_1 - y_3)^2 - 2(y_2 - 2y_3)^2 + 6y_3^2$.

3. 将 $2x^2 + 3x - 6$ 表示为 $(x - 1)$ 的多项式.

4. 用 $2x + 3$ 的多项式表示 $4x^2 + 8x + 7$.

5. 用 $x^2 + 1$ 的多项式表示 $x^4 - 1$.

6. 有一个二次多项式，当 $x = 1$ 与 $x = 3$ 时，它的值为 0；当 $x = 4$ 时，它的值为 6. 求此多项式.

7. 将 $3x + 2y - 3$ 化为 $a(x + y - 1) + b(2x - y + 2) + c(x + 2y - 3)$ 的形式，求 a, b, c 的值.

第三节 分 式

前面我们研究了多项式的加、减、乘运算，而多项式相除也是多项式理论的一个重要问题. 下面探讨这个问题.

为了简单起见，在本节中我们只讨论关于一个字母的多项式.

一、有理分式及其性质

关于 x 的分式或有理分式记为

$$\frac{f(x)}{g(x)}$$

其中 $f(x)$ 是多项式，$g(x)$ 是非零次多项式，且 $g(x) \neq 0$. 整式、分式统称为**有理式**.

为了进一步对分式进行讨论，我们先研究两个多项式之间的关系.

（1）若两个多项式 $f(x)$ 与 $g(x)$ 有相同的因式，则称此因式为它们的**公因式**. 所有公因式中次数最高的叫做它们的**最高公因式**. 也就是说，$f(x)$ 与 $g(x)$ 的最高公因式 $d(x)$ 是 $f(x)$ 与 $g(x)$ 的公因式，而且 $f(x)$ 与 $g(x)$ 的公因式又都是 $d(x)$ 的因式.

例如，$x^2(2x + 1)$ 与 $x^3(x - 1)(2x + 1)$ 的公因式是

$$x, \quad x^2, \quad (2x + 1), \quad x(2x+1), \quad x^2(2x+1)$$

所以它们的最高公因式为：$d(x) = x^2(2x + 1)$.

通常把两多项式 $f(x)$ 与 $g(x)$ 的首项系数为 1 的最高公因式记作 $(f(x), g(x))$.

若 $(f(x), g(x)) = 1$，则称多项式 $f(x)$ 与 $g(x)$ 是互质的. 也就是说，两多项式互质时，除去

零次多项式外，它们没有其他的公因式. 反之亦然. 例如，
$$f(x) = 2x^4 + x^3, \quad g(x) = 4x^4 + 4x^3 + x^2$$
可先将它们分别分解成若干个首项系数为 1 的互质因式的幂的乘积，即
$$f(x) = x^3(2x+1) = 2x^3\left(x+\frac{1}{2}\right)$$
$$g(x) = x^2(2x+1)^2 = 4x^2\left(x+\frac{1}{2}\right)^2$$
由此可以看出，$f(x)$ 与 $g(x)$ 的首项系数为 1 的最高公因式为
$$(f(x), g(x)) = x^2\left(x+\frac{1}{2}\right)$$
又例如，
$$f(x) = 2x^2 + 1, \quad g(x) = 3x^3 - x + 1.$$
因为 $f(x)$ 与 $g(x)$ 除去零次多项式外没有其他的公因式，则 $(f(x), g(x)) = 1$，即 $f(x)$ 与 $g(x)$ 是互质的。

（2）能同时被非零多项式 $f(x)$ 与 $g(x)$ 整除的多项式中，次数最低的多项式称为 $f(x)$ 与 $g(x)$ 的**最低公倍式**. 显然，$\dfrac{f(x) \times g(x)}{(f(x), g(x))}$ 是 $f(x)$ 与 $g(x)$ 的最低公倍式，把它们记为 $[f(x), g(x)]$，即
$$[f(x), g(x)] = \frac{f(x) \times g(x)}{(f(x), g(x))}$$
这个关系类似于整数中的最小公倍数与最大公约数的关系.

（3）若 $(f(x), g(x)) = 1$，则称分式 $\dfrac{f(x)}{g(x)}$ 为**既约分式**或**最简分式**. 分式运算的结果都要化为既约分式.

（4）与分数类似，分式的基本性质是：

① $\dfrac{f(x)}{g(x)} = \dfrac{f(x)h(x)}{g(x)h(x)}$ $(h(x) \neq 0)$;

② $\dfrac{f(x)}{g(x)} = \dfrac{f(x) \div h(x)}{g(x) \div h(x)}$ $(h(x) \neq 0)$,

即分子、分母同乘以(或除以)一个非零多项式，分式的值不变.

这个性质是分式进行约分与通分的基础.

二、综合除法

综合除法是多项式除法运算的一种简便算法，实质上它是分离系数法通过变形发展的结果.

设 $f(x)$ 与 $g(x)$ 为多项式，且 $f(x)$ 的次数不低于 $g(x)$ 的次数，而 $g(x) \neq 0$，当 $f(x)$ 除以 $g(x)$ 得商 $q(x)$ 和余式 $r(x)$ 时，有

$$\frac{f(x)}{g(x)} = q(x) + \frac{r(x)}{g(x)} \tag{1}$$

或

$$f(x) = g(x) \times q(x) + r(x) \tag{2}$$

成立．其中 $q(x)$ 的次数是 $f(x)$ 与 $g(x)$ 的次数的差，$r(x)$ 的次数低于 $g(x)$ 的次数．易得（2）式中 $q(x)$ 与 $r(x)$ 唯一存在．

显然，当 $f(x)$ 能够被 $g(x)$ 整除时，$r(x) = 0$.

注意：多项式除以多项式时，被除式与除式都要按降幂排列，凡缺项都要用"0"补上．

为了说明综合除法，先看我们已经学过的长除法．

例 1　求 $f(x) = 2x^4 + 5x^3 - 24x^2 + 15$ 除以 $g(x) = x - 2$ 的商及余式．

解

$$\begin{array}{r}
2x^3 + 9x^2 - 6x - 12 \\
x - 2 \overline{\smash{\big)}\, 2x^4 + 5x^3 - 24x^2 + 0 + 15} \\
\underline{2x^4 - 4x^3} \\
9x^3 - 24x^2 \\
\underline{9x^3 - 18x^2} \\
-6x^2 + 0 \\
\underline{-6x^2 + 12x} \\
-12x + 15 \\
\underline{-12x + 24} \\
-9
\end{array}$$

（商式为 $2x^3 + 9x^2 - 6x - 12$，余式为 -9）

故 $f(x) = 2x^4 + 5x^3 - 24x^2 + 15$ 除以 $g(x) = x - 2$ 的商式 $q(x) = 2x^3 + 9x^2 - 6x - 12$，余式 $r(x) = -9$.

我们可以看到，多项式除法运算和乘法运算一样，最关键的是各项系数的运算．因而也可以用分离系数法将上式写成：

$$\begin{array}{r}
2 +9 -6 -12 \\
1 -2 \overline{\smash{\big)}\, 2 +5 -24 +0 +15} \\
\underline{2 -4} \\
9 -24 \\
\underline{9 -18} \\
-6 +0 \\
\underline{-6 +12} \\
-12 +15 \\
\underline{-12 +24} \\
-9
\end{array}$$

（商式；余式）

所以 $f(x) = 2x^4 + 5x^3 - 24x^2 + 15$ 除以 $g(x) = x - 2$ 的商式 $q(x) = 2x^3 + 9x^2 - 6x - 12$，余式 $r(x) = -9$.

显然，分离系数法比长除法简单．为了使除法格式书写更简单一些，我们进一步讨论被

除式、除式、商式以及余式间的系数关系.

设多项式
$$f(x) = a_n x^n + a_{n-1} x^{n-1} + a_{n-2} x^{n-2} + \cdots + a_1 x + a_0 \quad (a_n \neq 0)$$

除以 $x - a$ 所得的商是
$$q(x) = b_{n-1} x^{n-1} + b_{n-2} x^{n-2} + \cdots + b_1 x + b_0 \quad (b_{n-1} \neq 0)$$

余数是 r.

下面用待定系数法来确定 $q(x)$ 中的系数与余数 r.

由（2）式得
$$f(x) = (x - a) \times q(x) + r \tag{3}$$

即
$$a_n x^n + a_{n-1} x^{n-1} + a_{n-2} x^{n-2} + \cdots + a_1 x + a_0$$
$$= (x-a)(b_{n-1} x^{n-1} + b_{n-2} x^{n-2} + \cdots + b_1 x + b_0) + r$$
$$= b_{n-1} x^n + (b_{n-2} - a b_{n-1}) x^{n-1} + \cdots + (b_{n0} - a b_1) x + (r - a b_0)$$

因为上式为恒等式，两边 x 的同次项系数相等，即
$$a_n = b_{n-1}$$
$$a_{n-1} = b_{n-2} - a b_{n-1}$$
$$\cdots\cdots\cdots\cdots$$
$$a_1 = b_0 - a b_1$$
$$a_0 = r - a b_0$$

于是有
$$b_{n-1} = a_n$$
$$b_{n-2} = a_{n-1} + a b_{n-1}$$
$$\cdots\cdots\cdots\cdots$$
$$b_0 = a_1 + a b_1$$
$$r = a_0 + a b_0$$

把这一计算过程列成竖式为

$$\begin{array}{r|rrrrr|l}
 & a_n & a_{n-1} & \cdots & a_1 & a_0 & a \\
+) & & a b_{n-1} & \cdots & a b_1 & a b_0 & \\
\hline
 & b_{n-1} & a_{n-1}+a b_{n-1} & \cdots & a_1+a b_1 & a_0+a b_0 & \\
 & \downarrow & \downarrow & & \downarrow & \downarrow & \\
 & b_{n-1} & b_{n-2} & \cdots & b_0 & r &
\end{array} \tag{4}$$

例如，求 $f(x) = 2x^4 + 5x^3 - 24x^2 + 15$ 除以 $g(x) = x - 2$ 的商及余数. 先把 $f(x)$ 按 x 降幂排列，并用"0"补上缺项，即
$$f(x) = 2x^4 + 5x^3 - 24x^2 + 0 + 15$$

由此确定（4）式中第一行各项的系数依次为 2, 5, -24, 0, 15. 再由 $x - 2$ 确定 $a = 2$，于是由（4）式得

2	+5	−24	0	+15	2
	+4	+18	−12	−24	
2	+9	−6	−12	−9	

因此，所求的商为 $2x^3 + 9x^2 - 6x - 12$，余数为 -9. 用算式（4）进行的除法，叫做**综合除法**.

例 2 用综合除法计算：$(x^3 + 8x^2 - 2x - 14) \div (x + 1)$.

解

1	+8	−2	−14	−1
	−1	−7	+9	
1	+7	−9	−5	

于是所求的商式为 $x^2 + 7x - 9$，余数是 -5.

如果 $g(x) = kx - b \ (k \ne 0)$，可先将除式变形为

$$kx - b = k\left(x - \frac{b}{k}\right)$$

用综合除法求出 $f(x)$ 除以 $\left(x - \frac{b}{k}\right)$ 的商 $q^*(x)$ 和余式 r^*. 它们满足关系式：

$$f(x) = q^*(x)\left(x - \frac{b}{k}\right) + r^*, \quad 即 \ f(x) = \frac{1}{k} q^*(x)(kx - b) + r^*$$

把这个式子与 $f(x) = q(x)(kx - b) + r$ 相比较，得

$$q(x) = \frac{1}{k} q^*(x), \quad r = r^*$$

以上说明，当除式为 $kx - b$ 时，可先用 $x - \frac{b}{k}$ 除被除式 $f(x)$. 若 $x - \frac{b}{k}$ 除 $f(x)$ 所得的商与余式依次为 $q^*(x)$ 与 r^*，则 $kx - b$ 除 $f(x)$ 所得的商与余式就分别是 $q^*(x) \div k$ 与 r^*. 一般地，在多项式除法中，如果把除式缩小 k 倍，则所得的商就扩大 k 倍，但余式不变.

例 3 用综合除法求 $f(x)$ 除 $g(x)$ 的商 $q(x)$ 及余数 r，其中

$$f(x) = 6x^3 + 13x^2 + 27x + 15, \quad g(x) = 3x + 2$$

解 因为 $g(x) = 3x + 2 = 3\left[x - \left(-\frac{2}{3}\right)\right]$，于是

	6	+13	+27	+15	$-\frac{2}{3}$
		−4	−6	−14	
3	6	+9	+21	+1	
	2	+3	+7		

所以 $q(x) = 2x^2 + 3x + 7$，$r = 1$.

对于除式高于一次多项式时，仍可以类似进行，只不过书写较为复杂. 例如，计算

$$(2x^4 - 7x^3 + 16x^2 - 15x + 15) \div (x^2 - 2x + 3)$$

因为除式的首项系数是 1，只改变除式第二、三项系数的符号，运算可简写为

$$
\begin{array}{rrrrr|rr}
2 & -7 & +16 & -15 & +15 & +2 & -3 \\
  & +4 & -6 &   &   &   &   \\
  &   & -6 & +9 &   &   &   \\
+)&   &   & +8 & -12 &   &   \\ \hline
2 & -3 & +4 & +2 & +3 &   &
\end{array}
$$

于是所求的商式为 $2x^2 - 3x + 4$，余式为 $2x + 3$.

例 4 用综合除法求：

$$(6a^5 + 5a^4b - 8a^3b^2 - 6a^2b^3 - 6ab^4 + b^5) \div (2a^3 + 3a^2b - b^3)$$

解 因为 $(2a^3 + 3a^2b - b^3) = 2\left(a^3 + \dfrac{3}{2}a^2b - \dfrac{1}{2}b^3\right)$，于是

$$
\begin{array}{rrrrrr|rrr}
 & 6 & +5 & -8 & -6 & -6 & +1 & -\dfrac{3}{2} & +0 & +\dfrac{1}{2} \\
 &   & -9 & +0 & +3 &   &   &   &   &   \\
 &   &   & +6 & +0 & -2 &   &   &   &   \\
 &   &   &   & +3 & +0 & -1 &   &   &   \\ \hline
2 & \boxed{6 & -4 & -2} & +0 & -8 & +0 &   &   &   \\
  & 3 & -2 & -1 &   &   &   &   &   &
\end{array}
$$

所以 $q = 3a^2 - 2ab - b^2$，$r = -8ab^4$.

三、分式的运算

与分数相似，分式也具有以下运算法则，其中 $f(x), g(x), h(x), k(x), m(x), n(x)$ 都是多项式，且 $g(x), h(x), k(x)$ 都不为 0.

（1）符号法则：

$$\frac{f(x)}{g(x)} = \frac{-f(x)}{-g(x)} = -\frac{-f(x)}{g(x)} = -\frac{f(x)}{-g(x)}$$

（2）加、减运算法则：

$$\frac{f(x)}{h(x)} \pm \frac{g(x)}{h(x)} = \frac{f(x) \pm g(x)}{h(x)}$$

$$\frac{f(x)}{h(x)} \pm \frac{g(x)}{k(x)} = \frac{f(x) \times m(x)}{[h(x), k(x)]} \pm \frac{g(x) \times n(x)}{[h(x), k(x)]} = \frac{f(x) \times m(x) \pm g(x) \times n(x)}{[h(x), k(x)]}$$

其中 $m(x)h(x) = n(x)k(x) = [h(x), k(x)]$.

（3）乘、除运算法则：

$$\frac{f(x)}{g(x)} \times \frac{h(x)}{k(x)} = \frac{f(x) \times h(x)}{g(x) \times k(x)}$$

$$\frac{f(x)}{g(x)} \div \frac{h(x)}{k(x)} = \frac{f(x)}{g(x)} \times \frac{k(x)}{h(x)} = \frac{f(x) \times k(x)}{g(x) \times h(x)}$$

（4）乘方法则：

$$\left[\frac{f(x)}{g(x)}\right]^n = \frac{[f(x)]^n}{[g(x)]^n}$$

$$\left[\frac{f(x)}{g(x)} \cdot \frac{h(x)}{k(x)}\right]^n = \left[\frac{f(x)}{g(x)}\right]^n \cdot \left[\frac{h(x)}{k(x)}\right]^n = \frac{[f(x)]^n \cdot [h(x)]^n}{[g(x)]^n \cdot [k(x)]^n}$$

其中 $n \in \mathbf{N}$.

（5）繁分式化解.

若一个分式的分子或分母中含有分式，则称这个分式是**繁分式**. 化简繁分式就是要把它的分子和分母都化成整式. 通常可用分式的基本性质或分式的除法来化简.

例 5 计算下列各题：

(1) $\dfrac{2}{x} - \dfrac{x-3}{2x^2+4x+2} + \dfrac{1}{2x+2} - \dfrac{4x+2}{x(x+1)^2}$；

(2) $\dfrac{a^2-b^2}{a^2+ab+b^2} \times \dfrac{a-b}{a^3+b^3}$.

解 （1）原式 $= \dfrac{2 \cdot 2(x+1)^2 - (x-3)x + x(x+1) - 2 \cdot (2x+1) \cdot 2}{2x(x+1)^2}$

$= \dfrac{4x^2+4x}{2x(x+1)^2} = \dfrac{4x(x+1)}{2x(x+1)^2} = \dfrac{2}{x+1}$.

（2）原式 $= \dfrac{a-b}{a^2+ab+b^2} \times \dfrac{a-b}{a^2-ab+b^2} = \dfrac{(a-b)^2}{a^4+a^2b^2+b^4}$.

例 6 化简：$\dfrac{\dfrac{2(1-x)}{1+x} + \dfrac{(1-x)^2}{(1+x)^2} + 1}{\dfrac{2(1+x)}{1-x} + \left(\dfrac{1+x}{1-x}\right)^2 + 1}$.

解 这是一个繁分式，可先把其分子、分母分别化简后，再进行除法运算. 但仔细观察式子的特点，就会看出分子、分母都是完全平方式，所以可以直接写成完全平方，再进行除法.

$$\text{原式} = \dfrac{\left(\dfrac{1-x}{1+x}+1\right)^2}{\left(\dfrac{1+x}{1-x}+1\right)^2} = \dfrac{\dfrac{1}{(1+x)^2}}{\dfrac{1}{(1-x)^2}} = \dfrac{(1-x)^2}{(1+x)^2}$$

例 7 已知 $a+b+c=0$，求证：

$$\frac{1}{b^2+c^2-a^2} + \frac{1}{c^2+a^2-b^2} + \frac{1}{a^2+b^2-c^2} = 0$$

证明 由 $a+b+c=0$ 知，$a^2 = (b+c)^2$，于是

$$\frac{1}{b^2+c^2-a^2} = \frac{1}{b^2+c^2-(b+c)^2} = -\frac{1}{2bc}$$

同理 $\quad\dfrac{1}{c^2+a^2-b^2} = -\dfrac{1}{2ac}, \quad \dfrac{1}{a^2+b^2-c^2} = -\dfrac{1}{2ab}$

把以上三式相加，并再次应用 $a+b+c=0$，得

$$\frac{1}{b^2+c^2-a^2} + \frac{1}{c^2+a^2-b^2} + \frac{1}{a^2+b^2-c^2}$$
$$= -\frac{1}{2bc} - \frac{1}{2ac} - \frac{1}{2ab} = -\frac{a+b+c}{2abc} = 0$$

所以 $\quad\dfrac{1}{b^2+c^2-a^2} + \dfrac{1}{c^2+a^2-b^2} + \dfrac{1}{a^2+b^2-c^2} = 0$

习题 2-3

1. 用综合除法求 $f(x)$ 除以 $g(x)$ 的商式 q 和余式 r.
（1） $f(x) = 5x^2 + 4x - 12$，$g(x) = x+2$；
（2） $f(x) = x^5 + x^4 - 3x^3 + 4x^2 - 5x - 6$，$g(x) = x-1$；
（3） $f(x) = x^8 - 1$，$g(x) = x+1$；
（4） $f(x) = x^2 + 6x^3 - 29x + 21$，$g(x) = 3x-2$；
（5） $f(x) = 3x^3 + ax^2 + a^2x - 2a^3$，$g(x) = 3x-2a$；
（6） $f(x) = 3x^4 - 5x^2 + 6x + 1$，$g(x) = x^2 - 3x + 4$.

2. 试把多项式 $3x^3 - 10x^2 + 13$ 表示成关于 $(x-2)$ 的三次多项式.

3. 试用综合除法求出下列各题中的 a, b, c, d.
（1） $2x^2 - x + 1 = a(x-1)^2 + b(x-1) + c$；
（2） $x^3 - 6x^2 + 4x + 8 = a(x-1)^3 + b(x-1)^2 + c(x-1) + d$；
（3） $3x^3 - 8x^2 + 10 = a(x-2)^3 + b(x-2)^2 + c(x-2) + d$.

4. 化简下列分式：
（1） $\dfrac{x^2+9x+14}{x^2+8x+7}$；
（2） $\dfrac{a^2+b^2-c^2+2ab}{a^2-b^2-c^2-2bc}$；
（3） $\dfrac{6x^3+11x^2-x-6}{12x^3-8x^2-27x+18}$.

5. 判断 $\dfrac{x^3+x^2+x+1}{x^3-x^2-x-1}$ 是不是最简分式，为什么？

6. 计算：
（1） $\dfrac{1}{x^2-3x+2} + \dfrac{1}{x^2-5x+6} + \dfrac{1}{4x-x^2-3}$；
（2） $\dfrac{(a+b)^2}{(a-b)(b-c)} + \dfrac{6ab}{(b-a)(b-c)} - \dfrac{a^2+b^2}{(a-b)(c-b)}$；

（3） $\dfrac{a+x}{(m+n)^2} \times \dfrac{x^2-y^2}{12} \times \dfrac{m+n}{m-n} \times \dfrac{6(m^2-n^2)}{x+y}$ ；

（4） $(x^2-6x+9) \div \dfrac{x^2-9x+18}{x+3}$.

7. 化简下列各式：

（1） $\dfrac{2+\dfrac{1}{x-1}-\dfrac{1}{x+1}}{x+\dfrac{x}{x^2-1}}$ ；

（2） $1+\dfrac{1}{1+\dfrac{1}{1+\dfrac{1}{1+\dfrac{1}{a}}}}$.

8.（1）已知 $a=-2, b=-1$ ，求 $\left(a-\dfrac{a^2}{a+b}\right)\left(\dfrac{a}{a-b}-1\right) \div \dfrac{b^2}{a+b}$ 的值；

（2）已知 $x=-2, y=\dfrac{1}{3}$ ，求 $\dfrac{4x^2+12xy+9y^2-16}{4x^2-9y^2-4(2x-3y)}$ 的值.

9.（1）若 $a+\dfrac{1}{b}=1, b+\dfrac{1}{c}=1$ ，求证： $abc+1=0$ ；

（2）若 $\dfrac{y}{x}+\dfrac{x}{z}=a, \dfrac{z}{y}+\dfrac{y}{x}=b, \dfrac{x}{z}+\dfrac{z}{y}=c$ ，求证： $(a+b-c)(a-b+c)(-a+b+c)=8$.

10. 若 $\dfrac{a-b}{x}=\dfrac{b-c}{y}=\dfrac{c-a}{z}$ ，且 a,b,c 互不相等，求证： $x+y+z=0$.

第四节 部分分式

部分分式是分式运算和变形的重要内容，在高等数学中有着重要的应用. 如果一个有理分式的分子的次数小于分母的次数，则这个有理式分式叫做**真分式**；反之，就叫做**假分式**.

利用多项式除法，总可以把一个假分式化成一个整式与一个真分式的和，且这种表示法是唯一的.

因为假分式都可以化为一个整式与一个真分式的和的形式，所以我们只研究真分式的情形就可以了.

以往我们都是通过分式的加、减、乘、除等运算，把几个不同的分式转化为一个既约分式，但在很多实际问题中，却要求把一个真分式分解为几个真分式的代数和的形式. 例如，

$$\dfrac{5x-3}{(3x-1)(x-1)}=\dfrac{2}{3x-1}+\dfrac{1}{x-1}$$

其中两个是比较简单的真分式，叫做原分式 $\dfrac{5x-3}{(3x-1)(x-1)}$ 的部分分式.

定义 4.1（**部分分式**） 由一个真分式分解成几个真分式的代数和，这几个分式中的每一个真分式叫做原分式的**部分分式**或**分项分式**.

由前面做分式加法的经验，再注意到 $(3x-1)$ 和 $(x-1)$ 互质，可以知道，它们的最低公倍

式是$(3x-1)(x-1)$，所以$\dfrac{5x-3}{(3x-1)(x-1)}$一定是这样两个真分式$\dfrac{a}{3x-1}$与$\dfrac{b}{x-1}$的和，即设

$$\dfrac{5x-3}{(3x-1)(x-1)} = \dfrac{a}{3x-1} + \dfrac{b}{x-1} \tag{1}$$

其中a,b是待定常数. 去分母，得

$$5x-3 = a(x-1) + b(3x-1)$$

于是有

$$5x-3 = (a+3b)x - (a+b) \tag{2}$$

比较两边同次项的系数，得

$$\begin{cases} a+3b = 5 \\ a+b = 3 \end{cases}$$

所以$a=2, b=1$. 把$a=2, b=1$代入（1）式，得

$$\dfrac{5x-3}{(3x-1)(x-1)} = \dfrac{2}{3x-1} + \dfrac{1}{x-1}$$

这种求部分分式的方法称为**待定系数法**. 也可以这样来解：

因为（2）式是恒等式，x可以取任意值，令$x=1$，代入恒等式（2），得$b=1$；再令$x=\dfrac{1}{3}$，代入（2）式，得$a=2$. 所以

$$\dfrac{5x-3}{(3x-1)(x-1)} = \dfrac{2}{3x-1} + \dfrac{1}{x-1}$$

这种求部分分式的方法称为**数值代入法**.

例 1 化分式$\dfrac{x^4+2x^3+x+1}{x^3+3x^2+2x}$为部分分式.

解 原分式为假分式，应先化为带分式，即

$$\dfrac{x^4+2x^3+x+1}{x^3+3x^2+2x} = (x-1) + \dfrac{x^2+3x+1}{x^3+3x^2+2x} = (x-1) + \dfrac{x^2+3x+1}{x(x+1)(x+2)}$$

设

$$\dfrac{x^2+3x+1}{x(x+1)(x+2)} = \dfrac{a}{x} + \dfrac{b}{x+1} + \dfrac{c}{x+2}$$

去分母得

$$x^2+3x+1 = a(x+1)(x+2) + bx(x+2) + cx(x+1)$$

下面用数值代入法求a, b, c. 令

$x=0$, 得$1 = a \cdot 1 \cdot 2$, $a = \dfrac{1}{2}$；

$x=-1$, 得$1-3+1 = b(-1)(-1+2)$, $b = 1$；

$x=-2$, 得$4-6+1 = c(-2)(-2+1)$, $c = -\dfrac{1}{2}$.

所以
$$\frac{x^4+2x^3+x+1}{x^3+3x^2+2x}=(x-1)+\frac{1}{2x}+\frac{1}{x+1}-\frac{1}{2(x+2)}$$

例2 化分式 $\dfrac{2x^2+1}{x^3-1}$ 为部分分式.

解 因为 $x^3-1=(x-1)(x^2+x+1)$，故设

$$\frac{2x^2+1}{x^3-1}=\frac{a}{x-1}+\frac{bx+c}{x^2+x+1}$$

于是
$$2x^2+1=a(x^2+x+1)+(bx+c)(x-1)$$
即
$$2x^2+1=(a+b)x^2+(a-b+c)x+a-c$$

比较两边同次项系数，得

$$\begin{cases} a+b=2 \\ a-b+c=0 \\ a-c=1 \end{cases}$$

解这个方程组，得 $a=1, b=1, c=0$. 所以

$$\frac{2x^2+1}{x^3-1}=\frac{1}{x-1}+\frac{x}{x^2+x+1}$$

例3 化分式 $\dfrac{x^2-2x+5}{(x-2)^2(1-2x)}$ 为部分分式.

解 类比于例2，原式可设为 $\dfrac{ax+e}{(x-2)^2}+\dfrac{c}{1-2x}$，但由于

$$\frac{ax+e}{(x-2)^2}=\frac{(ax-2a)+(2a+e)}{(x-2)^2}=\frac{a(x-2)+(2a+e)}{(x-2)^2}=\frac{a}{x-2}+\frac{2a+e}{(x-2)^2}$$

而 $2a+e$ 为常数，令 $2a+e=b$，于是可设

$$\frac{x^2-2x+5}{(x-2)^2(1-2x)}=\frac{a}{x-2}+\frac{b}{(x-2)^2}+\frac{c}{1-2x}$$

即
$$x^2-2x+5=a(x-2)(1-2x)+b(1-2x)+c(x-2)^2$$

以 $x=2$ 代入上式，得 $b=-\dfrac{5}{3}$；

以 $x=\dfrac{1}{2}$ 代入上式，得 $c=\dfrac{17}{9}$.

为了求得 a，比较上式两边 x^2 的系数，得 $1=-2a+c$. 将 $c=\dfrac{17}{9}$ 代入上式，得 $a=\dfrac{4}{9}$.

所以
$$\frac{x^2-2x+5}{(x-2)^2(1-2x)}=\frac{4}{9(x-2)}-\frac{5}{3(x-2)^2}+\frac{17}{9(1-2x)}$$

例4 化分式 $\dfrac{2x^2-x+1}{(x-1)^3}$ 为部分分式.

解 把分子展开为关于 $x-1$ 的二次多项式，即

$$2x^2-x+1=a(x-1)^2+b(x-1)+c=[a(x-1)+b](x-1)+c$$

由此可看出，连续作综合除法，就可求出 a,b,c.

$$\begin{array}{r|l}
\begin{array}{rrr} 2 & -1 & +1 \\ & +2 & +1 \end{array} & 1 \\
\begin{array}{rrr} 2 & +1 & +2 \end{array} \cdots\cdots c \\
\begin{array}{rr} & +2 \end{array} \\
\begin{array}{rr} 2 & +3 \end{array} \cdots\cdots b \\
\vdots \\
a
\end{array}$$

所以 $$2x^2-x+1=2(x-1)^2+3(x-1)+2$$

因此 $$\frac{2x^2-x+1}{(x-1)^3}=\frac{2(x-1)^2+3(x-1)+2}{(x-1)^3}=\frac{2}{x-1}+\frac{3}{(x-1)^2}+\frac{2}{(x-1)^3}$$

此题也可设

$$\frac{2x^2-x+1}{(x-1)^3}=\frac{a}{x-1}+\frac{b}{(x-1)^2}+\frac{c}{(x-1)^3}$$

然后用待定系数法求 a,b,c, 但计算较繁.

例 5 用综合除法化分式 $\dfrac{x^3+x^2+x+5}{(x^2-x+1)^2}$ 为部分分式.

解 根据多项式的综合除法，有

$$\begin{array}{rrrr|rr}
1 & +1 & +1 & +5 & 1 & -1 \\
 & +1 & -1 & & & \\
 & & +2 & -2 & & \\
\hline
1 & +2 & +2 & +3 & &
\end{array}$$

即 $$x^3+x^2+x+5=(x+2)(x^2-x+1)+(2x+3)$$

在上式两边同除以 $(x^2-x+1)^2$，得

$$\frac{x^3+x^2+x+5}{(x^2-x+1)^2}=\frac{x+2}{x^2-x+1}+\frac{2x+3}{(x^2-x+1)^2}$$

此题也可先设

$$\frac{x^3+x^2+x+5}{(x^2-x+1)^2}=\frac{ax+b}{x^2-x+1}+\frac{cx+d}{(x^2-x+1)^2}$$

然后用待定系数法求解.

例 6 化分式 $\dfrac{5x^2-4x+16}{(x^2-x+1)^2(x-3)}$ 为部分分式.

解 设

$$\frac{5x^2-4x+16}{(x^2-x+1)^2(x-3)}=\frac{ax+b}{x^2-x+1}+\frac{cx+d}{(x^2-x+1)^2}+\frac{e}{x-3}$$

于是
$$5x^2-4x+16=(ax+b)(x^2-x+1)(x-3)+(cx+d)(x-3)+e(x^2-x+1)^2 \quad (3)$$

令 $x=3$，代入（3）式，得 $e=1$.

把 $e=1$ 代入（3）式，再把 $(x^2-x+1)^2$ 移到左边，整理得
$$-x^4+2x^3+2x^2-2x+15=(ax+b)(x^2-x+1)(x-3)+(cx+d)(x-3) \quad (4)$$

（4）式两边同时除以 $(x-3)$，得
$$-x^3-x^2-x-5=(ax+b)(x^2-x+1)+(cx+d) \quad (5)$$

（5）式两边同时同除以 (x^2-x+1)，得
$$-x-2-\frac{2x+3}{x^2-x+1}=(ax+b)+\frac{cx+d}{x^2-x+1} \quad (6)$$

比较（6）式两边同次项的系数，得 $a=-1, b=-2, c=-2, d=-3$. 所以
$$\frac{5x^2-4x+16}{(x^2-x+1)^2(x-3)}=-\frac{x+2}{x^2-x+1}-\frac{2x+3}{(x^2-x+1)^2}+\frac{1}{x-3}$$

综合以上各例，可归纳出以下结论：

如果多项式 $g(x)$ 在实数集内能分解成一次因式的幂与二次质因式的幂的乘积，即
$$g(x)=b_0(x-a)^\alpha\cdots(x-b)^\beta(x^2+px+q)^\lambda\cdots(x^2+rx+s)^\mu$$

其中 $p^2-4q<0, \cdots, r^2-4s<0$，则真分式 $\dfrac{f(x)}{g(x)}$ 可以分解成如下部分分式之和：

$$\begin{aligned}\frac{f(x)}{g(x)}=&\frac{A_1}{(x-a)^\alpha}+\frac{A_2}{(x-a)^{\alpha-1}}+\cdots+\frac{A_\alpha}{x-a}+\cdots+\\&\frac{B_1}{(x-b)^\beta}+\frac{B_2}{(x-b)^{\beta-1}}+\cdots+\frac{B_\beta}{x-b}+\\&\frac{M_1x+N_1}{(x^2+px+q)^\lambda}+\frac{M_2x+N_2}{(x^2+px+q)^{\lambda-1}}+\cdots+\frac{M_\lambda x+N_\lambda}{x^2+px+q}+\cdots+\\&\frac{R_1x+S_1}{(x^2+rx+s)^\mu}+\frac{R_2x+S_2}{(x^2+rx+s)^{\mu-1}}+\cdots+\frac{R_\mu x+S_\mu}{x^2+rx+s}\end{aligned} \quad (7)$$

其中 $A_1,\cdots A_\alpha, B_1,\cdots, B_\beta, M_1,\cdots, M_\lambda, N_1,\cdots, N_\lambda, R_1,\cdots, R_\mu, S_1,\cdots, S_\mu$ 都是常数.

在（7）式中应注意以下两点：

（1）如果分母 $g(x)$ 关于 $(x-a)$ 的最高因式为 $(x-a)^k$，则分解后有下列 k 个部分分式之和：

$$\frac{A_1}{(x-a)^k}+\frac{A_2}{(x-a)^{k-1}}+\cdots+\frac{A_k}{x-a}$$

其中 $A_1, A_2, \cdots, A_k$ 都是常数.

（2）如果分母 $g(x)$ 关于 (x^2+px+q) 的最高因式为 $(x^2+px+q)^k$，其中 $p^2-4q<0$，则分解

后有下列 k 个部分分式之和：

$$\frac{M_1x+N_1}{(x^2+px+q)^k}+\frac{M_2x+N_2}{(x^2+px+q)^{k-1}}+\cdots+\frac{M_kx+N_k}{x^2+px+q}$$

其中 $M_1,\cdots,M_k,N_1,\cdots,N_k$ 都是常数.

对于某些分式，也可用**视察法**把它分解为部分分式. 例如，

$$\frac{1}{(x-a)(x-b)}=\frac{1}{a-b}\left(\frac{1}{x-a}-\frac{1}{x-b}\right);$$

$$\frac{x}{(x-a)(x-b)}=\frac{1}{a-b}\left(\frac{a}{x-a}-\frac{b}{x-b}\right);$$

$$\frac{4}{x^3+4x}=\frac{x^2+4-x^2}{x(x^2+4)}=\frac{x^2+4}{x(x^2+4)}-\frac{x^2}{x(x^2+4)}=\frac{1}{x}-\frac{x}{x^2+4};$$

$$\frac{2x}{(x-2)^2}=\frac{2(x-2)+4}{(x-2)^2}=\frac{2}{x-2}+\frac{4}{(x-2)^2};$$

$$\frac{x^2}{(x-2)^2}=\frac{(x^2-4x+4)+4x-4}{(x-2)^2}=1+\frac{4(x-2)}{(x-2)^2}+\frac{4}{(x-2)^2}=1+\frac{4}{x-2}+\frac{4}{(x-2)^2}.$$

习题 2-4

1. 把下列分式化为部分分式：

（1）$\dfrac{6x-1}{(2x+1)(3x-1)}$；

（2）$\dfrac{8x+2}{x-x^3}$；

（3）$\dfrac{x^2+2x+3}{(x-1)(x-2)(x-3)(x-4)}$；

（4）$\dfrac{2x^3-x^2+1}{(x-2)^4}$；

（5）$\dfrac{6}{2x^4-x^2-1}$；

（6）$\dfrac{x^2+x+1}{(x^2+1)(x^2+2)}$；

（7）$\dfrac{3x-1}{(x-2)(x^2+1)}$；

（8）$\dfrac{2x^2-x+1}{(x^2-x)^2}$；

（9）$\dfrac{x^3+x+3}{x^4+x^2+1}$；

（10）$\dfrac{2x^5-x+1}{(x^2+x+1)^3}$.

2. 求和：$\dfrac{a}{x(x+a)}+\dfrac{a}{(x+a)(x+2a)}+\cdots+\dfrac{a}{[x+(n-1)a][x+na]}$.

3. 用视察法把下列分式化为部分分式：

（1）$\dfrac{1}{(x-1)(x-2)}$；　　（2）$\dfrac{x}{(x-2)(x-3)}$；　　（3）$\dfrac{1}{x^3+2x}$；

（4）$\dfrac{x}{(x-3)^2}$；　　（5）$\dfrac{2x^2}{(x-3)^2}$.

第五节 根 式

本节的主要内容是根式的概念、根式的性质以及根式的运算等，我们将在实数集内介绍这些概念.

一、根式及其性质

若 $x^n = a$ ($n>1, n \in \mathbf{N}$)，则称 x 为 a 的 n 次方根，并分别称 a 与 n 为**被开方数**与**根指数**. 求 a 的 n 次方根称为把 a **开 n 次方**.

在实数集内，任何实数 a 都能开奇次方. a 的奇次方根记作

$$\sqrt[n]{a} \quad (n\text{ 为奇数})$$

例如，-27 的 3 次方根是 $\sqrt[3]{-27} = -3$，而 32 的 5 次方根就是 $\sqrt[5]{32} = 2$. 在实数集内，负数不能开偶次方，即负数的偶次方根无意义. 而任何正数 a 的偶次方根却有正、负两个实数根，并分别把它们记作

$$\sqrt[n]{a} \quad \text{与} \quad -\sqrt[n]{a} \quad (n\text{ 为偶数})$$

例如，16 的四次方根就分别是 $\sqrt[4]{16} = 2$ 与 $-\sqrt[4]{16} = -2$. 零的任何次方根都是零.

式子 $\sqrt[n]{a}$ 称为**根式**. 根式与有理式统称为**代数式**.

若 $a \geq 0$，则称 $\sqrt[n]{a}$ 为 a 的 n 次**算术根**.

从以上的分析可以看到：一个数的算术根只有一个，且是非负的.

因为任何负数的奇次方根都是一个负数，而且它等于这个数的绝对值的同次方根的相反数，即

$$\sqrt[n]{a} = -\sqrt[n]{|a|} \quad (a<0, n\text{ 为奇数})$$

例如，$\sqrt[3]{-8} = -\sqrt[3]{8}$. 而负数的偶次方根无意义，因此，我们研究根式的性质，只需研究算术根的性质即可.

根据算术根的定义，我们有

$$(\sqrt[n]{a})^n = a \quad (a \geq 0, n>1, n \in \mathbf{N}) \tag{1}$$

若无特别说明，从现在起本节所有的字母都是非负的.

根据（1）式不难导出根式的性质：

（1）$\sqrt[n]{a^m} = \sqrt[np]{a^{mp}}$； （2）$\sqrt[n]{ab} = \sqrt[n]{a}\sqrt[n]{b}$；

（3）$\sqrt[n]{\dfrac{a}{b}} = \dfrac{\sqrt[n]{a}}{\sqrt[n]{b}}$ ($b \neq 0$)； （4）$(\sqrt[n]{a})^m = \sqrt[n]{a^m}$；

（5）$\sqrt[m]{\sqrt[n]{a}} = \sqrt[mn]{a}$.

其中 $m, n, p \in \mathbf{N}$.

称根指数相同的根式为**同次根式**，否则称为**异次根式**. 利用性质（1）可以把异次根式化为同次根式.

例1 把 $\sqrt{ab}, \sqrt[3]{y^2}, \sqrt[6]{x}$ 化为同次根式.

解 取根指数 2, 3, 6 的最小公倍数 6 作为公共的根指数. 根据性质（1）可得

$$\sqrt{ab} = \sqrt[6]{(ab)^3} = \sqrt[6]{a^3 b^3}, \quad \sqrt[3]{y^2} = \sqrt[6]{y^4}, \quad \sqrt[6]{x} = \sqrt[6]{x}$$

这类似于分数中的通分. 反之，也可约去根指数与被开方数的指数的公约数. 例如，

$$\sqrt[6]{8} = \sqrt[6]{2^3} = \sqrt{2}$$

这类似于分数中的约分.

二、根式的化简

若根式适合条件：

（1）被开方数的指数与根指数互质；
（2）被开方数的每个因子的指数都小于根指数；
（3）被开方数不含分母，

则称这个根式为**最简根式**.

例如， $2b\sqrt{2ab}, \dfrac{\sqrt[3]{2c}}{ab}$ 都是最简根式，而 $\sqrt[3]{a^4 b}, a\sqrt[4]{a^2 b^2}, \sqrt[5]{\dfrac{b}{a^3}}$ 都不是最简根式.

所谓**化简根式**就是利用根式的性质把一根式化为最简根式.

例2 把下列根式化简： $\sqrt{12ab^3}, \sqrt[3]{\dfrac{2c}{a^3 b^3}}, \sqrt[5]{\sqrt{32 x^{15} y^5}}, (\sqrt[3]{2xy^2})^2$.

解 $\sqrt{12ab^3} = \sqrt{(2b)^2}\sqrt{3ab} = 2b\sqrt{3ab}$.

$\sqrt[3]{\dfrac{2c}{a^3 b^3}} = \dfrac{\sqrt[3]{2c}}{\sqrt[3]{a^3 b^3}} = \dfrac{\sqrt[3]{2c}}{ab}$.

$\sqrt[5]{\sqrt{32 x^{15} y^5}} = \sqrt[10]{32 x^{15} y^5} = \sqrt{2x^3 y} = x\sqrt{2xy}$.

$(\sqrt[3]{2xy^2})^2 = \sqrt[3]{(2xy^2)^2} = \sqrt[3]{4x^2 y^4} = y\sqrt[3]{4x^2 y}$.

几个根式都化成最简根式后，若被开方数相同，根指数也相同，则称这些根式为**同类根式**. 例如， $\sqrt[3]{xy^2}$ 与 $3a\sqrt[3]{xy^2}$ 就是同类根式. 同类根式可以合并，例如

$$a\sqrt{x} + b\sqrt{x} - c\sqrt{x} = (a+b-c)\sqrt{x}$$

三、根式的运算

根式的运算结果应是最简根式，而且要把同类根式合并.

例3 计算：

（1） $\dfrac{2}{3}x\sqrt{9x} + 6x\sqrt{\dfrac{x}{4}} - x^2 \sqrt{\dfrac{1}{x}}$;

（2） $15\sqrt[3]{4} - 3\sqrt[3]{32} - 16\sqrt[3]{\dfrac{1}{16}} - \sqrt[3]{108}$.

解 （1）原式 $= 2x\sqrt{x} + 3x\sqrt{x} - x\sqrt{x} = 4x\sqrt{x}.$

（2）原式 $= 15\sqrt[3]{4} - 6\sqrt[3]{4} - 4\sqrt[3]{4} - 3\sqrt[3]{4} = 2\sqrt[3]{4}.$

例 4 计算：$(2\sqrt[3]{a^2} - 3\sqrt[3]{ab} + 4\sqrt[3]{b^2}) \cdot \dfrac{1}{6}\sqrt[3]{a^2b^2}.$

解 这是同次根式相乘，根据性质（2），得

$$原式 = \dfrac{1}{3}\sqrt[3]{a^4b^2} - \dfrac{1}{2}\sqrt[3]{a^3b^3} + \dfrac{2}{3}\sqrt[3]{a^2b^4} = \dfrac{a}{3}\sqrt[3]{ab^2} - \dfrac{ab}{2} + \dfrac{2b}{3}\sqrt[3]{a^2b}$$

对于异次根式的乘除可利用性质（1）先化成同次根式，再分别用性质（2）与性质（3）计算.

例 5 计算：

（1）$5\sqrt{xy} \cdot 4\sqrt[3]{x^2y^2};$ （2）$6\sqrt{xy} \div 2\sqrt[4]{xy}.$

解 （1）原式 $= 5\sqrt[6]{x^3y^3} \cdot 4\sqrt[6]{x^4y^4} = 20\sqrt[6]{x^7y^7} = 20xy\sqrt[6]{xy}.$

（2）原式 $= \dfrac{6\sqrt{xy}}{2\sqrt[4]{xy}} = \dfrac{3\sqrt[4]{x^2y^2}}{\sqrt[4]{xy}} = 3\sqrt[4]{xy}.$

性质（4）与性质（5）可以分别用来计算根式的乘方与开方.

例 6 计算：

（1）$(2\sqrt[6]{xy^2})^9;$ （2）$\sqrt[6]{\sqrt[5]{x^2y^4}}.$

解 （1）原式 $= 2^9(\sqrt[6]{xy^2})^9 = 512(\sqrt{xy^2})^3 = 512\sqrt{x^3y^6} = 512xy^3\sqrt{x}.$

（2）原式 $= \sqrt[3]{\sqrt[5]{xy^2}} = \sqrt[15]{xy^2}.$

我们曾经多次在 $a \geqslant 0$ 的条件下应用 $\sqrt{a^2} = a (a \geqslant 0)$ 来化简根式. 而对于 $a < 0$，则由算术根是非负的，以及它的平方应等于被开方数，可知

$$\sqrt{a^2} = -a \quad (a < 0)$$

以上两式可合并为

$$\sqrt{a^2} = \begin{cases} a, & (a \geqslant 0) \\ -a, & (a < 0) \end{cases}$$

根据绝对值的定义，上式也可写作

$$\sqrt{a^2} = |a| \quad (a \in \mathbf{R})$$

一般地，若 $a \in \mathbf{R}$，则

$$\sqrt[n]{a^n} = \begin{cases} |a|, & (n\text{为偶数}) \\ a, & (n\text{为奇数}) \end{cases}$$

例 7 化简：$a + \sqrt{(a-1)^2} \ (a \in \mathbf{R}).$

解 由于

$$a + \sqrt{(a-1)^2} = \begin{cases} a + (a-1), & (a-1 \geqslant 0) \\ a - (a-1), & (a-1 < 0) \end{cases}$$

所以
$$a+\sqrt{(a-1)^2}=\begin{cases}2a-1, & (a\geqslant 1)\\ 1, & (a<1)\end{cases}$$

例8 化简：$\sqrt[4]{4x^6}$ ($x\in\mathbf{R}$).

解 由 $x^6=|x|^6$，得
$$\sqrt[4]{4x^6}=\sqrt[4]{4|x|^6}$$

再根据性质（1），（2）得
$$\sqrt[4]{4x^6}=\sqrt[4]{4|x|^6}=\sqrt{2}\sqrt{|x|^3}=\sqrt{2}|x|\sqrt{|x|}=\begin{cases}\sqrt{2}x\sqrt{x}, & (x\geqslant 0)\\ -\sqrt{2}x\sqrt{-x}, & (x<0)\end{cases}$$

四、分母有理化

把一个分式的分母中的根号化去，称为**分母有理化**. 分母有理化一般是用一个适当的代数式同乘以分子与分母，使分母不含根式.

例9 把下列各式的分母有理化：

（1）$\dfrac{2}{3+\sqrt{5}}$；   （2）$\dfrac{2}{1+\sqrt{2}-\sqrt{3}}$.

解 （1）$\dfrac{2}{3+\sqrt{5}}=\dfrac{2(3-\sqrt{5})}{(3+\sqrt{5})(3-\sqrt{5})}=\dfrac{3-\sqrt{5}}{2}$.

（2）$\dfrac{2}{1+\sqrt{2}-\sqrt{3}}=\dfrac{2(1+\sqrt{2}+\sqrt{3})}{[(1+\sqrt{2})-\sqrt{3}][(1+\sqrt{2})+\sqrt{3}]}=\dfrac{2(1+\sqrt{2}+\sqrt{3})}{(1+\sqrt{2})^2-3}$

$=\dfrac{1+\sqrt{2}+\sqrt{3}}{\sqrt{2}}=\dfrac{(1+\sqrt{2}+\sqrt{3})\sqrt{2}}{\sqrt{2}\sqrt{2}}=\dfrac{1}{2}(\sqrt{2}+2+\sqrt{6})$.

例10 设 $x=\dfrac{2ab}{b^2+1}$ ($a>0$, $b>0$), 证明：

$$\dfrac{\sqrt{a+x}+\sqrt{a-x}}{\sqrt{a+x}-\sqrt{a-x}}=\begin{cases}b, & (b\geqslant 1)\\ \dfrac{1}{b}, & (0<b<1)\end{cases}$$

证明 由 $a>0$, $b>0$, $x=\dfrac{2ab}{b^2+1}$ 知，$a+x>0$, $a-x\geqslant 0$. 于是

$$\dfrac{\sqrt{a+x}+\sqrt{a-x}}{\sqrt{a+x}-\sqrt{a-x}}=\dfrac{(\sqrt{a+x}+\sqrt{a-x})^2}{(\sqrt{a+x})^2-(\sqrt{a-x})^2}=\dfrac{a+\sqrt{a^2-x^2}}{x}$$

$$=\dfrac{a+\sqrt{a^2-\left(\dfrac{2ab}{b^2+1}\right)^2}}{\dfrac{2ab}{b^2+1}}=\left(a+\sqrt{\dfrac{a^2(b^2+1)^2-4a^2b^2}{(b^2+1)^2}}\right)\left(\dfrac{b^2+1}{2ab}\right)$$

$$= a\left(1 + \frac{|b^2 - 1|}{b^2 + 1}\right)\left(\frac{b^2 + 1}{2ab}\right) = \frac{(b^2 + 1) + |b^2 - 1|}{2b}$$

$$= \begin{cases} b, & (b \geq 1) \\ \dfrac{1}{b}, & (0 < b < 1) \end{cases}$$

为化简根式，有时也需要把分子有理化．

例 11 若 $0 < x < 1$，化简：

$$\left(\frac{\sqrt{1+x}}{\sqrt{1+x} - \sqrt{1-x}} + \frac{1-x}{\sqrt{1-x^2} + x - 1}\right)\left(\sqrt{\frac{1}{x^2} - 1} - \frac{1}{x}\right)$$

解 由 $0 < x < 1$，得

$$原式 = \frac{\sqrt{1+x} + \sqrt{1-x}}{\sqrt{1+x} - \sqrt{1-x}} \cdot \frac{\sqrt{1-x^2} - 1}{x} = \frac{(\sqrt{1+x})^2 - (\sqrt{1-x})^2}{(\sqrt{1+x} - \sqrt{1-x})^2} \cdot \frac{\sqrt{1-x^2} - 1}{x}$$

$$= \frac{2x}{2 - 2\sqrt{1-x^2}} \cdot \frac{\sqrt{1-x^2} - 1}{x} = -1$$

习题 2-5

1. 把下列各题化成同次根式：

(1) $\sqrt[6]{3}$，$\sqrt[10]{3}$，$\sqrt[15]{3}$；
(2) $\sqrt[3]{a^2}$，$\sqrt[4]{2a^3b^2}$，$\sqrt[6]{7b^5}$．

2. 把下列根式化成最简根式：

(1) $\sqrt{2} \cdot \sqrt[3]{2} \cdot \sqrt[4]{2}$；
(2) $2\sqrt{35} \cdot \sqrt{65} \div \sqrt{91}$；

(3) $\sqrt{a^3 b^5 c^7} \cdot \sqrt[3]{a^2 b^4 c^8}$；
(4) $\sqrt{a^3 b^3} \div \sqrt[6]{a^5 b^5}$；

(5) $(\sqrt[3]{a^2})^6$；
(6) $\sqrt[4]{\sqrt[3]{a^2}}$；

(7) $\dfrac{a^2}{b}\sqrt{\dfrac{b^3}{a^4} - \dfrac{b^5}{a^6}}$；
(8) $\dfrac{x-y}{y}\sqrt{\dfrac{x^4 y^3 + x^3 y^4}{x^2 - 2xy + y^2}}$ $(x > y)$．

3. 计算：

(1) $\sqrt[3]{2 - \sqrt{5}} \cdot \sqrt[6]{9 + 4\sqrt{5}}$；
(2) $\sqrt{\sqrt[3]{a^2}\sqrt{b}}$；

(3) $\sqrt{ab}\left(\sqrt{ab} + 2\sqrt{\dfrac{b}{a}} - \sqrt{\dfrac{a}{b}} + \dfrac{1}{\sqrt{ab}}\right)$；
(4) $\sqrt{\dfrac{a}{bc}} + \sqrt{\dfrac{b}{ca}} + \sqrt{\dfrac{c}{ab}}$；

(5) $\sqrt{(a+b)^2 c} - \sqrt{a^2 c} - \sqrt{b^2 c}$；
(6) $(\sqrt{a} + \sqrt[4]{a} + 1)(\sqrt{a} - \sqrt[4]{a} + 1)$．

4. 计算：

(1) $\sqrt{ax^3 + 6ax^2 + 9ax} - \sqrt{ax^3 - 4a^2x^2 + 4a^3x}$；

(2) $\sqrt[3]{1 - x^3} + \sqrt[3]{(x-1)(x^2 + x + 1)}$．

5. 把下列各式的分母有理化：

（1）$\sqrt[3]{\dfrac{3x^4 y}{x^2+2xy+y^2}}$ ；

（2）$\dfrac{18+8\sqrt{3}}{2\sqrt{3}+\sqrt{12}-6\sqrt{3}}$ ；

（3）$\dfrac{\sqrt{x^2+1}}{\sqrt{x^2+1}-\sqrt{x^2-1}}\ (x>1)$ ；

（4）$\dfrac{\sqrt[3]{x^2 y}-\sqrt[3]{xy^2}}{\sqrt[3]{ax}-\sqrt[3]{ay}}$.

6. 求证：

（1）$(\sqrt[3]{m^2}+\sqrt[3]{mn}+\sqrt[3]{n^2})(\sqrt[3]{m}-\sqrt[3]{n})=m-n$ ；

（2）$(\sqrt[3]{a^2}-\sqrt[3]{ab}+\sqrt[3]{b^2})(\sqrt[3]{a}+\sqrt[3]{b})=a+b$.

7. 设 $x=\dfrac{1}{2}\left(\sqrt{\dfrac{a}{b}}+\sqrt{\dfrac{b}{a}}\right)$，求 $s=\dfrac{2b\sqrt{x^2-1}}{x-\sqrt{x^2-1}}$ 的值.

第六节 零指数、负指数与分数指数幂

对于以正整数 n 为指数的幂，我们有

$$a^1 = a$$
$$a^n = \underbrace{a \cdot a \cdots \cdots a}_{n\text{个}}$$

且有幂的运算法则：

$$a^m \cdot a^n = a^{m+n}, \quad (a^m)^n = a^{mn}, \quad (ab)^n = a^n b^n$$

其中 $m, n \in \mathbf{N},\ a, b \in \mathbf{R}$.

现在要将幂的指数推广到有理数，即考察形如 $2^0, 3^{-2}, 5^{\frac{3}{2}}$ 等的幂. 它们分别是：

（1）若 $a \neq 0$，则 $a^0 = 1$. 零的零次幂无意义.

（2）若 $a \neq 0,\ n \in \mathbf{N}$，则 $a^{-n} = \dfrac{1}{a^n}$. 零的负整数幂无意义.

（3）若 $a>0$，$p \in \mathbf{N}$，$q \in \mathbf{N}$，$q \neq 1$，则 $a^{\frac{p}{q}} = \sqrt[q]{a^p}$，$a^{-\frac{p}{q}} = \dfrac{1}{a^{\frac{p}{q}}}$.

零的正分数幂是零；零的负分数幂无意义.

根据（1）、（2）、（3）容易验证零指数幂、负整数指数幂、分数指数幂都满足幂的运算法则.

例 1 计算：$\left(2\dfrac{7}{9}\right)^{\frac{1}{2}} \times \left(1\dfrac{61}{64}\right)^{-\frac{2}{3}} - (-1)^{-4} + (2^{-1}+4^{-2})^{\frac{1}{2}} \times (-2)^0$.

解 原式 $= \left(\dfrac{25}{9}\right)^{\frac{1}{2}} \times \left[\left(\dfrac{5}{4}\right)^3\right]^{-\frac{2}{3}} - \dfrac{1}{(-1)^4} + \left(\dfrac{1}{2}+\dfrac{1}{4^2}\right)^{\frac{1}{2}} \times 1$

$= \dfrac{5}{3} \times \left(\dfrac{5}{4}\right)^{-2} - 1 + \left(\dfrac{9}{16}\right)^{\frac{1}{2}} = \dfrac{5}{3} \times \dfrac{16}{25} - 1 + \dfrac{3}{4}$

$$=\frac{16}{15}-1+\frac{3}{4}=\frac{49}{60}.$$

例2 化简：

（1）$32^{-\frac{3}{5}}-\left(2\frac{10}{27}\right)^{-\frac{2}{3}}+(0.5)^{-2}+\left(\pi-\sqrt[3]{2}+\frac{1}{2}\right)^{0}$；

（2）$\left\{\frac{1}{4}\times[(0.027)^{\frac{2}{3}}+15\times(0.0016)^{0.75}+(101-100)^{-1}]\right\}^{-\frac{1}{2}}$.

解 （1）原式 $=(2^5)^{-\frac{3}{5}}-\left(\frac{64}{27}\right)^{-\frac{2}{3}}+(2^{-1})^{-2}+1$

$$=(2)^{-3}-\left[\left(\frac{4}{3}\right)^3\right]^{-\frac{2}{3}}+2^2+1$$

$$=\frac{1}{8}-\frac{9}{16}+5=4\frac{9}{16}.$$

（2）原式 $=\left\{\frac{1}{4}\times[(0.3^3)^{\frac{2}{3}}+15\times(0.2^4)^{\frac{3}{4}}+1]\right\}^{-\frac{1}{2}}$

$$=\left\{\frac{1}{4}\times[0.3^2+15\times 0.2^3+1]\right\}^{-\frac{1}{2}}$$

$$=\left\{\frac{1}{4}\times 1.21\right\}^{-\frac{1}{2}}=\left\{\left(\frac{1}{2}\times 1.1\right)^2\right\}^{-\frac{1}{2}}$$

$$=\frac{20}{11}=1\frac{9}{11}.$$

例3 化简：$\dfrac{(2a^{-3}b^{-\frac{3}{2}})(-3a^{-1}b)}{4a^{-4}b^{-\frac{5}{2}}}$.

解 原式 $=-\dfrac{6}{4}a^{-3-1-(-4)}b^{-\frac{3}{2}+1-\left(-\frac{5}{2}\right)}=-\dfrac{3}{2}a^{-4+4}b^{-\frac{1}{2}+\frac{5}{2}}=-\dfrac{3b^2}{2}$.

例4 化简：$\dfrac{x-x^{-1}}{x^{\frac{2}{3}}-x^{-\frac{2}{3}}}-\dfrac{x+x^{-1}}{x^{\frac{2}{3}}+x^{-\frac{2}{3}}+2}+\dfrac{2x}{x^{\frac{2}{3}}+1}$.

解 设 $x^{\frac{1}{3}}=A$，$x^{-\frac{1}{3}}=B$，则 $A\cdot B=1$，所以

$$原式=\frac{A^3-B^3}{A^2-B^2}-\frac{A^3+B^3}{A^2+B^2+2AB}+\frac{2A^3}{A^2+AB}$$

$$=\frac{A^2+AB+B^2}{A+B}-\frac{A^2-AB+B^2}{A+B}+\frac{2A^2}{A+B}$$

$$=\frac{2AB+2A^2}{A+B}=2A=2\sqrt[3]{x}$$

本题应用了换元法。在指数运算中，如能适当运用换元法往往可使运算化繁为简。分数指数幂也可用来简化根式。

例 5 化简：$\sqrt[4]{ab^3} \cdot \sqrt[6]{a^5 b} \div \sqrt[3]{a^2 b^2}$。

解 原式 $= a^{\frac{1}{4}} b^{\frac{3}{4}} a^{\frac{5}{6}} b^{\frac{1}{6}} a^{-\frac{2}{3}} b^{-\frac{2}{3}} = a^{\frac{1}{4}+\frac{5}{6}-\frac{2}{3}} b^{\frac{3}{4}+\frac{1}{6}-\frac{2}{3}}$

$= a^{\frac{5}{12}} b^{\frac{3}{12}} = \sqrt[12]{a^5 b^3} = \sqrt[12]{a^5} \sqrt[4]{b}$。

例 6 化简：$\sqrt{x^{-3} y^2 \sqrt[3]{xy^2}}$。

解 原式 $= x^{-\frac{3}{2}} y x^{\frac{1}{6}} y^{\frac{1}{3}} = x^{-\frac{3}{2}+\frac{1}{6}} y^{1+\frac{1}{3}} = x^{-\frac{4}{3}} y^{\frac{4}{3}}$

$= \dfrac{y}{x} \sqrt[3]{\dfrac{y}{x}} = \dfrac{y}{x^2} \sqrt[3]{x^2 y}$。

例 7 化简：$\left(\sqrt{x\sqrt{x\sqrt{x\sqrt{x}}}}\right)^3$。

解 原式 $= (x^{\frac{1}{2}} x^{\frac{1}{4}} x^{\frac{1}{8}} x^{\frac{1}{16}})^3 = (x^{\frac{1}{2}+\frac{1}{4}+\frac{1}{8}+\frac{1}{16}})^3$

$= (x^{\frac{15}{16}})^3 = x^{\frac{45}{16}} = x^2 \sqrt[16]{x^{13}}$。

例 8 已知 $x^{\frac{1}{2}} + x^{-\frac{1}{2}} = 3$，求 $\dfrac{x^{\frac{3}{2}} + x^{-\frac{3}{2}} + 2}{x^2 + x^{-2} + 3}$ 的值。

解 把 $x^{\frac{1}{2}} + x^{-\frac{1}{2}} = 3$ 的两端平方，得

$$x + x^{-1} + 2 = 9$$

即 $\qquad\qquad\qquad\qquad x + x^{-1} = 7 \qquad\qquad\qquad\qquad (1)$

把（1）式两端再平方，得

$$(x + x^{-1})^2 = 49$$

即 $\qquad\qquad\qquad\qquad x^2 + x^{-2} + 2 = 49$

$$x^2 + x^{-2} = 47 \qquad\qquad\qquad\qquad (2)$$

所以由（1），（2）式，得

$$\dfrac{x^{\frac{3}{2}} + x^{-\frac{3}{2}} + 2}{x^2 + x^{-2} + 3} = \dfrac{(x^{\frac{1}{2}} + x^{-\frac{1}{2}})(x + x^{-1} - 1) + 2}{x^2 + x^{-2} + 3} = \dfrac{3 \cdot (7-1) + 2}{47 + 3} = \dfrac{2}{5}$$

例 9 展开 $(x^{\frac{2}{3}} + y^{-\frac{2}{3}})^3$。

解 原式 $= (x^{\frac{2}{3}})^3 + 3(x^{\frac{2}{3}})^2 y^{-\frac{2}{3}} + 3 x^{\frac{2}{3}} (y^{-\frac{2}{3}})^2 + (y^{-\frac{2}{3}})^3$

$= x^2 + 3 x^{\frac{4}{3}} y^{-\frac{2}{3}} + 3 x^{\frac{2}{3}} y^{-\frac{4}{3}} + y^{-2}$。

习题 2-6

1. 计算:

(1) $\left\{\left[\dfrac{5}{3}-\left(\dfrac{6}{5}\right)^{-1}\right]^{-2}-\left(\dfrac{25}{11}\right)^{-1}\right\}^{-3}$;

(2) $\dfrac{(3x^2y^{-3})^4}{(-2x^{-3}y^2)^{-3}(-27x^{-5}y^2)}$;

(3) $\left(\dfrac{2}{a^n+a^{-n}}\right)^{-2} - \left(\dfrac{2}{a^n-a^{-n}}\right)^{-2}$ $(n\in \mathbf{N})$.

2. 求证:

(1) $(a+a^{-1})^2(a-a^{-1})^2 = a^4 - 2 + \dfrac{1}{a^4}$;

(2) $\dfrac{a^{-3}+b^{-3}}{a^{-1}+b^{-1}} + \dfrac{a^{-3}-b^{-3}}{a^{-1}-b^{-1}} = 2\left(\dfrac{1}{a^2}+\dfrac{1}{b^2}\right)$.

3. 化简:

(1) $\dfrac{a^2+a^{-2}-2}{a^2-a^{-2}}$;

(2) $\dfrac{m^3+n^{-3}}{m+n^{-1}} + (m-n^{-1})^2$.

4. 求 $32x^{-6}+12x^{-4}+10x^{-2}-12$ 除以 $2x^{-2}-1$ 所得的商式和余式.

5. 分解因式:

(1) $a^{\frac{2}{3}}-b^{\frac{2}{3}}$;   (2) $x^{\frac{3}{2}}-y^{\frac{3}{2}}$;   (3) $x^{-3}-27y^{-3}$.

6. 化简:

(1) $(a^{\frac{1}{2}}\sqrt[3]{b^2})^{-3} \div \sqrt{b^{-4}\sqrt{a^{-2}}}$;

(2) $\dfrac{a^{-\frac{1}{2}}b^{-\frac{3}{4}}}{a^{\frac{1}{3}}b^{\frac{1}{2}}} \div \dfrac{a^{\frac{5}{6}}}{b^{-\frac{1}{6}}}$;

(3) $(x^{\frac{1}{4}}+y^{\frac{1}{4}})(x^{\frac{1}{4}}-y^{\frac{1}{4}})(x^{\frac{1}{2}}+y^{\frac{1}{2}})$;

(4) $(a^{\frac{1}{2}}-b^{\frac{1}{2}})(a+a^{\frac{1}{2}}b^{\frac{1}{2}}+b)$;

(5) $\dfrac{a}{a^{\frac{1}{2}}b^{\frac{1}{2}}+b} + \dfrac{b}{a^{\frac{1}{2}}b^{\frac{1}{2}}-a} - \dfrac{a+b}{a^{\frac{1}{2}}b^{\frac{1}{2}}}$;

(6) $\left(8b^{-\frac{1}{3}}\sqrt{x^{-\frac{1}{3}}b\sqrt[4]{x^{\frac{4}{3}}}}\right)^{\frac{1}{3}}$;

(7) $\dfrac{a^{\frac{5}{3}}-\sqrt[3]{a^2}\,b}{a^{\frac{2}{3}}+\sqrt[3]{ab}+b^{\frac{2}{3}}} \div \left(1-\sqrt[3]{\dfrac{b}{a}}\right)$;

(8) $(2^{2n}+2^{-2n}-2)^{\frac{1}{2}} + (2^{2n}+2^{-2n}+2)^{\frac{1}{2}}$ $(n\in\mathbf{N})$;

(9) $\left[x(1-x)^{-\frac{2}{3}}+\dfrac{x^2}{(1-x)^{\frac{5}{3}}}\right] \div \left[(1-x)^{\frac{1}{3}}(1-2x+x^2)^{-1}\right]$.

7. 计算:

(1) $0.25\times(-2)^2 - 4\div(\sqrt{5}-1)^0 - \left(\dfrac{1}{6}\right)^{-\frac{1}{2}} + \dfrac{\sqrt{3}}{\sqrt{3}-\sqrt{2}}$;

（2） $5-3\times\left[\left(-3\dfrac{3}{8}\right)^{-\frac{1}{3}}+1031\times(0.25-2^{-2})\right]\div 9^0$；

（3） $\left(\dfrac{1}{300}\right)^{-\frac{1}{2}}+10\left(\dfrac{\sqrt{3}}{2}\right)^{\frac{1}{2}}\left(\dfrac{27}{4}\right)^{\frac{1}{4}}-10(2-\sqrt{3})^{-1}$；

（4） $\dfrac{(-27)^3\times\sqrt{\left(\dfrac{1}{16}\right)^{-1\frac{1}{2}}}}{(-9)^0\times\left(1\dfrac{1}{2}\right)^7\left(\dfrac{1}{2}\right)^{-5}}$；

（5） $\dfrac{a-b}{a^{\frac{1}{3}}-b^{\frac{1}{3}}}-\dfrac{a+b}{a^{\frac{1}{3}}+b^{\frac{1}{3}}}$.

8. 已知 $x=\dfrac{\sqrt{3}}{2}$，求 $\dfrac{1+x}{1+(1+x)^{\frac{1}{2}}}+\dfrac{1-x}{1-(1-x)^{\frac{1}{2}}}$ 的值.

9. 已知 $x=\dfrac{3}{2}$，求 $\sqrt{x+2\sqrt{x-1}}+\sqrt{x-2\sqrt{x-1}}$ 的值.

小　结

一、本章主要内容是整式的加、减法和乘法；恒等变形与待定系数法；分式、根式；有理数指数幂的概念、性质、运算法则以及综合除法与部分分式等.

二、整式运算是代数的基本运算，是其他代数运算的基础. 整式加减法的主要步骤是去括号与合并同类项，而整式乘法的基础则是交换律、结合律、分配律及指数律.

三、整式乘法与因式分解都是恒等变形. 待定系数法是数学中一种重要的方法：事先将算式写成某种形式，而且在这个形式中含有待定系数，因此可用恒等的意义或性质，列出待定系数应适合的条件，然后求出待定系数的值.

四、有理分式 $\dfrac{f(x)}{g(x)}$ 的基本性质是

$$\dfrac{f(x)}{g(x)}=\dfrac{f(x)\cdot h(x)}{g(x)\cdot h(x)}=\dfrac{f(x)\div h(x)}{g(x)\div h(x)}\quad (h(x)\neq 0)$$

其中 $f(x),g(x),h(x)$ 都是关于 x 的多项式.

分式的运算和分数相似.

若 $(f(x),g(x))=1$，则称分式 $\dfrac{f(x)}{g(x)}$ 为既约分式或最简分式. 分式化简的结果应是最简分式.

应用分解因式法可以求出多项式的最高公因式与最低公倍式.

五、综合除法是一种简便算法，应用较广.

六、在实数集内简单分式的形式为

$$\dfrac{A}{(x-a)^k},\quad \dfrac{Bx+C}{(x^2+px+q)^m}$$

其中 $k, m \in \mathbf{N}$, A, B, C 为常数，$p^2 - 4q < 0$.

若真分式 $\dfrac{f(x)}{g(x)}$ 的分母分别含有 $(x-a)^k$ 与 $(x^2+px+q)^m$ $(k, m \in \mathbf{N}, p^2-4q<0)$，则其部分分式分别为

$$\frac{A_1}{x-a} + \frac{A_2}{(x-a)^2} + \cdots + \frac{A_k}{(x-a)^k}$$

$$\frac{B_1 x + C_1}{x^2+px+q} + \frac{B_2 x + C_2}{(x^2+px+q)^2} + \cdots + \frac{B_m x + C_m}{(x^2+px+q)^m}$$

其中 $A_i (i=1,2,3,\cdots,k)$；$B_j, C_j (j=1,2,\cdots,m)$ 为常数.

可用待定系数法、数值代入法确定上式中的待定常数. 对于某些真分式，也可用视察法确定其中的待定常数.

用除法可以把假分式化成带分式，即化成一个整式与一个真分式的和.

如果 $\sqrt[n]{a}$ 有意义，则称 $\sqrt[n]{a}$ 为根式，n 为根指数，a 为被开方数，且

$$(\sqrt[n]{a})^n = a \quad (n \in \mathbf{N}, n \neq 1)$$

$$\sqrt[n]{a^n} = \begin{cases} a, & (n\text{为奇数}) \\ |a|, & (n\text{为偶数}) \end{cases}$$

如果 $a \geq 0$，则称 $\sqrt[n]{a}$ $(n \in \mathbf{N}, n \neq 1)$ 为 a 的算术根. 算术根的性质是：

（1）$\sqrt[n]{a^m} = \sqrt[np]{a^{mp}}$；　　　　　（2）$\sqrt[n]{ab} = \sqrt[n]{a}\sqrt[n]{b}$；

（3）$\sqrt[n]{\dfrac{a}{b}} = \dfrac{\sqrt[n]{a}}{\sqrt[n]{b}}$ $(b \neq 0)$；　　　（4）$(\sqrt[n]{a})^m = \sqrt[n]{a^m}$；

（5）$\sqrt[m]{\sqrt[n]{a}} = \sqrt[mn]{a}$.

其中 $m, n, p \in \mathbf{N}$, a, b 都是非负的.

根指数相同的根式称为同次根式，根指数相同被开方数也相同的根式称为同类根式. 进行根式加、减时，同类根式要合并；进行根式乘、除时，应先根据性质（1）把它们化为同次根式，然后分别用性质（2）与性质（3）计算. 性质（4）与性质（5）分别是根式乘方与开方的公式. 化简根式的结果应是最简根式.

利用根式性质化简根式时，要特别注意根式中的被开方数的每个因子都是非负的.

八、有理数指数幂的定义是：

1. $a^0 = 1$ $(a \neq 0)$. 零的零次幂无意义.

2. $a^{-n} = \dfrac{1}{a^n}$ $(a \neq 0, n \in \mathbf{N})$. 零的负整数无意义；

3. $a^{\frac{p}{q}} = \sqrt[q]{a^p}$ $(a > 0, p, q \in \mathbf{N})$，$a^{-\frac{p}{q}} = \dfrac{1}{a^{\frac{p}{q}}}$. 零的正分数幂是零，零的负分数幂无意义.

有理数指数幂满足幂的运算法则：

$$a^m a^n = a^{m+n}, \quad (a^m)^n = a^{mn}, \quad (ab)^n = a^n b^n$$

应用幂的运算法则化简分数指数幂时，要特别注意幂的底数是正的.

应熟练掌握根式与有理数指数幂的互化.

复习题二

1. 已知 $f(x) = 6x^3 - 19x^2 + ax + b$ 分别能被 $3x+1, 2x+3$ 整除，求 a, b 的值.

2. 用综合除法求 $(a^3 - b^3 + c^3 + 3abc) \div (a - b + c)$ 的商式及余式.

3. 化下列分式为部分分式：

（1）$\dfrac{3x^2 + x - 2}{(x-2)^2(1-2x)}$;

（2）$\dfrac{x^2 - 2x + 5}{(x-2)^2(x^2+1)}$;

（3）$\dfrac{2x^3 - 5x^2 + 2x - 3}{(x^2 - 3x + 2)(x^2 - 2x + 3)}$;

（4）$\dfrac{2x^2 + 2x + 13}{(x-2)(x^2+1)^2}$.

4. 把多项式 $x^3 - x^2 + 2x + 2$ 表示成关于 $x-1$ 的三次多项式.

5. （1）求证：

$$\frac{a}{(a-b)(a-c)} + \frac{b}{(b-c)(b-a)} + \frac{c}{(c-b)(c-a)} = 0$$

（2）已知 $abc = 1$，求证：

$$\frac{a}{ab+a+1} + \frac{b}{bc+b+1} + \frac{c}{ac+c+1} = 1$$

6. 已知 $ax^3 = by^3 = cz^3$，$\dfrac{1}{x} + \dfrac{1}{y} + \dfrac{1}{z} = 1$，求证：

$$\sqrt[3]{ax^2 + by^2 + cz^2} = \sqrt[3]{a} + \sqrt[3]{b} + \sqrt[3]{c}$$

7. 已知 $\sqrt{x}(\sqrt{x} + \sqrt{y}) = 3\sqrt{y}(\sqrt{x} + 5\sqrt{y})$，求 $\dfrac{2x + \sqrt{xy} + 3y}{x + \sqrt{xy} - y}$ 的值.

8. 设 $a\sqrt{(1-b^2)} + b\sqrt{(1-a^2)} = 1$，求证：$a^2 + b^2 = 1$.

9. 设 $f(x) = \sqrt{x} + \sqrt{x+1}$，求证：

$$\frac{1}{f(1)} + \frac{1}{f(2)} + \cdots + \frac{1}{f(n)} = \sqrt{n+1} - 1, \quad (n \in \mathbf{N})$$

10. 化简：

（1）$\left(\dfrac{8a^{-15}}{\sqrt{125a^3}}\right)^{-\frac{2}{3}}$;

（2）$\sqrt{a^{\frac{2}{3}}(bc^{-1})^{-2}}$;

（3）$\sqrt[3]{a^{-1}\sqrt[4]{a^3}}$;

（4）$\sqrt[3]{a^{\frac{9}{2}}\sqrt{a^{-3}}} \div \sqrt{\sqrt{a^{-7}} \cdot \sqrt[3]{a}}$

（5）$\dfrac{a}{bc} - \dfrac{b^{-1}}{c^{-2}} - \dfrac{a^{-1}(b^{-1} + c^{-1})}{a^{-2}(b+c)} + \dfrac{b+c}{b^{-1} + c^{-1}}$.

11. 化简：$\dfrac{\sqrt{x^2+2xy+y^2}}{|y+1|}+\left(\dfrac{y+1}{x+y}\right)^{-1}$ $(-x<y<-1)$.

12. 设 $f(x)=\dfrac{\sqrt{(a+x)(x+b)}+\sqrt{(a-x)(x-b)}}{\sqrt{(a+x)(x+b)}-\sqrt{(a-x)(x-b)}}$ $(a>0,b>0)$，求 $f(\sqrt{ab})$.

13. 设 $\sqrt{x}=\sqrt{a}-\dfrac{1}{\sqrt{a}}$，求 $\dfrac{x+2+\sqrt{4x+x^2}}{x+2-\sqrt{4x+x^2}}$ 的值.

14. 已知 $x=\sqrt{6+2\sqrt{5}}$，求 $\left(\dfrac{\sqrt{x}}{1+\sqrt{x}}+\dfrac{1-\sqrt{x}}{\sqrt{x}}\right)\div\left(\dfrac{\sqrt{x}}{1+\sqrt{x}}-\dfrac{1-\sqrt{x}}{\sqrt{x}}\right)$ 的值.

15. 已知 $x=2\sqrt{2}$，求 $\dfrac{x}{\sqrt[3]{x}-1}-\dfrac{\sqrt[3]{x^2}}{\sqrt[3]{x}-1}-\dfrac{1}{x^{\frac{1}{3}}-1}+\dfrac{1}{x^{\frac{1}{3}}+1}$ 的值.

16. 化简：$\dfrac{a^2+b^2-a^{-2}-b^{-2}}{a^2b^2-a^{-2}b^{-2}}+\dfrac{(a-a^{-1})(b-b^{-1})}{ab+a^{-1}b^{-1}}$.

17. 已知 $x=(a+\sqrt{a^2+b^3})^{\frac{1}{3}}+(a-\sqrt{a^2+b^3})^{\frac{1}{3}}$，求 $x^3+3bx-2a+1$ 的值.

第三章 方程与不等式

前面讨论了整式、分式和根式，它们与零比较就有了方程和不等式．本章将讨论一元二次方程以及可化为一元二次方程的分式方程和无理方程、二元二次方程组等．最后还将介绍不等式的解法以及一个著名的不等式．

第一节 一元二次方程

一、方程的变换

在解方程时，往往将原方程变换为一个新的方程，为了判断新方程的根是否为原方程的根，我们考察原方程的根与新方程的根的关系．设原方程

$$f(x) = g(x) \qquad (1)$$

在某变换下成为新方程

$$F(x) = G(x) \qquad (2)$$

其中 $f(x), g(x), F(x), G(x)$ 都是关于 x 的代数式．若方程（1）的每一个根（k 个相等的根算作 k 个根）都是方程（2）的根，则称方程（2）是方程（1）的结果．

应当注意，原方程的结果的根很可能不完全是原方程的根，因此要把从结果中求得的根代入原方程检验：如果适合，则是原方程的根；如果不适合，它就不是原方程的根，应该舍去．对原方程来说，这些不适合的根称为**增根**．

例如，方程 $x = \sqrt{x+2}$，两边平方后的结果是 $x^2 = x+2$，它的根是 $x_1 = 2, x_2 = -1$．将它们代入原方程可知，$x_1 = 2$ 适合原方程，而 $x_2 = -1$ 是增根，应舍去，即原方程的根是 $x_1 = 2$．

以上定义和结论对于方程组也适用．

若方程（2）是方程（1）的结果，且方程（1）是方程（2）的结果，则称方程（1）与（2）是同解方程或称方程（1）与（2）是同解的．判断两个方程是否同解的依据有如下三条：

（1）方程的两边都加上（或都减去）同一个数或同一整式，所得的方程与原方程同解．

（2）方程的两边都乘以（或都除以）同一个不等于零的数或式，所得方程与原方程同解．

（3）如果方程的一边为零，另一边可分解为 n 个因式的乘积，那么使各个因式分别等于零，这样得出 n 个方程与原方程是同解方程．例如，方程 $(x-2)(x+1) = 0$ 与方程 $x-2 = 0$ 和 $x+1 = 0$ 同解．

注意：（1）如果方程的两边同乘以一个整式，或两边同时乘方，扩大了解的允许值的范围，则可能产生增根，这就需要检验，找出增根并舍去．

（2）如果方程两边同除以一个整式，或两边同时开方，则可能遗根．故需找出整式 = 0 的根或被开方数 = 0 的根，加以验证，确定是否为原方程的根．若是，则应补上并作为原方程的一个根．

（3）避免破坏同解性，应尽量采取同解的变形方式．

二、一元二次方程的解法

一元二次方程的一般形式为

$$ax^2 + bx + c = 0$$

其中 a, b, c 都是常数，且 $a \neq 0$．

原方程变为

$$x^2 + \frac{b}{a}x + \frac{c}{a} = 0$$

配方，得

$$\left(x + \frac{b}{2a}\right)^2 - \frac{b^2 - 4ac}{4a^2} = 0$$

若 $b^2 - 4ac \geq 0$，则可分解因式

$$\left(x + \frac{b}{2a} - \frac{\sqrt{b^2 - 4ac}}{2a}\right)\left(x + \frac{b}{2a} + \frac{\sqrt{b^2 - 4ac}}{2a}\right) = 0$$

而方程 $x + \frac{b}{2a} - \frac{\sqrt{b^2 - 4ac}}{2a} = 0$ 和 $x + \frac{b}{2a} + \frac{\sqrt{b^2 - 4ac}}{2a} = 0$ 与原方程同解，即 $ax^2 + bx + c = 0$ 的根为

$$x = \frac{-b \pm \sqrt{b^2 - 4ac}}{2a}$$

这就是一元二次方程的求根公式．

例 1 解方程：$x^2 - 4x - 3 = 0$．

解 由 $a = 1, b = -4, c = -3$，代入上面的求根公式可得

$$x_1 = \frac{-(-4) + \sqrt{(-4)^2 - 4 \cdot 1 \cdot (-3)}}{2 \cdot 1} = 2 + \sqrt{7}, \quad x_2 = 2 - \sqrt{7}$$

三、判别式

$b^2 - 4ac$ 叫做一元二次方程 $ax^2 + bx + c = 0$ 的判别式，记为 Δ，即

$$\Delta = b^2 - 4ac$$

定理 1.1 对于实系数方程：

$$ax^2 + bx + c = 0 \quad (a \neq 0)$$

（1）有两个不相等的实根的充要条件是：$b^2 - 4ac > 0$；

（2）有两个相等的实根的充要条件是：$b^2 - 4ac = 0$；

（3）没有实根的充要条件是：$b^2-4ac<0$.

证明从略.

例2 已知 p,q,m 为有理数，且 $p=m+\dfrac{q}{m}$，求证方程 $x^2+px+q=0$ 的根为有理数.

解 方程的判别式为 $\Delta=p^2-4q$，把 $p=m+\dfrac{q}{m}$ 代入，得

$$\Delta=\left(m+\dfrac{q}{m}\right)^2-4q=m^2+2q+\dfrac{q^2}{m^2}-4q=\left(m-\dfrac{q}{m}\right)^2$$

由于 $\Delta\geq 0$，所以方程有实根.

如果 $m-\dfrac{q}{m}\neq 0$，方程有两个不相等的实根，由于 Δ 是 $m-\dfrac{q}{m}$ 的平方，进一步断定是有理根；

如果 $m-\dfrac{q}{m}=0$，方程有两个相等的实根，而且是有理根 $x=-\dfrac{p}{2}$.

四、换元法

有些方程不是一元二次的，但如果采用换元法，就可借助一元二次方程来求解.

例3 解方程：$x^4-5x^2+1=0$.

解 令 $x^2=y$，则原方程成为

$$y^2-5y+1=0$$

解此方程得

$$y_1=\dfrac{5+\sqrt{21}}{2},\quad y_2=\dfrac{5-\sqrt{21}}{2}$$

由 $x^2=y$，可以得到

$$x_1=\sqrt{\dfrac{5+\sqrt{21}}{2}},\quad x_2=-\sqrt{\dfrac{5+\sqrt{21}}{2}},\quad x_3=\sqrt{\dfrac{5-\sqrt{21}}{2}},\quad x_4=-\sqrt{\dfrac{5-\sqrt{21}}{2}}$$

例4 解方程：$(x^2+3x+4)(x^2+3x-1)=-6$.

解 令 $x^2+3x+1=y$，则原方程成为

$$(y+3)(y-2)+6=0$$

即

$$y^2+y=0$$

解此方程得

$$y_1=0,\quad y_2=-1$$

由 $x^2+3x+1=y$，得

$$x^2+3x+1=0,\quad x^2+3x+2=0$$

解这两个一元二次方程，得原方程的根：

$$x_1=\dfrac{-3+\sqrt{5}}{2},\quad x_2=\dfrac{-3-\sqrt{5}}{2},\quad x_3=-1,\quad x_4=-2$$

例5 求方程 $(x+1)(x+2)(x+3)(x+4)=120$ 的实根.

解 将原方程改写为
$$(x+1)(x+4)(x+2)(x+3)=120$$
即
$$(x^2+5x+4)(x^2+5x+6)=120$$
令 $x^2+5x+5=y$，则原方程成为
$$(y-1)(y+1)=120$$
故
$$y^2=121$$
解此方程得
$$y_1=11,\quad y_2=-11$$
于是由 $x^2+5x+5=y$，得
$$x^2+5x-6=0,\quad x^2+5x+16=0$$

对第一个方程可解得 $x_1=-6$，$x_2=1$. 容易验证第二个方程的判别式为负，即无实根. 所以原方程的实根是 $x_1=-6$，$x_2=1$.

习题 3-1

1. 下列各对方程是否同解？为什么？

（1） $x=\sqrt{2x+3}$ 与 $x^2-2x-3=0$；

（2） $|x|=\sqrt{2x+3}$ 与 $x^2-2x-3=0$.

2. 解下列方程：

（1） $x^2-6x+2=0$;

（2） $x^2+10x+23=0$;

（3） $3x^2-5x+1=0$;

（4） $x^2-4ax-4b^2+8ab=0$（a,b 为常数且 $a>b$）.

3. 设 $ax^2+bx+c=0$ 的两个根为 x_1,x_2，试用方程的系数 a,b,c 表示 x_1+x_2，$x_1\cdot x_2$.

4. 解方程：
$$(a+c-b)x^2+2cx+(b+c-a)=0$$

其中 a,b,c 为常数.

5. 求下列方程的实根：

（1） $3x^4-29x^2+18=0$;

（2） $(x-a)(x+2a)(x-3a)(x+4a)=24a^4$（$a>0$）;

（3） $(3x^2-2x+1)(3x^2-2x-7)+12=0$;

（4） $x^3-1=0$;

（5） $2x^3-3x^2-3x+2=0$;

（6） $(a+x)^3+(b+x)^3=(a+b+2x)^3$;

（7） $(a-x)^4-(b-x)^4=(a-b)(a+b-2x)$（$a,b,c$ 为常数）.

第二节 分式方程与无理方程

一、分式方程

分母含有未知数的有理方程叫做分式方程. 例如

$$\frac{x}{a}+\frac{a}{x}=b$$

就是关于 x 的分式方程.

分式方程的一般解法是：用方程两边所含各分式的最简公分母（即方程中各分母的最低公倍式）乘方程的两边，使原方程变换为一个整式方程，再解这个整式方程. 如果整式方程的根使得分母不为零，可知整式方程的这个根就是原方程的根；如果这个整式方程的某个根使得分式方程的分母为零，则这个根是原方程的增根，应舍去.

例 1 解方程：$\dfrac{3}{x}+\dfrac{6}{x-1}-\dfrac{x+13}{x(x-1)}=0$.

解 在原方程的两边乘以 $x(x-1)$，则有

$$3(x-1)+6x-(x+13)=0$$

即 $x=2$.

由于 $x=2$ 使得 $x(x-1)\neq 0$，故原方程的根是 $x=2$.

例 2 解方程：$\dfrac{1}{x+2}+\dfrac{1}{x+7}=\dfrac{1}{x+3}+\dfrac{1}{x+6}$.

解 原方程化为

$$\frac{1}{x+2}-\frac{1}{x+3}=\frac{1}{x+6}-\frac{1}{x+7}$$

方程两边同乘以 $(x+2)(x+3)(x+6)(x+7)$，得

$$x^2+13x+42=x^2+5x+6$$

即 $x=-\dfrac{9}{2}$.

容易验证，$x=\left(-\dfrac{9}{2}\right)$ 是原方程的根.

例 3 求方程 $x^2+\dfrac{1}{x^2}-2\left(x+\dfrac{1}{x}\right)+2=0$ 的实根.

解 用换元法解这个分式方程. 令 $x+\dfrac{1}{x}=y$，则

$$x^2+\frac{1}{x^2}=y^2-2$$

且原方程变为 $\qquad y^2-2-2y+2=0$

所以 $\qquad y^2-2y=0$

解得 $y=0, y=2$. 于是

$$x+\frac{1}{x}=0, \quad x+\frac{1}{x}=2$$

容易验证，前一个方程无实根，而后一个方程的实根是 $x_{1,2}=1$，所以原方程的实根是 1.

二、无理方程

被开方式中含有未知数的方程叫做**无理方程**.

无理方程的一般解法是：把方程有理化，使其变为整式方程.

例 4 解方程：$\sqrt{x+2}+\sqrt{x-1}-\sqrt{x+7}=0$.

解 将原方程改写为

$$\sqrt{x+2}+\sqrt{x-1}=\sqrt{x+7}$$

两边平方，得

$$x+2+x-1+2\sqrt{(x+2)(x-1)}=x+7$$

即
$$2\sqrt{(x+2)(x-1)}=6-x$$

又两边平方，得

$$4(x+2)(x-1)=36-12x+x^2$$

化简，得原方程的结果

$$3x^2+16x-44=0$$

这已是整式方程，它的解是 $x_1=2, \quad x=\frac{-22}{3}$.

容易验证，$x_1=2$ 适合原方程，而 $x_2=\frac{-22}{3}$ 则是原方程的增根，应舍去. 于是原方程的根是 $x_1=2$.

例 5 解方程：$x^2-2x+\sqrt{x^2-2x+2}=0$.

解 把原方程改写为

$$(x^2-2x+2)+\sqrt{x^2-2x+2}-2=0$$

分解因式得

$$(\sqrt{x^2-2x+2}-1)(\sqrt{x^2-2x+2}+2)=0$$

即
$$\sqrt{x^2-2x+2}=1$$

因上式两边为正，再两边平方，得

$$x^2-2x+1=0$$

解此方程，得原方程的根 $x_{1,2}=1$.

习题 3-2

1. 解下列方程：

（1）$\dfrac{x^2-3x}{x^2-1}+2=\dfrac{1}{1-x}$；

（2）$\dfrac{1}{x-2}+\dfrac{1}{x^3-3x^2+2x}=\dfrac{3}{x^2-2x}$；

（3）$\dfrac{3x+3}{(x+1)^2}+\dfrac{1}{x-3}=0$； （4）$\dfrac{x^3+1}{x+1}-\dfrac{x^3-1}{x-1}=0$.

2. 解下列方程：

（1）$\sqrt{2x-3}-\sqrt{5x-6}+\sqrt{3x-5}=0$；

（2）$\sqrt{2x+3}+\sqrt{3x-5}-\sqrt{x+1}-\sqrt{4x-3}=0$.

3. 用换元法求下列方程的实根：

（1）$2x^2-6x-5\sqrt{x^2-3x-1}-5=0$； （2）$\sqrt{\dfrac{2x-5}{x-2}}-3\sqrt{\dfrac{x-2}{2x-5}}+2=0$；

（3）$\sqrt{\dfrac{a-x}{b+x}}+\sqrt{\dfrac{b+x}{a-x}}=2\ (a+b\neq 0)$； （4）$4x^2+x+2x\sqrt{3x^2+x}=9$；

（5）$\sqrt[4]{x^3}-5\sqrt{x}+6\sqrt[4]{x}=0$.

4. a 为何值时，方程 $\sqrt{x^2-2a}-\sqrt{x^2-1}+1=0$ 有根？并求这个根.

第三节　二元二次方程组

对于多个未知数的方程，每项中各未知数的指数之和，称为这一项的次数，方程各项次数中最大者称为方程的**次数**. 这一节只讨论几种特殊类型的二元二次方程组的解法，下面先介绍方程组的同解定理.

定理 3.1　设 a_1, a_2, b_1, b_2 为常数，且 $a_1b_2\neq a_2b_1$，则方程组

$$\begin{cases}F(x,y)=0\\ G(x,y)=0\end{cases}$$

与方程组

$$\begin{cases}a_1F(x,y)+b_1G(x,y)=0\\ a_2F(x,y)+b_2G(x,y)=0\end{cases}$$

同解.

证明略.

一、第一型

方程组中有一个是二元一次方程.

例 1　解方程组：

$$\begin{cases}3x+y=2 & (1)\\ x^2+2xy+3y^2-3x+1=0 & (2)\end{cases}$$

解　将一次方程中的一个未知数用另一个表示出来，并代入第二个方程使它变为一元二次方程，从而可求出原方程组的解，这种方法简称为**代入法**. 现在用代入法解例 1.

由（1）式得
$$y = 2 - 3x \tag{3}$$
将它代入（2）式，得
$$x^2 + 2x(2-3x) + 3(2-3x)^2 - 3x + 1 = 0$$
即
$$22x^2 - 35x + 13 = 0$$

解此方程得 $x_1 = 1, x_2 = \dfrac{13}{22}$. 把它们依次代入方程（3），得 $y_1 = -1, y_2 = \dfrac{5}{22}$. 于是原方程组的解为

$$\begin{cases} x_1 = 1, \\ y_1 = -1; \end{cases} \begin{cases} x_2 = \dfrac{13}{22} \\ y_2 = \dfrac{5}{22} \end{cases}$$

例 1 表明用代入法总可求出第一型中二元二次方程组的解.

二、第二型

两个方程都是二元二次方程.

（1）可消去二次项.

例 2 解方程组：
$$\begin{cases} 2y^2 + x - y = 3 & (4) \\ 3y^2 - 2x + y = 0 & (5) \end{cases}$$

解 经观察发现方程组有以下特点：两个方程都只含 y 的二次项，把它消去，即将（4）式 × 3 − （5）式 × 2，得
$$7x - 5y = 9 \tag{6}$$

方程（6）与方程（4）或（5）组合均可化为第一型. 不妨和方程（4）组合，即
$$\begin{cases} 7x - 5y = 9 \\ 2y^2 + x - y = 3 \end{cases}$$

用代入法求得这个方程组的解为

$$\begin{cases} x_1 = 2, \\ y_1 = 1; \end{cases} \begin{cases} x_2 = \dfrac{33}{49} \\ y_2 = -\dfrac{6}{7} \end{cases}$$

这也是原方程组的解.

（2）可消去一个未知数.

例 3 解方程组：
$$\begin{cases} x^2 - 15xy - 3y^2 + 2x + 9y - 98 = 0 & (7) \\ 5xy + y^2 - 3y + 21 = 0 & (8) \end{cases}$$

解 经观察发现方程组有以下特点：两个方程均含有 xy, y^2，而 y 项的系数成比例，故可把这三项都消去．即（7）式＋（8）式×3，得

$$x^2 + 2x - 35 = 0 \qquad (9)$$

故原方程组可化为

$$\begin{cases} x^2 + 2x - 35 = 0 \\ 5xy + y^2 - 3y + 21 = 0 \end{cases}$$

先由 $x^2 + 2x - 35 = 0$，解得 $x_1 = 5, x_3 = -7$．再将 $x_1 = 5$ 代入此方程组的后一方程，解得

$$y_1 = -1, \quad y_2 = -21$$

又将 $x_3 = -7$ 代入此方程组的后一方程，解得

$$y_3 = 19 + 2\sqrt{85}, \quad y_4 = 19 - 2\sqrt{85}$$

则原方程组的解是

$$\begin{cases} x_1 = 5, \\ y_1 = -1; \end{cases} \begin{cases} x_2 = 5, \\ y_2 = -21; \end{cases} \begin{cases} x_3 = -7, \\ y_3 = 19 + 2\sqrt{85}; \end{cases} \begin{cases} x_4 = -7, \\ y_4 = 19 - 2\sqrt{85} \end{cases}$$

（3）方程组中至少有一个方程可以分解因式．

例 4 解方程组：

$$\begin{cases} x^2 - 5xy + 6y^2 = 0 & (10) \\ x^2 + y^2 + x - 11y - 2 = 0 & (11) \end{cases}$$

解 经观察发现方程组有以下特点：（10）式可分解为

$$(x - 2y)(x - 3y) = 0$$

于是原方程组可化为

$$\begin{cases} x - 2y = 0 \\ x^2 + y^2 + x - 11y - 2 = 0 \end{cases}$$

和

$$\begin{cases} x - 3y = 0 \\ x^2 + y^2 + x - 11y - 2 = 0 \end{cases}$$

不难看出，上面两个方程组都是第一型，可用代入法分别求出它们的解，即原方程组的解为

$$\begin{cases} x_1 = 4, \\ y_1 = 2; \end{cases} \begin{cases} x_2 = -\dfrac{2}{5}, \\ y_2 = -\dfrac{1}{5}; \end{cases} \begin{cases} x_3 = 3, \\ y_3 = 1; \end{cases} \begin{cases} x_4 = -\dfrac{3}{5}, \\ y_4 = -\dfrac{1}{5} \end{cases}$$

（4）可消去一次项和常数项．

例 5 解方程组：

$$\begin{cases} 3x^2 - y^2 = 8 & (12) \\ x^2 + xy + y^2 = 4 & (13) \end{cases}$$

解 经观察发现方程组有以下特点：两个方程都没有一次项，消去常数项就得到一个 $ax^2+bxy+cy^2=0$ 形式的方程. 若 $b^2-4ac \geq 0$，这个方程就可分解两个一次方程.

由（12）式 −（13）式 × 2，得
$$x^2-2xy-3y^2=0$$
分解因式，得
$$(x+y)(x-3y)=0$$
于是原方程组可分为以下两个方程组
$$\begin{cases}3x^2-y^2=8,\\x+y=0;\end{cases}\quad\begin{cases}3x^2-y^2=8\\x-3y=0\end{cases}$$
解之，得原方程组的解：
$$\begin{cases}x_1=2,\\y_1=-2;\end{cases}\begin{cases}x_2=-2,\\y_2=2;\end{cases}\begin{cases}x_3=\dfrac{6}{13}\sqrt{13},\\y_3=\dfrac{2}{13}\sqrt{13};\end{cases}\begin{cases}x_4=-\dfrac{6}{13}\sqrt{13}\\y_4=-\dfrac{2}{13}\sqrt{13}\end{cases}$$

总之，先用消去法或分解因式法把第二型方程组化为第一型方程组，然后再用代入法求解.

例 6 设方程组
$$\begin{cases}y^2=4ax\quad(a>0)\qquad(14)\\y=k(x-4a)\quad(k\neq 0)\qquad(15)\end{cases}$$
的两组实解为 $(x_1,y_1),(x_2,y_2)$，证明：$x_1x_2+y_1y_2=0$.

证明 以（15）式代入（14）式，并整理，得
$$k^2x^2-(8ak^2+4a)x+16a^2k^2=0$$
所以
$$x_1+x_2=\dfrac{8ak^2+4a}{k^2},\quad x_1x_2=16a^2$$
由（15）式得
$$y_1y_2=k^2(x_1-4a)(x_2-4a)=k^2x_1x_2-4ak^2(x_1+x_2)+16a^2k^2$$
$$=16a^2k^2-4a(8ak^2+4a)+16a^2k^2=-16a^2$$
证毕.

例 7 设 (x,y) 满足方程 $9x^2+25y^2=225$，问 (x,y) 为何值时，才能使 $l^2=\left(x-\dfrac{64}{25}\right)^2+y^2$ 最小？

解 由题可知
$$\left(x-\dfrac{64}{25}\right)^2+y^2=\left(x-\dfrac{64}{25}\right)^2-\dfrac{9}{25}x^2+9=\dfrac{16}{25}x^2-\dfrac{128}{25}x+\left(\dfrac{64}{25}\right)^2+9$$
$$=\dfrac{16}{25}(x-4)^2+\dfrac{3321}{625}$$

所以 $x=4$，l^2 有最小值. 故当 $x=4,y=\pm\dfrac{9}{5}$ 时，l^2 有最小值.

如果对某区间内的每一个 t 值，方程组

$$\begin{cases} f(x,y,t) = 0 \\ g(x,y,t) = 0 \end{cases}$$

都有唯一实解(x, y)，则称 t 为参数. 在适当的条件下，从两个方程中可以消去一个参数，从三个方程中可以消去两个参数等.

例 8 把方程组：

$$\begin{cases} y - tx = \sqrt{a^2 t^2 + b^2} & (16) \\ ty + x = \sqrt{a^2 + t^2 b^2} & (17) \end{cases}$$

的参数 t 消去.

解 由（16）^{2}式 +（17）^{2}式得

$$(y - tx)^2 + (ty + x)^2 = a^2 t^2 + b^2 + a^2 + b^2 t^2$$

即

$$(1 + t^2)(x^2 + y^2) = (1 + t^2)(a^2 + b^2)$$

所以

$$x^2 + y^2 = a^2 + b^2$$

习题 3-3

1. 下列各对方程组是否同解，为什么？

(1) $\begin{cases} F(x,y) = 0 \\ G(x,y) = 0 \end{cases}$ 与 $\begin{cases} a_1 F(x,y) + b_1 G(x,y) = 0 \\ G(x,y) = 0 \end{cases}$ $(a_1 \neq 0)$；

(2) $\begin{cases} F(x,y) = 0 \\ G(x,y) = 0 \end{cases}$ 与 $\begin{cases} G(x,y) = 0 \\ a_2 F(x,y) + b_2 G(x,y) = 0 \end{cases}$ $(a_2 \neq 0)$.

2. 解方程组 $\begin{cases} x + y = 20, \\ x^2 + y^2 = 200. \end{cases}$

3. 解方程组 $\begin{cases} x^2 + 2xy + y^2 = 9, \\ (x - y)^2 - 3(x - y) + 2 = 0. \end{cases}$

4. 解方程组 $\begin{cases} x^2 + 3xy = 28, \\ xy + 4y^2 = 8. \end{cases}$

5. 解方程组 $\begin{cases} x + y = \dfrac{1}{2}, \\ 56\left(\dfrac{x}{y} + \dfrac{y}{x}\right) + 113 = 0. \end{cases}$

6. m 为何值时，方程组 $\begin{cases} x^2 + 2y^2 - 6 = 0 \\ y = mx + 3 \end{cases}$ 有相同的两组解？

7. c 为何值时，方程组

$$\begin{cases} y = x + c \\ y^2 + 9x^2 = 9 \end{cases}$$

的两组实解 $(x_1, y_1), (x_2, y_2)$ 满足方程：$(x_2 - x_1)^2 + (y_2 - y_1)^2 = \dfrac{162}{25}$？

8. c 为何值时，方程组
$$\begin{cases} x^2 + y^2 + x - 6y + c = 0 \\ x + 2y = 3 \end{cases}$$
的实解 $(x_1, y_1), (x_2, y_2)$ 满足方程：$x_1 x_2 + y_1 y_2 = 0$？

第四节　不等式的性质

在实际问题中，常需要比较大小，进行不等式运算. 本节介绍不等式的基本性质以及利用基本性质证明不等式，最后介绍一个重要的不等式：算术-几何平均值不等式.

一、不等式的基本性质

不等式的基本性质如下：
（1）对逆性：$a < b \Leftrightarrow b > a$.
（2）传递性：$a > b, b > c \Rightarrow a > c$.
（3）加法保序性：$a > b \Leftrightarrow a + c > b + c$.
（4）乘正保序性：$a > b, c > 0 \Leftrightarrow ac > bc$.
　　乘负反序性：$a > b, c < 0 \Leftrightarrow ac < bc$.
（5）开方保序性：$a > b > 0 \Leftrightarrow \sqrt[n]{a} > \sqrt[n]{b}$（$n \geq 2$ 且 $n \in \mathbf{N}$）.
（6）$|x| \leq a \Leftrightarrow x^2 \leq a^2 \Leftrightarrow -a \leq x \leq a$（$a > 0$）.
（7）$|x| \geq a \Leftrightarrow x^2 \geq a^2 \Leftrightarrow x \leq -a$ 或 $a \leq x$（$a > 0$）.
（8）$|a| - |b| \leq |a \pm b| \leq |a| + |b|$.

使含有未知数的不等式（组）成立的未知数的数值范围叫做不等式（组）的**解集**.
求不等式（组）**解集**的过程叫做**解不等式（组）**.

二、不等式的证明

例1　设 $a > b > 0, c > d > 0$，求证：$ac > bd$.
证明　根据性质（4）（乘正保序性），有
$$\left. \begin{array}{r} a > b \\ c > 0 \end{array} \right\} \Rightarrow ac > bc, \quad \left. \begin{array}{r} c > d \\ b > 0 \end{array} \right\} \Rightarrow bc > bd$$
再由（2）（传递性）得到
$$ac > bd$$

例2　求证：$\sqrt{3} + \sqrt{5} < 4$.
证明　因为 $\sqrt{3} + \sqrt{5}$ 与 4 都是正数，于是根据性质（5），得

$$\sqrt{3}+\sqrt{5}<4 \Leftrightarrow (\sqrt{3}+\sqrt{5})^2<16$$

但
$$(\sqrt{3}+\sqrt{5})^2<16 \Leftrightarrow (8+2\sqrt{15})<16 \Leftrightarrow \sqrt{15}<4 \Leftrightarrow 15<16$$

所以原不等式成立.

例 3 求证 $\dfrac{1}{7} \leqslant \dfrac{x^2-3x+4}{x^2+3x+4} \leqslant 7$，其中 x 为任何实数.

解 设 $y=\dfrac{x^2-3x+4}{x^2+3x+4}$，则关于 x 的二次方程为

$$(y-1)x^2+3(y+1)x+4(y-1)=0$$

在 $\Delta = 9(y+1)^2 - 16(y-1)^2 \geqslant 0$ 下总有解，即

$$\Delta = -(7y-1)(y-7) \geqslant 0$$

即 $\dfrac{1}{7} \leqslant y \leqslant 7$ 时，二次方程总有解. 所以，对任意实数 x，都有

$$\dfrac{1}{7} \leqslant \dfrac{x^2-3x+4}{x^2+3x+4} \leqslant 7$$

三、算术-几何平均值不等式

定理 4.1 若 a,b 是实数，则

$$a^2+b^2 \geqslant 2ab \tag{1}$$

当且仅当 $a=b$ 时等号成立.

证明 由 a,b 是实数可知，

$$(a-b)^2 \geqslant 0$$

当且仅当 $a=b$ 时等号成立. 所以

$$a^2+b^2 \geqslant 2ab$$

当且仅当 $a=b$ 时等号成立，即定理 1 得证.

这个不等式又常表现为

$$\dfrac{b}{a}+\dfrac{a}{b} \geqslant 2 \tag{2}$$

其中 a,b 同号，当且仅当 $a=b$ 时取等号；或

$$\dfrac{a+b}{2} \geqslant \sqrt{ab} \tag{3}$$

其中 a,b 为正数，当且仅当 $a=b$ 时取等号，即两个正数的算术平均值不小于这两个正数的几何平均值.

一般地，n 个正数 $a_1, a_2, \cdots, a_n$ 的算术平均值不小于这 n 个正数的几何平均值，即

$$\dfrac{a_1+a_2+\cdots+a_n}{n} \geqslant \sqrt[n]{a_1 a_2 \cdots a_n} \tag{4}$$

当且仅当 $a_1 = a_2 = \cdots = a_n$ 时取等号（证明从略）.

特别地，若 a, b, c 为正数，则

$$\frac{a+b+c}{3} \geqslant \sqrt[3]{abc} \tag{5}$$

当且仅当 $a = b = c$ 时取等号.

（3）、（4）、（5）式统称为算术-几何平均值不等式.

例 4 求证：$\dfrac{x^2+2}{\sqrt{x^2+1}} \geqslant 2$.

证明 因为

$$\frac{x^2+2}{\sqrt{x^2+1}} = \sqrt{x^2+1} + \frac{1}{\sqrt{x^2+1}}$$

于是有公式（2）得

$$\sqrt{x^2+1} + \frac{1}{\sqrt{x^2+1}} \geqslant 2$$

所以例 1 得证.

例 5 求证：$37^{73} > 73!$.

证明 由公式（4）得

$$\frac{1+2+\cdots+73}{73} > \sqrt[73]{1\times 2\times\cdots\times 73}$$

而 $\dfrac{1+2+\cdots+73}{73} = \dfrac{\frac{1}{2}\times 73\times 74}{73} = 37$，所以

$$37^{73} > 73!.$$

例 6 设 a, b, c 是互不相等的正实数，求证：

$$2(a^3+b^3+c^3) > a^2(b+c) + b^2(c+a) + c^2(a+b)$$

证明 由 $a^2 + b^2 > 2ab$，得

$$a^2 - ab + b^2 > ab$$

即

$$(a+b)(a^2 - ab + b^2) > ab(a+b)$$

所以

$$a^3 + b^3 > a^2 b + ab^2$$

同理

$$b^3 + c^3 > b^2 c + bc^2, \quad c^3 + a^3 > c^2 a + ca^2$$

把以上三式相加，得

$$2(a^3+b^3+c^3) > a^2 b + ab^2 + b^2 c + bc^2 + c^2 a + ca^2$$

即

$$2(a^3+b^3+c^3) > a^2(b+c) + b^2(c+a) + c^2(a+b)$$

习题 3-4

1. 证明：

（1）$a > b, c > d \Rightarrow a+c > b+d$；　　　（2）$a > b, c < d \Rightarrow a-c > b-d$；

（3）$a > b > 0, c < d < 0 \Rightarrow ac < bd$；

（4）$a > b, c > 0 \Rightarrow \dfrac{a}{c} > \dfrac{b}{c}$；

（5）$a > b > 0 \Rightarrow \dfrac{1}{b} > \dfrac{1}{a}$；

（6）$a > b > 0 \Rightarrow a^n > b^n$（$n$为正整数）．

2. 回答下列问题：

（1）由 $\dfrac{a}{b} > \dfrac{d}{c}$ 得 $ac > bd$，对吗？

（2）由 $a > b$ 得 $a^2 > b^2$，对吗？

（3）由 $a > b$ 得 $\dfrac{1}{b} > \dfrac{1}{a}$，对吗？

3. 证明下列不等式：

（1）$\sqrt{3 + \sqrt{2}} < \sqrt{2} + 1$；

（2）$\dfrac{1}{\sqrt{3} + \sqrt{2}} > \sqrt{5} - 2$．

4. 已知 $a \geqslant 3$，证明：$\sqrt{a} - \sqrt{a-1} < \sqrt{a-2} - \sqrt{a-3}$．

5. 设 a, b, c 是正数，且 $a + b + c = 1$，求证：

（1）$\sqrt[3]{abc} \leqslant \dfrac{1}{3}$；

（2）$(1-a)(1-b)(1-c) \geqslant 8abc$．

6. 设 a, b, c 是正数，且 $abc = 8$，求证：

（1）$a + b + c \geqslant 6$；

（2）$ab + bc + ca \geqslant 12$．

7. 求证：$\sqrt{a_1^2 + a_2^2} \sqrt{\dfrac{1}{a_1^2} + \dfrac{1}{a_2^2}} \geqslant 2$．

8. 求证：$\sqrt{a_1^2 + a_2^2} + \sqrt{\dfrac{1}{a_1^2} + \dfrac{1}{a_2^2}} \geqslant 2\sqrt{2}$．

9. 设 a, b, c 是不相等的正实数，求证：

（1）$\dfrac{b+c}{a} + \dfrac{c+a}{b} + \dfrac{a+b}{c} > 6$；

（2）$(ab + a + b + 1)(ab + ac + bc + c^2) > 16abc$；

（3）$(a + b)(a^{-1} + b^{-1}) > 4$；

（4）$(a + b)(a^2 + b^2)(a^3 + b^3) > 8a^3 b^3$．

10. 设 α, β, γ 是正实数，且 $\alpha + \beta + \gamma = \pi$，求证：$\dfrac{1}{\alpha^2} + \dfrac{1}{\beta^2} + \dfrac{1}{\gamma^2} \geqslant \dfrac{27}{\pi^2}$．

11. 设 a, b, c 是互不相等的正实数，求证：

（1）$a^2 + 3b^2 > 2b(a + b)$；

（2）$a^4 + 6a^2 b^2 + b^4 > 4ab(a^2 + b^2)$；

（3）$3a^2(a-b) > a^3 - b^3$；

（4）$a^4 - b^4 < 4a^3(a-b)$．

12. 设 a, b, c 是三角形的边长，求证：$a^4 + b^4 + c^4 < 2(a^2 b^2 + b^2 c^2 + c^2 a^2)$．

13. 设 a, b, c 是三角形的边长，求证方程：$b^2 x^2 + (b^2 + c^2 - a^2) x + c^2 = 0$ 无实根．

14. 求证对任何实数 x，都有 $-\dfrac{25}{7} \leqslant \dfrac{x^2 + 3x - 4}{x^2 + 3x + 4} < 1$．

15. 设 $b^2 x^2 + a^2 y^2 = a^2 b^2$（$a > b > 0$），且 $|h| < \sqrt{a^2 - b^2}$，求 $(x-h)^2 + y^2$ 的最小值．

16. 设 $\dfrac{x-1}{2} = \dfrac{y+1}{2} = \dfrac{z-2}{3}$，问 x, y, z 为何值时，$x^2 + y^2 + z^2$ 有最小值．

第五节　解不等式

一、不等式的同解定理

如果两个不等式（组）的解集相等，则称这两个不等式（组）是同解的．根据不等式的基本性质，可得下列定理．

定理 5.1　若 $h(x)$ 是整式，则不等式
$$f(x) > g(x)$$
与不等式
$$f(x) + h(x) > g(x) + h(x)$$
同解．

定理 5.2　设 m 为一实数，则当 $m > 0$ 时，不等式
$$f(x) > g(x)$$
与不等式
$$mf(x) > mg(x)$$
同解．

当 $m < 0$ 时，不等式
$$f(x) > g(x)$$
与不等式
$$mf(x) < mg(x)$$
同解．

定理 5.3　不等式
$$f(x)g(x) > 0$$
与不等式组
$$\begin{cases} f(x) > 0 \\ g(x) > 0 \end{cases} \text{ 或 } \begin{cases} f(x) < 0 \\ g(x) < 0 \end{cases}$$
同解．

定理 5.4　若 $f(x) > 0$, $g(x) \geqslant 0$, 则不等式
$$f(x) > g(x)$$
与不等式
$$[f(x)]^2 > [g(x)]^2$$
同解．

证明　由 $f(x) > 0$, $g(x) \geqslant 0$, 得
$$f(x) + g(x) > 0$$
于是当 $f(x_0) > g(x_0)$，即当 $f(x_0) - g(x_0) > 0$ 时，就有
$$[f(x_0) - g(x_0)][f(x_0) + g(x_0)] > 0$$

即
$$[f(x_0)]^2 > [g(x_0)]^2$$

反之，若 $[f(x_0)]^2 > [g(x_0)]^2$，则由 $f(x_0) + g(x_0) > 0$，可得
$$f(x_0) > g(x_0)$$

因此定理 5.4 成立.

类似地可证明其他定理.

二、一元一次不等式

一元一次不等式的一般形式是
$$ax > b \quad 或 \quad ax < b \, (a, b \text{ 是实数})$$

现就 $ax > b$ 求解：

若 $a > 0$，由性质（4）（乘正保序性）得
$$x > \frac{b}{a}$$

若 $a < 0$，由性质（4）（乘负反序性）得
$$x < \frac{b}{a}$$

若 $a = 0$，则原不等式成为
$$b > 0$$

因此当 $b < 0$ 时，其解集为全体实数 **R**；若 $b \geq 0$ 时，其解集为空集 $\varnothing$.

将解集的三种情况列于表 5.1.

表 5.1

$a > 0$	$\left\{ x \mid x > \dfrac{b}{a} \right\}$
$a < 0$	$\left\{ x \mid x < \dfrac{b}{a} \right\}$
$a = 0$	$b < 0$ 时，解集为全体实数 **R** $b \geq 0$ 时，解集为空集 $\varnothing$

例 1 解关于 x 的不等式：$1 - \dfrac{2x}{a^2} > \dfrac{x}{a} + \dfrac{4}{a^2}$.

解 把原不等式写成
$$\frac{a^2 - 2x}{a^2} > \frac{ax + 4}{a^2}$$

两边同乘以 a^2，由性质（4）得
$$a^2 - 2x > ax + 4$$

由性质（3）得
$$(a + 2)x < (a + 2)(a - 2)$$

于是当 $a>-2$ 时，解集 $\{x|x<a-2\}$；当 $a<-2$ 时，解集为 $\{x|x>a-2\}$；当 $a=-2$ 时，解集为空集 $\varnothing$.

注意：(1) 在不等式两边乘因子时，虽然乘正保序，乘负反序，但乘方时仍要留心.
(2) 在不等式两边加减项时，两边要加减整式，若加减分式就可能失根.

三、一元二次不等式

一元二次不等式的一般形式为
$$ax^2+bx+c>0 \quad (a\neq 0)$$
或
$$ax^2+bx+c<0 \quad (a\neq 0)$$

这里分三种情况讨论不等式 $ax^2+bx+c>0$ 的解集.

（1）$b^2-4ac<0$.

由
$$ax^2+bx+c=a\left[\left(x+\frac{b}{2a}\right)^2+\frac{4ac-b^2}{4a^2}\right]>0$$

可知，如果 $a>0$，原式变为 x 的绝对不等式，其解集为全体实数 **R**；如果 $a<0$，原式为矛盾不等式，其解集为空集 $\varnothing$.

（2）$b^2-4ac=0$.

由
$$ax^2+bx+c=a\left(x+\frac{b}{2a}\right)^2>0$$

可知，如果 $a>0$，解集为
$$\left\{x\middle| x\in \mathbf{R} \text{且} x\neq -\frac{b}{2a}\right\} \text{ 或 } \left\{x\middle| x<-\frac{b}{2a} \text{ 或 } x>-\frac{b}{2a}\right\}$$

如果 $a<0$，解集为空集 $\varnothing$.

（3）$b^2-4ac>0$.

这时方程 $ax^2+bx+c=0$ 有两个不相等的实根 x_1,x_2. 不妨设 $x_1<x_2$，则原不等式可写成
$$a(x-x_1)(x-x_2)>0$$

由定理 5.3 可得：当 $a>0$ 时，解集为 $\{x|x<x_1 \text{ 或 } x>x_2\}$；当 $a<0$ 时，解集为 $\{x|x_1<x<x_2\}$.

将所得解集列表 5.2 如下.

表 5.2

$b^2-4ac<0$	$a>0$	解集为全体实数 **R**
	$a<0$	解集为空集 $\varnothing$
$b^2-4ac=0$	$a>0$	$\left\{x\middle| x\in \mathbf{R} \text{且} x\neq -\frac{b}{2a}\right\}$ 或 $\left\{x\middle| x<-\frac{b}{2a} \text{ 或 } x>-\frac{b}{2a}\right\}$
	$a<0$	解集为空集 $\varnothing$
$b^2-4ac>0$	$a>0$	$\{x|x<x_1 \text{ 或 } x>x_2\}$;
	$a<0$	$\{x|x_1<x<x_2\}$.

其中 x_1, x_2 分别是 $ax^2+bx+c=0$ 的小根与大根.

对于不等式
$$ax^2+bx+c<0$$
可将它改写为
$$(-a)x^2+(-b)x+(-c)>0$$
然后利用上述结果求出它的解集.

例 2 解不等式：$x^2-7x+12<0$.

解 把原不等式改写为
$$-x^2+7x-12>0$$

由 $b^2-4ac=7^2-4(-1)(-12)=1$ 以及 $-x^2+7x-12=0$ 的小根与大根分别是 3 和 4 可知，所求不等式的解集为 $\{x|3<x<4\}$.

这里也可用分解因式来解这个不等式. 把原不等式改写为
$$(x-3)(x-4)<0$$
由定理 5.3 得同解不等组：
$$\begin{cases} x-3<0, \\ x-4>0; \end{cases} \quad \begin{cases} x-3>0 \\ x-4<0 \end{cases}$$

前一组不等式无解；而后一组不等式的解集为 $\{x|3<x<4\}$，即为原不等式组的解集.

四、含绝对值的不等式

解含绝对值的不等式，常需去掉绝对值符号，而去掉绝对值的一般方法有两种：一种是用绝对值的定义，另一种是在不等式两边平方.

例 3 解不等式：$|x-8|<1$.

解 （1）若 $x-8>0$，则 $|x-8|=x-8$，即原不等式变为
$$x-8<1$$
于是原不等式可化为不等式组
$$\begin{cases} x-8>0 \\ x-8<1 \end{cases}$$
由此得 $8<x<9$.

（2）若 $x-8<0$，则 $|x-8|=-(x-8)$，即原不等式变为
$$-(x-8)<1$$
于是我们应当解一个不等式组
$$\begin{cases} x-8<0 \\ -(x-8)<1 \end{cases}$$
由此得 $7<x<8$.

（3）若 $x-8=0$, 原不等式成立.

因此原不等式的解集为 $\{x|7<x<9\}$.

上述过程也可以根据性质（6）把它简化为

$$-1<x-8<1$$

两边同时加 8，便得解集 $\{x|7<x<9\}$.

因原不等式的左边非负，右边为正，于是由定理 5.4，得原不等式的同解不等式

$$(x-8)^2<1，即 x^2-16x+63<0$$

则

$$(x-7)(x-9)<0$$

由此也可以得例 8 的解集：$\{x|7<x<9\}$.

例 4 解不等式：$|x^2-4x-5|<7$.

解 原不等式的左边非负，右边为正，因而根据定理 5.4，用两边平方法解这个不等式. 为简化平方后的展开式，可先把不等式中的二次三项式配方后再展开，即

$$|(x-2)^2-9|<7$$

两边平方并整理，得

$$(x-2)^4-18(x-2)^2+32<0 \Rightarrow [(x-2)^2-2][(x-2)^2-16]<0$$

$$\Rightarrow 2<(x-2)^2<16$$

$$\Rightarrow \begin{cases} x<2-\sqrt{2} \text{ 或 } x>2+\sqrt{2} \\ -2<x<6 \end{cases}$$

由此得所求的解：$-2<x<2-\sqrt{2}$ 或 $2+\sqrt{2}<x<6$.

也可用绝对值的定义解这个例题，即与原不等式的同解不等式组为

$$-7<x^2-4x-5<7 \Rightarrow \begin{cases} x^2-4x-12<0 \\ x^2-4x+2>0 \end{cases}$$

$$\Rightarrow \begin{cases} -2<x<6 \\ x<2-\sqrt{2} \text{ 或 } x>2+\sqrt{2} \end{cases}$$

由此也可得所求的解：$-2<x<2-\sqrt{2}$ 或 $2+\sqrt{2}<x<6$.

五、分式不等式

解分式不等式需要利用不等式的基本性质去掉分母，注意在两边同乘负数时原不等号变向.

例 5 解不等式：$1+\dfrac{x-4}{x-3}>\dfrac{x-2}{x-1}$.

解 把原不等式移项，并整理得

$$\frac{x^2-4x+1}{(x-1)(x-3)}>0$$

若 $(x-1)(x-3)>0$，则

$$\frac{x^2-4x+1}{(x-1)(x-3)}>0 \Rightarrow \begin{cases} (x-1)(x-3)>0 \\ x^2-4x+1>0 \end{cases}$$

$$\Rightarrow \begin{cases} (x-1)(x-3) > 0 \\ [x-(2-\sqrt{3})][x-(2+\sqrt{3})] > 0 \end{cases}$$

$$\Rightarrow \begin{cases} x < 1 \text{ 或 } x > 3 \\ x < 2-\sqrt{3} \text{ 或 } x > 2+\sqrt{3} \end{cases}$$

$$\Rightarrow x < 2-\sqrt{3} \text{ 或 } x > 2+\sqrt{3}$$

若 $(x-1)(x-3) < 0$,则

$$\frac{x^2-4x+1}{(x-1)(x-3)} > 0 \Rightarrow \begin{cases} (x-1)(x-3) < 0 \\ x^2-4x+1 < 0 \end{cases}$$

$$\Rightarrow \begin{cases} 1 < x < 3 \\ 2-\sqrt{3} < x < 2+\sqrt{3} \end{cases}$$

$$\Rightarrow 1 < x < 3$$

于是所求解集为

$$\{x|-\infty < x < 2-\sqrt{3}\} \cup \{x|1 < x < 3\} \cup \{x|2+\sqrt{3} < x < +\infty\}$$

例 6 自然数 n 取什么值时,不等式 $\left|\dfrac{5n}{n+1}-5\right| < 0.001$ 成立.

解 由于 n 是自然数,所以

$$\left|\frac{5n}{n+1}-5\right| = \left|\frac{-5}{n+1}\right| = \frac{5}{n+1}$$

于是不等式成为

$$\frac{5}{n+1} < \frac{1}{1000}$$

在上式两边乘以 $1000(n+1)$,得 $n > 4999$.

六、无理不等式

例 7 解不等式:$\sqrt{2x+3} > x+1$.

解 若 $x+1 \geq 0$,则由 $2x+3 > 0$ 及定理 5.4 可知

$$\sqrt{2x+3} > x+1 \Rightarrow \begin{cases} x+1 \geq 0 \\ 2x+3 > (x+1)^2 \end{cases} \Rightarrow \begin{cases} x \geq -1 \\ x^2-2 < 0 \end{cases} \Rightarrow -1 \leq x < \sqrt{2}$$

若 $x+1 < 0$,则

$$\sqrt{2x+3} > x+1 \Rightarrow \begin{cases} x+1 < 0 \\ 2x+3 \geq 0 \end{cases} \Rightarrow -\frac{3}{2} \leq x < -1$$

于是所求解集为 $\left\{x \left|-\dfrac{3}{2} \leq x < \sqrt{2}\right.\right\}$.

也可以把原不等式变换为含有关于 $\sqrt{2x+3}$ 的二次三项式的同解不等式组:

$$\begin{cases} 2x+3 \geq 0 \\ 2\sqrt{2x+3} > (2x+3)-1 \end{cases} \Rightarrow \begin{cases} 2x+3 \geq 0 \\ (\sqrt{2x+3})^2 - 2\sqrt{2x+3} - 1 < 0 \end{cases}$$

$$\Rightarrow \begin{cases} 2x+3 \geqslant 0 \\ (\sqrt{2x+3}-1+\sqrt{2})(\sqrt{2x+3}-1-\sqrt{2})<0 \end{cases}$$

$$\Rightarrow \begin{cases} -\dfrac{3}{2} \leqslant x \\ \sqrt{2x+3}-1-\sqrt{2}<0 \end{cases}$$

$$\Rightarrow \begin{cases} -\dfrac{3}{2} \leqslant x \\ 2x+3<(1+\sqrt{2})^2 \end{cases} \Rightarrow \begin{cases} -\dfrac{3}{2} \leqslant x \\ x<\sqrt{2} \end{cases}$$

由此也可以得到例 7 的解：$-\dfrac{3}{2} \leqslant x < \sqrt{2}$.

例 8 解不等式：$\sqrt{25-x^2} > |x+1|$.

解 显然，$x = \pm 5$ 不在原不等式的解集内，于是由定理 5.4 得与原不等式同解的不等式组：

$$\begin{cases} 25-x^2 > 0 \\ 25-x^2 > x^2+2x+1 \end{cases}$$

所以
$$\begin{cases} -5 < x < 5 \\ -4 < x < 3 \end{cases}$$

即所求的解集为 $\{x | -4 < x < 3\}$.

习题 3-5

1. 解下列不等式：
（1）$x^2 - 5x + 6 > 0$；
（2）$x^2 - 4x - 5 < 0$；
（3）$k(x-1) < x+2$（k 为常数）；
（4）$\sqrt{3x-5} - \sqrt{x-4} > 0$.

2. 解下列不等式：
（1）$|3-2x| \leqslant 1$；
（2）$|-x+2| \geqslant 5$.
（3）$|x^2 - 2x - 2| > 1$；
（4）$|x^2 - 3x + 2| < 6$.

3. 解分式不等式：
（1）$\dfrac{x^2 + 2x - 3}{x^2 - 2x + 8} > 0$；
（2）$2 - \dfrac{x-3}{x-2} > \dfrac{x-2}{x-1}$.

4. 解下列不等式：
（1）$7\sqrt{6x+15} > 6x + 27$；
（2）$\sqrt{3x^2+4} > x^2$；
（3）$\sqrt{2x^2+1} > |x+1|$；
（4）$\sqrt{8-x^2} > x^2 - 2$.

5. k 为何值时，方程组 $\begin{cases} y = kx + 3 \\ x^2 + y^2 + 2x - 4 = 0 \end{cases}$ 有两组相异实数解？

小　结

一、方程（包括方程组和不等式）的变化

1. 对方程两边同时加减一个整式，移项，仍同解.

2. 对方程两边同时乘以一个整式，或两边平方，都可能出现增根，要验证.

3. 对方程两边同时除以一个整式，或两边平方，都可能导致失根，因此要将整式的根代入原方程去判别. 另外，还要判别根的重数.

4. $A(x)B(x)=0$ 与 $A(x)=0$ 和 $B(x)=0$ 同解，不可丢掉一个方程.

对方程组还需指出

$$\begin{cases} F(x,y)=0 \\ G(x,y)=0 \end{cases} \text{与} \begin{cases} a_1F(x,y)+b_1G(x,y)=0 \\ a_2F(x,y)+b_2G(x,y)=0 \end{cases}$$

在 $a_1b_2-a_2b_1 \neq 0$ 的条件下是同解的，常用于 $a_1=0$ 或 $b_1=0$.

对不等式要参照以上各条，但要牢记"乘正保序，乘负反序"的原则.

二、方程的解法

解一元二次方程可用求根公式，系数特殊时可用因式分解法，已知一根求另一根可用根与系数的关系（又称韦达定理）.

记住判别式 $\Delta = b^2-4ac$ 大于、小于和等于零时根的情况.

利用换元法可以解准二次方程和某些四次方程.

分式方程是通过乘整式划归为整式方程求解的，因此注意增根. 无理方程是通过乘方等划归为整式方程求解的，也要注意增根.

三、二元二次方程组

这里只叙述了几种特殊形式，解法循例.

第一型是方程组中有一个方程为二元一次方程，可用代入法使它变为一元二次方程求解.

第二型是两个均为二元二次方程，因此可想办法转化为第一型. 例如

（1）消去二次项，化为第一型.

（2）消去一个未知数，仿第一型的方法处理.

（3）一个方程可以分解，化为第一型.

（4）两个都没有一次项，化为（3）处理.

四、不等式

1. 不等式的基本性质要以例证方式记住，本书未加证明.

2. 一次不等式、二次不等式的解集要记住.

3. 对含绝对值的不等式可按绝对值的定义化为不等式组或两边平方来处理.

4. 解分式不等式和无理不等式的基本思路分别是去分母，将无理不等式化为有理不等式.

复习题三

1. 求下列方程的实根：
（1） $4x^4 - 17x^2 + 18 = 0$ ；
（2） $(x^2 - 4)(x^2 - 9) = 2x^2$ ；
（3） $x(x-1)(x-2)(x-3) = 6 \cdot 5 \cdot 4 \cdot 3$ ；
（4） $x^4 - 16 = 0$.

2. 解下列分式方程：
（1） $\dfrac{4}{x-2} - \dfrac{1}{x-4} = \dfrac{4}{x^2 - 6x + 8}$ ；
（2） $\dfrac{x+a}{b(x+b)} + \dfrac{x+b}{a(x+a)} = \dfrac{a+b}{ab}$.

3. 解下列方程：
（1） $\sqrt{3-x} + \sqrt{2-x} = \sqrt{5-2x}$ ；
（2） $3x^2 - 2x - 5\sqrt{3x^2 - 2x + 3} + 9 = 0$ ；
（3） $\sqrt{x} + \sqrt{x - \sqrt{1-x}} = 1$ ；
（4） $\sqrt[3]{x} + \sqrt[3]{2-x} = 2$.

4. 解下列方程：
（1） $\dfrac{\sqrt{x-1} - \sqrt{x+1}}{\sqrt{x-1} + \sqrt{x+1}} = x - 3$ ；
（2） $\dfrac{\sqrt{2x-1} + \sqrt{3x}}{\sqrt{2x-1} - \sqrt{3x}} + 3 = 0$.

5. 已知 α, β 为方程 $x^2 + px + q = 0$ 的根，试用系数 p, q 表示 $\alpha^2 + \beta^2$.

6. 解下列方程组：
（1） $\begin{cases} xy = 1, \\ 3x - 5y = 2; \end{cases}$
（2） $\begin{cases} x^2 + y^2 = 8, \\ (x+1)^2 = (y-1)^2; \end{cases}$
（3） $\begin{cases} \dfrac{36}{x^2} + \dfrac{1}{y^2} = 18, \\ \dfrac{1}{y^2} - \dfrac{4}{x^2} = 8. \end{cases}$

7. k 为何值时，方程组 $\begin{cases} x^2 + y^2 + 2x = k - 4 \\ x^2 + y^2 - 4x - 8y = -4 \end{cases}$ 只有一组实解.

8. 设方程组
$$\begin{cases} \dfrac{x^2}{3} - \dfrac{y^2}{2} = 1 \\ y = 2x + c \end{cases}$$
的两相异实解 $(x_1, y_1), (x_2, y_2)$ ，使得
$$(x_2 - x_1)^2 + (y_2 - y_1)^2 = 16$$
求 c .

9. 从方程组
$$\begin{cases} y - tx = \dfrac{p}{2t} \\ ty + x = -\dfrac{t^2 p}{2} \end{cases}$$
消去参数 t ，其中 p 为正数.

10. x, y 为何值时，才能使

最小？其中 x,y 满足方程 $y^2=4x$.
$$(x-3)^2+y^2$$

11. 设 a,b 为正数，问 c 为何值时，方程组
$$\begin{cases} b^2x^2+a^2y^2=a^2b^2 \\ y=x+c \end{cases}$$
有两组实数解？

12. 求 $37-20\sqrt{3}$ 的平方根.

13. 求证下列不等式：

（1）$\sqrt{6}+\sqrt{7}>2\sqrt{2}+\sqrt{5}$；　　　（2）$\dfrac{1}{\sqrt{3}+\sqrt{2}}>\sqrt{7}-\sqrt{6}$.

14. 设 $a>b>0$，求证不等式：

（1）$\sqrt{a-b}>\sqrt{a}-\sqrt{b}$；　　　（2）$a^ab^b>a^bb^a$.

15.（1）已知 x 是不等于 1 的正数，n 是正整数，求证
$$(1+x^n)(1+x)^n>2^{n+1}x^n$$

（2）已知 $a_1a_2\cdots a_n=1$，且 $a_1,a_2,\cdots,a_n$ 都是正数，求证
$$(1+a_1)(1+a_2)\cdots(1+a_n)\geqslant 2^n \quad (n\in\mathbf{N})$$

16. 解下列不等式：

（1）$x^2-11x+30<0$；　　　（2）$2x^2-3x-2>0$；

（3）$|x^2-2|\leqslant 1$；　　　（4）$x<x^2-12<4x$.

17. 解下列不等式：

（1）$|x^2-3x-4|>x-1$；　　　（2）$\sqrt{x+7}>x+\sqrt{(1+x)^2-4x}$.

18. 解下列不等式：

（1）$\dfrac{x^2+5x+4}{x^2-5x-6}<0$；　　　（2）$\dfrac{x}{x^2-7x+12}>1$.

19. 设
$$\begin{cases} x+y+z=5 \\ x-y+3z=3 \end{cases}$$
问 x,y,z 为何值时，$x^2+y^2+z^2$ 有最小值？并求这个最小值.

20. 设 $n\in\mathbf{N}$，解不等式：

(1) $4<\dfrac{1+2+\cdots+n}{n}<5$；

(2) $1^2+2^2+\cdots+n^2>10(1+2+\cdots+n)$.

第四章 函 数

在自然现象、经济活动和工程技术中，往往同时遇到几个变量，这些变量通常不是孤立的，而是遵循一定规律相互依赖的，这个规律反映在数学上就是变量与变量之间的函数关系. 关于函数的有关知识，已在中学数学中作了介绍，本章将对此作简要的叙述，并进行必要的补充.

第一节 函数的概念和性质

一、函数的概念

定义 1.1 设 D 为一个非空实数集合，若存在确定的对应法则 f，使得对于集合 D 中的任意一个数 x，按照 f 都有唯一确定的实数 y 与之对应，则称 f 是定义在集合 D 上的**函数**. 其中 D 称为函数 f 的**定义域**，x 称为**自变量**，y 称为**因变量**.

如果对于自变量 x 的某个确定的值 x_0，因变量 y 能得到一个确定的值 y_0，则称函数 f 在 x_0 处有定义，y_0 称为**函数值**.

函数的定义中有两个要素：对应法则和定义域. 所以，我们常用

$$y = f(x), \quad x \in A$$

表示一个函数. 这里 $f(x)$ 是函数 f 在 x 处的函数值，函数值的集合 $\{y | y = f(x), x \in A\}$ 称为函数 f 的**值域**. $f(x)$ 与 f 二者并不相同. 但是，人们往往是通过研究函数值来研究函数的，因此通常也称 $f(x)$ 是 x 的函数，或者说 y 是 x 的函数. 本书中我们也将采用这种习惯的叙述方式.

我们说两个函数相同，是指它们有相同的定义域和对应法则，而与自变量及因变量用什么字母表示无关，如函数 $y = f(x)$ 也可以用 $y = f(t)$ 或 $u = f(\theta)$ 来表示.

正因为如此，我们在给出一个函数时，一般都应标明其定义域，它就是自变量取值的允许范围. 这可由所讨论问题的实际意义来确定；凡未标明实际意义的函数，其定义域是使该式有意义的自变量的取值范围. 例如，函数 $y = x^2$ 的定义域为 $(-\infty, +\infty)$. 我们通常用不等式、区间或者集合形式表示定义域.

例 1 求函数 $f(x) = \dfrac{1}{\sqrt{3 + 2x - x^2}} + \sqrt{x - 2}$ 的定义域.

解 显然，其定义域为满足不等式组

$$\begin{cases} 3+2x-x^2 > 0 \\ x-2 \geqslant 0 \end{cases}$$

的 x 值的集合,解此不等式组:

$$\begin{cases} x^2-2x-3 < 0 \\ x-2 \geqslant 0 \end{cases} \Rightarrow \begin{cases} -1 < x < 3 \\ x \geqslant 2 \end{cases} \Rightarrow 2 \leqslant x < 3$$

所以其定义域为 $2 \leqslant x < 3$,即 $[2,3)$,也可用集合形式表示为 $\{x|2 \leqslant x < 3\}$.

例 2 (1)已知函数 $f(x)$ 的定义域为 $[-2,2]$,求 $f(2x)$ 的定义域;

(2)已知函数 $f(x+2)$ 的定义域为 $[1,4]$,求函数 $f(x)$ 的定义域.

解 (1)由 $f(x)$ 的定义域 $[-2,2]$ 可知, $f(2x)$ 要有意义,必须

$$-2 \leqslant 2x \leqslant 2, \text{即} -1 \leqslant x \leqslant 1$$

故 $f(2x)$ 的定义域为 $[-1,1]$.

(2)由 $f(x+2)$ 的定义域为 $[1,4]$,即 $1 \leqslant x \leqslant 4$,可推知

$$3 \leqslant x+2 \leqslant 6$$

设 $t=x+2$,则

$$3 \leqslant t \leqslant 6$$

即 $f(t)$ 的定义域为 $[3, 6]$,因此 $[3, 6]$ 就是 $f(x)$ 的定义域.

例 3 设函数 $f(x)=\dfrac{1-x}{1+x}$,求 $f(1), f\left(\dfrac{1}{a}\right), \dfrac{1}{f(b)}, f(c^2), [f(d)]^2$.

解 $f(1)=\dfrac{1-1}{1+1}=0$; $f\left(\dfrac{1}{a}\right)=\dfrac{1-\dfrac{1}{a}}{1+\dfrac{1}{a}}=\dfrac{a-1}{a+1}$; $\dfrac{1}{f(b)}=\dfrac{1}{\dfrac{1-b}{1+b}}=\dfrac{1+b}{1-b}$;

$$f(c^2)=\dfrac{1-c^2}{1+c^2}; \quad [f(d)]^2=\left(\dfrac{1+d}{1-d}\right)^2.$$

例 4 判断下列各组函数是否表示同一个函数.

(1) $f(x)=x, g(x)=\sqrt[3]{x^3}$; (2) $f(x)=x^2+x, g(y)=y^2+y$;

(3) $f(x)=3x+2, g(x)=3x-1$; (4) $f(x)=x^2+x, g(x)=\dfrac{x^3+x^2}{x}$.

解 函数的两个要素是定义域和对应法则. 因此 $f(x)$ 与 $g(x)$ 为同一函数必须保证这两方面完全一致,否则就不是相同的函数.

(1)虽然两个函数的对应法则表面上看起来不同,但后者的表达式经化简后与前者完全一样,即

$$g(x)=\sqrt[3]{x^3}=x$$

可见,对应法则其实是一样的,并且两者的定义域也相同(均为 **R**),所以这两个函数是同一个函数.

(2)虽然表示自变量的符号不同,但这两个函数的定义域与对应法则都相同,因此,这两个函数是同一个函数.

(3)虽然定义域相同(均为 **R**),但显然这两个函数的对应法则不同,所以它们不是相同的函数.

(4)显然,$f(x)$ 在 $x=0$ 处有定义,而 $g(x)$ 在 $x=0$ 没有定义,可见这两个函数的定义域不同,因此,这是两个不同的函数.

二、函数的表示方法

函数的表示方法通常有三种:公式法、表格法和图形法.

1. 公式法

公式法就是用数学式子来表示函数的方法. 例如,

$$h=60t^2,\quad S=\pi r^2,\quad y=ax^2+bx+c\ (a\neq 0),\quad y=\sqrt{x-2}\ (x\geqslant 2)$$

等都是用公式法表示的函数. 公式法的优点是便于理论推导和计算.

2. 表格法

表格法就是用表格形式来表示函数的方法,它是将自变量的值与对应的函数值列成表格. 如数学中的平方根表、对数表、三角函数表等,都是用表格法表示的函数. 表格法的优点是所求的函数值容易查到. 例如,表 1.1 中的海拔高度与气温对照表就是用表格法来表示函数关系的.

表 1.1

高度 h(m)	0	500	1 000	2 000	3 000	5 000
气温 T(°C)	15.00	11.75	8.50	2.00	−4.50	−17.50

3. 图形法

图形法就是用图形来表示函数的方法. 图形法的优点是直观、形象,而且可以看到函数的变化趋势. 例如,图 4.1 是用自动温度记录仪描下的某一天气温随时间变化情况的曲线,它表示气温随时间变化的函数关系.

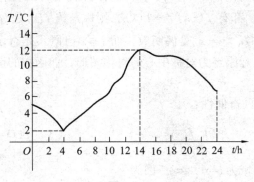

图 4.1

在实际应用中,用公式法表示函数时,有时由于变量之间的函数关系较为复杂,需用几个式子表示,此时不能把它理解为几个函数,而应理解为由几个式子表示的一个函数. 这样的函数称为**分段函数**.

例如，函数
$$f(x)=\begin{cases}1, & x>0\\ 0, & x=0\\ -1, & x<0\end{cases}$$

就是一个分段函数．这个函数称为符号函数，记为 sgn x，其图形如图 4.2 所示．

在求分段函数的函数值时，应先确定自变量的所在范围，再按相应的式子进行计算．这里显然有 $f(-2)=-1$，$f(0)=0$，$f(2)=1$．

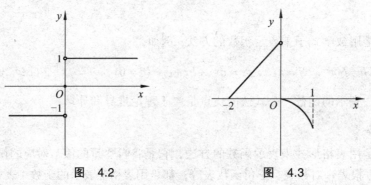

图 4.2　　　　　图 4.3

又如，函数
$$f(x)=\begin{cases}x+2, & -2\leqslant x<0\\ -x^2, & 0\leqslant x\leqslant 1\end{cases}$$

也是一个分段函数（图 4.3）．

三、函数的几种特征

1. 奇偶性

定义 1.2　设函数 $y=f(x)$ 的定义域 D 关于原点对称，如果

（1）对任意的 $x\in D$，都有 $f(-x)=f(x)$，则称函数 $f(x)$ 是**偶函数**；

（2）对任意的 $x\in D$，都有 $f(-x)=-f(x)$，则称函数 $f(x)$ 是**奇函数**．

例如，$y=x^3$ 是奇函数，$y=x^2$ 是偶函数，而 $y=x+1$ 既不是奇函数也不是偶函数．

奇函数的图形是以坐标原点为对称中心的对称图形；偶函数的图形是以 y 轴为对称轴的对称图形．

例 5　判别下列函数的奇偶性：

（1）$f(x)=\dfrac{1}{1+x^2}$；　　（2）$f(x)=x^2-x+1$；　　（3）$f(x)=\ln(\sqrt{x^2+1}+x)$．

解　（1）函数的定义域为 $(-\infty,+\infty)$．因为
$$f(-x)=\frac{1}{1+(-x)^2}=\frac{1}{1+x^2}=f(x)$$

所以 $f(x)=\dfrac{1}{1+x^2}$ 是偶函数．

（2）函数的定义为 $(-\infty, +\infty)$. 因为

$$f(-x) = (-x)^2 - (-x) + 1 = x^2 + x + 1$$

所以 $f(x) = x^2 - x + 1$ 既不是奇函数也不是偶函数.

（3）函数的定义为 $(-\infty, +\infty)$. 因为

$$f(-x) = \ln[\sqrt{(-x)^2 + 1} + (-x)] = \ln(\sqrt{x^2 + 1} - x)$$

$$= \ln \frac{(\sqrt{x^2 + 1} - x)(\sqrt{x^2 + 1} + x)}{\sqrt{x^2 + 1} + x} = \ln \frac{1}{\sqrt{x^2 + 1} + x}$$

$$= \ln(\sqrt{x^2 + 1} + x)^{-1} = -\ln(\sqrt{x^2 + 1} + x) = -f(x)$$

所以 $f(x) = \ln(\sqrt{x^2 + 1} + x)$ 是奇函数.

2. 单调性

定义 1.3 设函数 $y = f(x)$ 在区间 I 上有定义，对于 I 中任意两点 x_1 和 x_2，如果

（1）当 $x_1 < x_2$ 时，总有 $f(x_1) < f(x_2)$，则称函数 $f(x)$ 在区间 I 上是**单调递增的**；

（2）当 $x_1 < x_2$ 时，总有 $f(x_1) > f(x_2)$，则称函数 $f(x)$ 在区间 I 上是**单调递减的**.

例如，$y = x^2$ 在区间 $[0, +\infty)$ 上是单调递增的，在区间 $(-\infty, 0]$ 上是单调递减的.

单调递增函数和单调递减函数统称为单调函数. 从几何直观来看，单调递增函数 $f(x)$ 的图形沿 x 轴正向上升；单调递减函数 $f(x)$ 的图形沿 x 轴正向下降.

例 6 判断函数 $f(x) = \dfrac{ax}{x^2 - 1}$ $(a \neq 0)$ 在区间 $(-1, 1)$ 上的单调性.

解 设 $-1 < x_1 < x_2 < 1$，由单调性定义

$$f(x_2) - f(x_1) = \frac{ax_2}{x_2^2 - 1} - \frac{ax_1}{x_1^2 - 1} = \frac{a(x_1 x_2 + 1)(x_1 - x_2)}{(x_2^2 - 1)(x_1^2 - 1)}$$

以及 $x_1^2 - 1 < 0$，$x_2^2 - 1 < 0$，$x_1 x_2 + 1 > 0$，$x_1 - x_2 > 0$，可知

$$\frac{(x_1 x_2 + 1)(x_1 - x_2)}{(x_2^2 - 1)(x_1^2 - 1)} < 0$$

所以（1）当 $a > 0$ 时，$f(x_2) - f(x_1) < 0$，$f(x)$ 在区间 $(-1, 1)$ 上是单调递减的；

（2）当 $a < 0$ 时，$f(x_2) - f(x_1) > 0$，$f(x)$ 在区间 $(-1, 1)$ 上是单调递增的.

3. 有界性

定义 1.4 设函数 $y = f(x)$ 在区间 I 上有定义，若存在正整数 M，使对任一数 $x \in I$，都满足 $|f(x)| \leq M$，则称函数 $f(x)$ 在区间 I 上**有界**，或称 $f(x)$ 是区间 I 上的**有界函数**；否则，就称 $f(x)$ 在区间 I 上无界.

有界函数的图形介于直线 $y = -M$ 和 $y = M$ 之间.

4. 周期性

定义 1.5 设函数 $f(x)$ 的定义域为 D，如果存在非零常数 T，使得对任意 $x \in D$，都有 $x + T \in D$，且 $f(x + T) = f(x)$，则称 $f(x)$ 是**周期函数**，T 称为周期.

如果所有的周期中存在一个最小的正数，就把这个最小的正数称为**最小正周期**．通常我们所说的周期指的是最小正周期．

例如，$y=\sin x$，$y=\cos x$ 都是周期为 2π 的周期函数，$y=\tan x$ 是周期为 π 的周期函数．

四、反函数

函数 $y=f(x)$ 的自变量 x 与因变量 y 的关系往往是相对的，有时我们不仅要研究 y 随 x 的变化而变化的状况，还要研究 x 随 y 的变化而变化的状况．为此我们引入反函数的概念．

设函数
$$y=f(x)，\quad x\in D \tag{1}$$

满足：对于值域 $f(D)$ 中的每一个 y 值，在 D 中有且仅有一个值 x 使得 $f(x)=y$，则按此对应法则得到一个定义在 $f(D)$ 上的函数，称为函数 f 的**反函数**，记作 f^{-1}，即
$$x=f^{-1}(y)，\quad y\in f(D) \tag{2}$$

函数 $y=f(x)$ 的定义域和值域分别是函数 $x=f^{-1}(y)$ 的值域和定义域．函数 f 也是函数 f^{-1} 的反函数，或者说，f 与 f^{-1} 互为反函数．

在反函数 f^{-1} 的表示式（2）中，y 为自变量，x 为因变量．若按习惯用 x 作为自变量的记号，y 作为因变量的记号，则 $y=f(x)$ 的反函数可改写为
$$y=f^{-1}(x)，\quad x\in f(D)$$

可见，由函数 $y=f(x)$ 求它的反函数的步骤是：先由方程 $y=f(x)$ 解出 x，得到 $x=f^{-1}(y)$；再将函数 $x=f^{-1}(y)$ 中的 x 和 y 分别换成 y 和 x，这样就得到反函数 $y=f^{-1}(x)$．

例如，函数 $y=x^3$ 的反函数是 $x=\sqrt[3]{y}$，如果仍旧用 x 表示自变量，y 表示因变量，那么函数 $y=x^3$ 的反函数就可以写为 $y=\sqrt[3]{x}$．

函数 $y=f(x)$ 与它的反函数 $y=f^{-1}(x)$ 的图形是关于直线 $y=x$ 对称的（图 4.4）．

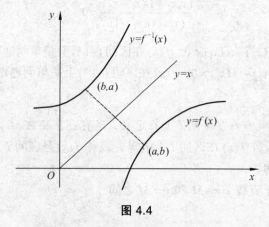

图 4.4

例 7 求函数 $y=\dfrac{10^x+10^{-x}}{10^x-10^{-x}}+1 \ (x\neq 0)$ 的反函数．

解 由于

$$y = \frac{10^x + 10^{-x}}{10^x - 10^{-x}} + 1 \Rightarrow y = \frac{2 \cdot 10^x}{10^x - 10^{-x}} \Rightarrow y = \frac{2 \cdot 10^{2x}}{10^{2x} - 1}$$

$$\Rightarrow y(10^{2x} - 1) = 2 \cdot 10^{2x} \Rightarrow (y - 2) \cdot 10^{2x} = y$$

$$\Rightarrow 10^{2x} = \frac{y}{y-2} \Rightarrow 2x = \lg \frac{y}{y-2} \Rightarrow x = \frac{1}{2} \lg \frac{y}{y-2}$$

因此所求的反函数为 $y = \frac{1}{2} \lg \frac{x}{x-2}$.

五、初等函数

1. 基本初等函数

在中学数学中,我们已经了解了以下五类函数:

幂函数: $y = x^\alpha$ (α 为实数).

指数函数: $y = a^x$ ($a > 0, a \neq 1$).

对数函数: $y = \log_a x$ ($a > 0, a \neq 1$).

三角函数: $y = \sin x, y = \cos x, y = \tan x, y = \cot x, y = \sec x, y = \csc x$.

反三角函数: $y = \arcsin x, y = \arccos x, y = \arctan x, y = \text{arc}\cot x$.

这五类函数统称为**基本初等函数**. 本章将在随后几节对它们一一进行讨论.

2. 复合函数

定义 1.6 设函数 $y = f(u)$ 的定义域为 D_1,函数 $u = g(x)$ 的定义域为 D,记 $E = \{u | u = g(x), x \in D\}$,且 $E \subseteq D_1$,则由

$$y = f[g(x)], \quad x \in D$$

确定的函数称为由函数 $y = f(u)$ 与函数 $u = g(x)$ 复合而成的**复合函数**,其中 u 称为**中间变量**.

例如,函数 $y = f(u) = \sqrt{u}$,$u \in [0, +\infty)$ 与函数 $u = g(x) = 1 - x^2, x \in \mathbf{R}$ 复合而成的复合函数为 $y = f[g(x)] = \sqrt{1 - x^2}$,其定义域为 $[-1, 1]$.

3. 初等函数

由基本初等函数与常数经过有限次四则运算与有限次复合运算所得到的函数,称为**初等函数**.

例如,$y = x + \sin^2 x$,$y = \frac{x}{\sqrt{1 + x^2}}$ 等都是初等函数. 不是初等函数的函数,称为非初等函数. 前面给出的符号函数,就是一种非初等函数.

例 8 (1) 若 $f(x) = 2x + 1$,求 $f(3x + 2)$;

(2) 若 $f(\sqrt{x} + 1) = x + 2\sqrt{x}$,求 $f(x)$.

解 (1) 根据对应法则 $f(x) = 2x + 1$,可得

$$f(3x + 2) = 2(3x + 2) + 1 = 6x + 5$$

(2)(方法一)由于

$$f(\sqrt{x}+1) = x + 2\sqrt{x} = (\sqrt{x})^2 + 2\sqrt{x} + 1 - 1 = (\sqrt{x}+1)^2 - 1$$

用 x 来代替上式中的 $\sqrt{x}+1$，可得 $f(x) = x^2 - 1$.

（方法二） 令 $\sqrt{x}+1 = t$，则 $x = (t-1)^2$，代入可得

$$f(t) = (t-1)^2 + 2(t-1) = t^2 - 2t + 1 + 2t - 2 = t^2 - 1$$

用 x 来代替 t，可得 $f(x) = x^2 - 1$.

习题 4-1

1. 求下列函数的定义域，并用区间表示：

（1） $f(x) = \sqrt[3]{x}$； (2) $f(x) = \sqrt{3x^2 + 6x + 7}$；

（3） $f(x) = \sqrt{-x^2 + 3x - 2} + \dfrac{1}{2x-3}$； (4) $f(x) = \dfrac{\sqrt{-x}}{2x^2 - 3x - 2}$.

2. 若函数 $f(x)$ 的定义域为 $[1,4]$，求函数 $f(x+2)$ 的定义域.

3. 已知函数 $f(x)$ 的定义域为 $(-3,2)$，设函数 $F(x) = f(x) - f(-x)$，求 $F(x)$ 的定义域.

4. 设 $f(x) = |x-3| + |x-1|$，求 $f(0), f(1), f(-1)$.

5. 设 $f(x) = \begin{cases} x-1, & x<0 \\ 0, & x=0 \\ x+1, & x>0 \end{cases}$，求 $f(-1), f(0), f(2)$..

6. （1）设 $f(x) = \dfrac{x-1}{x+1}$，求 $f[f(x)]$；

（2）设 $f(x+1) = x^2 - 3x + 2$，求 $f(x)$.

7. （1）设 $f\left(\dfrac{1}{x} - 1\right) = \dfrac{x}{2x-1}$，求 $f(x)$；

（2）设 $f\left(x + \dfrac{1}{x}\right) = x^2 + \dfrac{1}{x^2} + 3$，求 $f(x)$.

8. 判断下列函数的奇偶性：

（1） $f(x) = x^4 - 2x^2$； (2) $f(x) = x - x^2$；

（3） $f(x) = \dfrac{e^x - e^{-x}}{2}$； (4) $f(x) = x \cdot \dfrac{3^x - 1}{3^x + 1}$.

9. 求函数 $f(x) = \dfrac{2x+1}{3x-2}$ 的单调区间和反函数.

10. 讨论函数 $y = x + \dfrac{1}{x}$ 在区间 $(0, 1)$ 和 $(1, +\infty)$ 上的单调性.

11. 求下列函数的反函数：

（1） $y = \dfrac{2x+3}{4x-2}$； (2) $y = \sqrt[3]{x+1}$；

(3) $y = 2^x + 1$; （4）$y = 1 + \lg(x+2)$.

12. 已知二次函数 $y = x^2 + ax + a - 2$ 的图形与 x 轴有两个交点，且这两个点之间的距离为 $2\sqrt{5}$，求 a 的值.

13. 求函数 $f(x) = |x^2 - 4|$ 的单调区间.

14. （1）证明：$f(x) = x^{\frac{3}{2}}$ 在 $[0, +\infty)$ 上单调递增；

（2）解不等式：$(x^2 - 3x + 2)^{\frac{3}{2}} < (x+7)^{\frac{3}{2}}$.

第二节 幂函数、指数函数和对数函数

一、幂函数

1. 幂函数的概念

一般地，形如 $y = x^\alpha$ 的函数叫做**幂函数**，其中 x 是自变量，α 为常数.

在幂函数 $y = x^\alpha$ 中，如果 α 是有理数，则称为有理数指数的幂函数，它是一种初等函数；如果 α 是无理数，则称为无理数指数的幂函数，它是一种非初等函数. 本书只讨论有理数指数的幂函数.

2. 幂函数的性质与图形

几种常见的幂函数的性质和图形如表 2.1 所示.

表 2.1

函数	$y = x^{-2}$	$y = x^{-\frac{1}{2}}$	$y = x^{\frac{1}{3}}$	$y = x^{\frac{1}{2}}$	$y = x^2$	$y = x^3$
定义域	$(-\infty, 0) \cup (0, +\infty)$	$(0, +\infty)$	$(-\infty, +\infty)$	$[0, +\infty)$	$(-\infty, +\infty)$	$(-\infty, +\infty)$
奇偶性	偶函数	非奇非偶	奇函数	非奇非偶	偶函数	奇函数
单调性	$x < 0$ 时, 单调递增 $x > 0$ 时, 单调递减	单调递减	单调递增	单调递增	$x > 0$ 时, 单调递增 $x < 0$ 时, 单调递减	单调递增
图形						

一般来说，综合以上特征可以看出，幂函数具有以下性质：

（1）所有的幂函数在区间 $(0, +\infty)$ 上都有定义，并且图形都过定点 $(1, 1)$.

（2）若 $\alpha > 0$，则幂函数的图形过原点，并且在区间 $[0, +\infty)$ 上单调递增；若 $\alpha < 0$，则幂函数在区间 $(0, +\infty)$ 上单调递减.

(3) 当 α 为奇数时，幂函数为奇函数；当 α 为偶数时，幂函数为偶函数.

3. 幂的运算法则

(1) $x^n \cdot x^m = x^{n+m}$；　　　　(2) $(x^n)^m = x^{n \cdot m}$；　　　　(3) $(x \cdot y)^n = x^n \cdot y^n$.

例1 求下列函数的定义域，并判断函数的奇偶性.

(1) $f(x) = 2x^{-1} + x^{\frac{1}{2}}$；　　　　(2) $f(x) = 2x^3 + x$.

解 (1) 函数可表示为

$$f(x) = \frac{2}{x} + \sqrt{x}$$

可知 $f(x)$ 的定义域为 $(0, +\infty)$. 由于定义域不关于原点对称，所以 $f(x)$ 既不是奇函数也不是偶函数.

(2) $f(x)$ 的定义域是 $(-\infty, +\infty)$. 由于

$$f(-x) = 2(-x)^3 + (-x) = -(2x^3 + x) = -f(x)$$

所以 $f(x)$ 是奇函数.

二、指数函数

1. 指数函数的概念

一般地，形如 $y = a^x$ 的函数叫做**指数函数**，其中 x 是自变量，$a\,(a > 0$ 且 $a \neq 1)$ 为常数.

2. 指数函数的图形与性质：

指数函数的图形与性质如表 2.2.

表 2.2

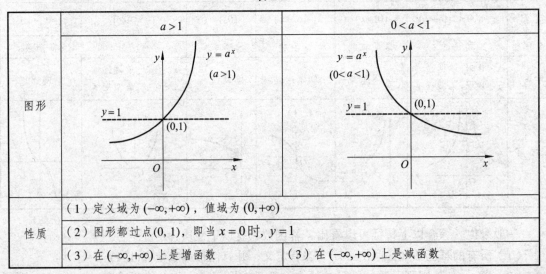

	$a > 1$	$0 < a < 1$
图形	$y = a^x$ $(a > 1)$	$y = a^x$ $(0 < a < 1)$
性质	(1) 定义域为 $(-\infty, +\infty)$，值域为 $(0, +\infty)$	
	(2) 图形都过点 $(0, 1)$，即当 $x = 0$ 时，$y = 1$	
	(3) 在 $(-\infty, +\infty)$ 上是增函数	(3) 在 $(-\infty, +\infty)$ 上是减函数

3. 指数的运算法则

常见的指数运算法则有：

（1）$a^x \cdot a^y = a^{x+y}$；　　　　（2）$\dfrac{a^x}{a^y} = a^{x-y}$；　　　　（3）$(a \cdot b)^x = a^x \cdot b^x$；

（4）$\left(\dfrac{b}{a}\right)^x = \dfrac{b^x}{a^x}$；　　　　（5）$(a^x)^y = a^{x \cdot y}$.

例 2　解指数方程 $6^{2x+4} = 3^{3x} \cdot 2^{x+8}$.

解（方法一）　方程可化为
$$36^x \cdot 36^2 = 27^x \cdot 2^x \cdot 16^2$$

即
$$\left(\dfrac{36}{54}\right)^x = \left(\dfrac{16}{36}\right)^2$$

化简得
$$\left(\dfrac{2}{3}\right)^x = \left(\dfrac{2}{3}\right)^4$$

所以方程的解为 $x = 4$

（方法二）　方程可化为
$$3^{2x+4} \cdot 2^{2x+4} = 3^{3x} \cdot 2^{x+8}$$

化简得
$$3^{x-4} = 2^{x-4}$$

当且仅当 $x - 4 = 0$ 时上式才成立，所以方程的解为 $x = 4$.

例 3　比较下列各题中两个值的大小：

（1）$1.6^{2.4}, 1.6^{3.1}$；　　　　（2）$0.9^{-0.2}, 0.9^{-0.1}$.

解（1）考察函数 $y = 1.6^x$. 由于 $1.6 > 1$，故指数函数 $y = 1.6^x$ 在 $(-\infty, +\infty)$ 上是增函数，而 $2.4 < 3.1$，所以 $1.6^{2.4} < 1.6^{3.1}$.

（2）考察函数 $y = 0.9^x$. 由于 $0.9 < 1$，故指数函数 $y = 0.9^x$ 在 $(-\infty, +\infty)$ 上是减函数，而 $-0.2 < -0.1$，所以 $0.9^{-0.2} > 0.9^{-0.1}$.

例 4　设 a 是实数，$f(x) = a - \dfrac{2}{2^x + 1}$ $(x \in \mathbf{R})$.

（1）证明：对于任意 a，$f(x)$ 在 $\mathbf{R}$ 上均为增函数；

（2）确定 a 的值，使 $f(x)$ 为奇函数.

证明（1）$\forall x_1, x_2 \in \mathbf{R}$，且 $x_1 < x_2$，则

$$f(x_2) - f(x_1) = \left(a - \dfrac{2}{2^{x_2}+1}\right) - \left(a - \dfrac{2}{2^{x_1}+1}\right)$$
$$= \dfrac{2}{2^{x_1}+1} - \dfrac{2}{2^{x_2}+1} = \dfrac{2(2^{x_2} - 2^{x_1})}{(2^{x_1}+1)(2^{x_2}+1)}$$

因为 $y = 2^x$ 在 $\mathbf{R}$ 上单调递增，且 $x_1 < x_2$，则
$$2^{x_1} + 1 > 1，\quad 2^{x_2} + 1 > 1，\quad 2^{x_2} - 2^{x_1} > 0$$

所以 $f(x_2) - f(x_1) > 0$. 因此无论 a 为何值，$f(x)$ 在 $\mathbf{R}$ 上均为增函数.

（2）若 $f(x)$ 为奇函数，则有 $f(-x)=-f(x)$，即

$$a-\frac{2}{2^{-x}+1}=-\left(a-\frac{2}{2^{x}+1}\right)$$

可得

$$2a=\frac{2\cdot 2^{x}}{(2^{-x}+1)\cdot 2^{x}}+\frac{2}{2^{x}+1}=\frac{2(2^{x}+1)}{2^{x}+1}=2$$

解得 $a=1$. 即当 $a=1$ 时，$f(x)$ 为奇函数.

三、对数函数

1. 对数函数的概念

一般地，形如 $y=\log_{a}x$ 的函数叫做**对数函数**，其中 x 是自变量，$a(a>0$ 且 $a\neq 1)$ 为常数. 特别地，对数函数 $y=\log_{a}x$，当 $a=10$ 时称为**常用对数**，记作 $y=\lg x$，即 $\lg x=\log_{10}x$；当 $a=\mathrm{e}(\mathrm{e}\approx 2.71828)$ 时称为**自然对数**，记作 $y=\ln x$，即 $\ln x=\log_{\mathrm{e}}x$.

对数函数 $y=\log_{a}x$ 与指数函数 $y=a^{x}$ 互为反函数. 它们的图形关于直线 $y=x$ 对称. 并存在指数恒等式

$$a^{\log_{a}x}=x\ (\text{当}\ a=\mathrm{e}\ \text{时},\ \mathrm{e}^{\ln x}=x)$$

和对数恒等式

$$\log_{a}a^{x}=x\ (\text{当}\ a=\mathrm{e}\ \text{时},\ \ln \mathrm{e}^{x}=x)$$

2. 对数函数的图形与性质

对数函数的图形与性质如表 2.3.

表 2.3

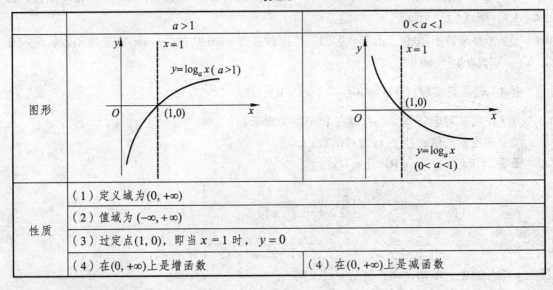

	$a>1$	$0<a<1$
图形		
性质	（1）定义域为 $(0,+\infty)$	
	（2）值域为 $(-\infty,+\infty)$	
	（3）过定点 $(1,0)$，即当 $x=1$ 时，$y=0$	
	（4）在 $(0,+\infty)$ 上是增函数	（4）在 $(0,+\infty)$ 上是减函数

3. 对数的运算法则

常见的对数运算法则有：

（1） $\log_a(MN) = \log_a M + \log_a N$； （2） $\log_a \dfrac{M}{N} = \log_a M - \log_a N$；

（3） $\log_a M^n = n \log_a M$； （4） $\log_a \sqrt[n]{M} = \dfrac{1}{n} \log_a M$；

（5） $\log_a M = \dfrac{\log_b M}{\log_b a}$.

例 5 求下列函数的定义域：

（1） $y = \log_a x^2$； （2） $y = \log_a(9 - x^2)$.

解 （1）由 $x^2 > 0$ 可知，x 可取一切非零实数，所以 $y = \log_a x^2$ 的定义域为 $\{x \mid x \in \mathbf{R}, 且 x \neq 0\}$.

（2）由 $9 - x^2 > 0$ 可得，$-3 < x < 3$，所以 $y = \log_a(9 - x^2)$ 的定义域为 $\{x \mid -3 < x < 3\}$.

例 6 比较下列各组数中两个值的大小：

（1） $\log_2 3.4$，$\log_2 8.5$； （2） $\log_{0.3} 1.8$，$\log_{0.3} 2.7$.

解 （1）考察对数函数 $y = \log_2 x$，因为它的底数 $2 > 1$，所以它在 $(0, +\infty)$ 上单调递增，于是 $\log_2 3.4 < \log_2 8.5$.

（2）考察对数函数 $y = \log_{0.3} x$，因为它的底数 $0.3 < 1$，所以它在 $(0, +\infty)$ 上单调递减，于是 $\log_{0.3} 1.8 > \log_{0.3} 2.7$.

例 7 设 $\lg(x^2 + 1) + \lg(y^2 + 4) = \lg 8 + \lg x + \lg y$，求 x, y 的值.

解 根据对数的运算法则，得

$$\lg(x^2 + 1)(y^2 + 4) = \lg 8xy$$

则有

$$(x^2 + 1)(y^2 + 4) = 8xy$$

即

$$x^2 y^2 + 4x^2 + y^2 + 4 = 8xy$$

$$(x^2 y^2 - 4xy + 4) + (4x^2 - 4xy + y^2) = 0$$

$$(xy - 2)^2 + (2x - y)^2 = 0$$

可得方程组

$$\begin{cases} xy - 2 = 0 \\ 2x - y = 0 \end{cases}$$

解得 $\begin{cases} x = 1 \\ y = 2 \end{cases}$，$\begin{cases} x = -1 \\ y = -2 \end{cases}$（舍去）. 由此可知，符合题目要求的 x, y 的值为 $x = 1$，$y = 2$.

例 8 讨论函数 $\log_{\frac{5}{7}}(x^2 - 4x + 3)$ 的单调区间.

解 由 $x^2 - 4x + 3 > 0$ 可解得函数的定义域为 $(-\infty, 1) \cup (3, +\infty)$.

令 $u = x^2 - 4x + 3 = (x - 2)^2 - 1$，这是一个二次函数，当 $x < 2$ 时单调递减，当 $x > 2$ 时单调递增. 由此可知：

当 $x \in (-\infty, 1)$ 时，u 单调递减，则 $\log_{\frac{5}{7}} u$ 单调递增；当 $x \in (3, +\infty)$ 时，u 单调递增，则 $\log_{\frac{5}{7}} u$ 单调递减.

因此，函数 $\log_{\frac{5}{7}}(x^2 - 4x + 3)$ 在 $(-\infty, 1)$ 上单调递增，在 $(3, +\infty)$ 上单调递减.

例 9 解不等式 $\log_x(5x^2-8x+3) > 2$.

解 （1）当 $0 < x < 1$ 时，原不等式可化为

$$\begin{cases} 0 < x < 1 \\ 5x^2-8x+3 > 0 \\ 5x^2-8x+3 < x^2 \end{cases} \Rightarrow \begin{cases} 0 < x < 1 \\ x < \dfrac{3}{5} \text{ 或 } x > 1 \\ \dfrac{1}{2} < x < \dfrac{3}{2} \end{cases} \Rightarrow \dfrac{1}{2} < x < \dfrac{3}{5}$$

（2）当 $0 < x < 1$ 时，原不等式可化为

$$\begin{cases} x > 1 \\ 5x^2-8x+3 > 0 \\ 5x^2-8x+3 > x^2 \end{cases} \Rightarrow \begin{cases} x > 1 \\ x < \dfrac{3}{5} \text{ 或 } x > 1 \\ x < \dfrac{1}{2} \text{ 或 } x > \dfrac{3}{2} \end{cases} \Rightarrow x > \dfrac{3}{2}$$

综合（1）、（2）可知，原不等式的解为 $\left\{ x \mid \dfrac{1}{2} < x < \dfrac{3}{5} \text{ 或 } x > \dfrac{3}{2} \right\}$.

习题 4-2

1. 比较下列各组数中两个值的大小：

   （1）$3^{0.8}$, $3^{0.7}$；
   （2）$0.75^{-0.1}$, $0.75^{0.1}$；
   （3）$1.01^{2.7}$, $1.01^{3.5}$；
   （4）$0.99^{3.3}$, $0.99^{4.5}$；
   （5）$\lg 6$, $\lg 8$；
   （6）$\log_{0.5} 6$, $\log_{0.5} 4$；
   （7）$\log_{\frac{2}{3}} 0.5$, $\log_{\frac{2}{3}} 0.6$；
   （8）$\log_{1.5} 1.6$, $\log_{1.5} 1.4$.

2. 求下列函数的定义域.

   （1）$y = \sqrt{4x+3}$；
   （2）$y = \dfrac{\sqrt{x+1}}{x+2}$；
   （3）$y = \dfrac{1}{x+3} + \sqrt{-x} + \sqrt{x+4}$；
   （4）$y = \dfrac{1}{\sqrt{6-5x-x^2}}$.

3. 解下列方程：

   （1）$3^{x+1} + 9^x - 18 = 0$；
   （2）$7^{2x-1} - 3^{3x-2} = 7^{2x+1} - 3^{3x+2}$；
   （3）$\log_7[\log_3(\log_2 x)] = 0$；
   （4）$(\log_x \sqrt{5})^2 + 3\log_x \sqrt{5} + \dfrac{5}{4} = 0$.

4. 计算下列各式的值：

   （1）$55^{\lg 1} - (-1)^2 + |1 - \log_{12} 16| + \log_{12} 9$；
   （2）$\dfrac{1}{2}\lg 25 + \lg 2 - \lg\sqrt{0.1} - \log_2 9 \log_3 2$；
   （3）$\log_3 4 \cdot \log_4 5 \cdot \log_5 6 \cdot \log_6 7 \cdot \log_7 8 \cdot \log_8 9$.

5. 解不等式 $\lg(x+1) - \lg(x-1) > 1$.

6. 已知 $\lg 2 = 0.3010$，$\log_4 \log_3 \log_2 x = 1$，求 x 的值，并确定 x 是多少位数.

7. 研究下列函数的单调性，并指出函数在哪一个区间上单调增加，在哪一个区间上单调减少.

（1） $y = 3^{\sqrt{-x^2+2x+3}}$；   （2） $y = \lg(2x^2 - 5x - 3)$.

8. 设 $a > 0$ 且 $a \neq 1$，若 $\log_a(x^2+1) - \log_a x - \log_a 4 = 1 - \log_a(y^2+a^2) + \log_a y$，求 x, y 的值.

9. 求证：$\dfrac{4}{9} > \log_5 2 > \dfrac{2}{5}$.

10. 设关于 x 的方程 $\lg(ax)\lg(ax^2) = 4$ 的所有解 x 都大于 1，求 a 的取值范围.

11. 求函数 $y = \log_{\frac{1}{2}}(-x^2 + 2x + 2)$ 的定义域、单调区间与最小值.

12. 解不等式 $|\log_2 x| + |\log_2(2-x)| \geq 1$.

13. 设函数 $f(x) = \log_a(2 - ax)$ 在 $[0, 1]$ 上单调减少，求 a 的取值范围.

第三节　三角函数

一、角的概念

在平面直角坐标系中，设射线 OA 的原始位置与正向 Ox 轴重合. 以 O 为轴心按照逆时针（或顺时针方向）旋转，最后到达 OB 的位置，这样就形成了一个角 α，OA 称为角的**始边**，OB 叫做**终边**（图 4.5）. 角的终边在第几象限，我们就说这个角是第几象限的角. 如果角的终边在坐标轴上，则认为这个角不属于任何一个象限.

通常我们把按逆时针方向旋转形成的角叫做**正角**，按顺时针方向旋转形成的角叫做**负角**. 不做任何旋转形成的角叫做**零角**. 显然，所有与 α 有相同终边的角 θ 与 α 相差圆周角的整数倍（图 4.5），它们可用 $\alpha + 2k\pi \ (k \in \mathbf{Z})$ 来表示.

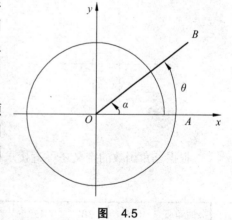

图　4.5

角的大小通常用两种方式来度量：

（1）角度制.

我们把圆周角的 $\dfrac{1}{360}$ 称为 1 度，记作 $1°$，这样，圆周角就是 $360°$.

（2）弧度制.

我们把等于半径长的圆弧所对的圆心角称为 1 弧度，记作 1rad. 若圆的半径为 r，由弧长公式 $l = |\alpha|r$ 可知，$\alpha = \dfrac{l}{r}(\text{rad})$.

角度与弧度的换算公式是：

$$1° = \dfrac{\pi}{180} \text{rad}, \quad 1 \text{ rad} = \left(\dfrac{180°}{\pi}\right) \approx 57°17'$$

二、三角函数

1. 三角函数的定义

在平面直角坐标系内，设 α 是顶点在原点，始边在 x 轴正半轴上的角，$P(x,y)$ 为角 α 终边上任一点（图 4.6），它到原点的距离 $r=\sqrt{x^2+y^2}$，我们由此定义了下列函数：

（1）正弦函数：$\sin\alpha = \dfrac{y}{r}$.

（2）余弦函数：$\cos\alpha = \dfrac{x}{r}$.

（3）正切函数：$\tan\alpha = \dfrac{y}{x}$.

（4）余切函数：$\cot\alpha = \dfrac{x}{y}$.

（5）正割函数：$\sec\alpha = \dfrac{r}{x}$.

（6）余割函数：$\csc\alpha = \dfrac{r}{y}$.

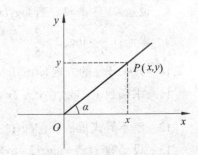

图 4.6

以上几种函数，统称为角 α 的三角函数.

根据三角函数的定义，容易知道三角函数值在各个象限中的符号，可用图 4.7 来表示：

图 4.7

根据三角函数的定义还可直接求出一些特殊角的三角函数值，如表 3.1 所示.

表 3.1

α的角度	0°	30°	45°	60°	90°	120°	135°	150°	180°	270°
α的弧度	0	$\dfrac{\pi}{6}$	$\dfrac{\pi}{4}$	$\dfrac{\pi}{3}$	$\dfrac{\pi}{2}$	$\dfrac{2\pi}{3}$	$\dfrac{3\pi}{4}$	$\dfrac{5\pi}{6}$	π	$\dfrac{3\pi}{2}$
$\sin\alpha$	0	$\dfrac{1}{2}$	$\dfrac{\sqrt{2}}{2}$	$\dfrac{\sqrt{3}}{2}$	1	$\dfrac{\sqrt{3}}{2}$	$\dfrac{\sqrt{2}}{2}$	$\dfrac{1}{2}$	0	-1
$\cos\alpha$	1	$\dfrac{\sqrt{3}}{2}$	$\dfrac{\sqrt{2}}{2}$	$\dfrac{1}{2}$	0	$-\dfrac{1}{2}$	$-\dfrac{\sqrt{2}}{2}$	$-\dfrac{\sqrt{3}}{2}$	-1	0
$\tan\alpha$	0	$\dfrac{\sqrt{3}}{3}$	1	$\sqrt{3}$	不存在	$-\sqrt{3}$	-1	$-\dfrac{\sqrt{3}}{3}$	0	不存在
$\cot\alpha$	不存在	$\sqrt{3}$	1	$\dfrac{\sqrt{3}}{3}$	0	$-\dfrac{\sqrt{3}}{3}$	-1	$-\sqrt{3}$	不存在	0

由三角函数的定义可知，凡是终边相同的角，其同一三角函数的值相等．因此求任意角的三角函数值，均可到转化为求一个 $0°$ 到 $360°$ 之间角的三角函数值．

例 1 确定下列三角函数值的符号：

（1） $\cos 250°$； （2） $\sin\left(-\dfrac{\pi}{4}\right)$； （3） $\tan(-672°)$； （4） $\tan 3\pi$．

解 （1）因为 $250°$ 的角在第三象限，所以 $\cos 250° < 0$．

（2）因为 $-\dfrac{\pi}{4}$ 的角在第四象限，所以 $\sin\left(-\dfrac{\pi}{4}\right) < 0$．

（3）因为 $-672° = -2 \times 360° + 48°$，而 $48°$ 的角在第一象限，所以 $\tan(-672°) > 0$．

（4）因为 $3\pi = 2\pi + \pi$，而 π 为特殊角，$\tan \pi = 0$，所以 $\tan 3\pi = 0$．

例 2 求下列三角函数值：

（1） $\sin(-1740°)$； （2） $\tan\dfrac{9\pi}{4}$．

解 （1） $\sin(-1740°) = \sin(-5 \times 360° + 60°) = \sin 60° = \dfrac{\sqrt{3}}{2}$．

（2） $\tan\dfrac{9\pi}{4} = \tan\left(2\pi + \dfrac{\pi}{4}\right) = \tan\dfrac{\pi}{4} = \dfrac{\sqrt{2}}{2}$．

2. 同角三角函数间的关系

根据三角函数的定义，可以推出同一个角 α 的三角函数之间有下列关系：

（1）平方关系：

$$\sin^2\alpha + \cos^2\alpha = 1,\quad 1 + \tan^2\alpha = \sec^2\alpha,\quad 1 + \cot^2\alpha = \csc^2\alpha$$

（2）倒数关系：

$$\sin\alpha \cdot \csc\alpha = 1,\quad \cos\alpha \cdot \sec\alpha = 1,\quad \tan\alpha \cdot \cot\alpha = 1$$

（3）商的关系：

$$\tan\alpha = \dfrac{\sin\alpha}{\cos\alpha},\quad \cot\alpha = \dfrac{\cos\alpha}{\sin\alpha}$$

例 3 已知 $\sin\alpha = m$，$|m| < 1$，求 α 的其他三角函数值．

解 由公式 $\sin^2\alpha + \cos^2\alpha = 1$，可得 $\cos\alpha = \pm\sqrt{1-\sin^2\alpha} = \pm\sqrt{1-m^2}$．现分两种情况讨论：

（1）若 α 在第一、四象限，$\cos\alpha > 0$，则 $\cos\alpha = \sqrt{1-m^2}$．因此

$$\csc\alpha = \dfrac{1}{\sin\alpha} = \dfrac{1}{m},\quad \sec\alpha = \dfrac{1}{\cos\alpha} = \dfrac{1}{\sqrt{1-m^2}}$$

$$\tan\alpha = \dfrac{\sin\alpha}{\cos\alpha} = \dfrac{m}{\sqrt{1-m^2}},\quad \cot\alpha = \dfrac{\cos\alpha}{\sin\alpha} = \dfrac{\sqrt{1-m^2}}{m}$$

（2）若 α 在第二、三象限，$\cos\alpha < 0$，则 $\cos\alpha = -\sqrt{1-m^2}$．因此

$$\csc\alpha = \dfrac{1}{\sin\alpha} = \dfrac{1}{m},\quad \sec\alpha = \dfrac{1}{\cos\alpha} = -\dfrac{1}{\sqrt{1-m^2}}$$

$$\tan\alpha = \frac{\sin\alpha}{\cos\alpha} = -\frac{m}{\sqrt{1-m^2}}, \quad \cot\alpha = \frac{\cos\alpha}{\sin\alpha} = -\frac{\sqrt{1-m^2}}{m}$$

例 4 化简下列各式：

（1） $\sin^2\alpha\tan\alpha + \cos^2\alpha\cot\alpha + 2\sin\alpha\cos\alpha$；

（2） $2(\cos^6\alpha + \sin^6\alpha) - 3(\cos^4\alpha + \sin^4\alpha)$；

（3） $\left(\dfrac{1}{\cos^2\alpha} - 1\right)\left(\dfrac{1}{\sin^2\alpha} - 1\right) - (1+\cot^2\alpha)\sin^2\alpha$.

解 （1） $\sin^2\alpha\tan\alpha + \cos^2\alpha\cot\alpha + 2\sin\alpha\cos\alpha$

$= (1-\cos^2\alpha)\tan\alpha + (1-\sin^2\alpha)\cot\alpha + 2\sin\alpha\cos\alpha$

$= \tan\alpha - \cos\alpha\sin\alpha + \cot\alpha - \sin\alpha\cos\alpha + 2\sin\alpha\cos\alpha$

$= \tan\alpha + \cot\alpha$.

（2） $2(\cos^6\alpha + \sin^6\alpha) - 3(\cos^4\alpha + \sin^4\alpha)$

$= 2(\cos^2\alpha + \sin^2\alpha)(\cos^4\alpha - \cos^2\alpha\sin^2\alpha + \sin^4\alpha) - 3(\cos^4\alpha + \sin^4\alpha)$

$= 2(\cos^4\alpha - \cos^2\alpha\sin^2\alpha + \sin^4\alpha) - 3(\cos^4\alpha + \sin^4\alpha)$

$= -(\cos^4\alpha + 2\cos^2\alpha\sin^2\alpha + \sin^4\alpha)$

$= -1$.

（3） $\left(\dfrac{1}{\cos^2\alpha} - 1\right)\left(\dfrac{1}{\sin^2\alpha} - 1\right) - (1+\cot^2\alpha)\sin^2\alpha$

$= (\sec^2\alpha - 1)(\csc^2\alpha - 1) - \csc^2\alpha\sin^2\alpha$

$= \tan^2\alpha\cot^2\alpha - 1$

$= 1 - 1 = 0$.

例 5 已知 $0 < \alpha < \pi$，$\sin\alpha + \cos\alpha = \dfrac{1}{5}$，求 $\sin\alpha - \cos\alpha$ 的值.

解 把等式 $\sin\alpha + \cos\alpha = \dfrac{1}{5}$ 的两边同时平方，得

$$\sin^2\alpha + 2\sin\alpha\cos\alpha + \cos^2\alpha = \frac{1}{25}$$

可得

$$2\sin\alpha\cos\alpha = -\frac{24}{25}$$

则有

$$\sin^2\alpha + \cos^2\alpha - 2\sin\alpha\cos\alpha = \frac{49}{25}$$

即

$$(\sin\alpha - \cos\alpha)^2 = \frac{49}{25}$$

已知 $0 < \alpha < \pi$，因此 $\sin\alpha > 0$，$\cos\alpha < 0$，则 $\sin\alpha - \cos\alpha > 0$，所以

$$\sin\alpha - \cos\alpha = \frac{7}{5}$$

3. 诱导公式

设 $k \in \mathbf{Z}$，对任意角 α，有表 3.2 所列的公式：

表 3.2

角	函数			
	正弦	余弦	正切	余切
$-\alpha$	$-\sin\alpha$	$\cos\alpha$	$-\tan\alpha$	$-\cot\alpha$
$\dfrac{\pi}{2}-\alpha$	$\cos\alpha$	$\sin\alpha$	$\cot\alpha$	$\tan\alpha$
$\dfrac{\pi}{2}+\alpha$	$\cos\alpha$	$-\sin\alpha$	$-\cot\alpha$	$-\tan\alpha$
$\pi-\alpha$	$\sin\alpha$	$-\cos\alpha$	$-\tan\alpha$	$-\cot\alpha$
$\pi+\alpha$	$-\sin\alpha$	$-\cos\alpha$	$\tan\alpha$	$\cot\alpha$
$\dfrac{3\pi}{2}-\alpha$	$-\cos\alpha$	$-\sin\alpha$	$\cot\alpha$	$\tan\alpha$
$\dfrac{3\pi}{2}+\alpha$	$-\cos\alpha$	$\sin\alpha$	$-\cot\alpha$	$-\tan\alpha$
$2\pi-\alpha$	$-\sin\alpha$	$\cos\alpha$	$-\tan\alpha$	$-\cot\alpha$
$2k\pi+\alpha$	$\sin\alpha$	$\cos\alpha$	$\tan\alpha$	$\cot\alpha$

表 3.2 中所列出的公式，统称为**诱导公式**.

例 6 求 $\sin(-1560°)$ 的值.

解 $\sin(-1560°) = -\sin 1560° = -\sin(4 \cdot 360° + 120°)$

$$= -\sin 120° = -\sin(180° - 60°) = -\sin 60° = -\dfrac{\sqrt{3}}{2}.$$

例 7 已知 $\sin\alpha$ 是方程 $5x^2 - 7x - 6 = 0$ 的根，求：

$$\dfrac{\sin\left(\dfrac{3\pi}{2}+\alpha\right) \cdot \sin\left(\dfrac{3\pi}{2}-\alpha\right) \cdot \tan^2(2\pi-\alpha) \cdot \tan(\pi-\alpha)}{\cos\left(\dfrac{\pi}{2}+\alpha\right) \cdot \cos\left(\dfrac{\pi}{2}-\alpha\right)}$$

的值.

解 解方程 $5x^2 - 7x - 6 = 0$ 得 $x = 2$ 或 $x = -\dfrac{3}{5}$，则 $\sin\alpha = -\dfrac{3}{5}$. 由此可知

$$\cos\alpha = \pm\sqrt{1-\sin^2\alpha} = \pm\dfrac{4}{5}, \quad \tan\alpha = \dfrac{\sin\alpha}{\cos\alpha} = \pm\dfrac{3}{4}$$

于是

$$\frac{\sin\left(\frac{3\pi}{2}+\alpha\right)\cdot\sin\left(\frac{3\pi}{2}-\alpha\right)\cdot\tan^2(2\pi-\alpha)\cdot\tan(\pi-\alpha)}{\cos\left(\frac{\pi}{2}+\alpha\right)\cdot\cos\left(\frac{\pi}{2}-\alpha\right)}$$

$$=\frac{-\cos\alpha\cdot(-\cos\alpha)\cdot\tan^2\alpha\cdot(-\tan\alpha)}{-\sin\alpha\cdot\sin\alpha}$$

$$=\cot^2\alpha\cdot\tan^2\alpha\cdot\tan\alpha=\tan\alpha=\pm\frac{3}{4}$$

习题 4-3

1. 已知角 α 的终边分别通过下列各点，求 α 的六个三角函数值：
（1）$(-8,-6)$； 　　　　　　（2）$(\sqrt{3},-1)$.

2. 根据下列条件，确定 θ 是第几象限的角：
（1）$\sin\theta>0$ 且 $\cos\theta<0$；　　（2）$\sec\theta<0$ 且 $\tan\theta>0$；
（3）$\dfrac{\sin\theta}{\cot\theta}>0$；　　　　　　（4）$\sin\theta\cos\theta>0$.

3. 求下列各式的值：
（1）$a^2\cos\dfrac{3\pi}{2}+b^2\sin 0°+2ab\cot\dfrac{3\pi}{2}$；
（2）$a^2\cos 0°-b^2\sin 270°+ab\cos 180°-ab\sin 90°$；
（3）$a^2\sin\dfrac{\pi}{2}+2ab\cos\pi+\dfrac{b^2}{\cos 0°}$；
（4）$2\cos 0°+3\sin 90°-4\cos 180°+5\sin 270°-6\cos 360°$.

4. 已知 $\sin\alpha=-\dfrac{\sqrt{3}}{2}$，且 α 为第四象限的角，求角 α 的其他各三角函数的值.

5. 化简下列各式：
（1）$(1+\tan^2\alpha)\cos^2\alpha$；　　　　（2）$\sec^2 A-\tan^2 A-\sin^2 A$；
（3）$\dfrac{1-\cos^2\alpha}{1-\sin^2\alpha}+\cos\alpha\sec\alpha$；　　（4）$\cos^2\dfrac{\alpha}{2}\cdot\csc^2\dfrac{\alpha}{2}+\sin^2\dfrac{\alpha}{2}+\cos^2\dfrac{\alpha}{2}$.

6. 证明下列恒等式：
（1）$\sin^4 x+\cos^4 x=1-2\sin^2 x\cos^2 x$；
（2）$\sin^3\theta(1+\cot\theta)+\cos^3\theta(1+\tan\theta)=\sin\theta+\cos\theta$.

7. 已知 $4x^2-2(\sqrt{3}+1)+\sqrt{3}=0$ 的两根为 $\sin\theta,\cos\theta$，求 $\dfrac{\sin\theta}{1-\cot\theta}+\dfrac{\cos\theta}{1-\tan\theta}$ 的值.

8. 求证：
（1）$1+\sec^4 x-\tan^4 x=2\sec^2 x$；
（2）$\csc^4 x+\cot^4 x=1+2\csc^2 x\cot^2 x$；
（3）$\dfrac{1+\tan x+\cot x}{\sec^2 x+\tan x}-\dfrac{\cot x}{\csc^2 x+\tan^2 x-\cot^2 x}=\dfrac{1}{\tan x\sin^2 x+\cos^2 x\cot x+2\sin x\cos x}$.

9. 已知 $\cos\theta - \sin\theta = \sqrt{2}\sin\theta$,求证:

(1) $\cos\theta + \sin\theta = \sqrt{2}\cos\theta$; (2) $\tan\theta = \dfrac{\cos\theta - \sin\theta}{\cos\theta + \sin\theta}$.

10. 化简下列各式.

(1) $\dfrac{1}{1+\sin^2 x} + \dfrac{1}{1+\cos^2 x} + \dfrac{1}{1+\sec^2 x} + \dfrac{1}{1+\csc^2 x}$;

(2) $\dfrac{1-\sin^6 x - \cos^6 x}{1-\sin^4 x - \cos^4 x}$.

11. 已知 $\dfrac{4\sin x - 2\cos x}{5\cos x + 3\sin x} = \dfrac{6}{11}$,求证 $\log_{\sqrt{2}}(\sqrt{2+\sqrt{3}} - \sqrt{2-\sqrt{3}}) = \lg\sec^2 x + \lg 2$.

12. 若 $\sin 3x = f(\sin x)$,求证:$\cos 3x = -f(\cos x)$.

13. 已知 $0 < x < \dfrac{\pi}{4}$,设

$$\lg\cot x - \lg\cos x = \lg\sin x - \lg\tan x + 2\lg 3 - \dfrac{3}{2}\lg 2$$

求 $\cos x - \sin x$ 的值.

第四节 三角函数公式(一)

一、和角公式与差角公式

在中学数学中我们已经知道,两个角 α, β 的和或差的三角函数,可以用 α, β 的三角函数的代数式来表示:

$$\sin(\alpha \pm \beta) = \sin\alpha\cos\beta \pm \cos\alpha\sin\beta$$
$$\cos(\alpha \pm \beta) = \cos\alpha\cos\beta \mp \sin\alpha\sin\beta$$
$$\tan(\alpha \pm \beta) = \dfrac{\tan\alpha \pm \tan\beta}{1 \mp \tan\alpha\tan\beta}$$

这一组公式称为三角函数的和角公式与差角公式.

例1 不查表求 $\sin 75°$ 的值.

解 $\sin 75° = \sin(45° + 30°) = \sin 45°\cos 30° + \cos 45°\sin 30°$

$= \dfrac{\sqrt{2}}{2} \times \dfrac{\sqrt{3}}{2} + \dfrac{\sqrt{2}}{2} \times \dfrac{1}{2} = \dfrac{\sqrt{6} + \sqrt{2}}{4}$.

例2 已知 $\alpha \in \left(\dfrac{\pi}{2}, \pi\right)$,$\sin\alpha = \dfrac{3}{5}$,求 $\tan\left(\alpha + \dfrac{\pi}{4}\right)$.

解 已知 $\dfrac{\pi}{2} < \alpha < \pi$,可得 $\cos\alpha = -\sqrt{1-\sin^2\alpha} = -\dfrac{4}{5}$.因此

$$\tan\alpha = \dfrac{\sin\alpha}{\cos\alpha} = -\dfrac{3}{4}$$

于是

$$\tan\left(\alpha+\frac{\pi}{4}\right)=\frac{\tan\alpha+\tan\frac{\pi}{4}}{1-\tan\alpha\tan\frac{\pi}{4}}=\frac{1+\tan\alpha}{1-\tan\alpha}=\frac{1-\frac{3}{4}}{1+\frac{3}{4}}=\frac{1}{7}$$

例 3 若 α,β 为锐角，且 $\cos\alpha=\frac{1}{7}$，$\cos(\alpha+\beta)=-\frac{11}{14}$，求 $\cos\beta$ 的值.

解 $$\cos\beta=\cos[(\alpha+\beta)-\alpha]=\cos(\alpha+\beta)\cos\alpha+\sin(\alpha+\beta)\sin\alpha$$

因为 $0<\alpha,\beta<\frac{\pi}{2}$，$0<\alpha+\beta<\pi$，可得

$$\sin\alpha=\sqrt{1-\cos^2\alpha}=\frac{4\sqrt{3}}{7}$$

$$\sin(\alpha+\beta)=\sqrt{1-\cos^2(\alpha+\beta)}=\frac{5\sqrt{3}}{14}$$

代入上式，则有

$$\cos\beta=-\frac{11}{14}\times\frac{1}{7}+\frac{5\sqrt{3}}{14}\times\frac{4\sqrt{3}}{7}=\frac{1}{2}$$

例 4 设 A,B,C 是 $\triangle ABC$ 的三个内角，求证

$$\tan A+\tan B+\tan C=\tan A\tan B\tan C$$

分析 这类三角恒等式的证明，也是三角函数中常见的问题. 它的特点是角 A,B,C 都不是任意角，而是三角形的三个内角，由此可得 $A+B+C=\pi$. 证明时要注意合理地运用这个条件. 另外还要注意，正切的和角公式

$$\tan(A+B)=\frac{\tan A+\tan B}{1-\tan A\tan B}$$

常常被化为

$$\tan A+\tan B=\tan(A+B)(1-\tan A\tan B)$$

来使用.

证明 因为 $A+B+C=\pi$，所以

$$\tan C=\tan[\pi-(A+B)]=-\tan(A+B)$$

于是

$$\begin{aligned}\tan A+\tan B+\tan C&=\tan A+\tan B-\tan(A+B)\\&=\tan(A+B)(1-\tan A\tan B)-\tan(A+B)\\&=\tan(A+B)-\tan(A+B)\tan A\tan B-\tan(A+B)\\&=\tan C\tan A\tan B\end{aligned}$$

例 5 把 $\sin\alpha+\sqrt{3}\cos\alpha$ 化成一个三角函数的形式.

解 $\sin\alpha + \sqrt{3}\cos\alpha = 2\left(\dfrac{1}{2}\sin\alpha + \dfrac{\sqrt{3}}{2}\cos\alpha\right)$

$\qquad\qquad\qquad = 2(\sin\alpha\cos 60° + \cos\alpha\sin 60°)$

$\qquad\qquad\qquad = 2\sin(\alpha + 60°).$

一般来说，对于 $\sin\alpha$ 和 $\cos\alpha$ 的一次式 $a\sin\alpha + b\cos\alpha$，都可以简化为积的形式. 方法是把 $a\sin\alpha + b\cos\alpha$ 乘以 $\dfrac{\sqrt{a^2+b^2}}{\sqrt{a^2+b^2}}$ 即可得到：

$$a\sin\alpha + b\cos\alpha = \sqrt{a^2+b^2}\left(\dfrac{a}{\sqrt{a^2+b^2}}\sin\alpha + \dfrac{b}{\sqrt{a^2+b^2}}\cos\alpha\right)$$

$$= \sqrt{a^2+b^2}(\sin\alpha\cos\varphi + \cos\alpha\sin\varphi)$$

$$= \sqrt{a^2+b^2}\sin(\alpha+\varphi)$$

这里，角 φ 可以由 $\tan\varphi = \dfrac{b}{a}$ 来确定. 类似地，也可以把 $a\sin\alpha + b\cos\alpha$ 化为余弦函数的积的形式. 例如，例 4 也可以这样变化：

$$\sin\alpha + \sqrt{3}\cos\alpha = 2\left(\dfrac{1}{2}\sin\alpha + \dfrac{\sqrt{3}}{2}\cos\alpha\right)$$

$$= 2(\sin\alpha\cos 60° + \cos\alpha\sin 60°)$$

$$= 2\cos(\alpha - 30°)$$

二、倍角公式与半角公式

1. 倍角公式

应用和角公式，可以把 2α 的三角函数，用 α 的三角函数的代数式来表示：

$$\sin 2\alpha = 2\sin\alpha\cos\alpha$$

$$\cos 2\alpha = \cos^2\alpha - \sin^2\alpha = 2\cos^2\alpha - 1 = 1 - 2\sin^2\alpha$$

$$\tan 2\alpha = \dfrac{2\tan\alpha}{1-\tan^2\alpha}$$

这一组公式称为三角函数的**倍角公式**.

2. 半角公式

利用倍角的余弦公式，可以把角 α 的半角 $\dfrac{\alpha}{2}$ 的三角函数，用 α 的三角函数的代数式来表示：

$$\sin\dfrac{\alpha}{2} = \pm\sqrt{\dfrac{1-\cos\alpha}{2}}$$

$$\cos\dfrac{\alpha}{2} = \pm\sqrt{\dfrac{1+\cos\alpha}{2}}$$

$$\tan\frac{\alpha}{2} = \pm\sqrt{\frac{1-\cos\alpha}{1+\cos\alpha}} = \frac{1-\cos\alpha}{\sin\alpha} = \frac{\sin\alpha}{1+\cos\alpha}$$

这一组公式称为三角函数的半角公式. 式中的"±"号, 应当根据角 $\frac{\alpha}{2}$ 所在的象限来确定.

例 6 已知 $\sin\alpha = -\frac{12}{13}$, 并且 $\pi < \alpha < \frac{3\pi}{2}$, 求 $\cos\frac{\alpha}{2}$ 的值.

解 由于 α 是第三象限的角, 所以

$$\cos\alpha = -\sqrt{1-\sin^2\alpha} = -\frac{5}{13}$$

又因为 $\frac{\pi}{2} < \frac{\alpha}{2} < \frac{3\pi}{4}$, 于是可得

$$\cos\frac{\alpha}{2} = -\sqrt{\frac{1+\cos\alpha}{2}} = -\frac{2\sqrt{13}}{13}$$

例 7 化简下列各式:

(1) $\dfrac{\cos\alpha + 1 + \sin\alpha}{\cos\alpha + 1 - \sin\alpha}$;

(2) $2\sqrt{1+\sin 8} + \sqrt{2+2\cos 8}$;

(3) $\dfrac{1+\sin 2\theta}{\cos^2\theta - \sin^2\theta}$;

(4) $\tan 20° + 2\tan 40° + 4\tan 10°$.

解 (1) $\dfrac{\cos\alpha + 1 + \sin\alpha}{\cos\alpha + 1 - \sin\alpha} = \dfrac{\left(2\cos^2\frac{\alpha}{2} - 1\right) + 1 + \left(2\sin\frac{\alpha}{2}\cos\frac{\alpha}{2}\right)}{\left(2\cos^2\frac{\alpha}{2} - 1\right) + 1 - \left(2\sin\frac{\alpha}{2}\cos\frac{\alpha}{2}\right)}$

$= \dfrac{2\cos\frac{\alpha}{2}\left(\cos\frac{\alpha}{2} + \sin\frac{\alpha}{2}\right)}{2\cos\frac{\alpha}{2}\left(\cos\frac{\alpha}{2} - \sin\frac{\alpha}{2}\right)} = \dfrac{\cos\frac{\alpha}{2} + \sin\frac{\alpha}{2}}{\cos\frac{\alpha}{2} - \sin\frac{\alpha}{2}}$

$= \dfrac{1+\tan\frac{\alpha}{2}}{1-\tan\frac{\alpha}{2}} = \dfrac{\tan\frac{\pi}{4} + \tan\frac{\alpha}{2}}{1 - \tan\frac{\pi}{4}\tan\frac{\alpha}{2}}$

$= \tan\left(\dfrac{\pi}{4} + \dfrac{\alpha}{2}\right)$.

(2) $2\sqrt{1+\sin 8} + \sqrt{2+2\cos 8}$

$= 2\sqrt{\cos^2 4 + 2\sin 4\cos 4 + \sin^2 4} + \sqrt{2(1+\cos 8)}$

$= 2\sqrt{(\cos 4 + \sin 4)^2} + \sqrt{2(1+2\cos^2 4 - 1)}$

$= 2|\cos 4 + \sin 4| + 2|\cos 4|$

$= -2(\cos 4 + \sin 4) - 2\cos 4 \quad \left(\pi < 4 < \dfrac{3\pi}{2},\ \sin 4 < 0,\ \cos 4 < 0\right)$

$= -2\sin 4 - 4\cos 4$.

（3）（方法一） $\dfrac{1+\sin 2\theta}{\cos^2\theta-\sin^2\theta} = \dfrac{1+\sin 2\theta}{\cos 2\theta} = \dfrac{1+\cos\left(\dfrac{\pi}{2}-2\theta\right)}{\sin\left(\dfrac{\pi}{2}-2\theta\right)} = \cot\left(\dfrac{\pi}{4}-\theta\right).$

（方法二） $\dfrac{1+\sin 2\theta}{\cos^2\theta-\sin^2\theta} = \dfrac{\sin^2\theta + 2\sin\theta\cos\theta + \cos^2\theta}{(\cos\theta+\sin\theta)(\cos\theta-\sin\theta)} = \dfrac{(\sin\theta+\cos\theta)^2}{(\cos\theta+\sin\theta)(\cos\theta-\sin\theta)}$

$= \dfrac{\sin\theta+\cos\theta}{\cos\theta-\sin\theta} = \dfrac{1+\tan\theta}{1-\tan\theta} = \dfrac{\tan\dfrac{\pi}{4}+\tan\theta}{\tan\dfrac{\pi}{4}-\tan\theta} = \tan\left(\dfrac{\pi}{4}+\theta\right).$

（4） $\tan 20° + 2\tan 40° + 4\tan 10° = \tan\dfrac{40°}{2} + 2\tan 40° + 4\cot 10°$

$= \dfrac{1-\cos 40°}{\sin 40°} + 2\tan 40° + \dfrac{4}{\tan 80°}$

$= \dfrac{1-\cos 40°}{\sin 40°} + 2\tan 40° + \dfrac{2(1-\tan^2 40°)}{\tan 40°}$

$= \dfrac{1-\cos 40°}{\sin 40°} + \dfrac{2}{\tan 40°} = \dfrac{1-\cos 40°}{\sin 40°} + \dfrac{2\cos 40°}{\sin 40°}$

$= \dfrac{1+\cos 40°}{\sin 40°} = \dfrac{1}{\tan 80°} = \cot 20°.$

例 8 设 $\tan\dfrac{\alpha}{2}=t$，求 $\sin\alpha$，$\cos\alpha$，$\tan\alpha$ 的值.

解 $\sin\alpha = 2\sin\dfrac{\alpha}{2}\cos\dfrac{\alpha}{2} = \dfrac{2\sin\dfrac{\alpha}{2}\cos\dfrac{\alpha}{2}}{\sin^2\dfrac{\alpha}{2}+\cos^2\dfrac{\alpha}{2}} = \dfrac{2\tan\dfrac{\alpha}{2}}{\tan^2\dfrac{\alpha}{2}+1} = \dfrac{2t}{1+t^2}.$

$\cos\alpha = \cos^2\dfrac{\alpha}{2} - \sin^2\dfrac{\alpha}{2} = \dfrac{\cos^2\dfrac{\alpha}{2}-\sin^2\dfrac{\alpha}{2}}{\sin^2\dfrac{\alpha}{2}+\cos^2\dfrac{\alpha}{2}} = \dfrac{1-\tan^2\dfrac{\alpha}{2}}{\tan^2\dfrac{\alpha}{2}+1} = \dfrac{1-t^2}{1+t^2}.$

$\tan\alpha = \dfrac{\sin\alpha}{\cos\alpha} = \dfrac{2\tan\dfrac{\alpha}{2}}{1-\tan^2\dfrac{\alpha}{2}} = \dfrac{2t}{1-t^2}.$

一般地，令 $\tan\dfrac{\alpha}{2}=t$，就可以把角 α 的三角函数都用关于 t 的式子来表示，即

$$\sin\alpha = \dfrac{2t}{1+t^2},\quad \cos\alpha = \dfrac{1-t^2}{1+t^2},\quad \tan\alpha = \dfrac{2t}{1-t^2}$$

这一组公式称为三角函数的万能公式.

例 9 设 $\sin\dfrac{\theta}{2}-\cos\dfrac{\theta}{2}=-\dfrac{1}{\sqrt{5}}$，$450°<\theta<540°$，求 $\tan\dfrac{\theta}{4}$ 的值.

解 （方法一）由已知条件，有

$$\left(\sin\dfrac{\theta}{2}-\cos\dfrac{\theta}{2}\right)^2 = \left(-\dfrac{1}{\sqrt{5}}\right)^2$$

化简得
$$1-\sin\theta=\frac{1}{5}$$

即 $\sin\theta=\frac{4}{5}$. 因为 θ 是第二象限的角，则 $\cos\theta<0$，所以

$$\cos\theta=\sqrt{1-\sin^2\theta}=-\frac{3}{5}$$

又因为 $225°<\frac{\theta}{2}<270°$，则 $\frac{\theta}{2}$ 在第三象限，可得

$$\sin\frac{\theta}{2}=-\sqrt{\frac{1-\cos\theta}{2}}=-\frac{2}{\sqrt{5}},\quad \cos\frac{\theta}{2}=-\sqrt{\frac{1+\cos\theta}{2}}=-\frac{1}{\sqrt{5}}$$

于是求得

$$\tan\frac{\theta}{4}=\frac{1-\cos\frac{\theta}{2}}{\sin\frac{\theta}{2}}=\frac{1+\frac{1}{\sqrt{5}}}{-\frac{2}{\sqrt{5}}}=-\frac{\sqrt{5}+1}{2}$$

（方法二）用万能公式. 令 $\tan\frac{\theta}{4}=t$，则 $\sin\frac{\theta}{2}=\frac{2t}{1+t^2}$，$\cos\frac{\theta}{2}=\frac{1-t^2}{1+t^2}$，代入得

$$\frac{2t}{1+t^2}-\frac{1-t^2}{1+t^2}=-\frac{1}{\sqrt{5}}$$

化简得
$$(1+\sqrt{5})t^2+2\sqrt{5}\,t+(1-\sqrt{5})=0$$

解得 $t=\frac{-\sqrt{5}\pm 3}{1+\sqrt{5}}$.

由已知条件 $450°<\theta<540°$，可知 $112.5°<\frac{\theta}{4}<135°$，则 $\tan\frac{\theta}{4}<0$. 于是

$$\tan\frac{\theta}{4}=\frac{-\sqrt{5}-3}{1+\sqrt{5}}=-\frac{1+\sqrt{5}}{2}$$

习题 4-4

1. 已知 $\sin\alpha=\frac{2}{3}$，$\cos\beta=-\frac{3}{4}$，$0°<\alpha<180°$，$180°<\beta<270°$，求 $\sin(\alpha+\beta)$.

2. 已知 $\alpha\in\left(\frac{\pi}{2},\pi\right)$，$\sin\alpha=\frac{3}{5}$，求 $\tan\left(\alpha+\frac{\pi}{4}\right)$.

3. 已知 $\cos\alpha=\frac{3}{5}$，在第 IV 象限，求 $\sin\frac{\alpha}{2}$，$\cos\frac{\alpha}{2}$，$\tan\frac{\alpha}{2}$.

4. 化简下列各式.

（1）$\dfrac{\sin 2\theta}{1+\cos 2\theta} \cdot \dfrac{\cos\theta}{1+\cos\theta}$；

（2）$\sqrt{1-\sin x}+\sqrt{1+\sin x}\ \left(0<x<\dfrac{\pi}{2}\right)$；

（3）$\dfrac{(1+\sin\theta+\cos\theta)\left(\sin\dfrac{\theta}{2}-\cos\dfrac{\theta}{2}\right)}{\sqrt{2+2\cos\theta}}\ (270°<\theta<360°)$.

5. 已知 $\tan(\alpha+\beta)=4$，$\tan(\alpha-\beta)=2$，求 $\tan 2\alpha$ 的值.

6. 已知 $\tan\dfrac{\theta}{2}=m$，求 $\dfrac{\cos(90°-\theta)+\sin 2\theta}{2\cos^2\dfrac{\theta}{2}+\cos 2\theta}$ 的值.

7. 已知锐角 α,β 满足 $\cos\alpha=\dfrac{4}{5}$，$\cos(\alpha+\beta)=\dfrac{3}{5}$，求 $\sin\beta$.

8. 求证：

（1）$\dfrac{\sqrt{3}}{2}\sin\alpha-\dfrac{1}{2}\cos\alpha=\sin\left(\alpha-\dfrac{\pi}{6}\right)$；

（2）$\sin(\alpha+\beta)\sin(\alpha-\beta)=\sin^2\alpha-\sin^2\beta$；

（3）$\dfrac{\cos^2\alpha}{\dfrac{1}{\tan\dfrac{\alpha}{2}}-\tan\dfrac{\alpha}{2}}=\dfrac{1}{4}\sin 2\alpha$；

（4）$\cos^8 2\alpha-\sin^8 2\alpha=\cos 4\alpha\left(1-\dfrac{1}{2}\sin^2 4\alpha\right)$.

9. 已知 $\tan\alpha$ 与 $\tan\beta$ 是 $x^2+6x+7=0$ 的两个根，求证 $\sin(\alpha+\beta)=\cos(\alpha+\beta)$.

10. 设 $\tan\alpha+\tan\beta=2\tan 2\beta$，求证 $\tan(\alpha-\beta)=\sin 2\beta$.

11. 设 $\sin A+\cos A=2\sin\theta$，求证 $\cos 2\theta=\cos^2(A+45°)$.

12. 已知锐角△ABC中，$\sin(A+B)=\dfrac{3}{5}$，$\sin(A-B)=\dfrac{1}{5}$，求证 $\tan A=2\tan B$.

13. 已知锐角 α,β 满足 $\tan(\alpha-\beta)=\sin 2\beta$，求证 $2\tan 2\beta=\tan\alpha+\tan\beta$.

第五节　三角函数公式（二）

一、积化和差公式

利用三角函数的和角公式与差角公式，可以导出下列公式：

$$\sin\alpha\cos\beta=\dfrac{1}{2}[\sin(\alpha+\beta)+\sin(\alpha-\beta)]$$

$$\cos\alpha\sin\beta=\dfrac{1}{2}[\sin(\alpha+\beta)-\sin(\alpha-\beta)]$$

$$\cos\alpha\cos\beta = \frac{1}{2}[\cos(\alpha+\beta) + \cos(\alpha-\beta)]$$

$$\sin\alpha\sin\beta = -\frac{1}{2}[\cos(\alpha+\beta) - \cos(\alpha-\beta)]$$

这一组公式称为三角函数的**积化和差公式**.

二、和差化积公式

利用三角函数的积化和差公式，可以导出下列公式：

$$\sin\alpha + \sin\beta = 2\sin\frac{\alpha+\beta}{2}\cos\frac{\alpha-\beta}{2}$$

$$\sin\alpha - \sin\beta = 2\cos\frac{\alpha+\beta}{2}\sin\frac{\alpha-\beta}{2}$$

$$\cos\alpha + \cos\beta = 2\cos\frac{\alpha+\beta}{2}\cos\frac{\alpha-\beta}{2}$$

$$\cos\alpha - \cos\beta = -2\sin\frac{\alpha+\beta}{2}\sin\frac{\alpha-\beta}{2}$$

这一组公式称为三角函数的**和差化积公式**.

例 1 化简下列各式：

（1） $\cos 55° \cos 65° \cos 175°$；

（2） $\sin^2 10° + \cos^2 40° + \sin 10° \cos 40°$；

（3） $\cos 47° - \cos 61° - \cos 11° + \cos 25°$；

（4） $\sin 50°(1 + \sqrt{3}\tan 10°)$.

解 （1） $\cos 55° \cos 65° \cos 175°$

$$= \frac{1}{2}(\cos 120° + \cos 10°)(-\cos 5°)$$

$$= -\frac{1}{2}\cdot\left(\frac{1}{2}\right)\cos 5° - \frac{1}{2}\cos 10°\cos 5°$$

$$= \frac{1}{4}\cos 5° - \frac{1}{4}(\cos 15° + \cos 5°)$$

$$= -\frac{1}{4}\cos 15° = -\frac{1}{4}\cos(45° - 30°)$$

$$= -\frac{1}{4}(\cos 45°\cos 30° + \sin 45°\sin 30°)$$

$$= -\frac{\sqrt{6} + \sqrt{2}}{16}.$$

（2） $\sin^2 10° + \cos^2 40° + \sin 10° \cos 40°$

$$= \frac{1 - \cos 20°}{2} + \frac{1 + \cos 80°}{2} + \frac{1}{2}(\sin 50° - \sin 30°)$$

$$= 1 + \frac{1}{2}(\cos 80° - \cos 20°) + \frac{1}{2}\sin 50° - \frac{1}{4}$$

$$= \frac{3}{4} - \sin 50° \sin 30° + \frac{1}{2}\sin 50°$$
$$= \frac{3}{4} - \frac{1}{2}\sin 50° + \frac{1}{2}\sin 50° = \frac{3}{4}.$$

（3） $\cos 47° - \cos 61° - \cos 11° + \cos 25°$
$$= (\cos 47° - \cos 61°) + (\cos 25° - \cos 11°)$$
$$= -2\sin\frac{47°+61°}{2}\sin\frac{47°-61°}{2} - 2\sin\frac{25°+11°}{2}\sin\frac{25°-11°}{2}$$
$$= 2\sin 54° \sin 7° - 2\sin 18° \sin 7° = 2\sin 7°(\sin 54° - \sin 18°)$$
$$= 4\sin 7° \cos 36° \sin 18° = 4\sin 7° \cos 36° \cos 72°$$
$$= \sin 7° \frac{4\sin 36° \cos 36° \cos 72°}{\sin 36°} = \sin 7° \frac{2\sin 72° \cos 72°}{\sin 36°}$$
$$= \sin 7° \frac{\sin 144°}{\sin 36°} = \sin 7° \frac{\sin 36°}{\sin 36°} = \sin 7°.$$

（4） $\sin 50°(1+\sqrt{3}\tan 10°)$
$$= \sin 50°\left(1+\sqrt{3}\frac{\sin 10°}{\cos 10°}\right) = \sin 50° \cdot \frac{\cos 10°+\sqrt{3}\sin 10°}{\cos 10°}$$
$$= \sin 50° \cdot \frac{2\left(\frac{1}{2}\cos 10°+\frac{\sqrt{3}}{2}\sin 10°\right)}{\cos 10°} = \sin 50° \cdot \frac{2\sin 40°}{\cos 10°}$$
$$= \cos 40° \cdot \frac{2\sin 40°}{\cos 10°} = \frac{\sin 80°}{\cos 10°} = 1.$$

例2 已知 $\sin\alpha + \sin\beta = a$，$\cos\alpha + \cos\beta = b\ (b \neq 0)$，求 $\sin(\alpha+\beta)$ 与 $\cos(\alpha+\beta)$ 的值.

解
$$\sin\alpha + \sin\beta = 2\sin\frac{\alpha+\beta}{2}\cos\frac{\alpha-\beta}{2} = a \quad (1)$$
$$\cos\alpha + \cos\beta = 2\cos\frac{\alpha+\beta}{2}\cos\frac{\alpha-\beta}{2} = b \quad (2)$$

（1），（2）两式相除，得

$$\tan\frac{\alpha+\beta}{2} = \frac{a}{b}$$

运用万能公式，令 $\tan\dfrac{\alpha+\beta}{2} = t$，则有

$$\sin(\alpha+\beta) = \frac{2t}{1+t^2} = \frac{2\tan\dfrac{\alpha+\beta}{2}}{1+\tan^2\dfrac{\alpha+\beta}{2}} = \frac{2\cdot\dfrac{a}{b}}{1+\left(\dfrac{a}{b}\right)^2} = \frac{2ab}{a^2+b^2}$$

$$\cos(\alpha+\beta) = \frac{1-t^2}{1+t^2} = \frac{1-\tan^2\dfrac{\alpha+\beta}{2}}{1+\tan^2\dfrac{\alpha+\beta}{2}} = \frac{1-\left(\dfrac{a}{b}\right)^2}{1+\left(\dfrac{a}{b}\right)^2} = \frac{b^2-a^2}{a^2+b^2}$$

例3 求证：$\sin x + \sin 3x + \sin 5x = \dfrac{\sin^2 3x}{\sin x}$.

证明 $\sin x + \sin 3x + \sin 5x = \sin 3x + 2\sin 3x \cos 2x$
$= \sin 3x(2\cos 2x + 1)$
$= \sin 3x \cdot \dfrac{2\cos 2x \sin x + \sin x}{\sin x}$
$= \sin 3x \cdot \dfrac{\sin 3x - \sin x + \sin x}{\sin x}$
$= \dfrac{\sin^2 3x}{\sin x}$.

例4 如果 A, B, C 是 $\triangle ABC$ 的三个内角，求证：
$$\sin^2 A + \sin^2 B + \cos^2 C + 2\sin A \sin B \cos(A+B) = 1$$

证明 $\sin^2 A + \sin^2 B + \cos^2 C + 2\sin A \sin B \cos(A+B)$
$= \dfrac{1-\cos 2A}{2} + \dfrac{1-\cos 2B}{2} + \cos^2 C - [\cos(A+B) - \cos(A-B)]\cos(A+B)$
$= 1 - \dfrac{1}{2}(\cos 2A + \cos 2B) + \cos^2 C - \cos^2(A+B) + \cos(A-B)\cos(A+B)$
$= 1 - \dfrac{1}{2} \cdot 2\cos(A+B)\cos(A-B) + \cos(A-B)\cos(A+B)$
$= 1.$

例5 已知 $\sin A + \sin B + \sin C = 0$，$\cos A + \cos B + \cos C = 0$，求 $\cos^2 A + \cos^2 B + \cos^2 C$ 的值.

解 $\cos^2 A + \cos^2 B + \cos^2 C = \dfrac{1+\cos 2A}{2} + \dfrac{1+\cos 2B}{2} + \dfrac{1+\cos 2C}{2}$
$= \dfrac{3}{2} + \dfrac{1}{2}(\cos 2A + \cos 2B + \cos 2C)$

由已知条件，有
$$\sin C = -(\sin A + \sin B) \qquad (3)$$
$$\cos C = -(\cos A + \cos B) \qquad (4)$$

把（3）、（4）两边平方后相加，得
$$1 = 2 + 2\cos(A-B)$$

可得
$$\cos(A-B) = -\dfrac{1}{2}$$

再把（4）、（3）两边平方后相减，得
$$\cos 2C = \cos 2A + \cos 2B + 2\cos(A+B)$$

于是有
$$\cos^2 A + \cos^2 B + \cos^2 C$$
$$= \dfrac{3}{2} + \dfrac{1}{2}[\cos 2A + \cos 2B + \cos 2A + \cos 2B + 2\cos(A+B)]$$

$$= \frac{3}{2} + \cos 2A + \cos 2B + \cos(A+B)$$
$$= \frac{3}{2} + 2\cos(A+B)\cos(A-B) + \cos(A+B)$$
$$= \frac{3}{2} + 2\cos(A+B) \times \left(-\frac{1}{2}\right) + \cos(A+B)$$
$$= \frac{3}{2}$$

例 6 设 $\sin\alpha \neq 0$，且 $n \in \mathbf{N}^*$，求证

$$\cos\alpha + \cos 3\alpha + \cos 5\alpha + \cdots + \cos(2n-1)\alpha = \frac{\sin 2n\alpha}{2\sin\alpha}$$

证明 （方法一）这是与自然数 n 有关的命题，可以用数学归纳法来证明.

（1）当 $n=1$ 时，左边 $=\cos\alpha$，右边 $=\dfrac{\sin 2\alpha}{2\sin\alpha} = \cos\alpha$，命题成立.

（2）假设 $n=k$ 时命题成立，即

$$\cos\alpha + \cos 3\alpha + \cos 5\alpha + \cdots + \cos(2k-1)\alpha = \frac{\sin 2k\alpha}{2\sin\alpha}$$

当 $n=k+1$ 时，

$$\cos\alpha + \cos 3\alpha + \cos 5\alpha + \cdots + \cos(2k-1)\alpha + \cos[2(k+1)-1]\alpha$$
$$= \frac{\sin 2k\alpha}{2\sin\alpha} + \cos(2k+1)\alpha$$
$$= \frac{\sin 2k\alpha + 2\cos(2k+1)\alpha \sin\alpha}{2\sin\alpha}$$
$$= \frac{\sin 2k\alpha + \sin(2k+2)\alpha - \sin 2k\alpha}{2\sin\alpha}$$
$$= \frac{\sin 2(k+1)\alpha}{2\sin\alpha}$$

命题也成立.

综合（1）、（2）可知，对任意自然数 n，命题都成立.

（方法二）这类问题也可以用构造性的证明来解答.

$$2\cos\alpha \sin\alpha = \sin 2\alpha$$
$$2\cos 3\alpha \sin\alpha = \sin 4\alpha - \sin 2\alpha$$
$$2\cos 5\alpha \sin\alpha = \sin 6\alpha - \sin 4\alpha$$
$$\cdots\cdots\cdots\cdots$$
$$2\cos(2n-1)\alpha \sin\alpha = \sin 2n\alpha - \sin 2(n-1)\alpha$$

把以上各式相加，可得

$$2\sin\alpha[\cos\alpha + \cos 3\alpha + \cos 5\alpha + \cdots + \cos(2n-1)\alpha] = \sin 2n\alpha$$

因此
$$\cos\alpha + \cos 3\alpha + \cos 5\alpha + \cdots + \cos(2n-1)\alpha = \frac{\sin 2n\alpha}{2\sin\alpha}$$

习题 4-5

1. 化简下列各式.
（1）$\cos 20° + \cos 100° + \cos 140°$；
（2）$\cos 10° \cos 30° \cos 50° \cos 70°$；
（3）$\tan 17° + \tan 28° + \tan 17° \tan 28°$；
（4）$\tan 9° - \tan 27° - \tan 63° + \tan 81°$.

2. 已知 $\sin\left(x - \frac{3\pi}{4}\right) \cdot \cos\left(x - \frac{\pi}{4}\right) = -\frac{1}{4}$，求 $\cos 4x$ 的值.

3. 证明：
（1）$\sin^2(A+B) + \sin^2(A-B) + \cos 2A \cos 2B$；
（2）$\dfrac{2\sin 2A + 2\cos 2A}{\cos A - \sin A - \cos 3A + \sin 3A}$.

4. 已知 $\sin\alpha - \sin\beta = -\dfrac{1}{2}$，$\cos\alpha - \cos\beta = \dfrac{1}{2}$，且 α, β 为锐角，求 $\cos(\alpha-\beta)$ 及 $\tan(\alpha-\beta)$ 的值.

5. 在 △ABC 中，若 $\log_2 \sin A - \log_2 \cos B + \log_2 \sin C = 1$，试判定此三角形为何种三角形.

6. 在 △ABC 中，若 $\sin A \sin B < \cos A \cos B$，试判定 △ABC 的形状.

7. 已知 A, B 是直角三角形的两个锐角，而 $\sin A$ 和 $\sin B$ 是方程
$$4x^2 - 2(\sqrt{3}+1)x + k = 0$$
的两个根，求 A, B 和 k.

8. 设关于 x 的方程 $a\cos x + b\sin x + c = 0$ 在 $[0, \pi]$ 上有相异二实根 α 和 β，求 $\sin(\alpha+\beta)$.

9. 设 △ABC 的三内角 A, B, C 满足 $A + C = 2B$，试问：
（1）$\cos A \cos C$ 的取值范围；
（2）当 $\cos A \cos C$ 取最大值时 △ABC 的形状.

10. 设 A, B, C 是三角形的三个内角，求证：
（1）$2(1 + \cos A \cos B \cos C) = \sin^2 A + \sin^2 B + \sin^2 C$；
（2）$\sin 2A + \sin 2B + \sin 2C = 4\sin A \sin B \sin C$；
（3）$\cos A + \cos B + \cos C = 1 + 4\sin\dfrac{A}{2}\sin\dfrac{B}{2}\sin\dfrac{C}{2}$；
（4）$\cot\dfrac{A}{2} + \cot\dfrac{B}{2} + \cot\dfrac{C}{2} = \cot\dfrac{A}{2}\cot\dfrac{B}{2}\cot\dfrac{C}{2}$.

11. 在 △ABC 中，已知 $2\cos B \sin C = \sin A$，求证 △ABC 为等腰三角形.

12. 在 △ABC 中，求证 $\cos A + \cos B + \cos C > 1$.

13. 在 △ABC 中，已知 $\cos 3A + \cos 3B + \cos 3C = 1$，求证此三角形必有一内角为 $\dfrac{2\pi}{3}$.

第六节　三角函数的图形和性质

一、三角函数的图形与性质

在中学数学中我们已经知道，三角函数 $y=\sin x$，$y=\cos x$，$y=\tan x$，$y=\cot x$ 的图形如图 4.8 所示：

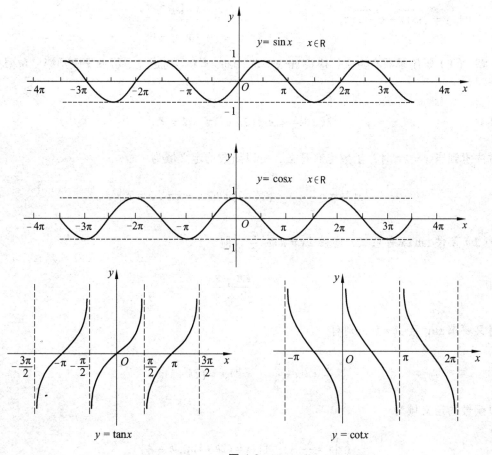

图 4.8

三角函数 $y=\sin x$，$y=\cos x$，$y=\tan x$，$y=\cot x$ 的基本性质如下：

正弦函数 $y=\sin x$ 的定义域为 $(-\infty,+\infty)$，值域为 $[-1,1]$，最大值为 1，最小值为 -1；它是最小正周期为 2π 的奇函数；它在区间 $\left[-\dfrac{\pi}{2}+2k\pi,\dfrac{\pi}{2}+2k\pi\right] (k\in \mathbf{Z})$ 上单调增加，在区间 $\left[\dfrac{\pi}{2}+2k\pi,\dfrac{3\pi}{2}+2k\pi\right] (k\in \mathbf{Z})$ 上单调减少.

余弦函数 $y=\cos x$ 的定义域为 $(-\infty,+\infty)$，值域为 $[-1,1]$，最大值为 1，最小值为 -1；它是最小正周期为 2π 的偶函数；它在区间 $[(2k-1)\pi,2k\pi]$ $(k\in \mathbf{Z})$ 上单调增加，在区间 $[2k\pi,(2k+1)\pi]$ $(k\in \mathbf{Z})$ 上单调减少.

正切函数 $y=\tan x$ 的定义域为 $\left\{x\middle| x\ne k\pi+\dfrac{\pi}{2},\ k\in\mathbf{Z}\right\}$，值域为 $(-\infty,+\infty)$；它是最小正周期为 π 的奇函数；在区间 $\left(k\pi-\dfrac{\pi}{2},\ k\pi+\dfrac{\pi}{2}\right)$ $(k\in\mathbf{Z})$ 内都是增函数.

余切函数 $y=\cot x$ 的定义域为 $\{x|x\ne k\pi,\ k\in\mathbf{Z}\}$，值域为 $(-\infty,+\infty)$；它是最小正周期为 π 的奇函数；在区间 $(k\pi,(k+1)\pi)$ $(k\in\mathbf{Z})$ 内都是减函数.

例1 求下列函数的定义域.

（1）$y=\sqrt[4]{\sin x}+\sqrt{-\tan x}$；　　　　（2）$y=\dfrac{1-\tan 2x}{\sin^2\dfrac{x}{2}-1}$.

解（1）要使函数有意义，应使 $\sin x\geqslant 0$，$\tan x\leqslant 0$ 同时成立，因此 x 应是第二象限的角. 即

$$2k\pi+\dfrac{\pi}{2}<x<(2k+1)\pi\quad (k\in\mathbf{Z})$$

同时注意到当 $x=k\pi$ 时，函数也有意义，所以函数的定义域为

$$\left\{x\middle| 2k\pi+\dfrac{\pi}{2}<x<(2k+1)\pi\ \text{或}\ x=k\pi,\ k\in\mathbf{Z}\right\}$$

（2）要使 $\tan 2x$ 有意义，应使 $2x\ne k\pi+\dfrac{\pi}{2}$，即

$$x\ne\dfrac{k\pi}{2}+\dfrac{\pi}{4}$$

同时又要求 $\sin^2\dfrac{x}{2}-1\ne 0$，则有

$$\dfrac{x}{2}\ne k\pi+\dfrac{\pi}{2},\quad \text{即}\ x\ne (2k+1)\pi.$$

所以函数的定义域为

$$\left\{x\middle| x\ne\dfrac{k\pi}{2}+\dfrac{\pi}{4}\ \text{且}\ x\ne(2k+1)\pi,\ k\in\mathbf{Z}\right\}.$$

例2 判断下列函数的奇偶性.

（1）$y=\sqrt{2}\sin 2x$；　　　　（2）$y=\sqrt{1-\cos x}+\sqrt{\cos x-1}$.

解（1）函数的定义域为 $(-\infty,+\infty)$. 由于

$$f(-x)=\sqrt{2}\sin 2(-x)=-\sqrt{2}\sin 2x=-f(x)$$

所以函数 $y=\sqrt{2}\sin 2x$ 为奇函数.

（2）由不等式组 $\begin{cases}1-\cos x\geqslant 0\\ \cos x-1\geqslant 0\end{cases}$ 可得 $\cos x=1$，可知函数的定义域为

$$\{x \mid x = 2k\pi, k \in \mathbf{Z}\}$$

当 $x = 2k\pi$ 时，函数值始终为 0. 显然

$$f(-x) = -f(x) = f(x) = 0$$

所以 $y = \sqrt{1-\cos x} + \sqrt{\cos x - 1}$ 既是奇函数也是偶函数.

例 3 讨论函数 $y = 3\cos 2x - 5$ 的单调性.

解 根据余弦函数 $y = \cos x$ 的单调性可知，题中函数当

$$2k\pi \leqslant 2x \leqslant 2k\pi + \pi, \quad 即 \quad k\pi \leqslant x \leqslant k\pi + \frac{\pi}{2}$$

时单调递减，当

$$2k\pi - \pi \leqslant 2x \leqslant 2k\pi, \quad 即 \quad k\pi - \frac{\pi}{2} \leqslant x \leqslant k\pi$$

时单调递增. 所以函数 $y = 3\cos 2x - 5$ 在区间 $\left[k\pi, k\pi + \frac{\pi}{2}\right]$ 上单调递减，在区间 $\left[k\pi - \frac{\pi}{2}, k\pi\right]$ 上单调递增.

例 4 解不等式 $\sin x > 1 + \cos x$.

解 不等式可化为

$$\sin x - \cos x > 1$$

左边是 $\sin \alpha$ 和 $\cos \alpha$ 的一次式，可化为

$$\sqrt{2}\sin\left(x - \frac{\pi}{4}\right) > 1$$

即解三角不等式

$$\sin\left(x - \frac{\pi}{4}\right) > \frac{\sqrt{2}}{2}$$

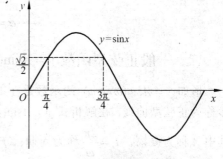

图 4.9

根据正弦函数的单调性（图 4.9）可得

$$2k\pi + \frac{\pi}{4} < x - \frac{\pi}{4} < 2k\pi + \frac{3\pi}{4}$$

所以不等式的解为 $\left\{x \mid 2k\pi + \frac{\pi}{2} < x < (2k+1)\pi, k \in \mathbf{Z}\right\}$.

例 5 已知 α, β 为锐角，且 $3\sin^2\alpha + 2\sin^2\beta = 1$，$3\sin 2\alpha - 2\sin 2\beta = 0$，求证 $\alpha + 2\beta = \frac{\pi}{2}$.

证明 （方法一）由已知条件，可得

$$\cos 2\beta = 3\sin^2\alpha$$

$$\sin 2\beta = \frac{3}{2}\sin 2\alpha = 3\sin\alpha\cos\alpha$$

从而推出

$$\cos(\alpha+2\beta) = \cos\alpha\cos 2\beta - \sin\alpha\sin 2\beta$$
$$= \cos\alpha \cdot 3\sin^2\alpha - \sin\alpha \cdot 3\sin\alpha\cos\alpha = 0$$

又因为 $0 < \alpha, \beta < \dfrac{\pi}{2}$，可知 $0 < \alpha + 2\beta < \dfrac{3\pi}{2}$. 而在 $\left(0, \dfrac{3\pi}{2}\right)$ 内，余弦函数 $y = \cos x$ 当且仅当 $x = \dfrac{\pi}{2}$ 时等于 0. 因此 $\alpha + 2\beta = \dfrac{\pi}{2}$.

（方法二）由已知条件，可得

$$\cos 2\beta = 3\sin^2\alpha$$
$$\sin 2\beta = 3\sin\alpha\cos\alpha$$

把以上两式相除，得

$$\tan\alpha = \cot 2\beta, \quad 即 \quad \cot\left(\dfrac{\pi}{2} - \alpha\right) = \cot 2\beta$$

由于 $0 < \alpha, \beta < \dfrac{\pi}{2}$，可知 $0 < \dfrac{\pi}{2} - \alpha < \dfrac{\pi}{2}$，$0 < 2\beta < \pi$，由余切函数的性质可知在区间 $(0, \pi)$ 上 $y = \cot x$ 是单调函数，因此也是单值函数. 则有

$$\dfrac{\pi}{2} - \alpha = 2\beta, \quad 即 \quad \alpha + 2\beta = \dfrac{\pi}{2}$$

二、一般正弦型函数 $y = A\sin(\omega x + \varphi)$ 的图形

形如 $y = A\sin(\omega x + \varphi)$ 的函数是在工程技术和科学实验中常常会遇到的一种函数，它的图形称为正弦型曲线. 在解析式 $y = A\sin(\omega x + \varphi)$ 中，A, ω, φ 为常数，并且 $A \neq 0, \omega > 0, \varphi \in \mathbf{R}$. 其中 A 称为振幅，$T = \dfrac{2\pi}{\omega}$ 称为周期；$f = \dfrac{1}{T} = \dfrac{\omega}{2\pi}$ 称为频率；$\omega x + \varphi$ 称为相位，φ 称为初相.

函数 $y = A\sin(\omega x + \varphi)$（$A > 0$）的图形，可用"五点作图法"得到，也可以以正弦函数 $y = \sin x$ 的图形为基础，用图像变换的方法得到.

例 6 作函数 $y = 3\sin\left(2x - \dfrac{\pi}{4}\right)$ 的图形，并指出它的定义域、值域、单调区间及最小正周期.

解 （方法一）用"五点法作图"，先列表：

$2x - \dfrac{\pi}{4}$	$-\pi$	$-\dfrac{\pi}{2}$	0	$\dfrac{\pi}{2}$	π
x	$-\dfrac{3\pi}{8}$	$-\dfrac{\pi}{8}$	$\dfrac{\pi}{8}$	$\dfrac{3\pi}{8}$	$\dfrac{5\pi}{8}$
y	0	-3	0	3	0

再描点作图（图 4.10）.

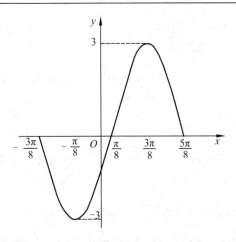

图 4.10

函数的定义域为 $(-\infty,+\infty)$，值域为 $[-3,3]$，函数在区间 $\left[k\pi-\dfrac{\pi}{8},k\pi+\dfrac{3\pi}{8}\right]$ 上单调递增，在区间 $\left[k\pi+\dfrac{3\pi}{8},k\pi+\dfrac{7\pi}{8}\right]$ 上单调递减，最小正周期 $T=\dfrac{2\pi}{2}=\pi$.

（方法二）可由正弦函数 $y=\sin x$ 的曲线经周期变换 $(y=\sin 2x)$、相位变换 $\left(y=\sin 2\left(x-\dfrac{\pi}{8}\right)\right)$、振幅变换 $\left(y=3\sin 2\left(x-\dfrac{\pi}{8}\right)\right)$ 后得到（图 4.11）.

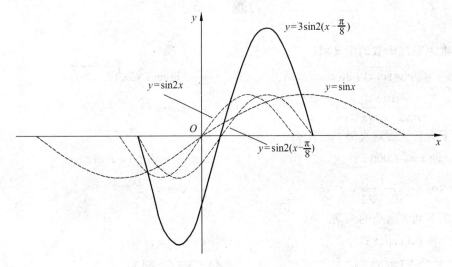

图 4.11

通过前面的叙述我们已经知道，正弦型函数 $y=A\sin(\omega x+\varphi)$ 的最小正周期为 $T=\dfrac{2\pi}{|\omega|}$. 类似地，函数 $y=A\cos(\omega x+\varphi)$ 的最小正周期也为 $T=\dfrac{2\pi}{|\omega|}$，而函数 $y=\tan(\omega x+\varphi)$ 和 $y=\cot(\omega x+\varphi)$ 的最小正周期均为 $T=\dfrac{\pi}{|\omega|}$.

例 7 求函数 $y = \tan x - \cot x$ 的周期.

解 函数 $y = \tan x - \cot x$ 可化为

$$y = \frac{\sin x}{\cos x} - \frac{\cos x}{\sin x} = \frac{\sin^2 x - \cos^2 x}{\sin x \cos x} = -\frac{2\cos 2x}{\sin 2x} = -2\cot 2x$$

所以周期为 $T = \frac{\pi}{2}$.

例 8 设函数 $f(x) = \cos^6 x + \sin^6 x$,试求:(1) $f(x)$ 的最小正周期;(2) $f(x)$ 的最小值和最大值.

解 $f(x) = (\cos^2 x)^3 + (\sin^2 x)^3 = (\cos^2 x + \sin^2 x)(\cos^4 x - \cos^2 x \sin^2 x + \sin^4 x)$

$$= (\cos^2 x + \sin^2 x)^2 - 3\cos^2 x \sin^2 x = 1 - \frac{3}{4}\sin^2 2x$$

$$= 1 - \frac{3}{4}\left(\frac{1 - \cos 4x}{2}\right) = \frac{5}{8} + \frac{3}{8}\cos 4x$$

(1) $f(x)$ 的最小正周期 $T = \frac{2\pi}{4} = \frac{\pi}{2}$;

(2) 当 $\cos 4x = -1$ 时,$f(x)$ 有最小值 $\frac{1}{4}$;当 $\cos 4x = 1$ 时,$f(x)$ 有最大值 1.

习题 4-6

1. 确定下列函数的定义域:

(1) $y = \sqrt{\cos(\sin x) + 36}$; (2) $y = 5\lg \sin x + 2\sqrt{192 - 3x^2}$;

(3) $y = \frac{2\cos x}{\sin x - \cos x} + 4$; (4) $y = \sqrt{\sin x + 1}$.

2. 下列各式有意义吗?为什么?

(1) $\sin x = -1.0001$; (2) $\cos x = m^2 + 1 \ (m \neq 0)$;

(3) $\cos x = \frac{1}{\sqrt{3} - \sqrt{2}}$; (4) $y = \sqrt{\sin x - 2}$.

3. 求下列各函数的周期.

(1) $y = \sin x \cos x$; (2) $y = \sin^2 x$;

(3) $y = \sin x + \cos x$; (4) $y = \tan x + \cot x$.

4. 判断下列函数的奇偶性.

(1) $y = -\sin x$; (2) $y = |\sin x|$;

(3) $y = 3\sin x + 1$.

5. 图是函数 $y = A\sin(\omega x + \varphi)$ 的图形,试求 A, ω 和 φ.

6. 设 $f(x) = \sin\left(\frac{kx}{5} + \frac{\pi}{3}\right)$,其中 $k \neq 0$.

(1) 写出 $f(x)$ 的最大值 M、最小值 m 与最小正周期.

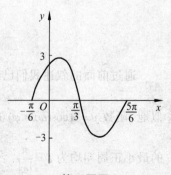

第五题图

（2）求最小的正整数 k，使得当自变量 x 在任意两个整数之间变化时，函数 $f(x)$ 至少有一个值是 M，有一个值是 m.

7. 解不等式：$\cos x > 1 - \sqrt{3} \sin x$.

8. 求证：对任意实数 x，$-4 \leqslant \cos 2x + 3\sin x \leqslant \dfrac{17}{8}$.

9. 求函数 $f(x) = \log_{\sin x}\left(\cos x + \dfrac{1}{2}\right)$ 的定义域.

10. 求函数 $f(x) = 2\sin^2 x + 4\cos^2 x - 8\sin x \cos x + 5$ 的最大值和最小值.

第七节 反三角函数

一、正弦函数的反函数

由正弦函数 $y = \sin x$ 的图形可以看出，在函数定义域 $(-\infty, +\infty)$ 内的每一个 x 值，都对应着唯一的实数 y；但是，在函数值域 $[-1,1]$ 内的每一个 y 值，却对应着无穷多个实数 x. 所以在正弦函数的整个定义域内不存在反函数. 但如果把正弦函数的定义域划分成许多单调区间，那么在每一个单调区间里，自变量 x 和函数 y 之间就建立了一一对应关系，这时 x 也可以看成 y 的函数. 我们把这样导出的函数叫做这个区间上函数 $y = \sin x$ 的反函数.

在区间 $\left[-\dfrac{\pi}{2}, \dfrac{\pi}{2}\right]$ 上正弦函数 $y = \sin x$（图 4.12）的反函数，叫做**反正弦函数**，记作 $y = \arcsin x$（图 4.13），并把区间 $\left[-\dfrac{\pi}{2}, \dfrac{\pi}{2}\right]$ 叫做反正弦函数 $y = \arcsin x$ 的**主值区间**. 反正弦函数的定义域是 $x \in [-1, 1]$，值域是 $y \in \left[-\dfrac{\pi}{2}, \dfrac{\pi}{2}\right]$.

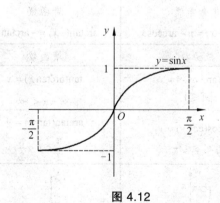

图 4.12

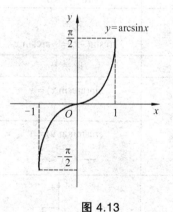

图 4.13

例 1 求函数 $y = \arcsin \dfrac{1 + x^2}{5}$ 的定义域.

解 由反正弦函数的定义域可知

$$\left|\frac{1+x^2}{5}\right| \leqslant 1$$

解此不等式，得 $-2 \leqslant x \leqslant 2$，故函数的定义域为 $\{x \mid -2 \leqslant x \leqslant 2\}$.

例 2 求正弦函数 $y = \sin x$ 在区间 $\left[\dfrac{5\pi}{2}, \dfrac{7\pi}{2}\right]$ 上的反函数.

解 反正弦函数的主值区间为 $\left[-\dfrac{\pi}{2}, \dfrac{\pi}{2}\right]$，也就是说，只有当 $x \in \left[-\dfrac{\pi}{2}, \dfrac{\pi}{2}\right]$ 时，$y = \sin x$ 的反函数才能用 $x = \arcsin y$ 表示. 这里 $\dfrac{5\pi}{2} \leqslant x \leqslant \dfrac{7\pi}{2}$，但 $-\dfrac{\pi}{2} \leqslant x - 3\pi \leqslant \dfrac{\pi}{2}$，又由于

$$\sin(x - 3\pi) = -\sin(3\pi - x) = -\sin(\pi - x) = -\sin x = -y$$

则有

$$x - 3\pi = \arcsin(-y), \quad \text{即} \quad x = 3\pi - \arcsin y$$

所以 $y = \sin x$ 在区间 $\left[\dfrac{5\pi}{2}, \dfrac{7\pi}{2}\right]$ 上的反函数为 $y = 3\pi - \arcsin x$.

二、反三角函数的性质与图形

类似地可以定义反余弦函数、反正切函数等，常见的反三角函数的性质与图形如表 7.1 所示.

表 7.1

函数	$y = \arcsin x$	$y = \arccos x$	$y = \arctan x$
定义域	$[-1, 1]$	$[-1, 1]$	$(-\infty, +\infty)$
主值区间	$\left[-\dfrac{\pi}{2}, \dfrac{\pi}{2}\right]$	$[0, \pi]$	$\left(-\dfrac{\pi}{2}, \dfrac{\pi}{2}\right)$
奇偶性	奇函数 $\arcsin(-x) = -\arcsin x$	非奇非偶 $\arccos(-x) = \pi - \arccos x$	奇函数 $\arctan(-x) = -\arctan x$
单调性	增函数	减函数	增函数
其他性质	$\sin(\arcsin x) = x$ $\|x\| \leqslant 1$ $\arcsin(\sin y) = y$ $-\dfrac{\pi}{2} \leqslant y \leqslant \dfrac{\pi}{2}$	$\cos(\arccos x) = x$ $\|x\| \leqslant 1$ $\arccos(\cos y) = y$ $0 \leqslant y \leqslant \pi$	$\tan(\arctan x) = x$ $-\infty < x < +\infty$ $\arctan(\tan y) = y$ $-\dfrac{\pi}{2} < y < \dfrac{\pi}{2}$
图形			

例3 求下列各式中的 x 值.

(1) $\arccos x = \dfrac{2\pi}{3}$； (2) $\arctan x = \dfrac{\pi}{3}$.

解 (1) 由 $\arccos x = \dfrac{2\pi}{3}$ 可得 $\cos\dfrac{2\pi}{3} = x$，所以 $x = -\dfrac{1}{2}$.

(2) 由 $\arctan x = \dfrac{\pi}{3}$ 可得 $\tan\dfrac{\pi}{3} = x$，所以 $x = \sqrt{3}$.

例4 求下列各式的值.

(1) $\arccos\left(-\dfrac{1}{2}\right)$； (2) $\sin\left(\arccos\dfrac{\sqrt{2}}{2}\right)$；

(3) $\cos\left(2\arcsin\dfrac{1}{3}\right)$； (4) $\sin\{\arccos[\tan(\arcsin x)]\}$.

解 (1) 令 $\arccos\left(-\dfrac{1}{2}\right) = \theta$，则有 $\cos\theta = -\dfrac{1}{2}$. 由 $\theta \in [0, \pi]$ 可知 $\theta = \dfrac{2\pi}{3}$.

(2) 令 $\arccos\dfrac{\sqrt{2}}{2} = \theta$，则有 $\cos\theta = \dfrac{\sqrt{2}}{2}$. 由 $\theta \in [0, \pi]$ 可知 $\theta = \dfrac{\pi}{4}$. 所以

$$\sin\left(\arccos\dfrac{\sqrt{2}}{2}\right) = \sin\dfrac{\pi}{4} = \dfrac{\sqrt{2}}{2}$$

(3) 令 $\arcsin\dfrac{1}{3} = \theta$，则有 $\sin\theta = \dfrac{1}{3}$. 因为 $\theta \in \left[-\dfrac{\pi}{2}, \dfrac{\pi}{2}\right]$，所以

$$\cos\left(2\arcsin\dfrac{1}{3}\right) = \cos 2\theta = 1 - 2\sin^2\theta = 1 - 2 \times \left(\dfrac{1}{3}\right)^2 = \dfrac{7}{9}$$

(4) 令 $\arcsin x = \alpha$，则 $\sin\alpha = x$. 由 $\alpha \in \left[-\dfrac{\pi}{2}, \dfrac{\pi}{2}\right]$ 可知

$$\tan\alpha = \dfrac{\sin\alpha}{\cos\alpha} = \dfrac{x}{\sqrt{1-x^2}}$$

所以

$$\sin\{\arccos[\tan(\arcsin x)]\} = \sin[\arccos(\tan\alpha)] = \sin\left(\arccos\dfrac{x}{\sqrt{1-x^2}}\right)$$

又令 $\arccos\dfrac{x}{\sqrt{1-x^2}} = \beta$，则 $\cos\beta = \dfrac{x}{\sqrt{1-x^2}}$. 因为 $\beta \in [0, \pi]$，所以

$$\sin\{\arccos[\tan(\arcsin x)]\} = \sin\beta = \sqrt{1 - \left(\dfrac{x}{\sqrt{1-x^2}}\right)^2} = \sqrt{\dfrac{1-2x^2}{1-x^2}}$$

例5 证明 $\arccos(-x) = \pi - \arccos x$.

证明 令 $\arccos x = \theta$，则 $\cos\theta = x$ $(0 \leqslant \theta \leqslant \pi)$，可知 $0 \leqslant \pi - \theta \leqslant \pi$. 因为

$$\cos(\pi-\theta) = -\cos\theta = -x$$

所以 $\pi-\theta = \arccos(-x)$，即 $\arccos(-x) = \pi - \arccos x$.

例 6 求函数 $y = \arccos\left(x^2 - x - \dfrac{1}{4}\right)$ 的定义域与值域.

解 由反余弦函数的定义域可知 $-1 \leqslant x^2 - x - \dfrac{1}{4} \leqslant 1$，于是解不等式组

$$\begin{cases} x^2 - x - \dfrac{1}{4} \geqslant -1 \\ x^2 - x - \dfrac{1}{4} \leqslant 1 \end{cases}, \quad \text{即} \quad \begin{cases} x^2 - x + \dfrac{3}{4} \geqslant 0 \\ x^2 - x - \dfrac{5}{4} \leqslant 0 \end{cases}$$

得 $\dfrac{1-\sqrt{6}}{2} \leqslant x \leqslant \dfrac{1+\sqrt{6}}{2}$，因此所求的定义域为 $\left[\dfrac{1-\sqrt{6}}{2}, \dfrac{1+\sqrt{6}}{2}\right]$.

题中函数可化为 $y = \arccos\left[\left(x - \dfrac{1}{2}\right)^2 - \dfrac{1}{2}\right]$，由 $x \in \left[\dfrac{1-\sqrt{6}}{2}, \dfrac{1+\sqrt{6}}{2}\right]$ 可知，当 $x = \dfrac{1}{2}$ 时，函数有最大值 $\dfrac{2\pi}{3}$，而当 $x = \dfrac{1\pm\sqrt{6}}{2}$ 时，函数有最小值 0. 可见所求的值域为 $\left[0, \dfrac{2\pi}{3}\right]$.

例 7 求证 $\arcsin x + \arccos x = \dfrac{\pi}{2}\ (-1 \leqslant x \leqslant 1)$.

证明 令 $\arcsin x = \alpha$，$\arccos x = \beta$，则

$$\sin\alpha = x\ \left(-\dfrac{\pi}{2} \leqslant \alpha \leqslant \dfrac{\pi}{2}\right),\ \cos\beta = x\ (0 \leqslant \beta \leqslant \pi)$$

可知 $\cos\alpha = \sqrt{1-x^2}$，$\sin\beta = \sqrt{1-x^2}$. 则有

$$\sin(\alpha+\beta) = \sin\alpha\cos\beta + \cos\alpha\sin\beta = x \cdot x + \sqrt{1-x^2} \cdot \sqrt{1-x^2} = 1$$

又由于 $-\dfrac{\pi}{2} \leqslant \alpha \leqslant \dfrac{\pi}{2}$，$0 \leqslant \beta \leqslant \pi$，则有 $-\dfrac{\pi}{2} \leqslant \alpha + \beta \leqslant \dfrac{3\pi}{2}$. 而在 $\left[-\dfrac{\pi}{2}, \dfrac{3\pi}{2}\right]$ 内，只有当 $x = \dfrac{\pi}{2}$ 时，$\sin x$ 的值才能为 1，因此 $\alpha + \beta = \dfrac{\pi}{2}$. 所以

$$\arcsin x + \arccos x = \dfrac{\pi}{2}\ (-1 \leqslant x \leqslant 1)$$

例 8 求证 $\arccos\left(-\dfrac{11}{14}\right) - \arccos\dfrac{1}{7} = \dfrac{\pi}{3}$.

证明 令 $\arccos\left(-\dfrac{11}{14}\right) = \alpha$，$\arccos\dfrac{1}{7} = \beta$，则

$$\cos\alpha = -\dfrac{11}{14},\ \cos\beta = \dfrac{1}{7}$$

由 $0 \leqslant \alpha, \beta \leqslant \pi$ 可知，$\sin\alpha = \dfrac{5\sqrt{3}}{14}$，$\sin\beta = \dfrac{4\sqrt{3}}{7}$. 于是

$$\cos(\alpha-\beta)=\cos\alpha\cos\beta+\sin\alpha\sin\beta=-\frac{11}{14}\times\frac{1}{7}+\frac{5\sqrt{3}}{14}\times\frac{4\sqrt{3}}{7}=\frac{1}{2}$$

又由 $\cos\alpha=-\frac{11}{14}$，$\cos\beta=\frac{1}{7}$（$0\leqslant\alpha,\beta\leqslant\pi$）可以进一步确定，$\frac{\pi}{2}<\alpha<\pi$，$0<\beta<\frac{\pi}{2}$，则有 $0<\alpha-\beta<\pi$. 而在 $(0,\pi)$ 内，只有当 $x=\frac{\pi}{3}$ 时，$\cos x$ 的值才能为 $\frac{1}{2}$，因此 $\alpha-\beta=\frac{\pi}{3}$. 所以

$$\arccos\left(-\frac{11}{14}\right)-\arccos\frac{1}{7}=\frac{\pi}{3}$$

习题 4-7

1. 求下列函数的定义域：

（1）$y=\arcsin 2x$；
（2）$y=\arccos\sqrt{3x-1}$；
（3）$y=\sqrt{3-x}+\arccos x$；
（4）$y=\arccos(\sqrt{2}\sin x)$.

2. 求函数 $y=\arccos(x^2-x)$ 的定义域与值域.

3. 求下列各式的值：

（1）$\tan(\arcsin x)$；
（2）$\sin\left[2\arcsin\left(-\frac{3}{4}\right)\right]$；
（3）$\cos\left[\frac{1}{2}\arcsin\left(-\frac{4}{5}\right)\right]$；
（4）$\cos\left[\arccos\frac{4}{5}+\arccos\left(-\frac{5}{13}\right)\right]$.

4. 试用 $\arcsin x$ 表示函数 $y=\sin x$ 在下列区间上的反函数：

（1）$\left[\frac{\pi}{2},\frac{3\pi}{2}\right]$；
（2）$\left[\frac{3\pi}{2},\frac{5\pi}{2}\right]$.

5. 试用 $\arccos x$ 表示函数 $y=\cos x$ 在下列区间上的反函数.

（1）$[2\pi,3\pi]$；
（2）$[-3\pi,-2\pi]$.

6. 证明下列等式.

（1）$\arctan 2+\arctan 3=\frac{3\pi}{4}$；

（2）$\arcsin\frac{4}{5}+\arcsin\frac{5}{13}+\arcsin\frac{16}{65}=\frac{\pi}{3}$.

7. 设 x_1，x_2 是 $(-\infty,+\infty)$ 内任意两点，若 $-\frac{\pi}{2}<\arctan x_1+\arctan x_2<\frac{\pi}{2}$，求证

$$\arctan x_1+\arctan x_2=\arctan\frac{x_1+x_2}{1-x_1x_2}$$

第八节　解三角形

三角形有三条边和三个角，我们通常把它们称为三角形的六个元素．解三角形，就是由三角形的已知元素，求其他未知元素．在解三角形的过程中，常常会用到下面两个重要的定理．

1. 正弦定理

在一个三角形中，各边和它的对角的正弦之比是相等的，且都等于该三角形的外接圆直径（图 4.14），即当 $\triangle ABC$ 的外接圆半径为 R 时，有

$$\frac{a}{\sin A} = \frac{b}{\sin B} = \frac{c}{\sin C} = 2R$$

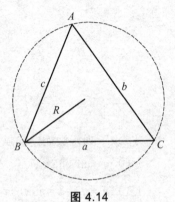

图 4.14

2. 余弦定理

三角形的任意一边的平方等于其他两边平方的和减去这两边与它们夹角的余弦的积的两倍．即

$$a^2 = b^2 + c^2 - 2bc\cos A$$
$$b^2 = c^2 + a^2 - 2ca\cos B$$
$$c^2 = a^2 + b^2 - 2ab\cos C$$

有时还会用到三角形的面积公式：

$$S_{\triangle ABC} = \frac{1}{2}ab\sin C = \frac{1}{2}bc\sin A = \frac{1}{2}ca\sin B$$

或

$$S_{\triangle ABC} = \sqrt{\rho(\rho-a)(\rho-b)(\rho-c)} \quad \left(\rho = \frac{a+b+c}{2}\right)$$

上面这个公式称为**海伦公式**．

例 1　如图 4.15，在平地上有一点 A，测得塔尖仰角为 $45°$，向塔前进 100 米到达点 C，在 C 处测得塔尖仰角是 $60°$，求塔的高度．

解　设塔高 $PB = x$（米），显然 $AB = PB$．则有

$$100 + x \cdot \cot 60° = x$$

解得

$$x = \frac{100}{1 - \frac{\sqrt{3}}{3}} = \frac{300}{3 - \sqrt{3}} \approx 236.22 \text{（米）}$$

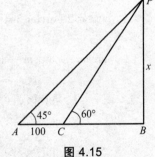

图 4.15

所以塔的高度约为 236.22 米．

例 2　在 $\triangle ABC$ 中，已知 $a = 2\sqrt{3}$，$b = 6$，$A = 30°$，解这个三角形，并求它的面积．

解　解此三角形即要求出它的未知元素 B, C 与 c．

（方法一）由正弦定理，有 $\dfrac{a}{\sin A} = \dfrac{b}{\sin B}$，得

$$\sin B = \dfrac{b}{a}\sin A = \dfrac{6}{2\sqrt{3}} \times \sin 30° = \dfrac{\sqrt{3}}{2}$$

可知 $B = 60°$ 或 $B = 120°$，下面分两种情况进行讨论．

（1）若 $B = 60°$，则 $C = 90°$，$\triangle ABC$ 为直角三角形，因此

$$c = \sqrt{a^2 + b^2} = \sqrt{(2\sqrt{3})^2 + 6^2} = 4\sqrt{3}$$

$$S_{\triangle ABC} = \dfrac{1}{2}ab\sin C = \dfrac{1}{2} \times 2\sqrt{3} \times 6 \times 1 = 6\sqrt{3}$$

（2）若 $B = 120°$，则 $C = 30°$，$\triangle ABC$ 为等腰三角形，因此

$$c = a = 2\sqrt{3}$$

$$S_{\triangle ABC} = \dfrac{1}{2}ab\sin C = \dfrac{1}{2} \times 2\sqrt{3} \times 6 \times \dfrac{1}{2} = 3\sqrt{3}$$

（方法二）由余弦定理，有 $a^2 = b^2 + c^2 - 2bc\cos A$．代入已知条件，得

$$(2\sqrt{3})^2 = 6^2 + c^2 - 2 \times 6c \times \dfrac{\sqrt{3}}{2}$$

化简得方程

$$c^2 - 6\sqrt{3}c + 24 = 0$$

解得 $c = 4\sqrt{3}$ 或 $c = 2\sqrt{3}$，也分两种情况进行讨论．

（1）若 $c = 4\sqrt{3}$，显然 $c^2 = a^2 + b^2$，$\triangle ABC$ 为直角三角形，则 $C = 90°$，$B = 60°$，

$$S_{\triangle ABC} = \dfrac{1}{2}ab\sin C = \dfrac{1}{2} \times 2\sqrt{3} \times 6 \times 1 = 6\sqrt{3}$$

（2）若 $c = 2\sqrt{3}$，显然 $c = a$，$\triangle ABC$ 为等腰三角形，则 $C = 30°$，$B = 120°$，

$$S_{\triangle ABC} = \dfrac{1}{2}ab\sin C = \dfrac{1}{2} \times 2\sqrt{3} \times 6 \times \dfrac{1}{2} = 3\sqrt{3}$$

例 3 在 $\triangle ABC$ 中，如果 $\cos A : \cos B = b : a$，求证 $\triangle ABC$ 是等腰三角形或直角三角形．

证明 （方法一）根据正弦定理，有 $\dfrac{\sin A}{\sin B} = \dfrac{a}{b} = \dfrac{\cos B}{\cos A}$，则有

$$\sin A \cos A = \sin B \cos B$$

则
$$\sin 2A = \sin 2B$$

$$\sin 2A - \sin 2B = 0$$

$$2\cos(A+B)\sin(A-B) = 0$$

如果 $\cos(A+B) = 0$，由于 $0 < A+B < \pi$，可知 $A+B = \dfrac{\pi}{2}$，即 $C = \dfrac{\pi}{2}$，此时 $\triangle ABC$ 为直角三角形；

如果 $\sin(A-B)=0$,由于 $-\pi < A-B < \pi$,可知 $A-B=0$,即 $A=B$,此时 $\triangle ABC$ 为等腰三角形.
（方法二）根据余弦定理,可得

$$\frac{\cos A}{\cos B} = \frac{\dfrac{b^2+c^2-a^2}{2bc}}{\dfrac{a^2+c^2-b^2}{2ac}} = \frac{b}{a},\quad 即 \quad \frac{a(b^2+c^2-a^2)}{b(a^2+c^2-b^2)} = \frac{b}{a}$$

化简得
$$a^2b^2 + a^2c^2 - a^4 = b^2a^2 + b^2c^2 - b^4$$

则
$$c^2(a^2-b^2) - (a^4-b^4) = 0$$

$$(a^2-b^2)[c^2-(a^2+b^2)] = 0$$

如果 $a^2-b^2=0$,则 $a=b$,此时 $\triangle ABC$ 为等腰三角形；如果 $c^2-(a^2+b^2)=0$,则 $c^2=a^2+b^2$,此时 $\triangle ABC$ 为直角三角形.

例 4 在 $\triangle ABC$ 中,求证 $a^2\sin 2B + b^2\sin 2A = 2ab\sin C$.

证明 在等式的左侧,应用正弦定理和余弦定理,有

$$a^2\sin 2B + b^2\sin 2A = 2a^2\sin B\cos B + 2b^2\sin A\cos A$$

$$= 2a^2 \cdot \frac{b}{2R} \cdot \frac{a^2+c^2-b^2}{2ac} + 2b^2 \cdot \frac{a}{2R} \cdot \frac{b^2+c^2-a^2}{2bc}$$

$$= \frac{ab(a^2+c^2-b^2)}{2Rc} + \frac{ab(b^2+c^2-a^2)}{2Rc}$$

$$= \frac{2abc^2}{2Rc} = \frac{abc}{R}$$

而在等式的另一侧,有

$$2ab\sin C = 2ab \cdot \frac{c}{2R} = \frac{abc}{R}$$

所以
$$a^2\sin 2B + b^2\sin 2A = 2ab\sin C$$

例 5 已知 $\triangle ABC$ 的三边 a,b,c 成等差数列,求证 $\cos A + 2\cos B + \cos C = 2$.

证明 由已知条件可得 $a+c=2b$,应用正弦定理有

$$2R\sin A + 2R\sin C = 2\times 2R\sin B,\quad 即 \quad \sin A + \sin C = 2\sin(A+C)$$

则有
$$2\sin\frac{A+C}{2}\cos\frac{A-C}{2} = 2\times 2\sin\frac{A+C}{2}\cos\frac{A+C}{2}$$

由于 $0 < \dfrac{A+C}{2} < \dfrac{\pi}{2}$,可知 $\sin\dfrac{A+C}{2} \neq 0$,于是有

$$\cos\frac{A-C}{2} = 2\cos\frac{A+C}{2}$$

因此

$$\cos A + 2\cos B + \cos C = \cos A + \cos C - 2\cos(A+C)$$
$$= 2\cos\frac{A+C}{2}\cos\frac{A-C}{2} - 2\times\left(2\cos^2\frac{A+C}{2} - 1\right)$$
$$= 2\cos\frac{A+C}{2}\cdot 2\cos\frac{A+C}{2} - 4\cos^2\frac{A+C}{2} + 2 = 2$$

例 6 如图 4.16，P 是正方形 $ABCD$ 内的一点，点 P 到顶点 A, B, C 的距离分别是 1, 2, 3，求正方形 $ABCD$ 的边长．

解 设此正方形的边长为 x，$\angle PBA = \alpha$，则有
$$\angle PBC = \frac{\pi}{2} - \angle PBA = \frac{\pi}{2} - \alpha$$

由余弦定理，有
$$\cos\alpha = \frac{x^2 + 2^2 - 1^2}{2\cdot 2x} = \frac{x^2 + 3}{4x}$$
$$\cos\left(\frac{\pi}{2} - \alpha\right) = \frac{x^2 + 2^2 - 3^2}{2\cdot 2x} = \frac{x^2 - 5}{4x}$$

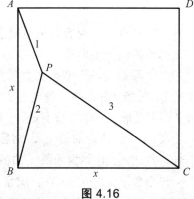

图 4.16

由于 $\cos^2\alpha + \cos^2\left(\frac{\pi}{2}-\alpha\right) = \cos^2\alpha + \sin^2\alpha = 1$，所以
$$\left(\frac{x^2+3}{4x}\right)^2 + \left(\frac{x^2-5}{4x}\right)^2 = 1$$

化简，得方程
$$x^4 - 10x^2 + 17 = 0$$

解得 $x^2 = 5 \pm 2\sqrt{2}$．

又因为 $\cos\left(\frac{\pi}{2}-\alpha\right) = \frac{x^2-5}{4x} > 0$，可知 $x^2 > 5$，则 $x^2 = 5 + 2\sqrt{2}$．从而 $x = \sqrt{5+2\sqrt{2}}$．即所求正方形的边长为 $\sqrt{5+2\sqrt{2}}$．

习题 4-8

1. 在地面上 A 点测得山顶上旗杆顶 C 的仰角为 $45°$，旗杆底的仰角为 $30°$，朝旗杆移动 10 米到达 B 点，又测得旗杆顶与底的视角为 $15°$，求旗杆的高．

2. 在 $\triangle ABC$ 中，$b = 2$，$c = 2\sqrt{3}$，$C = 2B$，解此三角形．

3. 在 $\triangle ABC$ 中，$b = 2\sqrt{3}$，$c = 2$，$C = 30°$，求 a．

4. 在 $\triangle ABC$ 中，$a = 10$，$\sin A = \dfrac{4}{5}$，$\cos B = \dfrac{12}{13}$，求 c．

5. 在 $\triangle ABC$ 中，已知 $a = 2b\cos C$，求证 $\triangle ABC$ 是等腰三角形．

6. 在 $\triangle ABC$ 中，已知 $(a+b+c)(b+c-a) = 3bc$，求 A.

7. 在 $\triangle ABC$ 中，已知 $a^2 = b(b+c)$，求证 $A = 2B$.

8. 在 $\triangle ABC$ 中，已知 $ab = 60$，$\sin A = \cos B$，$\triangle ABC$ 的面积为 15，求此三角形的三个角.

9. 在 $\triangle ABC$ 中，已知 a^2, b^2, c^2 成等差数列，求证 $\cot A, \cot B, \cot C$ 也成等差数列.

小　结

一、本章主要内容是函数概念，反函数概念，基本初等函数的定义、性质及其图形以及三角函数的恒等变形等.

二、设 D 为一个非空实数集合，若存在确定的对应法则 f，使得对于集合 D 中的任意一个数 x，按照 f 都有唯一确定的实数 y 与之对应，则称 f 是定义在集合 D 上的**函数**. D 称为函数 f 的**定义域**，x 称为**自变量**，y 称为**因变量**. 如果对于自变量 x 的某个确定的值 x_0，因变量 y 能得到一个确定的值 y_0，则称函数 f 在点 x_0 处有定义，y_0 称为**函数值**. 函数值的集合 $\{y | y = f(x), x \in A\}$ 称为函数 f 的**值域**.

设函数 $y = f(x), x \in D$，满足：对于值域 $f(D)$ 中的每一个 y 值，在 D 中有且仅有一个值 x 使得 $f(x) = y$，则按此对应法则得到一个定义在 $f(D)$ 上的函数，称为函数 f 的**反函数**，记作 f^{-1}，即 $x = f^{-1}(y), y \in f(D)$. 该函数以 y 为自变量，x 为因变量. 若按习惯用 x 作为自变量的记号，y 作为因变量的记号，则 $y = f(x)$ 的反函数可改写为：$y = f^{-1}(x), x \in f(D)$.

$y = f(x)$ 的定义域是其反函数的值域，反之亦然.

函数 $y = f(x)$ 与它的反函数 $y = f^{-1}(x)$ 的图形关于直线 $y = x$ 对称.

三、设函数 $f(x)$ 的定义域 D 关于原点对称（即 $x \in D$ 时，必有 $-x \in D$），如果对任意的 $x \in D$，总有 $f(-x) = f(x)$，就称 $f(x)$ 是偶函数；如果对任意的 $x \in D$，总有 $f(-x) = -f(x)$，就称 $f(x)$ 是奇函数. 偶函数的图形关于 y 轴对称；奇函数的图形关于原点对称.

四、设函数 $f(x)$ 的定义域 D，区间 $I \subset D$，如果对任意常数 $x_1, x_2 \in I$，当 $x_1 < x_2$ 时，总有 $f(x_1) < f(x_2)$，就称函数 $f(x)$ 在区间 I 上单调增加（或称单调递增）的；如果当 $x_1 < x_2$ 时，总有 $f(x_1) > f(x_2)$，就称函数 $f(x)$ 在区间 I 上单调减少（或称单调递减）的.

五、幂函数 $y = x^a$ 的定义域随 a 取值的不同而不同. 但不论 a 为何值时，幂函数 $y = x^a$ 在 $(0, +\infty)$ 内总有定义，且过点 $(1, 1)$.

指数函数 $y = a^x (a \neq 1, a > 0)$ 的定义域 $(-\infty, +\infty)$，且过点 $(0, 1)$. 对数函数 $y = \log_a x$ $(a \neq 1, a > 0)$ 的定义域 $(0, +\infty)$，且过点 $(1, 0)$.

正弦函数 $y = \sin x$ 与余弦函数 $y = \cos x$ 的定义域是 $\mathbf{R}$，正切函数 $y = \tan x$ 的定义域是 $x \in \mathbf{R}$ 但 $x \neq \dfrac{k\pi}{2}$ $(k \in \mathbf{Z})$，反正弦函数与反余弦函数 $y = \arccos x$ 的定义域是 $[-1, 1]$，反正切函数 $y = \arctan x$ 的定义域是 $\mathbf{R}$.

应熟记上述基本初等函数的定义域，并能用以求出常见函数的定义域.

六、熟记基本初等函数的图形，并从中掌握它们的定义域、值域、奇偶性以及周期性.

七、同角三角函数的八个基本关系式以及两角和与差的正弦函数、余弦函数、正切函数的公式是进行恒等变换的重要基础，必须熟记，并能熟练应用.

八、会解简单的指数方程、对数方程.

九、掌握正弦定理、余弦定理并能用以解三角形.

复习题四

1. 计算下列各题.

（1）设 $f\left(x-\dfrac{1}{x}\right)=x^2+\dfrac{1}{x^2}$，求 $f(x)$；　　（2）设 $f\left(\dfrac{1}{x}\right)=x^2-5$，求 $f(x)$；

（3）设 $f(x)=\dfrac{x}{x-1}$，求 $f\left[\dfrac{1}{f(x)}\right]$.

2. 已知 $f(x)=\dfrac{1}{2}(x+|x|)$，$g(x)=\begin{cases} x, & x<0 \\ x^2, & x\geqslant 0 \end{cases}$，求 $f[g(x)]$.

3. 求下列函数的定义域：

（1）$f(x)=\sqrt{\cos 2x}+\sqrt{3-2\sqrt{3}\tan x-3\tan^2 x}$；

（2）$f(x)=\sqrt{2\sin x+\cos x}+\lg(2\tan x+\cot x)$；

（3）$f(x)=\dfrac{\sqrt{2x-x^2}}{\lg(2x-1)}+\sqrt[3]{3x-1}$；

（4）$f(x)=\sqrt{x+3}-\sqrt{\dfrac{1}{x+2}}+\dfrac{1}{\lg(4x+5)}$.

4. 若函数 $f(x)$ 的定义域为 $[1,4]$，求函数 $f(x+2)$ 的定义域.

5. 已知 $f(\sqrt{x}+1)$ 的定义域为 $[0,3]$，求函数 $f(x)$ 的定义域.

6. 下面的函数对 $f(x)$ 与 $\phi(x)$ 是否是同一函数？请说明理由. 在何区间内它们相同？

（1）$f(x)=\sqrt{x}\sqrt{x-1}$，$\phi(x)=\sqrt{x(x-1)}$；　　（2）$f(x)=x$，$\phi(x)=(\sqrt{x})^2$；

（3）$f(x)=\lg x^2$，$\phi(x)=2\lg x$；　　（4）$f(x)=x$，$\phi(x)=\sqrt{x^2}$；

（5）$f(x)=\lg(x-1)+\lg(x-2)$，$\phi(x)=\lg[(x-1)(x-2)]$.

7. 求下列函数的反函数：

（1）$y=\dfrac{2^x}{2^x+1}$；　　（2）$y=\log_a(x+\sqrt{x^2+1})$；

（3）$y=\begin{cases} x, & -\infty<x<1 \\ x^2, & 1\leqslant x\leqslant 4 \\ 2^x, & 4<x<+\infty \end{cases}$.

8. 求下列各式的值：

（1）$\dfrac{2^{3x}+2^{-3x}}{2^x+2^{-x}}$（设 $4^{2x}=5$）；

（2）$\lg\left(\dfrac{\cos 30°}{\sin 60°-\sin 45°}-\dfrac{\sin 45°}{\cos 30°+\cos 45°}\right)+\lg 2$.

9. 设函数 $f(x)=\sqrt{x+2\sqrt{x-1}}+\sqrt{x-2\sqrt{x-1}}$，试求：

（1）求 $f(x)$ 的定义域；

（2）求 $f(x)$ 的单调区间以及相应的反函数；

（3）求 $f(x)$ 的值域.

10. 设 $f_n(x) = \underbrace{f(f(f(\cdots f(x))) \cdots)}_{n\text{层}}$，已知 $f(x) = \dfrac{x}{\sqrt{1+x^2}}$，求 $f_n(x)$.

11. 求证：

（1）$\sin\theta\cos^5\theta - \cos\theta\sin^5\theta = \dfrac{1}{4}\sin 4\theta$

（2）$\dfrac{2(\cos\theta - \sin\theta)}{1+\sin\theta+\cos\theta} = \dfrac{\cos\theta}{1+\sin\theta} - \dfrac{\sin\theta}{1+\cos\theta}$；

（3）$\tan\left(\dfrac{\pi}{4} + \dfrac{1}{2}\arccos\dfrac{a}{b}\right) + \tan\left(\dfrac{\pi}{4} - \dfrac{1}{2}\arccos\dfrac{a}{b}\right) = \dfrac{2b}{a}$.

（4）$\dfrac{\tan\theta(1+\sin\theta) + \sin\theta}{\tan\theta(1+\sin\theta) - \sin\theta} = \dfrac{\tan\theta + \sin\theta}{\tan\theta\sin\theta}$.

12. 已知 $\alpha, \beta \in \left(\dfrac{3\pi}{4}, \pi\right)$，$\sin(\alpha+\beta) = -\dfrac{3}{5}$，$\sin\left(\beta-\dfrac{\pi}{4}\right) = \dfrac{12}{13}$，求 $\cos\left(\alpha+\dfrac{\pi}{4}\right)$.

13. 当 $-\dfrac{\pi}{2} \leqslant x \leqslant \dfrac{\pi}{2}$ 时，求函数 $f(x) = \sin x + \sqrt{3}\cos x - 1$ 的最大值与最小值.

14. 已知 $\sin\left(x - \dfrac{3\pi}{4}\right) \cdot \cos\left(x - \dfrac{\pi}{4}\right) = -\dfrac{1}{4}$，求 $\cos 4x$ 的值.

15. 在 $\triangle ABC$ 中，求证：$\sin^2 A + \sin^2 B - \sin^2 C = 2\sin A \sin B \cos C$.

16. 已知 $0 < x < \pi$，求证 $\cot\dfrac{x}{8} - \cot x > 3$.

17. 在 $\triangle ABC$ 中，已知 $\lg\sin A$，$\lg\sin B$，$\lg\sin C$ 成等差数列，则

（1）求证 $\dfrac{\sin^2 A}{\sin^2 B} = \dfrac{a}{c}$；

（2）如果方程 $cx^2 + 2cx + a = 0$ 有两个相同的实根，求证 $\sin A = \sin B = \sin C$.

第五章 排列、组合和二项式定理

排列、组合在生活与生产实际问题中有着广泛的应用，同时也是学习概率与数理统计等数学知识的基础．二项式展开式是很重要的公式，应用极广；数学归纳法是用来证明与非零自然数有关的数学命题的一种方法．本章将介绍排列、组合的概念及计算公式，二项式定理，数学归纳法及其应用．

第一节 排 列

一、分类计数原理与分步计数原理

1. 分类计数原理

先看下面的实例：

从甲地到乙地可以乘火车、汽车、轮船，一天中，火车有 4 班，汽车有 2 班，轮船有 3 班（见图 5.1）．问一天中乘坐这些交通工具从甲地到乙地，共有多少种不同的走法？

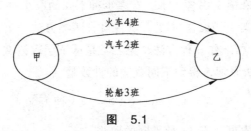

图 5.1

从图中可以看出，从甲地到乙地有三类不同的方式：可乘火车、汽车或轮船．乘火车有 4 种走法，乘汽车有 2 种走法，乘轮船有 3 种走法．所以，从甲地到乙地共有

$$4+2+3=9（种）$$

不同的走法．

一般地，有下面的分类计数原理：

做一件事，完成它可以有 n 类方式：第一类方式中有 m_1 种不同的方法，第二类方式中有 m_2 种不同的方式，……第 n 类中有 m_n 种不同的方法，那么完成这个事件共有 $N=m_1+m_2+\cdots+m_n$ 种不同的方法．

分类计数原理又称为加法原理．

2. 分步计数原理

再看下面的实例：

从甲地到丙地，要通过乙地，从甲地到乙地有三条路可走，而从乙地到丙地有两条路可走，如图 5.2 所示．问从甲地到丙地，共有多少种不同的走法？

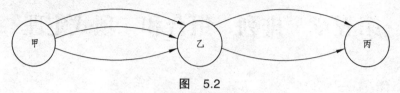

图 5.2

从图中可以看出，从甲地到丙地可分两个步骤来完成：先从甲地到乙地，再从乙地到丙地．而从甲地到乙地有 3 条路可以走，沿每一条路到达乙地后，再从乙地到丙地又有 2 种不同的走法，因此，从甲地经乙地再到丙地共有

$$3 \times 2 = 6（种）$$

种不同的走法．

一般地，有下面的分步计数原理：

做一件事，完成它需要分成 n 个步骤：第一步有 m_1 种不同的方法，第二步有 m_2 种不同的方法，……第 n 步有 m_n 种不同的方法，只有完成这 n 个步骤，才能完成这件事，那么完成这件事情共有 $m_1 \times m_2 \times \cdots \times m_n$ 种不同的方法．

分步计数原理又称乘法原理．

例 1 书架上层放有 6 本不同的数学书，下层放有 5 本不同的语文书．

（1）从中任取 1 本书，有多少种不同的取法？

（2）从中任取数学书和语文书各 1 本，有多少种不同的取法？

解 （1）完成"从书架上任取 1 本书"这件事有两类方法：第一类方法是从上层取数学书，即从 6 本书中任取 1 本，有 6 种方法；第二类是从下层取语文书，即从 5 本书中任取 1 本，有 5 种方法．根据加法原理，得到不同取法的种数是

$$N = m_1 + m_2 = 6 + 5 = 11（种）$$

答：从书架上任取 1 本书，有 11 种不同的取法．

（2）完成"从书架上任取数学书和语文书各 1 本"这件事可以分为两个步骤：第一步取 1 本数学书，有 6 种方法；第二步取 1 本语文书，有 5 种方法．根据乘法原理，得到不同取法的种数是

$$N = m_1 \times m_2 = 6 \times 5 = 30（种）$$

答：从书架上取数学书和语文书各 1 本，有 30 种不同取法．

例 2 将 3 封信投入 6 个信箱内，有多少种不同的投法？

解 完成"将 3 封信投入 6 个信箱内"这件事可以分三步考虑：第一步投第一封信，因为有 6 个信箱，所以有 6 种不同的投法；第二步投第二封信，同样有 6 种不同的投法；第三步投第三封信，同样也有 6 种不同的投法．这三步都完成才算一种投法，因此根据乘法原理，不同的投法种数共有

$$N = 6 \times 6 \times 6 = 6^3 = 216（种）$$

答：共有 216 种不同的投法.

注意：加法原理和乘法原理,回答的都是有关做一件事的不同方法种数的问题. 区别在于：加法原理针对的是"分类"问题,其中各种方法相互独立,用其中任何一种方法都可以完成这件事；乘法原理针对的是"分步"问题,各个步骤中的方法相互依存,只有各个步骤都完成才算做完这件事.

二、排　列

1. 排列的概念

先看下面的实例：

例 3　在北京、上海、广州三个民航站之间的直达航线上，需要准备多少种不同的机票？

解　显然，问题是从北京、上海、广州三个民航站中，每次取出两个站，按照起点站在前、终点站在后的顺序排列，问有多少种不同的排法.

实际上，要准备的飞机票有如下几种：

$$北京 \to 上海, \quad 上海 \to 北京$$
$$北京 \to 广州, \quad 广州 \to 北京$$
$$上海 \to 广州, \quad 广州 \to 上海$$

共有 $3 \times 2 = 6$ 种不同的飞机票.

例 4　从写有数字 3, 4, 5 的三张卡片中，每次取出两张来组成一个两位数，可以组成多少个没有重复数字的两位数？

解　这个问题可用如下方法解决：先取出两个数字 3 与 4，按照顺序组成 34 和 43 两个两位数；再取出两个数字 3 与 5，按照顺序组成 35 和 53；最后再取出 4 和 5，按照顺序组成 45 和 54，所以共有 $3 \times 2 = 6$ 个两位数.

我们将以上两个问题的实际意义抽去，抽象出来的结论如下：将被取的对象（如上面实例中的民航站、数字）称为元素，那么以上问题就是从 3 个不同元素中，任取 2 个元素，然后按照一定的顺序排成一列，共有多少种不同排法的问题.

对于这类问题，我们给出如下的定义：

定义 1.1　从 n 个不同的元素中，任取 $m(m \leqslant n, m \in \mathbf{N}^*, n \in \mathbf{N}^*)$ 个元素，按照一定的顺序排成一排，叫做从 n 个不同的元素中取出 m 个元素的一个**排列**.

当 $m = n$ 时，叫做**全排列**.

从排列的定义可以知道，两个排列相同，不仅要使这两个排列所含的元素完全相同，而且还要使元素的排列顺序也完全相同. 如果两个排列所含的元素不完全相同，自然就是两个不同的排列，例如，34 和 35 就是两个不同的排列；即使所含元素完全相同的两个排列，若元素排列的顺序不完全相同，也是两个不同的排列，例如，34 与 43，虽然所含元素相同，但不是相同的排列.

2. 排列的种数公式

从 n 个不同的元素中取出 $m(m \leqslant n, m \in \mathbf{N}^*, n \in \mathbf{N}^*)$ 个元素的所有不同的排列的个数，称为

从 n 个元素中取出 m 个元素的**排列数**,记为 A_n^m.

当 $m=n$ 时,**全排列数** A_n^n 简记为 A_n.

现在推导排列数 A_n^m 的公式.

假定有排列顺序的 m 个空位(图 5.3),从 n 个元素 $a_1, a_2, \cdots, a_n$ 中任取 m 个去填空,一个空位填一个元素,每一种填法就得到一个排列;反之,由每一个排列,就可以得到一种填法. 因此,所有不同填法的种数就是排列数 A_n^m.

图 5.3

现在来计算不同填法的种数.

第 1 位可以从 n 个元素中,任选一个填上,共有 n 种填法;第 2 位只能从余下的 $n-1$ 个元素中任选一个填上,共有 $n-1$ 种填法;第 3 位只能从余下的 $n-2$ 个元素中任选一个填上,共有 $n-2$ 种填法. 依此类推. 当前面的 $m-1$ 位填上后,第 m 位只能从余下的 $n-(m-1)$ 个元素中,任选一个填上,共有 $n-m+1$ 种填法. 根据乘法原理,全部填满空位共有

$$n(n-1)(n-2)\cdots(n-m+1)$$

种填法. 所以排列公式为

$$A_n^m = n(n-1)(n-2)\cdots(n-m+1)$$

其中 $m, n \in \mathbf{N}^*$,且 $m \leqslant n$.

公式的右边是从 n 开始顺次递减 1 的 m 个连续自然数的乘积. 例如,$A_6^3 = 6 \times 5 \times 4 = 120$.

当 $m=n$ 时,全排列的种数公式为

$$A_n^n = n \cdot (n-1) \cdot (n-2) \cdots \cdot 3 \cdot 2 \cdot 1$$

即 n 个全排列等于自然数 1 到 n 的边乘积,叫做 n 的**阶乘**,用 $n!$ 表示.

$$A_n^n = n!$$

排列公式还可以作如下变形:

$$\begin{aligned} A_n^m &= n(n-1)(n-2)\cdots(n-m+1) \\ &= \frac{n \cdot (n-1) \cdot (n-2) \cdots (n-m+1) \cdot (n-m) \cdots 2 \cdot 1}{(n-m) \cdots 2 \cdot 1} \\ &= \frac{n!}{(n-m)!} \end{aligned}$$

即

$$A_n^m = \frac{n!}{(n-m)!}$$

为使以上公式在 $m=n$ 时也成立,我们规定:$0! = 1$.

例 5 计算 A_7^4, A_{100}^2, A_n^3.

解 $A_7^4 = 7 \times 6 \times 5 \times 4 = 840$；

$A_{100}^2 = 100 \times 99 = 9900$；

$A_n^3 = n(n-1)(n-3+1) = n(n-1)(n-2)$.

例6 求证：$A_{16}^3 = 2A_8^4$.

证明 $A_{16}^3 = 16 \times 15 \times 14 = 2 \times 8 \times 3 \times 5 \times 2 \times 7 = 2 \times 8 \times 7 \times 6 \times 5 = 2A_8^4$.

例7 求证：$A_n^m + mA_n^{m-1} = A_{n+1}^m$.

证明 因为

$$A_n^m + mA_n^{m-1} = \frac{n!}{(n-m)!} + m\frac{n!}{[n-(m-1)]!}$$

$$= \frac{n!(n-m+1)}{(n-m+1)!} + \frac{m \cdot n!}{(n-m+1)!} = \frac{(n+1)!}{[(n+1)-m]!} = A_{n+1}^m$$

所以
$$A_n^m + mA_n^{m-1} = A_{n+1}^m$$

例8 某停车场有8个停车位，现有5辆不同的车要停放，有多少种停放方法？

解 5辆车停放的顺序不同，其停放方法也就不同，这是从8个元素中任取5个元素的排列问题. 因此，不同的停放方法共有：

$$A_8^5 = 8 \times 7 \times 6 \times 5 \times 4 = 6720 \text{（种）}$$

例9 从红、绿、黄三面旗子中任取一面、两面或三面，按不同次序挂在旗杆上表示信号，一共可以得到几种不同的信号？

解 挂一面、挂二面、挂三面旗子均可表示信号，且挂得顺序不同，表示的信号也不同，这是一个排列问题. 用一面旗子作信号共有 A_3^1 种；用两面旗子作信号，共有 A_3^2 种；用三面旗子作信号共有 A_3^3 种. 根据分类原理，所求的信号种数为

$$A_3^1 + A_3^2 + A_3^3 = 3 + 3 \times 2 + 3 \times 2 \times 1 = 3 + 6 + 6 = 15 \text{（种）}$$

例10 用0到9这10个数字，

（1）可以组成多少个没有重复数字的三位数码？

（2）可以组成多少个没有重复数字的三位数？

（3）可以组成多少个大于300的没有重复数字的三位数？

（4）可以组成多少个大于300小于700的没有重复数字的三位奇数？

解（1）这是从10个元素中任取3个元素的排列问题. 组成的三位数码的个数是：

$$A_{10}^3 = 10 \times 9 \times 8 = 720 \text{（个）}$$

（2）（解法一） 由于0不能排在最高位，所以最高位数字只能在1到9这9个数字中任取，共有 A_9^1 种取法；其余数位的数字可在剩余的9个数字中任取2个，共有 A_9^2 种取法. 根据乘法原理，组成的没有重复数字的三位数的个数是：

$$A_9^1 \times A_9^2 = 9 \times 9 \times 8 = 648 \text{（个）}$$

（解法二） 从0到9这10个数字中任取3个的排列有 A_{10}^3 种. 在这些排列中包括了0在

百位的排列,有 A_9^2 种,因此,所求的三位数的个数是:
$$A_{10}^3 - A_9^2 = 10 \times 9 \times 8 - 9 \times 8 = 648 \text{(个)}$$

(3)要组成大于 300 的没有重复数字的三位数,百位上的数字只能在 3 到 9 这 7 个数字中任取一个,有 A_7^1 种;十位和个位的数字在剩余的 9 个中任取 2 个,有 A_9^2 种. 因此,所求的三位数的个数是:
$$A_7^1 \times A_9^2 = 7 \times 9 \times 8 = 504 \text{(个)}$$

(4)所求的三位数是大于 300 而小于 700 的奇数. 因此,百位上的数字只能在 3,4,5,6 中任取一个,各位上的数字只能在 1,3,5,7,9 中任取一个. 3,5 这两个数字可排在百位上也可排在个位上:

① 当 3,5 排在百位上时,百位上的数字的排列有 A_2^1 种,个位上的数字只能在 1,7,9 及 3 与 5 剩余一个中任取一个,有 A_4^1 种,十位上的数字在剩余的 8 个中取 1 个,有 A_8^1 种,所以,当 3,5 排在百位时,所求的三位数的个数是 $A_2^1 \times A_4^1 \times A_8^1$ 个;

② 当 3,5 不排在百位上时,百位上的数字只能在 4,6 中任取一个,有 A_2^1 种,个位上的数字在 1,3,5,7,9 中任取一个,有 A_5^1 种,十位上的数字在剩余的 8 个中取 1 个,有 A_8^1 种,所以当 3,5 不排在百位时所求的三位数的个数是 $A_2^1 \times A_5^1 \times A_8^1$ 个.

因此,满足条件的三位数的个数是:
$$A_2^1 \times A_4^1 \times A_8^1 + A_2^1 \times A_5^1 \times A_8^1 = 64 + 80 = 144 \text{(个)}$$

3. 重复排列

先看下面的问题:

用 1,2,3 三个数字可以组成多少个两位数?

把这些两位数写出来有:11, 21, 31, 12, 22, 32, 13, 23, 33.

这种问题与以前讨论的有所不同:所求的排列中,每一个数字都可重复出现. 我们把元素可重复的排列称为**重复排列**.

以上的排列可分为两步完成:

(1)十位上的数字可从 1,2,3 中任取一个,有 3 种方法;

(2)个位上的数字仍可从 1,2,3 中任取一个,也有 3 种方法.

根据分步计数原理,符合题意的两位数的个数是
$$3 \times 3 = 3^2 = 9 \text{(种)}$$

一般地,从 n 个不同的元素中任取可重复的 m 个元素的排列数为
$$N = n^m$$

其中 n 表示不同元素的个数,m 表示元素最多可重复的次数.

例 11 以 622 为首的七位数电话号码,最多有多少个?

解 符合题意的电话号码的形式为 622××××. 其后四个数由 0, 1, 2, ⋯, 9 十个数字组成,所以公式中 $n = 10, m = 4$,即符合题意的电话号码的个数是

$N = 10^4 = 10\ 000$（个）

习题 5-1

1. 从 2 个数学教师、3 个语文教师、2 个体育教师中推选 1 个代表去开会，有多少种不同的选法？

2. 在读书活动中，一个学生要从 2 本不同的科技书、3 本不同的政治书、4 本不同的文艺书里各选 1 本，共有多少种不同的选法？

3. 一个城市的某电话局管辖范围内的电话号码由 8 位数字组成，其中前 4 位数字是统一的，后 4 位数字都是由 0 与 9 之间的一个数字，那么不同的电话号码最多有多少个？

4. 计算：（1）$\dfrac{A_{16}^3}{2A_8^4}$；（2）$\dfrac{A_7^3 - A_6^6}{7! + 6!}$.

5. 求证：（1）$A_n^m = nA_{n-1}^{m-1}$；（2）$A_{n+1}^{n+1} = A_n^n + n^2 A_{n-1}^{n-1}$.

6. （1）从多少个元素中取出 2 个元素的排列数是 20？

（2）已知从 n 个元素中取出 2 个元素的排列数等于从 $n-4$ 个元素中取出 2 个元素的排列数的 7 倍，求 n.

7. 一部科教影片在 5 个班级轮映，每个班级放映一场，问有几种轮映秩序？

8. （1）由数字 1, 2, 3, 4, 5, 6 可以组成多少个没有重复数字的五位数？

（2）由数字 0, 1, 2, 3, 4, 5 可以组成多少个没有重复数字的五位数？

（3）由数字 1, 2, 3, 4, 5 可以组成多少个没有重复数字的正整数？

（4）由数字 1, 2, 3, 4, 5 可以组成多少个没有重复数字，并且比 13000 大的正整数？

9. 4 个男同学和 3 个女同学排成一列，在下列情形中各有多少种不同的排法？

（1）女同学连排在一起；

（2）男女同学分别连排在一起；

（3）任意两个女同学都不连在一起.

10. 从 0, 1, 2, 3, 4, 5, 6 中每次取出 5 个来排列，可以组成多少个 1 不在百位、2 不在个位且没有重复数字的五位数？

11. 在 3000 与 8000 之间，有多少个没有重复数字的：

（1）四位偶数；

（2）能被 5 整除的四位奇数.

第二节 组　合

一、组合的概念

请看下面的问题：

某班有 20 名同学，（1）从中选出 3 人分别担任班长、学习委员、生活委员，有多少种选法？（2）从中选出 3 名参加学生代表大会，又有多少种选法？

在问题（1）中，选出的 3 人与顺序有关，是排列问题；在问题（2）中，选出的 3 人与顺序无关，是组合问题.

定义 2.1 从 n 个不同的元素中，任取 $m(m\leqslant n, m\in \mathbf{N}^*, n\in \mathbf{N}^*)$ 个元素，不考虑其先后顺序并成一组，叫做从 n 个不同的元素中取出 m 个元素的一个**组合**.

上面的问题（2）就是要求从 3 个不同元素中取出 2 个元素的组合. 从排列与组合的定义可以知道，排列与元素的顺序有关，组合与元素的顺序无关. 例如，ab 与 ba 是两个不同的排列，但它们却是同一个组合.

二、组合的种数公式

从 n 个不同的元素中，任取 $m(m\leqslant n, m\in \mathbf{N}^*, n\in \mathbf{N}^*)$ 个元素的所有不同组合的个数，叫做从 n 个不同的元素中取出 m 个元素的**组合数**，记作 C_n^m.

例如，从 a, b, c 三个不同的元素中取出 2 个元素的组合数是 C_3^2.

下面我们从排列数与组合数之间的关系来推导组合的种数公式. 由上面可以看出，对每一个组合都有 2 个不同的排列，因此从 3 个不同元素中取出 2 个元素的排列数 A_3^2 可分为以下两个步骤完成：

（1）从 3 个不同元素中取出 2 个元素作组合，共有 $C_3^2 = 3$ 个；

（2）对于每一个组合中的两个不同的元素作全排列，共有 $A_2 = 2$ 个.

根据分步计数原理，得 $A_3^2 = C_3^2 A_2$，即 $C_3^2 = \dfrac{A_3^2}{A_2}$.

一般地，求从 n 个不同的元素中取出 m 个元素的排列数 A_n^m，可分为以下两个步骤完成：

（1）先求从 n 个不同元素中取出 m 个元素作组合，共有 C_n^m 个；

（2）再把每种组合里 m 个元素作全排列，共有 A_m 种.

根据分步计数原理，可得

$$A_n^m = C_n^m A_m$$

因此组合数的公式为

$$\boxed{C_n^m = \dfrac{A_n^m}{A_m} = \dfrac{n(n-1)(n-2)\cdots(n-m+1)}{m!} = \dfrac{n!}{m!(n-m)!}}$$

例 1 计算：（1）C_{10}^3；（2）$C_6^3 - C_5^2$.

解 （1）$C_{10}^3 = \dfrac{10\times 9\times 8}{3\times 2\times 1} = 120$.

（2）$C_6^3 - C_5^2 = \dfrac{6\times 5\times 4}{3\times 2\times 1} - \dfrac{5\times 4}{2\times 1} = 20 - 10 = 10$.

三、组合数的两个性质

性质 1

$$\boxed{C_n^m = C_n^{n-m}}$$

证明　因为

$$C_n^m = \frac{n!}{m!(n-m)!}$$

$$C_n^{n-m} = \frac{n!}{(n-m)![n-(n-m)]!} = \frac{n!}{(n-m)!m!}$$

所以
$$C_n^m = C_n^{n-m}$$

说明　为了公式在 $n = m$ 时也成立，我们规定：$C_n^0 = 1$.

性质 2

$$\boxed{C_{n+1}^m = C_n^m + C_n^{m-1}}$$

证明　因为

$$C_n^m + C_n^{m-1} = \frac{n!}{m!(n-m)!} + \frac{n!}{(m-1)![n-(m-1)]!} = \frac{n![(n-m+1)+m]}{m!(n-m+1)!}$$

$$= \frac{(n+1)n!}{m!(n-m+1)!} = \frac{(n+1)!}{m![(n+1)-m]!} = C_{n+1}^m$$

所以
$$C_{n+1}^m = C_n^m + C_n^{m-1}$$

例 2　计算（1）C_{100}^{98}；（2）$C_{49}^3 + C_{49}^2$.

解　（1）$C_{100}^{98} = C_{100}^2 = \dfrac{100 \times 99}{2 \times 1} = 4950$.

（2）$C_{49}^3 + C_{49}^2 = C_{50}^3 = \dfrac{50 \times 49 \times 48}{3 \times 2 \times 1} = 19600$.

例 3　解方程：$C_{15}^x = C_{15}^{x-7}$.

解　等号两边的两个组合数的下标相同，上标也应该相同，由此得

$$x = x - 7$$

此方程无解；

又 $C_{15}^x = C_{15}^{x-7}$，所以

$$C_{15}^{15-x} = C_{15}^{x-7}$$

由此得

$$15 - x = x - 7$$

解得 $x = 11$. 经检验 $x = 11$ 是方程的解.

例 4　（1）平面内有 10 个点，任何 3 点都不同线，问可以画出多少条直线？

（2）平面内有 10 个点，任何三点都不同线，任取三点作为三角形的三个顶点，问可以构成多少个三角形？

（3）平面内有 10 个点，若有三点共线，其余 7 个点中任何三点不共线，问能构成多少个三角形？

解　（1）平面内任意 2 点只能确定一条直线，因此，所求的直线数是从 10 个不同元素中

取出 2 个元素的组合数,即

$$C_{10}^2 = \frac{10 \times 9}{2 \times 1} = 45 \text{（条）}$$

故可以画出 45 条直线.

（2）因为平面内 10 个点中任何三点都不共线,以任意三点为顶点均可构成三角形,所构成三角形的个数就是从 10 个元素中任取 3 个元素的组合数,即

$$C_{10}^3 = \frac{10 \times 9 \times 8}{3 \times 2 \times 1} = 120 \text{（个）}$$

（3）所构成的三角形可分为三种情况：三个顶点均在不共线的 7 个点中取,共有 C_7^3 种；三个顶点在不共线的 7 个点中取 1 个,共线三点中取 2 个,有 $C_7^1 \times C_3^2$ 种；三个顶点在不共线的 7 个点中取 2 个,共线三点中取 1 个,有 $C_7^2 \times C_3^1$ 种. 所以,构成的三角形的个数是

$$C_7^3 + C_7^1 \times C_3^2 + C_7^2 \times C_3^1 = 35 + 21 + 63 = 119 \text{（个）}$$

例 5 产品检验时,常从产品中抽出一部分进行检查. 现在从 100 件产品中任意抽出 3 件：
（1）一共有多少种不同的抽法？
（2）如果 100 件产品中有 2 件次品,其余为正品,抽出的 3 件恰好有一件是次品的抽法有多少种？
（3）如果 100 件产品中有 2 件次品,抽出的 3 件中至少有一件是次品的抽法有多少种？

解 （1）所求的不同抽法的种数,就是从 100 件产品中取出 3 件的组合数

$$C_{100}^3 = \frac{100 \times 99 \times 98}{3 \times 2 \times 1} = 161700 \text{（种）}$$

即一共有 161700 种抽法.

（2）从 2 件次品中抽出一件次品的抽法有 C_2^1 种,从 98 件正品中抽出 2 件正品的抽法有 C_{98}^2 种,因此抽出的 3 件中恰有 1 件是次品的抽法的种数是

$$C_2^1 C_{98}^2 = 2 \times 4753 = 9506 \text{（种）}$$

（3）从 100 件产品中抽出的 3 件中至少有 1 件是次品的抽法,包括 1 件是次品的和 2 件是次品的抽法. 而 1 件是次品的抽法有 $C_{98}^2 C_2^1$ 种,2 件是次品的抽法有 $C_{98}^1 C_2^2$ 种,因此,至少有 1 件是次品的抽法的种数为

$$C_{98}^2 C_2^1 + C_{98}^1 C_2^2 = 9506 + 98 = 9604 \text{（种）}$$

例 6 从 10 名候选人（6 名男生,4 名女生）中,选出 5 人担任班委的五个不同的职务,要求选出的 5 个人中男生女生都不得少于 2 人,问有多少种选法？

解 选出的符合要求的 5 人只能有两种情况：2 男 3 女,有 $C_6^2 \times C_4^3$ 种；3 男 2 女,有 $C_6^3 \times C_4^2$ 种. 所以,选出符合要求的 5 人的选法共有 $C_6^2 \times C_4^3 + C_6^3 \times C_4^2$ 种.

选出的 5 人又要担任 5 个不同的职务,是 5 个元素中选出 5 个元素的全排列,有 A_5^5 种选法.

因此，所有的选法是

$$(C_6^2 \times C_4^3 + C_6^3 \times C_4^2)A_5^5 = (15 \times 4 + 20 \times 6) \times 5! = 21600 \text{（种）}$$

例7 有 4 本不同的书：

（1）分成两堆，一堆 3 本、一堆 1 本，有多少种分法？

（2）把（1）中的两堆书再分给甲、乙两人，每人一堆有多少种分法？

（3）等分成两堆，有多少种分法？

（4）把（3）中的两堆书等分给甲、乙两人，有多少种分法？

解 （1）从 4 本书中取出 3 本书有 C_4^3 种方法，从剩下的 1 本书中取 1 本的方法是 C_1^1 种，即所求分法是 $C_4^3 C_1^1 = 4$（种）；

（2）把（1）中的两堆书再分给甲、乙两人有 A_2^2 种方法，即所求分法是 $C_4^3 C_1^1 A_2^2 = 8$（种）；

（3）把等分好的两堆书交换一下，仍是等分的两堆书，于是所求的分法是 $\dfrac{C_4^2 C_2^2}{A_2^2} = 3$（种）；

（4）类似于（2），所求的分法是 $\dfrac{C_4^2 C_2^2}{A_2^2} A_2^2 = 6$（种）．

习题 5-2

1. 计算：（1）C_{20}^3；（2）C_{999}^{998}．

2. 解方程：$C_{18}^{2x} = C_{18}^{x+2}$．

3. 求证：（1）$C_{n+1}^m = C_n^{m-1} + C_n^m + C_{n-1}^{m-1}$；

（2）$C_n^{m+1} + C_n^{m-1} + 2C_n^m = C_{n+2}^{m+1}$．

4. 平面内有 12 个点，任何 3 点不在同一直线上，以每 3 点为顶点画一个三角形，一共可画多少个三角形？

5. 有 3 组每组 10 个队进行篮球赛．第一轮先分组进行单循环赛（即组中每两个队赛一次），取前三名后再集中进行第二轮比赛；在第二轮比赛中，除了在第一轮比赛时已经赛过的两个队除外，每个队都应和其他队赛一次．问先后共比赛多少场？

6. 要从由 8 男 7 女组成的一个小组中选出 6 人参加某项活动，如果达到下列要求，各有多少种选法？

（1）男女各半；

（2）至少有 3 名女的；

（3）至多有 3 名女的；

（4）至少有 3 名女的，且至少有 2 名男的；

（5）选出的 4 男 2 女分别担任不同的职务．

7. 有 6 本不同的书：

（1）分成三堆，一堆 1 本、一堆 2 本、一堆 3 本，有多少种分法？

（2）把（1）中的三堆书分给甲、乙、丙三人，每人一堆有多少种分法？

（3）等分成三堆，有多少种分法？

8. 连结正三角形 ABC 各边上的中点 D, E, F 后得 4 个小三角形，从红、黄、蓝、白 4 种颜色中任选 3 种给 4 个三角形着色，规定有公共边的三角形不能着同一种颜色. 问共有多少种不同的着色方法？

9. 四个不同的小球放入编号为 1, 2, 3, 4 的四个小盒中，问恰有一个空盒的放法共有多少种？

第三节　二项式定理

应用多项式的乘法公式，我们已经知道 $a+b$ 的平方公式与立方公式，本节将导出 $a+b$ 的任何正整数次幂的公式——二项式定理，并研究其性质及运用.

一、二项式定理

运用多项式的乘法公式，我们已经知道：
$$(a+b)^1 = a+b$$
$$(a+b)^2 = a^2 + 2ab + b^2$$
$$(a+b)^3 = a^3 + 3a^2b + 3ab^2 + b^3$$

为了研究 $(a+b)^n$ 的展开式，我们先来看一下 $(a+b)^4$ 展开式的过程及结果.

由多项式的乘法可知，
$$(a+b)^4 = (a+b)(a+b)(a+b)(a+b)$$

等式右边积的展开式的每一项，是从四个括号中每一个里面任取一个字母的乘积，因而各项都是 4 次式，即展开式应有下面形式的各项：
$$a^4,\ a^3b,\ a^2b^2,\ ab^3, b^4$$

运用组合知识，就可以得出展开式各项系数的规律.

在上面四个括号中：

都不取 b 共有 C_4^0 种，所以 a^4 的系数是 C_4^0；

恰有 1 个取 b 共有 C_4^1 种，所以 a^3b 的系数是 C_4^1；

恰有 2 个取 b 共有 C_4^2 种，所以 a^2b^2 的系数是 C_4^2；

恰有 3 个取 b 共有 C_4^3 种，所以 ab^3 的系数是 C_4^3；

恰有 4 个取 b 共有 C_4^4 种，所以 b^4 的系数是 C_4^4.

因此
$$(a+b)^4 = C_4^0 a^4 + C_4^1 a^3 b + C_4^2 a^2 b^2 + C_4^3 ab^3 + C_4^4 b^4$$

一般地，有以下公式：

$$\boxed{(a+b)^n = C_n^0 a^n + C_n^1 a^{n-1} b + C_n^2 a^{n-2} b^2 + \cdots + C_n^k a^{n-k} b^k + \cdots + C_n^n b^n \quad (n \in \mathbf{N}^*)}$$

这个公式叫做二项式定理，左边的式子是二项式的幂，右边的多项式叫做 $(a+b)^n$ 的二项展开式. 其中 $C_n^k(k=0,1,2,\cdots,n)$ 叫做**二项式系数**，式中的 $C_n^k a^{n-k}b^k$ 叫做展开式的**通项**，它是展开式的第 $k+1$ 项，用 T_{k+1} 表示，即

$$T_{k+1}=C_n^k a^{n-k}b^k$$

当 $n=0,1,2,3,4,5$ 时，二项式展开式的各项系数如下表：

$$
\begin{array}{c}
(a+b)^0 \quad\quad\quad\quad\quad\quad 1 \\
(a+b)^1 \quad\quad\quad\quad\quad 1 \quad 1 \\
(a+b)^2 \quad\quad\quad\quad 1 \quad 2 \quad 1 \\
(a+b)^3 \quad\quad\quad 1 \quad 3 \quad 3 \quad 1 \\
(a+b)^4 \quad\quad 1 \quad 4 \quad 6 \quad 4 \quad 1 \\
(a+b)^5 \quad 1 \quad 5 \quad 10 \quad 10 \quad 5 \quad 1 \\
\end{array}
$$

从上表可以看出，二项式 $a+b$ 的各次幂的首末两项的系数都是 1，而中间各项的系数恰好等于它肩上的两个数的和. 这个表叫做杨辉三角，它首载于我国宋朝数学家杨辉 1261 年所著的《详解九章算法》一书中.

二、二项展开式的性质

$(a+b)^n$ 的二项展开式具有下面的性质：

（1）**项数**：二项展开式共有 $n+1$ 项.

（2）**指数的增减**：二项展开式中，a 的指数从 n 起以后各项依次减少 1，直到 0 为止；b 的指数从 0 起以后各项依次增加 1，直到 n 为止，而各项中 a,b 的指数和都等于常数 n.

（3）**二项式系数的对称性**：各项的二项式系数依次为 $C_n^0, C_n^1, \cdots, C_n^k, \cdots, C_n^n$.

由于

$$C_n^0 = C_n^n, \quad C_n^1 = C_n^{n-1}, \quad \cdots, \quad C_n^k = C_n^{n-k} \ (k=0,1,2,\cdots,n)$$

所以，各项的二项式系数中与两端等距离的两项二项式系数分别相等.

（4）**通项公式**：$T_{k+1} = C_n^k a^{n-k} b^k \ (k=0,1,2,\cdots,n)$.

特殊地，$(a-b)^n = [a+(-b)]^n$.

通项公式为：$T_{k+1} = (-1)^k C_n^k a^{n-k} b^k \ (k=0,1,2,\cdots,n)$.

（5）**系数的最大项**：

当 n 为偶数时，系数最大项是中间项，即第 $\frac{n}{2}+1$ 项，值为 $C_n^{\frac{n}{2}}$；

当 n 为奇数时，系数最大项是中间两项，即第 $\frac{n+1}{2}$ 项和第 $\frac{n+1}{2}+1$ 项，值为 $C_n^{\frac{n-1}{2}} = C_n^{\frac{n+1}{2}}$.

（6）**各二项式系数的和**：$C_n^0 + C_n^1 + C_n^2 + \cdots + C_n^n = 2^n$.

例1 展开 $\left(x+\dfrac{1}{x}\right)^5$.

解 $\left(x+\dfrac{1}{x}\right)^5 = C_5^0 x^5 + C_5^1 x^4\left(\dfrac{1}{x}\right) + C_5^2 x^3 \left(\dfrac{1}{x}\right)^2 + C_5^3 x^2 \left(\dfrac{1}{x}\right)^3 + C_5^4 x^1 \left(\dfrac{1}{x}\right)^4 + C_5^5 \left(\dfrac{1}{x}\right)^5$

$= x^5 + 5x^4 \cdot \dfrac{1}{x} + 10x^3 \cdot \dfrac{1}{x^2} + 10x^2 \cdot \dfrac{1}{x^3} + 5x \cdot \dfrac{1}{x^4} + \dfrac{1}{x^5}$

$= x^5 + 5x^3 + 10x + \dfrac{10}{x} + \dfrac{5}{x^3} + \dfrac{1}{x^5}.$

例 2 已知 $\left(\dfrac{x^2}{a^2} - \dfrac{a}{x}\right)^n$ 展开式第三项的二项式系数是 66，试求这个展开式的（1）第六项及其系数；（2）常数项.

解 由通项公式得

$$T_{k+1} = C_n^k \left(\dfrac{x^2}{a^2}\right)^{n-k} \left(-\dfrac{a}{x}\right)^k$$

当 $k=2$ 时，展开式系数为 $C_n^2 = \dfrac{n(n-1)}{2}$，所以

$$\dfrac{n(n-1)}{2} = 66，即 n(n-1) = 132$$

因此 $n = 12$.

（1） $T_6 = C_{12}^5 \left(\dfrac{x^2}{a^2}\right)^{12-5} \left(-\dfrac{a}{x}\right)^5 = \dfrac{12 \times 11 \times 10 \times 9 \times 8}{5 \times 4 \times 3 \times 2 \times 1} \cdot \dfrac{x^{14}}{a^{14}} \cdot \dfrac{a^5}{x^5}(-1)^5 = -792 \dfrac{x^9}{a^9}$

其系数为 $\dfrac{-792}{a^9}$.

（2） $T_{k+1} = C_{12}^k \left(\dfrac{x^2}{a^2}\right)^{12-k} \left(-\dfrac{a}{x}\right)^k = (-1)^k C_{12}^k \left(\dfrac{x}{a}\right)^{24-3k}$

要使该项为常数项，则有

$$24 - 3k = 0$$

解之得 $k = 8$. 所以常数项为 $(-1)^8 C_{12}^8 = 495$.

例 3 求 $\left(\dfrac{x}{2} + \dfrac{2}{x}\right)^7$ 展开式的中间项.

解 因为 $n = 7$ 为奇数，所以第 $\dfrac{7+1}{2}$，$\dfrac{7+1}{2}+1$ 两项为中间项，即

$$T_4 = T_{3+1} = C_7^3 \left(\dfrac{x}{2}\right)^{7-3} \left(\dfrac{2}{x}\right)^3 = \dfrac{35x}{2}$$

$$T_5 = T_{4+1} = C_7^4 \left(\dfrac{x}{2}\right)^{7-4} \left(\dfrac{2}{x}\right)^4 = \dfrac{70}{x}$$

例 4 在 $(\sqrt{2} + \sqrt[3]{3})^{100}$ 的展开式中，有多少个有理数的项？

解 展开式中第 $k+1$ 项为

$$T_{k+1} = C_{100}^k (\sqrt{2})^{100-k} (\sqrt[3]{3})^k = C_{100}^k 2^{\frac{100-k}{2}} 3^{\frac{k}{3}}$$

显然，当 $\dfrac{k}{2}, \dfrac{k}{3}$ 是整数时，$k+1$ 项都是有理数，即当 k 是 6 的整数倍时，$k+1$ 项都是有理数. 但 $0 \leqslant k \leqslant 100$，所以展开式中有 17 项有理数.

习题 5-3

1. 写出各二项式的展开式：

（1）$(1 \pm x)^6$；

（2）$(3x+2y)^3$；

（3）$(2x-y^3)^6$；

（4）$\left(2+\dfrac{1}{x}\right)^4$.

2. 求下列二项展开式的指定项：

（1）$\left(1+\dfrac{x}{2}\right)^{11}$ 的第六项；

（2）$(1-x)^9$ 的中间两项；

（3）$\left(x+\dfrac{1}{x}\right)^{12}$ 的常数项.

3. 在 $(\sqrt{2}+\sqrt[4]{3})^{100}$ 展开式中，有多少有理数的项？

4. 已知 $\left(\sqrt{x}+\dfrac{2}{x^2}\right)^n$ 的展开式中第五项与第三项的系数之比是 $56:3$，求展开式中不含 x 的项.

第四节 数学归纳法

先从个别事例中摸索出规律来，再从理论上证明这一规律的一般性，这是人们认识客观规律的重要方法之一. 例如：

$S_1 = 1 = 1^2$,
$S_2 = 1 + 3 = 4 = 2^2$,
$S_3 = 1 + 3 + 5 = 9 = 3^2$,
$S_4 = 1 + 3 + 5 + 7 = 16 = 4^2$,
…………

我们设想，是否前 n 个正奇数的和 S_n 等于 n 的平方呢？即

$$S_n = 1 + 3 + 5 + 7 + \cdots + (2n-1) = n^2$$

这种通过观察所发现的结论，是否具有普遍性？这一结论对任何正整数是不是都正确？当 $n=1$ 时，结论当然正确，假设对任何正整数 k，这个结论是正确的，即

$$1 + 3 + 5 + \cdots + (2k-1) = k^2$$

我们还要看，对下一个正整数 $k+1$，它是否正确？为此在上式两端都加上 $2k+1$，将右端化简得到

$$1+3+5+\cdots+(2k-1)+(2k+1) = k^2 + (2k+1)$$
$$= (k+1)^2$$

这表明，从 $n=k$ 过渡到下一个正整数 $n=k+1$ 时的结论仍然成立，于是由 $n=1$ 正确，从而判定 $n=2$ 正确，进而断定 $n=3$ 正确，……这样无限制地推论下去，就可以断定结论对于任何正整数都正确，从而完全证实了我们的猜想.

上述所用的证明方法，叫做数学归纳法. 它是数学中一种很重要的方法.

一、数学归纳法的证明步骤

（1）验证当 $n = n_1(n_1 \neq 0)$ 时，命题是正确的.

（2）假设当 $n = k(k \geq n_1, k \in \mathbf{N}^*)$ 时，命题成立，在此基础上论证当 $n = k+1$ 时，命题也成立.

根据（1），（2）可知，对于 $n \geq n_1$ 的一切正整数，命题均成立.

数学归纳法的证明步骤中，（1）是检验性质的，它只能说明这个命题有事实基础. 这一步不必验证多种情形，只需对使命题成立的最小正整数(n_1)进行验证. 步骤（2）是利用"假设当 $n = k$ 时，命题成立"来推理论证"$n = k+1$ 时，命题成立"，这是论证命题成立的延续性，两步缺一不可.

例1 用数学归纳法证明：
$$1^3 + 2^3 + 3^3 + \cdots + n^3 = (1+2+3+\cdots+n)^2$$

证明 因为 $1+2+3+\cdots+n = \dfrac{n(n+1)}{2}$，所以要证
$$1^3 + 2^3 + 3^3 + \cdots + n^3 = (1+2+3+\cdots+n)^2$$

即证
$$1^3 + 2^3 + 3^3 + \cdots + n^3 = \left[\dfrac{n(n+1)}{2}\right]^2$$

（1）当 $n=1$ 时，
$$\text{左边} = 1^3 = 1, \quad \text{右边} = \left[\dfrac{1}{2}(1+1)\right]^2 = 1$$

左边 = 右边，等式成立.

（2）假设当 $n = k$ 时命题成立，即
$$1^3 + 2^3 + 3^3 + \cdots + k^3 = \left[\dfrac{k}{2}(k+1)\right]^2$$

则当 $n = k+1$ 时，有
$$1^3 + 2^3 + 3^3 + \cdots + k^3 + (k+1)^3$$
$$= \left[\dfrac{k(k+1)}{2}\right]^2 + (k+1)^3 = \left(\dfrac{k+1}{2}\right)^2 \cdot k^2 + \left(\dfrac{k+1}{2}\right)^2 \cdot 4(k+1)$$
$$= \left(\dfrac{k+1}{2}\right)^2 (k^2 + 4k + 4) = \left(\dfrac{k+1}{2}\right)^2 (k+2)^2$$

$$= \left[\frac{(k+1)(k+2)}{2}\right]^2 = 右边$$

所以当 $n=k+1$ 时，命题也成立.

根据（1），（2）可知，对任意 $n\in\mathbf{N}^*$，命题成立.

例 2 用数学归纳法证明：

$$\frac{1}{1\times 3}+\frac{1}{3\times 5}+\frac{1}{5\times 7}+\cdots+\frac{1}{(2n-1)(2n+1)}=\frac{n}{2n+1}$$

证明 （1）当 $n=1$ 时，

$$左边 = \frac{1}{3}, \quad 右边 = \frac{1}{2\times 1+1} = \frac{1}{3}$$

所以当 $n=1$ 时，命题成立.

（2）假设当 $n=k$ 时命题成立，即

$$\frac{1}{1\times 3}+\frac{1}{3\times 5}+\frac{1}{5\times 7}+\cdots+\frac{1}{(2k-1)(2k+1)}=\frac{k}{2k+1}$$

当 $n=k+1$ 时，有

$$\frac{1}{1\times 3}+\frac{1}{3\times 5}+\frac{1}{5\times 7}+\cdots+\frac{1}{(2k-1)(2k+1)}+\frac{1}{[2(k+1)-1][2(k+1)+1]}$$

$$=\frac{k}{2k+1}+\frac{1}{(2k+1)(2k+3)}=\frac{k(2k+3)+1}{(2k+1)(2k+3)}$$

$$=\frac{(2k+1)(k+1)}{(2k+1)(2k+3)}=\frac{k+1}{2(k+1)+1}=右边$$

即 $n=k+1$ 时，命题成立.

根据（1），（2）可知，对任意 $n\in\mathbf{N}^*$，命题成立.

例 3 用数学归纳法证明，对任意 $n\in\mathbf{N}^*$，n^3+5n 是 6 的倍数.

证明 （1）当 $n=1$ 时，$n^3+5n=1^3+5\times 1=6$ 是 6 的倍数. 所以，当 $n=1$ 时，命题成立.

（2）假设当 $n=k$ 时命题成立，即 k^3+5k 是 6 的倍数.

当 $n=k+1$ 时，有

$$(k+1)^3+5(k+1)=k^3+3k^2+3k+1+5k+5$$
$$=k^3+5k+3k(k+1)+6$$

由归纳假设可知，k^3+5k 是 6 的倍数；不论 k 是奇数还是偶数，k 和 $k+1$ 中必有一个是偶数，故 $3k(k+1)$ 也是 6 的倍数；6 当然是 6 的倍数. 因而它们的和 $k^3+5k+3k(k+1)+6$ 也是 6 的倍数. 所以当 $n=k+1$ 时，命题也成立.

根据（1），（2）可知，对任意 $n\in\mathbf{N}^*$，n^3+5n 是 6 的倍数.

例 4 求证对于任意正偶数 n，二项式 a^n-b^n 都能被 $(a+b)$ 整除.

证明 （1）当 $n=2$ 时，$a^2-b^2=(a+b)(a-b)$ 能被 $(a+b)$ 整除，所以当 $n=2$ 时，命题成立.

（2）假设当 $n=k$（k 为正偶数）时，命题成立，即 a^k-b^k 能被 $(a+b)$ 整除.

当 $n=k+2$ 时，有

$$a^{k+2}-b^{k+2}=a^k a^2-b^k b^2$$
$$=a^k a^2-a^k b^2+a^k b^2-b^k b^2$$
$$=a^k(a^2-b^2)+b^2(a^k-b^k)$$

因为 $a^k(a^2-b^2)$ 能被 $(a+b)$ 整除，根据归纳假设，$b^2(a^k-b^k)$ 能被 $(a+b)$ 整除，因而它们的和 $a^k(a^2-b^2)+b^2(a^k-b^k)$ 也能被 $(a+b)$ 整除，即 $n=k+2$ 时，命题成立.

根据（1），（2）可知，对任意正偶数 n，命题均成立.

例 5 求证对于任意正整数 n，有 $(n+6)^2<2^{n+5}$.

证明 （1）当 $n=1$ 时，

$$左边 =(1+6)^2=49，右边 =2^{1+5}=64$$

所以，当 $n=1$ 时，不等式成立

（2）假设当 $n=k$ 时，不等式成立，即

$$(k+6)^2<2^{k+5}$$

将上式两端同时乘以 2 得 $\quad 2(k+6)^2<2^{k+6}$

而 $\quad 2(k+6)^2-(k+7)^2=k^2+10k+23>0$

即 $\quad 2(k+6)^2>(k+7)^2$

由不等式的性质可知 $\quad (k+7)^2<2^{k+6}$

即 $\quad [(k+1)+6]^2<2^{(k+1)+5}$

当 $n=k+1$ 时，不等式也成立.

根据（1），（2）可知，对于任意正整数 n，不等式均成立.

例 6 已知数列 $\{a_n\}$ 中，

$$a_1=\frac{3}{5}, \quad a_{n+1}=\frac{a_n}{2a_n+1} \quad (n\in \mathbf{N})$$

（1）计算 a_2, a_3, a_4, a_5；
（2）猜想通项公式 a_n，并用数学归纳法加以证明.

解 （1）$a_2=\dfrac{a_1}{2a_1+1}=\dfrac{\dfrac{3}{5}}{2\times\dfrac{3}{5}+1}=\dfrac{3}{11}=\dfrac{3}{5+(2-1)\times 6}$.

$a_3=\dfrac{a_2}{2a_2+1}=\dfrac{\dfrac{3}{11}}{2\times\dfrac{3}{11}+1}=\dfrac{3}{17}=\dfrac{3}{5+(3-1)\times 6}$.

$a_4=\dfrac{a_3}{2a_3+1}=\dfrac{\dfrac{3}{17}}{2\times\dfrac{3}{17}+1}=\dfrac{3}{23}=\dfrac{3}{5+(4-1)\times 6}$.

$$a_5 = \frac{a_4}{2a_4+1} = \frac{\frac{3}{23}}{2 \times \frac{3}{23}+1} = \frac{3}{29} = \frac{3}{5+(5-1) \times 6}.$$

（2）猜想：

$$a_n = \frac{3}{5+(n-1) \times 6} = \frac{3}{6n-1}$$

用数学归纳法证明如下：

① 当 $n=1$ 时，$a_1 = \frac{3}{5}$，而 $\frac{3}{6 \times 1 - 1} = \frac{3}{5}$，所以，当 $n=1$ 时猜想成立．

② 假设当 $n=k$ 时，猜想成立，即 $a_k = \frac{3}{6k-1}$

当 $n=k+1$ 时，有

$$a_{k+1} = \frac{a_k}{2a_k+1} = \frac{\frac{3}{6k-1}}{2 \times \frac{3}{6k-1}+1} = \frac{3}{6k+5} = \frac{3}{6(k+1)-1}$$

即当 $n=k+1$ 时，猜想成立．

根据①，②可知，对任意 $n \in \mathbf{N}^*$，猜想均成立．

例7 设

$$a_1 = \sqrt{2}, \quad a_2 = \sqrt{2+\sqrt{2}}, \quad \cdots, \quad a_n = \sqrt{2+a_{n-1}}, \quad \cdots$$

用数学归纳法证明

$$a_n < \sqrt{2}+1 \quad (n \in \mathbf{N})$$

证明 （1）由 $a_1 = \sqrt{2} < \sqrt{2}+1$ 知，$n=1$ 时不等式成立．

（2）设 $n=k$ 时，不等式成立，即

$$a_k < \sqrt{2}+1$$

于是
$$a_{k+1} = \sqrt{2+a_k} < \sqrt{2+\sqrt{2}+1} = \sqrt{3+\sqrt{2}}$$
即
$$a_{k+1} < \sqrt{2}+1$$

根据（1），（2）知，原不等式对任何自然数都成立．

二、用数学归纳法证题时的注意事项

（1）数学归纳法仅限于证明与非零自然数有关的命题，但不是所有与非零自然数有关的命题都能用数学归纳法证明．

（2）用数学归纳法证明时，两个步骤缺一不可，步骤（1）是证明的递推基础，步骤（2）是无限推理关系，是数学归纳法的递推根据．

（3）在步骤（2）中，假设当 $n=k$ 时，命题成立，称为归纳假设．在从 $n=k$ 到 $n=k+1$ 的推理过程中，必须用归纳假设，不用归纳假设的证明不是数学归纳法．

（4）步骤（2）的中心任务是两个"凑"：一"凑"假设，二"凑"结论. 其关键是明确 n

$= k+1$ 时要证明的目标,理解由 $n = k$ 到 $n = k+1$ 时命题之间的区别和联系.

习题 5-4

1. 用数学归纳法证明:

(1) $1 + 2 + 3 + 4 + \cdots + n = \dfrac{n(n+1)}{2}$;

(2) $1^2 + 2^2 + 3^2 + \cdots + n^2 = \dfrac{n(n+1)(2n+1)}{6}$;

(3) $\left(1 - \dfrac{1}{2}\right)\left(1 - \dfrac{1}{3}\right)\left(1 - \dfrac{1}{4}\right)\cdots\left(1 - \dfrac{1}{n}\right) = \dfrac{1}{n}$ $(n \geqslant 2)$;

(4) $1 \times 2 \times 3 + 2 \times 3 \times 4 + \cdots + n(n+1)(n+2) = \dfrac{1}{4}n(n+1)(n+2)(n+3)$.

2. 利用前 $2n$ 个正整数的平方和、立方和求下列各式之和:

(1) $1^2 + 3^2 + 5^2 + \cdots + (2n-1)^2$;

(2) $1^3 + 3^3 + 5^3 + \cdots + (2n-1)^3$.

3. 用数学归纳法证明:

(1) $4^{2n+1} + 3^{n+2}$ 可以被 13 整除;

(2) 三个连续正整数的立方和可以被 9 整除;

(3) 当 n 时正奇数时, $a^n + b^n$ 都能被 $(a+b)$ 整除;

4. 已知 $a_n, b_n (n = 1, 2, \cdots)$ 都是整数,且 $(1 + \sqrt{2})^n = a_n + b_n\sqrt{2}$,试通过 n 从 1 开始计算,猜想出 a_n 与 b_n 表示 $(1 - \sqrt{2})^n$ 的表达式,并用数学归纳法证明你的猜想.

5. 设 $a_1 = 1, a_2 = 4$, 且 $a_{n+1} = 5a_n - 6a_{n-1}$ $(n \geqslant 2)$, 求证: $a_n = -2^{n-1} + 2 \times 3^{n-1}$.

6. 设 $A(n)$ 表示命题:

$$1 + 2 + 3 + \cdots + n = \dfrac{1}{8}(2n+1)^2$$

如果 $A(k)$ 成立,求证 $A(k+1)$ 成立. 问 $A(n)$ 是否对任何自然数都成立? 为什么?

7. 用数学归纳法证明:

(1) $1 + 2 + 3 + \cdots + n < \dfrac{1}{8}(2n^2 + 1)^2$;

(2) $|a_1 + a_2 + \cdots + a_n| \leqslant |a_1| + |a_2| + \cdots + |a_n|$;

(3) $1 + \dfrac{1}{\sqrt{2}} + \dfrac{1}{\sqrt{3}} + \cdots + \dfrac{1}{\sqrt{n}} > 2\sqrt{n+1} - 2$;

(4) $\dfrac{1}{2} \cdot \dfrac{3}{4} \cdots \dfrac{2n-1}{2n} < \dfrac{1}{\sqrt{3n+1}}$ $(n \geqslant 2)$.

小 结

一、本章的主要内容是排列、组合、二项式定理以及数学归纳法. 解决排列和组合问题的主要依据是加法原理和乘法原理,而排列、组合知识又是学习二项式定理的基础.

二、加法原理和乘法原理是两个基本原理,它们仅是推导排列数公式、组合数公式的基础,而且还常需要直接运用它们去解决某些问题. 两者的区别在于,加法原理与分类有关,乘法原理与分步有关.

三、排列与组合都是研究从一些不同的元素中,任取部分元素进行排列或组合,并求有多少种方法的问题. 排列与组合的区别在于问题是否与顺序有关: 与顺序有关的就属于排列问题, 与顺序无关的就属于组合问题. 在解答排列或组合的应用题时,应注意防止重复与遗漏.

四、排列与组合的主要公式:

1. 排列数的公式:

$$A_n^m = n(n-1)(n-2)\cdots(n-m+1) \ (m \leqslant n)$$

$$A_n^m = \frac{n!}{(n-m)!} \ (m \leqslant n)$$

2. 组合数的公式:

$$C_n^m = \frac{A_n^m}{m!} \ (m \leqslant n)$$

$$C_n^m = \frac{n!}{m!(n-m)!} \ (m \leqslant n)$$

3. 组合数性质:

$$C_n^m = C_n^{n-m} \ (m \leqslant n)$$

$$C_{n+1}^m = C_n^m + C_n^{m-1} \ (m \leqslant n)$$

五、二项式定理

$$(a+b)^n = C_n^0 a^n + C_n^1 a^{n-1}b + C_n^2 a^{n-2}b^2 + \cdots + C_n^k a^{n-k}b^k + \cdots + C_n^n b^n \quad (n \in \mathbf{N}^*)$$

其中第 $k+1$ 项 $T_{k+1} = C_n^k a^{n-k} b^k$ 称为二项展开式的通项,C_n^k 叫做二项式系数.

二项式系数的主要性质有:

(1)二项展开式共有 $n+1$ 项.

(2)二项展开式中,a 的指数从 n 起以后各项依次减少1,直到 0 为止;b 的指数从 0 起以后各项依次增加1,直到 n 为止,而各项中 a,b 的指数和都等于常数为 n.

(3)与首尾两端"等距离"的两个二项式系数相等.

事实上,这一性质可直接由公式 $C_n^m = C_n^{n-m}$ 得到.

(4)通项公式: $T_{k+1} = C_n^k a^{n-k} b^k \ (k=0,1,2,\cdots,n)$.

特殊地: $(a-b)^n = [a+(-b)]^n$

通项公式为: $T_{k+1} = (-1)^k C_n^k a^{n-k} b^k \ (k=0,1,2,\cdots,n)$.

(5)当 n 为偶数时,系数最大项是中间项,即第 $\frac{n}{2}+1$ 项,值为 $C_n^{\frac{n}{2}}$;当 n 为奇数时,系数最大项是中间两项,即第 $\frac{n+1}{2}$ 项和第 $\frac{n+1}{2}+1$ 项,值为 $C_n^{\frac{n-1}{2}} = C_n^{\frac{n+1}{2}}$.

（6）各二项式系数的和等于 2^n.

六、数学归纳法是数学中一种重要的证明方法，常用来证明与正整数 n 有关的数学命题. 用数学归纳法证明的步骤是：

（1）验证当 $n=n_1$ ($n_1\neq 0$) 时，命题是正确的.

（2）假设当 $n=k$ ($k\geq n_1$, $k\in\mathbf{N}^*$) 时，命题成立，在此基础上论证当 $n=k+1$ 时，命题也成立.

根据（1），（2）可知，对于 $n\geq n_1$ 的一切正整数，命题均成立.

数学归纳法的证明步骤中，（1）是检验性质的，它只能说明这个命题有事实基础. 这一步不必验证多种情形，只需对使命题成立的最小正整数（n_1）进行验证. 步骤（2）是利用"假设当 $n=k$ 时，命题成立"来推理论证"$n=k+1$ 时，命题成立"，这是论证命题成立的延续性，两步缺一不可.

复习题五

1. 填空：

（1）乘积 $(a_1+a_2+\cdots+a_m)(b_1+b_2+\cdots+b_n)$ 展开后，共_____项；

（2）学生可从 7 门选修课中选择 3 门，从 6 种课外活动小组中选择 2 种，不同选法的种数是_____；

（3）安排 6 名歌手的演出顺序时，要求其中 1 名歌手不是第一个出场，也不是最后一个出场，不同排法的种数是_____.

2. 求证：$\dfrac{(2n)!}{2^n\cdot n!}=1\cdot 3\cdot 5\cdot\cdots\cdot(2n-1)$.

3. 在 3 000 与 7 000 间有多少个没有重复数字的 5 的倍数？

4. 用数字 0, 1, 2, 3, 4, 5 组成没有重复的数字：

（1）能够组成多少个六位奇数？

（2）能够组成多少个大于 201345 的正整数？

5. 8 个不同的元素排成一排：

（1）其中某 2 个元素要排在一起，有多少种排法？

（2）其中某 2 个元素不排在一起，有多少种排法？

（3）其中某 4 个元素要排在一起，另外 4 个也要排在一起，有多少种排法？

6. （1）一个集合由 8 个不同的元素组成，这个集合中含有 3 个元素的子集有多少个？

（2）一个集合由 5 个不同的元素组成，其中含 1 个、2 个、3 个、4 个元素的子集共有多少个？

7. 用 1, 2, 3, 4, 5 这五个数字，可以组成比 20000 大，并且百位数不是数字 3 的没有重复数字的五位数有多少个？

8. 已知 $\left(x+\dfrac{1}{x}\right)^n$ 展开式的系数之和比 $(y+\sqrt{y})^{2n}$ 展开式的系数之和小 56，求

（1）$\left(x+\dfrac{1}{x}\right)^n$ 的展开式的倒数第 2 项；

（2）$(y+\sqrt{y})^{2n}$ 的展开式的正中间一项.

9. 用二项式定理证明 $55^{55}+9$ 能被 8 整除.

10. 求 3^{500} 除 7 的余数.

11. 已知数列 $\dfrac{8\times 1}{1^2\times 3^2}$，$\dfrac{8\times 2}{3^2\times 5^2}$，$\cdots$，$\dfrac{8n}{(2n-1)^2(2n+1)^2}$，$\cdots$，$S_n$ 为其前 n 项和，计算得：

$$S_1=\dfrac{8}{9},\ S_2=\dfrac{24}{25},\ S_3=\dfrac{48}{49},\ S_4=\dfrac{80}{81}$$

观察上述结果，推测出计算 S_n 的公式，并用数学归纳法加以证明.

12. 用数学归纳法证明等比数列前 n 项和公式，即 $S_n=\dfrac{a_1(1-q^n)}{1-q}$.

第六章 平面解析几何

解析几何是数学的一个分支,它是用代数的方法来研究几何问题的一门数学学科,数形结合是其主要的研究方法.平面解析几何通过平面坐标系,建立起点与实数对之间的一一对应关系,以及曲线与方程之间的一一对应关系,运用代数方法来研究几何问题,或用几何方法来研究代数问题.它是从初等数学过渡到高等数学的桥梁,也是学习本书后面微积分等内容的基础.

这一章我们除了学习用坐标的方法研究几何问题的初步知识外,主要是研究各种平面曲线(直线、圆、椭圆、双曲线、抛物线)的有关性质.

第一节 平面坐标法

用数来确定点的位置,叫做坐标法(也称解析法).它是研究解析几何的出发点.运用坐标法可以解决两类基本问题:一类是满足给定条件的点的轨迹,通过坐标系建立它的方程;另一类是通过方程的讨论,研究方程所表示的曲线性质.

在平面解析几何中,首先是建立坐标系.利用坐标系,可以把平面内的点和一组有序实数对建立起一一对应的关系,进而平面上的一条曲线就可由带两个变量的一个代数方程来表示.这样,就可以通过研究方程来间接地研究曲线的性质了.

一、平面上点的直角坐标

1. 有向线段

规定了起点与终点的线段叫做**有向线段**.一条有向线段的长度,连同表示它的方向的正负号叫做这条有向线段的**数值**(或**数量**).

以 A 为起点、B 为终点的有向线段记作 $\overline{AB}$,它的数值和长度分别记作 AB 和 $|AB|$.显然,对于任何两条长度相等、方向相反的有向线段 $\overline{AB}$ 和 $\overline{BA}$,它们的数值关系是

$$AB = -BA$$

数轴上任意一点 P 的位置可以用以原点 O 为起点、P 为终点的有向线段的数值 OP 来表示.设 $OP = x_0$,称 x_0 为数轴上点 P 的坐标.

容易证明,对于数轴上的任意有向线段 $\overline{AB}$,它的数值 AB 和起点坐标(设为 x_1)、终点坐标(设为 x_2)有如下关系

$$AB = x_2 - x_1$$

由这个公式可知，数轴上任意两点间的距离为
$$|AB|=|x_2-x_1|$$

2. 平面直角坐标系

要表示平面上任意一点 P 的位置，必须建立坐标系．平面上点的直角坐标，实际上也是以有向线段的数值来定义的．

在平面上取两条相互垂直且有共同原点和长度单位的坐标轴 Ox 和 Oy，这就构成了一个**平面直角坐标系**（图 6.1）．坐标轴 Ox 和 Oy 分别叫做 x 轴和 y 轴，通常 x 轴放在水平位置，正向指向右侧；y 轴放在竖直位置，正向指向上方．因此又把 x 轴叫做**横轴**，y 轴叫做**纵轴**．

对于平面上任意一点 P，由 P 分别作 x 轴、y 轴的垂线，垂足为 M 与 N，分别称它们为点 P 在 x 轴、y 轴上的**投影点**．设有向线段 $\overline{OM}$ 的数量 $OM=x$，有向线段 $\overline{ON}$ 的数量 $ON=y$，那么 x,y 就称为点 P 的**横坐标**和**纵坐标**，记作 $P(x,y)$．这样，由点 P 就确定了一个有序实数对 (x,y)．反过来，任意给定一个有序实数对 (x,y)，也可以在平面上确定一个定点 P．

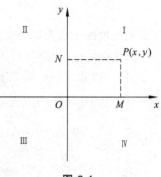

图 6.1

坐标轴把平面分成四个部分，分别叫做第Ⅰ、Ⅱ、Ⅲ、Ⅳ**象限**（图 6.1）．x 轴上（下）方的点的纵坐标为正（负）；y 轴右（左）侧的点的横坐标为正（负）．特别地，x 轴（y 轴）上的点的纵（横）坐标为零．

平面直角坐标系的建立，使平面上的点和有序实数对之间建立了一一对应关系，这就有可能把平面上某些关于点的几何问题化为关于点的坐标的代数问题进行研究．

3. 平面解析几何的两个基本公式

（1）两点间的距离．

已知 $P_1(x_1,y_1), P_2(x_2,y_2)$ 是平面内的任意两点，则这两点间的距离是
$$|P_1P_2|=\sqrt{(x_2-x_1)^2+(y_2-y_1)^2}$$

这就是平面上**两点间的距离公式**．

当线段 P_1P_2 与 x 轴平行，即 $y_1=y_2$，有 $|P_1P_2|=|x_2-x_1|$；当线段 P_1P_2 与 y 轴平行，即 $x_1=x_2$，有 $|P_1P_2|=|y_2-y_1|$．

特别地，点 $P(x,y)$ 与原点 $O(0,0)$ 的距离为 $|OP|=\sqrt{x^2+y^2}$．

（2）线段的定比分点．

已知 $P_1(x_1,y_1), P_2(x_2,y_2)$ 是平面内的任意两点，设点 $P(x,y)$ 分有向线段 $\overline{P_1P_2}$ 的比是 $\lambda=\dfrac{P_1P}{PP_2}$（$\lambda\neq-1$），则定比分点 P 的坐标是

$$\begin{cases} x=\dfrac{x_1+\lambda x_2}{1+\lambda} \\ y=\dfrac{y_1+\lambda y_2}{1+\lambda} \end{cases} (\lambda\neq-1)$$

这就是线段的定比分点公式.

当 P 在 $\overline{P_1P_2}$ 之间，称为**内分点**，此时 $\lambda > 0$；当 P 在 $\overline{P_1P_2}$ 之外，称为**外分点**，此时 $\lambda < 0$.

特别地，如果 P 是 $\overline{P_1P_2}$ 的中点，此时 $\lambda = \dfrac{P_1P}{PP_2} = 1$，则有

$$\begin{cases} x = \dfrac{x_1 + x_2}{2} \\ y = \dfrac{y_1 + y_2}{2} \end{cases}$$

这就是线段的中点坐标公式.

例 1 已知 $\triangle ABC$ 的三个顶点是 $A(1,-5)$，$B(-5,-1)$，$C(2,-3)$，求

（1）AB 边上的中线 CM 的长度；

（2）分 $\overline{CM}$ 的比为 $\dfrac{CP}{PM} = 2$ 的分点 P 的坐标.

解 （1）设 AB 的中点 M 的坐标为 (x_1, y_1)，则有

$$\begin{cases} x_1 = \dfrac{-5+1}{2} = -2 \\ y_1 = \dfrac{-1-5}{2} = -3 \end{cases}$$

所以 $|CM| = \sqrt{(-2-2)^2 + (-3+3)^2} = 4$.

（2）设点 P 的坐标为 (x, y)，则有

$$\begin{cases} x = \dfrac{2 + 2 \times (-2)}{1+2} = -\dfrac{2}{3} \\ y = \dfrac{-3 + 2 \times (-3)}{1+2} = -3 \end{cases}$$

所以点 P 的坐标为 $\left(-\dfrac{2}{3}, -3\right)$.

二、曲线与方程

1. 曲线与方程之间的关系

在用坐标系建立了点与有序实数对的对应关系的基础上，便可进一步建立曲线与方程的对应关系.

平面上的一条曲线（包括直线）可以看作适合某种条件的点的集合，或称适合某种条件的点的轨迹. 例如，圆是"到定点的距离等于常数的点的集合"，线段的垂直平分线是"到线段的两端距离相等的点的轨迹".

曲线上的每个点所要适合的条件，一般可用曲线上任意一点的坐标 x 和 y 所适合的方程 $F(x, y) = 0$ 来表示. 如果这个方程和曲线有下面的关系：

（1）曲线上所有点的坐标都是这个方程的解；

（2）以这个方程的解为坐标的点都在曲线上.

那么这个方程叫做这条曲线的**方程**，而这条曲线叫做这个**方程的曲线**.

在曲线和方程之间建立起这样的关系以后，研究曲线的几何问题就可以转化成研究方程的代数问题了.

2. 求曲线的方程

对于一条给定的曲线，要求出它的方程，实际上就是将这条曲线上的点所适合的条件（即点的共同特征），用这条曲线上的点的坐标 x 和 y 的关系式来表达.

求已知曲线的方程，一般有以下几个步骤：

（1）建立适当的坐标系，用 (x,y) 表示曲线上任意一点 P 的坐标；
（2）写出曲线上的点 P 所要满足的几何条件；
（3）将上述几何条件用 P 的坐标 x 和 y 的关系式表示出来，得方程 $F(x,y)=0$；
（4）化方程 $F(x,y)=0$ 为最简形式；
（5）证明化简后的方程就是所求的曲线方程.

适当选择坐标系，可以使所讨论的问题得以简化. 在一般情况下，方程的化简过程都是同解变形，那么化简后的方程就是所求曲线的方程，步骤（5）可以省略不写，如有特殊情况可适当予以说明. 另外根据具体情况，步骤（2）也可省略，直接列出曲线方程.

例 2　求半径为 $r\,(r>0)$ 的圆的方程.

解　如图 6.2 所示，以圆心为原点 O，任一直径所在的直线为 x 轴建立直角坐标系，设 $P(x,y)$ 为圆上任意一点，由圆的定义可知

$$|PO|=r$$

则有

$$\sqrt{x^2+y^2}=r \qquad (1)$$

两边平方，得

$$x^2+y^2=r^2 \qquad (2)$$

显然，方程（1）与方程（2）同解，因此方程（2）就是所求的圆的方程.

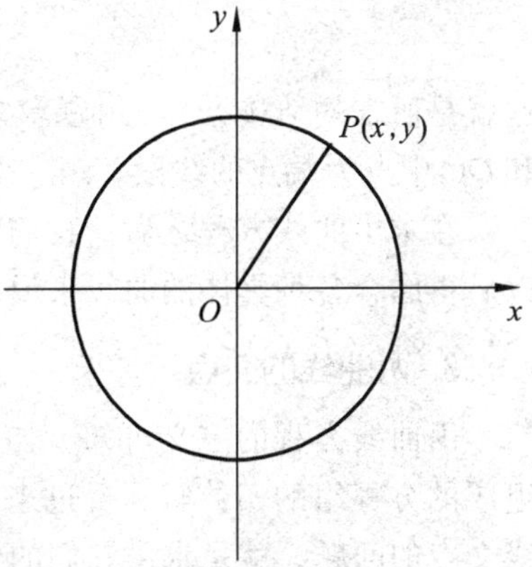

例 3　已知点 $A(12,0)$ 是 x 轴上的定点，点 B 是圆 $x^2+y^2=16$ 上的一个动点，当点 B 在圆上运动时，求线段 AB 的中点 P 的轨迹方程.

图 6.2

解　设点 P 的坐标为 (x,y)，点 B 的坐标为 (x_1,y_1)，根据中点坐标公式有

$$\begin{cases} x=\dfrac{x_1+12}{2} \\ y=\dfrac{y_1}{2} \end{cases} \Rightarrow \begin{cases} x_1=2x-12 \\ y_1=2y \end{cases} \qquad (3)$$

因为点 B 在圆 $x^2+y^2=16$ 上，则有

$$x_1^2+y_1^2=16 \qquad (4)$$

把（3）式代入（4）式，得

$$(2x-12)^2+(2y)^2=16$$

化简，可得点 P 的轨迹方程为
$$(x-6)^2 + y^2 = 4$$

例4 给定 $\triangle ABC$，求它的内接矩形 $DEFG$ 的对角线交点 P 的轨迹方程.

解 如图 6.3 所示，以 AB 边所在直线为 x 轴，AB 边上的高 OC 为 y 轴建立直角坐标系. 设定点 A,B,C 的坐标分别为 $A(-a,0), B(b,0), C(0,c)$，又设动点 D,E,F,G 和 P 的坐标分别为 $D(x_1,0), E(x_2,0), F(x_2,y_1), G(x_1,y_1)$ 和 $P(x,y)$. 如果设 $\dfrac{CG}{GA} = \dfrac{CF}{FB} = \lambda$（这里 λ 是参数），由定比分点公式可知点 G, F 的坐标为 $G\left(\dfrac{-\lambda a}{1+\lambda}, \dfrac{c}{1+\lambda}\right)$, $F\left(\dfrac{\lambda b}{1+\lambda}, \dfrac{c}{1+\lambda}\right)$，由中点坐标公式得 P 的坐标为

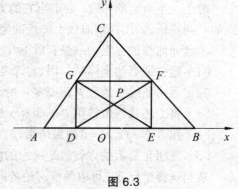

图 6.3

$$\begin{cases} x = \dfrac{\lambda(b-a)}{2(1+\lambda)} & (5) \\ y = \dfrac{c}{2(1+\lambda)} & (6) \end{cases}$$

由（6）式有 $\lambda = \dfrac{c}{2y} - 1$. 代入（5）式，消去参数 λ，化简后得
$$2cx + 2(b-a)y - c(b-a) = 0$$

这就是所求的轨迹方程. 由题意知，点 P 的轨迹只能是此方程表示的直线的一段（以 AB 中点和 OC 中点为端点的线段）.

在求出曲线方程之后，我们就可以根据曲线的方程来研究曲线的几何性质. 关于这一点，以后再结合各种具体的曲线来说明.

3. 两曲线的交点

由曲线方程的定义可知，如果两曲线有交点，那么交点的坐标就是这两条曲线的方程所组成的方程组的实数解；反过来，方程组的每一组实数解对应于曲线的一个交点，所以求曲线交点的问题，就是求由它们的方程所组成的方程组的实数解的问题.

例5 设两条曲线的方程为 $y = x+k$ 和 $y = x^2 - 3x + 5$，问当 k 分别为何值时，这两条曲线有两个交点？有一个交点？没有交点？

解 解方程组
$$\begin{cases} y = x+k \\ y = x^2 - 3x + 5 \end{cases}$$

可得
$$\begin{cases} x = 2 \pm \sqrt{k-1} \\ y = k + 2 \pm \sqrt{k-1} \end{cases}$$

所以当 $k > 1$ 时，方程组有两组不同的实数解，这两条曲线有两个交点；

当 $k = 1$ 时，方程组只有一组实数解，这两条曲线只有一个交点；

当 $k < 1$ 时，方程组没有实数解，这两条曲线没有交点.

习题 6-1

1. 已知平面上三点 $A(-1,1)$, $B(2,-1)$, $C(5,-3)$，证明这三点在一条直线上.

2. 证明以 $A(3,2)$, $B(6,5)$, $C(1,10)$ 为顶点的三角形是直角三角形.

3. 已知点 B 分有向线段 $\overline{AC}$ 的比是 $\dfrac{2}{3}$，求：（1）点 B 分 $\overline{CA}$ 的比；（2）点 A 分 $\overline{BC}$ 的比；（3）点 C 分 $\overline{AB}$ 的比.

4. 用解析法证明：

（1）直角三角形斜边的中点到三个顶点的距离相等；

（2）三角形中位线长等于底边长的一半.

5. 已知点 $A(x_1,y_1)$, $B(x_2,y_2)$, $C(x_3,y_3)$ 是 $\triangle ABC$ 的三个顶点，求此三角形的重心 G 的坐标.

6. 用解析几何的方法证明：对于任意实数 x_1, x_2, y_1, y_2，都有

$$\sqrt{(x_1-x_2)^2+(y_1-y_2)^2} \leqslant \sqrt{x_1^2+y_1^2}+\sqrt{x_2^2+y_2^2}$$

7. 已知两点 $A(7,-4)$ 和 $B(-5,6)$，求线段 AB 的垂直平分线的方程.

8. 定长为 $2a$ 的线段 AB，它的端点 A, B 分别在 x 轴和 y 轴上滑动，求该线段中点的轨迹方程.

9. 已知点 P 到 x 轴、y 轴的距离之积等于 1，求点 P 的轨迹方程.

10. 已知点 P 到点 $F(4,0)$ 的距离等于它到 y 轴的距离，求点 P 的轨迹方程.

11. $\triangle ABC$ 的顶点 A, B 为定点，$|AB|=a$，中线 AD 的长度 $|AD|=m$，求顶点 C 的轨迹方程.

12. 已知 $\triangle ABC$ 是第一象限内的等腰直角三角形，且 $|AC|=|BC|=a$，当顶点 C 和 A 分别在 x 轴和 y 轴上移动时，求第三个顶点 B 的轨迹方程.

13. 点 $A(a,0)$ 是定圆 $x^2+y^2=r^2$ 外且位于 x 轴正半轴上的一个定点，点 B 在定圆上运动，求线段 AB 靠近 A 的三等分点 P 的轨迹方程.

14. 第一象限内由原点出发且与 x 轴夹角为 α 的射线上有一动点 M，在 x 轴正半轴上有一动点 N，$\triangle MON$ 的面积等于 4，求线段 MN 的中点 P 的轨迹方程.

15. 求两条曲线 $x^2+y^2+3x-y=0$ 和 $3x^2+3y^2+2x+y=0$ 的交点坐标.

第二节 直　线

直线是几何学的基本概念，它是点在空间内沿相同或相反方向运动的轨迹. 直线是平面曲线中最简单、最基本的一种图形.

一、直线的倾斜角与斜率

1. 直线的倾斜角

一条直线向上的方向与 x 轴的正方向所成的最小正角叫做这条直线的**倾斜角**. 例如，图 6.4 中，角 α_1, α_2 分别是直线 l_1, l_2 的倾斜角.

特别地，当直线与 x 轴平行时，规定它的倾斜角为 $0°$. 因此，直线的倾斜角的取值范围是 $0° \leqslant \alpha < 180°$.

2. 直线的斜率

一条直线的倾斜角的正切，叫做这条直线的**斜率**. 斜率通常用 k 来表示，如果直线的倾斜角为 α，那么 $k = \tan \alpha$.

当 $\alpha = 0°$ 时，$k = 0$；当 α 为锐角时，$k > 0$；当 α 为钝角时，$k < 0$；当 $\alpha = 90°$ 时，认为直线的斜率不存在.

设 $P_1(x_1, y_1)$，$P_2(x_2, y_2)$ 为直线 l 上的任意两点，l 的斜率 k 可用下列公式计算

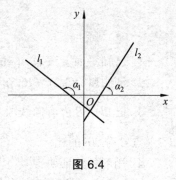

图 6.4

$$k = \frac{y_2 - y_1}{x_2 - x_1} \quad (x_1 \neq x_2)$$

这就是直线的**斜率公式**. 而当 $x_1 = x_2$ 时，直线 l 垂直于 x 轴，倾斜角为 $90°$，斜率 k 不存在.

例 1 用解析几何方法证明：$A(1,5)$，$B(0,2)$，$C(2,8)$ 三点在同一直线上.

解 由斜率公式，直线 AB，AC 的斜率分别为

$$k_{AB} = \frac{2-5}{0-1} = 3, \quad k_{AC} = \frac{8-5}{2-1} = 3$$

即 $k_{AB} = k_{AC}$，这说明直线 AB 与 AC 的倾斜角相等.

又因为 AB 与 AC 有公共点 A，所以 A, B, C 三点在同一直线上.

二、直线的方程

在坐标平面内，根据不同的已知条件，直线的方程有以下几种常见的形式：

1. 点斜式

经过点 $P_1(x_1, y_1)$，并且斜率为 k 的直线的方程为

$$y - y_1 = k(x - x_1)$$

这个方程叫做直线的**点斜式方程**.

2. 斜截式

斜率为 k，并且在 y 轴上的截距为 b 的直线的方程为

$$y = kx + b$$

这个方程叫做直线的**斜截式方程**.

3. 两点式

经过两点 $P_1(x_1, y_1)$，$P_2(x_2, y_2)$ 的直线的方程为

$$\frac{y - y_1}{y_2 - y_1} = \frac{x - x_1}{x_2 - x_1} \quad (x_1 \neq x_2, y_1 \neq y_2)$$

这个方程叫做直线的**两点式方程**.

4. 截距式

在 x 轴上的截距为 a,在 y 轴上的截距为 b 的直线的方程为

$$\frac{x}{a}+\frac{y}{b}=1 \quad (a \neq 0, b \neq 0)$$

这个方程叫做直线的**截距式方程**.

显然,当直线 l 平行于 y 轴且过点 $(x_1,0)$ 时,它的方程是 $x=x_1$;当直线 l 平行于 x 轴且过点 $(0,y_1)$ 时,它的方程是 $y=y_1$. 特别地,y 轴的方程是 $x=0$;x 轴的方程是 $y=0$.

由上面的讨论可知,平面内任何一条直线都可以用关于 x 与 y 的二元一次方程来表示;反之,任何一个关于 x 与 y 的二元一次方程都可以表示平面内的一条直线. 因此,直线的方程都可以写成

$$Ax+By+C=0 \quad (A,B \text{ 不全为 } 0)$$

的形式,这就是**直线方程的一般形式**.

例 2 已知三角形的顶点是 $A(-5,0), B(-3,2), C(0,2)$,求三条边所在直线的方程.

解 已知三个顶点的坐标,当然可以用两点式方程来求解,但也可以根据坐标的特点选择比较简便的方程形式.

由两点式得直线 AB 的方程:

$$\frac{y-0}{2-0}=\frac{x-(-5)}{-3-(-5)}$$

即
$$x-y+5=0$$

因为 $B(-3,2), C(0,2)$,所以直线 BC 与 x 轴平行,则 BC 的方程为

$$y=2$$

即
$$y-2=0$$

又因为 $A(-5,0), C(0,2)$,可知直线 AC 在 x 轴上的截距为 -5,在 y 轴上的截距为 2,由截距式得 AC 的方程:

$$\frac{x}{-5}+\frac{y}{2}=1$$

即
$$2x-5y+10=0$$

所以三条边所在直线的方程分别为

$$x-y+5=0, \quad y-2=0 \quad \text{和} \quad 2x-5y+10=0$$

在取定的坐标系中,如果曲线上任意一点的坐标 x,y 都是某个变数 t 的函数,即

$$\begin{cases} x=f(t) \\ y=g(t) \end{cases} \tag{1}$$

并且对于 t 的每一个允许值,由方程组(1)所确定的点 $P(x,y)$ 都在这条曲线上,则方程组(1)

就叫做这条曲线的**参数方程**，联系 x,y 之间关系的变数叫做**参变数**，简称**参数**.

参数方程中的参数可以是有物理、几何意义的变数，也可以是没有明显意义的变数.

下面求经过点 $P_0(x_0, y_0)$、倾斜角为 α 的直线的参数方程.

如图 6.5 所示，设 $P(x,y)$ 为直线上任意一点，过点 P_0, P 分别作 x 轴的垂线，交 x 轴于 R，N，过 P_0 作 NP 的垂线交 NP 于 Q. 取直线 l 向上的方向为正方向，则直线 l 上任意一点 P 与有向线段 $\overline{P_0P}$ 的数量 $t = P_0P$ 一一对应. 取 t 作参数，有

$$\begin{cases} P_0Q = P_0P\cos\alpha \\ QP = P_0P\sin\alpha \end{cases}$$

则

$$\begin{cases} x - x_0 = t\cos\alpha \\ y - y_0 = t\sin\alpha \end{cases} \quad (-\infty < t < +\infty)$$

即

$$\begin{cases} x = x_0 + t\cos\alpha \\ y = y_0 + t\sin\alpha \end{cases} \quad (-\infty < t < +\infty)$$

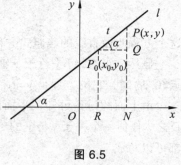

图 6.5

一般来说，过点 $P_0(x_0, y_0)$、斜率为 $\dfrac{b}{a}$ 的直线的参数方程的一般形式为

$$\begin{cases} x = x_0 + at \\ y = y_0 + bt \end{cases} \quad (t\text{为参数}, -\infty < t < +\infty)$$

但只有当 $a^2 + b^2 = 1$ 且 $b \geq 0$ 时，参数 t 才有上述几何意义.

相对于参数方程来说，前面学过的直接给出曲线上点的坐标关系的方程，叫做曲线的**普通方程**.

例 3　已知直线 $\begin{cases} x = 4 - \dfrac{\sqrt{2}}{2}t \\ y = -3 + \dfrac{\sqrt{2}}{2}t \end{cases}$ （t 为参数）与圆 $x^2 + y^2 = 4$ 交于 A, B 两点，点 $P_0(4, -3)$ 是直线 l 上一点，求 $|P_0A| \cdot |P_0B|$ 和 $|AB|$.

解　把 $x = 4 - \dfrac{\sqrt{2}}{2}t$, $y = -3 + \dfrac{\sqrt{2}}{2}t$ 代入 $x^2 + y^2 = 4$ 中，整理得

$$t^2 - 7\sqrt{2}t + 21 = 0$$

因为 $t_1 + t_2 = 7\sqrt{2}$，$t_1 \cdot t_2 = 21$，所以

$$|P_0A| \cdot |P_0B| = t_1 \cdot t_2 = 21$$

$$|AB| = |t_1 - t_2| = \sqrt{(t_1 + t_2)^2 - 4t_1 \cdot t_2} = \sqrt{(7\sqrt{2})^2 - 4 \times 21} = \sqrt{14}$$

三、点与直线、直线与直线的位置关系

1. 点与直线的位置关系

已知点 $P_0(x_0, y_0)$ 与直线 $l: Ax + By + C = 0$，它们的位置关系有两种：

（1）点 P_0 在直线 l 上；

（2）点 P_0 不在直线 l 上.

由曲线方程的定义可知，点 P_0 在直线 l 上的充要条件为

$$Ax_0 + By_0 + C = 0$$

点 P_0 不在直线 l 上的充要条件为

$$Ax_0 + By_0 + C \neq 0$$

当点 P_0 不在直线 l 上时，点 P_0 到直线 l 的距离可用下列公式计算

$$d = \frac{|Ax_0 + By_0 + C|}{\sqrt{A^2 + B^2}}$$

这就是**点到直线的距离公式**.

2. 直线与直线的位置关系

已知两条直线的方程分别为

$$l_1 : y = k_1 x + b_1 \quad \text{或} \quad A_1 x + B_1 y + C_1 = 0$$
$$l_2 : y = k_2 x + b_2 \quad \text{或} \quad A_2 x + B_2 y + C_2 = 0$$

那么直线 l_1 与 l_2 的位置关系有以下三种：

（1）两条直线相交：l_1 与 l_2 相交的充要条件是 $k_1 \neq k_2$，或 $\dfrac{A_1}{A_2} \neq \dfrac{B_1}{B_2}$；

（2）两条直线平行：l_1 与 l_2 平行的充要条件是 $k_1 = k_2$ 且 $b_1 \neq b_2$，或 $\dfrac{A_1}{A_2} = \dfrac{B_1}{B_2} \neq \dfrac{C_1}{C_2}$；

（3）两条直线重合：l_1 与 l_2 重合的充要条件是 $k_1 = k_2$ 且 $b_1 = b_2$，或 $\dfrac{A_1}{A_2} = \dfrac{B_1}{B_2} = \dfrac{C_1}{C_2}$.

若两条直线相交，设 θ 为 l_1 到 l_2 的角（见图 6.6），记作 $\angle(l_1, l_2) = \theta$，则有

$$\tan\theta = \frac{k_2 - k_1}{1 + k_1 \cdot k_2} \quad \text{或} \quad \tan\theta = \frac{A_1 B_2 - A_2 B_1}{A_1 A_2 + B_1 B_2}$$

这就是**直线的交角公式**.

特别地，当 $\theta = \dfrac{\pi}{2}$ 时，l_1 与 l_2 垂直，则两条直线 l_1 与 l_2 垂直的充要条件是

$$k_1 \cdot k_2 = -1 \quad \text{或} \quad A_1 A_2 + B_1 B_2 = 0$$

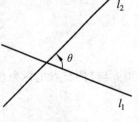

图 6.6

例 4 试在直线 $x + 3y = 0$ 上求一点，使它到原点与直线 $x + 3y - 2 = 0$ 的距离相等.

解 设所求的点为 $P(x_0, y_0)$，由题意得

$$\sqrt{x_0^2 + y_0^2} = \frac{|x_0 + 3y_0 - 2|}{\sqrt{1^2 + 3^2}}$$

由于 P 在直线 $x + 3y = 0$ 上，则有 $x_0 + 3y_0 = 0$，得 $x_0 = -3y_0$. 代入上式得

$$\sqrt{(-3y_0)^2+y_0^2}=\frac{|(-3y_0)+3y_0-2|}{\sqrt{1^2+3^2}}$$

解得 $y_0=\pm\frac{1}{5}$. 故所求点的坐标为 $\left(\frac{3}{5},-\frac{1}{5}\right)$ 和 $\left(-\frac{3}{5},\frac{1}{5}\right)$.

例 5 已知直线 $l_1:2x-y+1=0$，求以直线 $l:x-y-1=0$ 为轴对称的直线 l_2 的方程.

解（解法一） 如图 6.7 所示，设 $P(x,y)$ 为 l_2 上任一点，P 关于 l 的对称点为 $P'(x',y')$. 由于点 P' 在直线 $2x-y+1=0$ 上，则有

$$2x'-y'+1=0 \qquad (2)$$

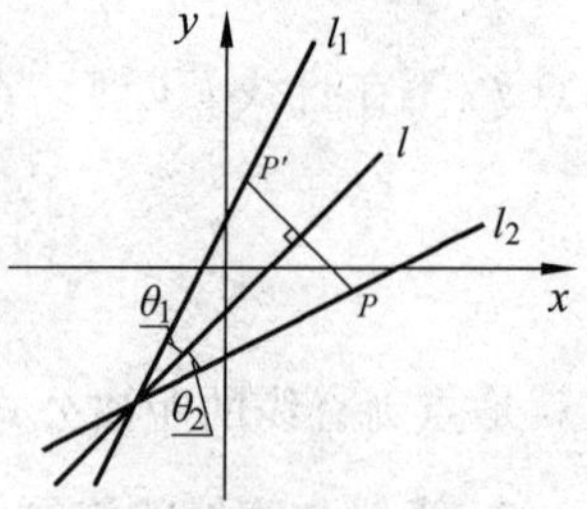

因为直线 PP' 与 $l:x-y-1=0$ 垂直，可得

$$\frac{y-y'}{x-x'}\times 1=-1 \qquad (3)$$

而线段 PP' 的中点在直线 $x-y-1=0$ 上，则

$$\frac{x+x'}{2}-\frac{y+y'}{2}-1=0 \qquad (4)$$

图 6.7

由（2）和（3）式得 $x'=\frac{x+y-1}{3}$，$y'=\frac{2x+2y+1}{3}$. 代入（4）式后整理得

$$x-2y-4=0$$

这就是所求的直线 l_2 的方程.

（解法二） 已知直线 l_1 的斜率为 2，l 的斜率为 1，设 l_2 的斜率为 k，l 到 l_1 的角为 θ_1，l_2 到 l 的角为 θ_2，显然 $\theta_1=\theta_2$. 因为 $\tan\theta_1=\frac{2-1}{1+2\times 1}=\frac{1}{3}$，$\tan\theta_2=\frac{1-k}{1+1\times k}=\frac{1-k}{1+k}$，所以

$$\frac{1-k}{1+k}=\frac{1}{3}$$

解得 $k=\frac{1}{2}$. 又解由直线 l_1 与 l 的方程组成的方程组

$$\begin{cases}2x-y+1=0\\x-y-1=0\end{cases}$$

得 l_1 与 l 的交点坐标为 $(-2,-3)$. 故所求直线 l_2 的方程为

$$y+3=\frac{1}{2}(x+2)$$

即

$$x-2y-4=0$$

例 6 已知直线 l 过点 $P(3,2)$，且与 x 轴、y 轴的正半轴分别交于 A,B 两点，求 $\triangle ABC$ 面积最小时的直线 l 的方程.

解（解法一） 如图 6.8 所示，设直线 l 的斜率为 k，则直线 l 的方程为

$$y-2=k(x-3)$$

令 $x=0$，得 $y=-3k+2$；令 $y=0$，得 $x=-\dfrac{2}{k}+3$. 可知

$$|OB|=-3k+2, \quad |OA|=-\dfrac{2}{k}+3$$

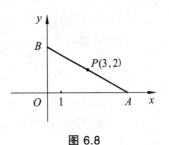

图 6.8

所以

$$S_{\triangle AOB}=\dfrac{1}{2}(-3k+2)\left(-\dfrac{2}{k}+3\right)=\dfrac{1}{2}\left[12+\left(-9k+\dfrac{4}{-k}\right)\right]$$

因为直线 l 与 x 轴、y 轴的正半轴分别相交，所以 $k<0$，从而 $-9k>0$，$\dfrac{4}{-k}>0$，则有

$$-9k+\left(\dfrac{4}{-k}\right)\geqslant 2\sqrt{(-9k)\cdot\left(\dfrac{4}{-k}\right)}=2\sqrt{36}=12$$

当且仅当 $-9k=\dfrac{4}{-k}$，即 $k=-\dfrac{2}{3}$ 时，$-9k+\left(\dfrac{4}{-k}\right)$ 有最小值，于是 $S_{\triangle AOB}$ 有最小值. 此时直线 l 的方程为

$$y-2=-\dfrac{2}{3}(x-3)，即 2x+3y-12=0$$

（解法二） 设 A 点坐标为 $(a,0)$，则直线 l 的两点式方程为

$$\dfrac{x-3}{a-3}=\dfrac{y-2}{0-2}$$

即
$$2x+(a-3)y-2a=0 \tag{5}$$

当 $x=0$ 时，$y=\dfrac{2a}{a-3}$. 设 $\triangle AOB$ 的面积为 S，则

$$S=\dfrac{1}{2}a\cdot\dfrac{2a}{a-3}=\dfrac{a^2}{a-3}$$

整理得
$$a^2-Sa+3S=0 \tag{6}$$

因为 $a\in\mathbf{R}$，所以判别式 $\Delta\geqslant 0$，即 $S^2-4\times 3S\geqslant 0$，可知 $S\geqslant 12$，即 S 的最小值为 12. 把 $S=12$ 代入（6）式中，得

$$a^2-12a+36=0$$

可得 $a=6$. 代入（5）式，得直线 l 的方程：

$$2x+3y-12=0$$

习题 6-2

1. 求下列直线的方程，并化为一般形式.

（1）经过点 $(-2,3)$，且斜率为 4 的直线；

（2）经过两点 $(5,-4)$ 与 $(-3,-2)$ 的直线；

（3）倾斜角为 $\dfrac{\pi}{6}$，且在 y 轴上的截距为 $\dfrac{\sqrt{3}}{2}$ 的直线；

（4）经过点 $(4,2)$，并且平行于 x 轴的直线.

2. 判断下列每一组中的两条直线的位置关系.

（1）$\begin{cases} 3x-2y-5=0 \\ 6x+9y+7=0 \end{cases}$； （2）$\begin{cases} x+3y-4=0 \\ 3x+9y+3=0 \end{cases}$；

（3）$\begin{cases} 2x-3y+1=0 \\ 6x-9y+3=0 \end{cases}$.

3. 当 m 取什么值时，两条直线

$$l_1: (3-m)x+2y=5+2m \quad \text{和} \quad l_2: 5x+(4+m)y=1$$

的位置关系是（1）相交；（2）平行；（3）重合？

4. 已知 $\triangle ABC$ 的三个顶点是 $A(4,-6)$，$B(-4,0)$，$C(-1,4)$，求：

（1）角 B 的平分线所在的直线的方程；

（2）角 B 的度数.

5. 用解析几何的方法证明：

（1）直径上的圆周角是直角；

（2）等腰三角形底边上任意一点到两腰的距离之和等于腰上的高.

6. 求点 $P(2,4)$ 关于直线 $2x-y+1=0$ 的对称点的坐标.

7. 证明：两条平行直线 $Ax+By+C_1=0$ 与 $Ax+By+C_2=0$ 的距离是

$$d=\dfrac{|C_1-C_2|}{\sqrt{A^2+B^2}}$$

并由此求出两条平行直线 $3x-2y-1=0$ 和 $6x-4y+2=0$ 的距离.

8. 一条直线 l 经过点 $A(2,-1)$ 且和直线 $5x-2y+3=0$ 相交成 $45°$ 的角，求直线 l 的方程.

9. 已知正方形的中心在 $M(-1,0)$，一条边所在的直线方程是 $x+3y-5=0$，求其他三边所在的直线方程.

10. 过点 $P(0,1)$ 作一条直线，使 P 点成为这条直线夹在两直线 $x-3y+10=0$ 和 $2x+y-8=0$ 之间的线段的中点，求这条直线的方程.

11. 点 $F(a,0)$ 是 x 轴上的一个定点 $(a>0)$，M 是 y 轴上任一点，过 M 作 MN 垂直于 FM 交 x 轴于 N，延长 NM 到 P，使 $|MN|=|MP|$，求 P 点的轨迹方程.

12. 与曲线 $x^2+y^2-2x-2y+1=0$ 相切的直线 AB 与 x 轴、y 轴分别交于 A,B 两点，若 $OA=a$，$OB=b$（O 为原点），且 $a>0$，$b>2$，求

（1）线段 AB 中点的轨迹方程；

（2）$\triangle AOB$ 面积的最小值.

第三节　圆

二次曲线是平面直角坐标系中关于 x,y 的二元二次方程所表示的图形的统称. 常见的二次曲线有圆、椭圆、双曲线和抛物线. 因为它们可以用不同位置的平面去截圆锥面而得到, 因此又称为圆锥曲线. 接下来我们将从圆开始, 依次研究这几种圆锥曲线的方程与几何性质.

一、圆和圆的方程

平面内到一个定点的距离为常数的点的轨迹叫做**圆**. 这个定点称为**圆心**, 表示距离的这个常数称为圆的**半径**.

圆的方程有以下两种常用形式:

1. 圆的标准方程

如图 6.9 所示, 圆心在点 $C(a,b)$、半径为 r 的圆的方程为

$$(x-a)^2+(y-b)^2=r^2$$

这个方程叫做圆的**标准方程**.

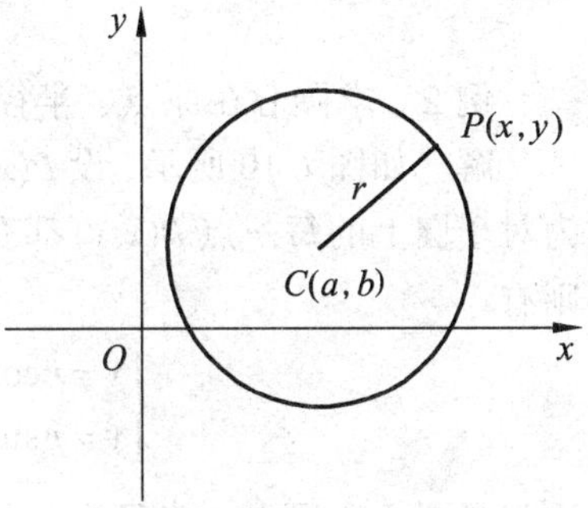

特别地, 以原点 $O(0,0)$ 为圆心、r 为半径的圆的标准方程为

$$x^2+y^2=r^2$$

图 6.9

2. 圆的一般方程

把圆的标准方程 $(x-a)^2+(y-b)^2=r^2$ 展开, 得

$$x^2+y^2-2ax-2by+a^2+b^2-r^2=0$$

可见, 任何一个圆的方程都可以写成下面的形式

$$x^2+y^2+Dx+Ey+F=0$$

这个方程叫做圆的**一般方程**. 它是一个二元二次方程, 并且具有以下特点:

（1）x^2 和 y^2 的系数相同, 且不为零;

（2）没有 xy 这样的二次项.

通过配方, 一般方程可化为标准方程

$$\left(x+\frac{D}{2}\right)^2+\left(y+\frac{E}{2}\right)^2=\frac{D^2+E^2-4F}{4}$$

当 $D^2+E^2-4F>0$ 时, 它表示一个圆心在 $\left(-\dfrac{D}{2},-\dfrac{E}{2}\right)$、半径为 $\dfrac{\sqrt{D^2+E^2-4F}}{2}$ 的圆;

当 $D^2+E^2-4F=0$ 时, 方程只有一个实数解 $\begin{cases}x=-\dfrac{D}{2}\\ y=-\dfrac{E}{2}\end{cases}$, 所以它表示一个点 $\left(-\dfrac{D}{2},-\dfrac{E}{2}\right)$;

当 $D^2+E^2-4F<0$ 时，方程没有实数解，因此它不表示任何图形．

例 1 已知 $\triangle ABC$ 的三个顶点是 $A(5,1)$, $B(0,-1)$, $C(2,-3)$，求 $\triangle ABC$ 的外接圆方程．

解 设外接圆方程为 $x^2+y^2+Dx+Ey+F=0$，点 A,B,C 都在圆上，则有

$$\begin{cases} 5^2+1^2+5D+E+F=0 \\ 0^2+(-1)^2+0\cdot D-E+F=0 \\ 2^2+(-3)^2+2D-3E+F=0 \end{cases}$$

解这个方程组，得 $D=-\dfrac{37}{7}$，$E=\dfrac{5}{7}$，$F=-\dfrac{2}{7}$．所以 $\triangle ABC$ 的外接圆方程是

$$x^2+y^2-\dfrac{32}{7}x+\dfrac{5}{7}y-\dfrac{2}{7}=0$$

例 2 求圆心在原点、半径是 r 的圆的参数方程．

解 如图 6.10 所示，设 $P(x,y)$ 是圆上任意一点，θ 是以 Ox 轴为始边、OP 为终边的角．因为对于圆上的每一点 $P(x,y)$ 都有一个 θ 值和它对应，所以取 θ 为参数，则有

$$\begin{cases} x=r\cos\theta \\ y=r\sin\theta \end{cases} (0\leqslant\theta<2\pi)$$

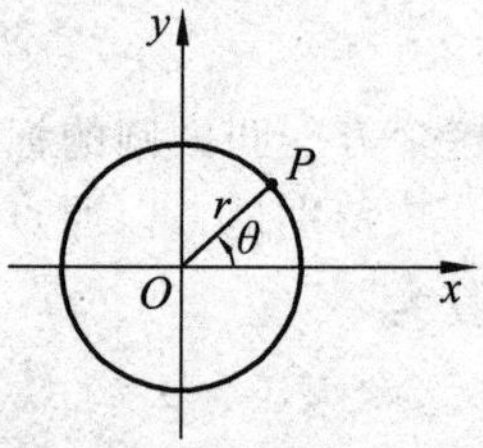

这就是圆心为原点、半径为 r 的圆的参数方程．

容易求得圆心为 $C(a,b)$、半径为 r 的圆的参数方程为

$$\begin{cases} x=a+r\cos\theta \\ y=b+r\sin\theta \end{cases} (\theta\text{为参数}, 0\leqslant\theta<2\pi)$$

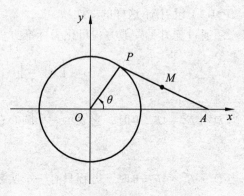

图 6.10

把这个圆的参数方程中的参数 θ 消去，就得到圆的普通方程

$$(x-a)^2+(y-b)^2=r^2$$

例 3 如图 6.11 所示，已知点 P 是圆 $x^2+y^2=36$ 上的一个动点，点 A 是 x 轴上的定点，坐标为 $(18,0)$．当点 P 在圆上运动时，线段 PA 的中点 M 的轨迹是什么？

解 设点 M 的坐标是 (x,y)，因为圆 $x^2+y^2=36$ 的参数方程为

$$\begin{cases} x=6\cos\theta \\ y=6\sin\theta \end{cases}$$

所以可设点 P 的坐标为 $(6\cos\theta, 6\sin\theta)$，由线段中点坐标公式得点 M 的坐标为

$$\begin{cases} x=9+3\cos\theta \\ y=3\sin\theta \end{cases}$$

这就是点 M 的轨迹的参数方程（θ 为参数）．所以，线段 PA 的中点 M 的轨迹是以点 $(9,0)$ 为圆心、3 为半径的圆．

图 6.11

例 4 求圆 $x^2+y^2-x+2y=0$ 关于直线 $x-y+1=0$ 对称的圆的方程。

解 已知圆方程可化为 $\left(x-\dfrac{1}{2}\right)^2+(y+1)^2=\dfrac{5}{4}$,故圆心为 $A\left(\dfrac{1}{2},-1\right)$,半径为 $\dfrac{\sqrt{5}}{2}$。

如图 6.12 所示,对称圆的半径与已知圆半径相同,两圆圆心关于直线 $x-y+1=0$ 对称,设对称圆圆心为 $B(a,b)$,连接圆心的线段 AB 的中点为 $M(x_0,y_0)$,则有

$$\begin{cases} x_0=\dfrac{1}{2}\left(a+\dfrac{1}{2}\right) \\ y_0=\dfrac{1}{2}(b-1) \end{cases} \quad (1)$$

因为点 $M(x_0,y_0)$ 在直线 $x-y+1=0$ 上,则有

$$x_0-y_0+1=0 \quad (2)$$

把(1)式代入(2)式,得

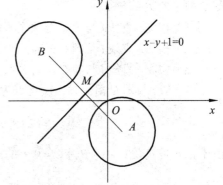

图 6.12

$$\dfrac{a+\dfrac{1}{2}}{2}-\dfrac{b-1}{2}+1=0 \Rightarrow a-b=-\dfrac{7}{2} \quad (3)$$

又因为 AB 与直线 $x-y+1=0$ 垂直,可知 AB 的斜率为 -1,由斜率公式可得

$$\dfrac{b-(-1)}{a-\dfrac{1}{2}}=-1 \Rightarrow a+b=-\dfrac{1}{2} \quad (4)$$

由(3)、(4)式可解得 $a=-2$,$b=\dfrac{3}{2}$,故对称圆的方程为

$$(x+2)^2+\left(y-\dfrac{3}{2}\right)^2=\dfrac{5}{4}$$

二、点与圆、直线与圆的位置关系

1. 点与圆的位置关系

已知点 $P_0(x_0,y_0)$ 与圆 $C:(x-a)^2+(y-b)^2=r^2$,点 P_0 与圆 C 的位置关系有三种:

(1)点在圆内.如果点 P_0 与圆心 (a,b) 间的距离小于圆的半径 r,即 $(x_0-a)^2+(y_0-b)^2<r^2$,就说明点 P_0 在圆 C 内.

(2)点在圆上.如果点 P_0 与圆心 (a,b) 间的距离等于圆的半径 r,即 $(x_0-a)^2+(y_0-b)^2=r^2$,就说明点 P_0 在圆 C 上.

(3)点在圆外.如果点 P_0 与圆心 (a,b) 间的距离大于圆的半径 r,即 $(x_0-a)^2+(y_0-b)^2>r^2$,就说明点 P_0 在圆 C 外.

2. 直线与圆的位置关系

已知直线 $l: Ax+By+C=0$ 与圆 $C:(x-a)^2+(y-b)^2=r^2$，如果圆心 (a,b) 到直线 l 的距离为 d，又设方程组 $\begin{cases} Ax+By+C=0 \\ (x-a)^2+(y-b)^2=r^2 \end{cases}$ 消元后得到的一元二次方程的判别式为 Δ，则直线 l 与圆 C 的位置关系有三种：

（1）相交．直线 l 与圆 C 有两个不同的公共点，充要条件是 $\Delta>0$ 或 $d<r$．

（2）相切．直线 l 与圆 C 只有一个公共点，充要条件是 $\Delta=0$ 或 $d=r$．

（3）相离．直线 l 与圆 C 没有公共点，充要条件是 $\Delta<0$ 或 $d>r$．

当直线 l 与圆 C 相交时，设交点为 $A(x_1,y_1)$，$B(x_2,y_2)$，则弦 AB 的长

$$|AB|=\sqrt{(x_2-x_1)^2+(y_2-y_1)^2}$$

由于 A,B 是直线 $l: Ax+By+C=0$ 上的点，则有

$$\begin{cases} y_1=kx_1+b \\ y_2=kx_2+b \end{cases} \Rightarrow y_2-y_1=k(x_2-x_1)$$

所以

$$|AB|=\sqrt{(x_2-x_1)^2+k^2(x_2-x_1)^2}=\sqrt{(1+k^2)(x_2-x_1)^2}$$
$$=\sqrt{(1+k^2)[(x_2+x_1)^2-4x_1x_2]}$$

这就是圆的**弦长公式**．这个公式也可用于计算椭圆、双曲线与抛物线的弦长．

例 5 如图 6.13 所示，求经过点 $M(-1,-2)$ 且与圆 $x^2+y^2=1$ 相切的直线方程．

解 （解法一）设所求直线的斜率为 k，则其方程为 $y+2=k(x+1)$．因为切线与圆只有一个交点，所以方程组

$$\begin{cases} y+2=k(x+1) & （5） \\ x^2+y^2=1 & （6） \end{cases}$$

只有一组解．由（5）式有 $y=kx+k-2$，代入（6）式，得

$$x^2+(kx+k-2)^2=1$$

即 $(k^2+1)x^2+2k(k-2)x+k^2-4k+3=0$

由于 $\Delta=0$，可知

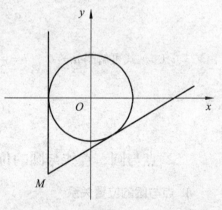

图 6.13

$$[2k(k-2)]^2-4(k^2+1)(k^2-4k+3)=0$$

化简，得 $16k-12=0$．解得 $k=\dfrac{3}{4}$，故切线方程为

$$y+2=\dfrac{3}{4}(x+1)$$

又因为点 $M(-1,-2)$ 在圆 $x^2+y^2=1$ 外，过圆外任一点总能引两条圆的切线，所以另外还有一条切线（图 6.13），它的斜率不存在（垂直于 x 轴），方程应为

因此所求的切线方程为
$$3x-4y-5=0 \quad 与 \quad x+1=0$$

（解法二） 设所求的切线方程为 $Ax+By+C=0$，由于点 $M(-1,-2)$ 在切线上，则有
$$-A-2B+C=0 \tag{7}$$

又因为圆心 $O(0,0)$ 到切线的距离等于半径 1，可得
$$\frac{|0-0+C|}{\sqrt{A^2+B^2}}=1 \tag{8}$$

由（7）、（8）式分别可得
$$A=C-2B \tag{9}$$
和
$$C^2=A^2+B^2 \tag{10}$$

把（5）式代入（6）式，有
$$4BC=5B^2$$

可得 $B=\dfrac{4C}{5}$ 或 $B=0$.

当 $B=\dfrac{4C}{5}$ 时，$A=-\dfrac{3C}{5}$，所求直线方程为
$$-\frac{3C}{5}x+\frac{4C}{5}y+C=0，即 3x-4y-5=0$$

当 $B=0$ 时，$A=C$，所求直线方程为
$$Cx+C=0，即 x+1=0$$

因此所求的切线方程为
$$3x-4y-5=0 \quad 与 \quad x+1=0$$

例 6 求与圆 $x^2+y^2-6y+8=0$ 及 x 轴都相切的圆的圆心轨迹方程.

解 已知圆的方程可化为 $x^2+(y-3)^2=1$，则圆心坐标为 $(0,3)$，半径为 1. 设所求圆的圆心为 $P(x,y)$，根据题意分为外切和内切两种情况进行讨论：

（1）若两圆外切（图 6.14），圆心距等于两圆半径之和，则
$$\sqrt{x^2+(y-3)^2}=y+1$$

化简，得
$$x^2-8y+8=0$$

即为所求圆的圆心轨迹方程.

（2）若两圆内切（图 6.15），圆心距等于两圆半径之差，则
$$\sqrt{x^2+(y-3)^2}=y-1$$

化简，得
$$x^2-4y+8=0$$

即为所求圆的圆心轨迹方程.

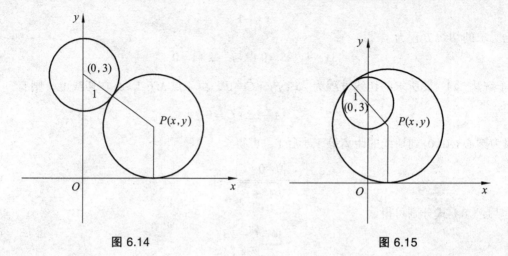

图 6.14　　　　　　　　　图 6.15

例 7　当 m 取何值时，直线 $2x+y+m=0$ 与圆 $x^2+y^2=4$ 的交点与圆心所构成的三角形的面积取得最大值？

解　设交点为 $A(x_1,y_1)$，$B(x_2,y_2)$，由方程组

$$\begin{cases} 2x+y+m=0 \\ x^2+y^2=4 \end{cases}$$

消去 y，整理得

$$5x^2+4mx+(m^2-4)=0$$

可知 $x_1+x_2=-\dfrac{4m}{5}$，$x_1 x_2=\dfrac{m^2-4}{5}$. 由弦长公式有

$$|AB|=\sqrt{\left[1+(-2)^2\right]\left[\left(-\dfrac{4m}{5}\right)^2-4\times\dfrac{m^2-4}{5}\right]}=\sqrt{\dfrac{80-4m^2}{5}}=2\sqrt{\dfrac{20-m^2}{5}}$$

而圆心 $C(0,0)$ 到弦 AB 的距离

$$d=\dfrac{|0+0+m|}{\sqrt{2^2+1^2}}=\dfrac{|m|}{\sqrt{5}}=\sqrt{\dfrac{m^2}{5}}$$

所以 △ABC 的面积

$$S=\dfrac{1}{2}|AB|\cdot d=\sqrt{\dfrac{20-m^2}{5}}\cdot\sqrt{\dfrac{m^2}{5}}=\dfrac{\sqrt{20m^2-m^4}}{5}=\dfrac{1}{5}\sqrt{-(m^2-10)^2+100}$$

因此当 $m=\pm\sqrt{10}$ 时，△ABC 的面积 S 取得最大值 2．

习题　6-3

1. 写出满足下列条件的圆的方程：
（1）圆心在点 $C(3,4)$，半径是 $\sqrt{5}$；
（2）经过点 $P(5,1)$，圆心在点 $C(8,-3)$；
（3）圆心为 $C(3,-5)$，并且与直线 $x-7y+2=0$ 相切．

2. 已知圆的一条直径的两个端点坐标为 (x_1, y_1) 和 (x_2, y_2)，证明这个圆的方程是 $(x-x_1)(x-x_2)+(y-y_1)(y-y_2)=0$.

3. 已知圆 $(x-4)^2+y^2=4$ 和直线 $y=kx$，当 k 分别为何值时，直线与圆相交、相切、相离？

4. 已知方程 $x^2+y^2-2(t+3)x+2(1-4t^2)y+16t^4+9=0$，则：

（1）t 为何值时，方程表示圆？

（2）t 为何值时，方程表示的圆的半径最大？

5. 证明两圆 $x^2+y^2+12x+6y-19=0$ 和 $x^2+y^2-4x-6y+9=0$ 相切.

6. 已知一个圆与直线 $x+3y-5=0$ 和 $x+3y-3=0$ 都相切，且圆心在直线 $2x+y+1=0$ 上，求这个圆的方程.

7. 求经过两圆 $x^2+y^2-x+y-2=0$ 和 $x^2+y^2=5$ 的交点，且圆心在直线 $3x+4y-1=0$ 上的圆的方程.

8. 设圆 $x^2+y^2+5x=0$ 的切线垂直于直线 $4x-3y+7=0$，求这条切线方程.

9. 已知一动圆既与圆 $x^2+y^2=4$ 外切，又与圆 $x^2+y^2-12x-64=0$ 内切，求这个动圆圆心的轨迹方程.

10. 已知直线 $2x-3y-6=0$ 与圆 $x^2+y^2-2x=0$ 相离，求圆上的点到直线距离的最小值.

11. 在圆 $x^2+y^2-8x-2y+12=0$ 内有一点 $P(3,0)$，过点 P 作一条弦，使该弦垂直于过圆心 C 与点 P 的直线，求这条弦的长.

第四节 椭 圆

一、椭圆及其标准方程

平面内到两个定点的距离之和等于常数（大于两定点距离）的点的轨迹称为**椭圆**. 这两个定点称为椭圆的**焦点**，两焦点之间的距离称为**焦距**.

根据椭圆的定义，我们来求椭圆的方程. 如图 6.16 所示，以过椭圆两个焦点 F_1, F_2 的直线为 x 轴，以线段 F_1F_2 的中点为原点 O 建立直角坐标系.

设焦距 $|F_1F_2|=2c\ (c>0)$，那么焦点 F_1, F_2 的坐标分别为 $(-c,0)$, $(c,0)$. 又设 $P(x,y)$ 是椭圆上任意一点，点 P 与 F_1, F_2 的距离之和等于常数 $2a\ (a>0)$.

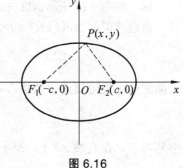

图 6.16

根据椭圆的定义，得

$$|PF_1|+|PF_2|=2a$$

又根据两点间的距离公式，得

$$\sqrt{(x+c)^2+y^2}+\sqrt{(x-c)^2+y^2}=2a$$

将这个方程化简，整理后得

$$(a^2-c^2)x^2+a^2y^2=a^2(a^2-c^2)$$

由椭圆的定义可知，$2a > 2c$，即 $a > c$，所以 $a^2 - c^2 > 0$. 令 $a^2 - c^2 = b^2 \ (b > 0)$，代入上式得
$$b^2 x^2 + a^2 y^2 = a^2 b^2$$
两边除以 $a^2 b^2$，得
$$\frac{x^2}{a^2} + \frac{y^2}{b^2} = 1 \quad (a > b > 0) \tag{1}$$

这个方程叫做椭圆的**标准方程**. 它所表示的椭圆的焦点在 x 轴上.

如果椭圆的焦点在 y 轴上（图 6.17），设焦点 F_1, F_2 的坐标分别为 $(0, -c), (0, c)$. 只要将方程（1）中的 x 与 y 互换，就可以得到它的方程

$$\frac{y^2}{a^2} + \frac{x^2}{b^2} = 1 \quad (a > b > 0) \tag{2}$$

这个方程也是椭圆的标准方程. 其中 a, b, c 的关系仍然是 $c^2 = a^2 - b^2$.

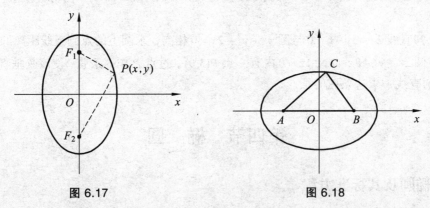

图 6.17　　　　　　　　　图 6.18

例 1　已知 A, B 是两个定点，$|AB| = 8$，且 $\triangle ABC$ 的周长等于 18，求顶点 C 的轨迹方程.

解　如图 6.18 所示，以过 A, B 的直线为 x 轴，以线段 AB 的中点为原点 O 建立直角坐标系. 由题意可知 $|AB| + |AC| + |BC| = 18$，又因为 $|AB| = 8$，则有
$$|AC| + |BC| = 10$$
由椭圆的定义可知点 C 的轨迹是椭圆，且 $2c = 8$，$2a = 10$，所以
$$c = 4, \quad a = 5, \quad b^2 = 5^2 - 4^2 = 9$$
但是当点 C 在直线 AB 上，即 $y = 0$ 时，A, B, C 三点不能构成三角形，因此点 C 的轨迹方程是
$$\frac{x^2}{25} + \frac{y^2}{9} = 1 \quad (y \neq 0)$$

例 2　点 $P(x, y)$ 到定点 $F(c, 0)$ 的距离和它到定直线 $l: x = \dfrac{a^2}{c}$ 的距离的比是常数 $\dfrac{c}{a}$ $(a > c > 0)$，求点 P 的轨迹方程.

解　设 d 是点 P 到直线 l 的距离，根据题意，有

由此得

$$\frac{|PF|}{d}=\frac{c}{a}$$

$$\frac{\sqrt{(x-c)^2+y^2}}{\left|\frac{a^2}{c}-x\right|}=\frac{c}{a}$$

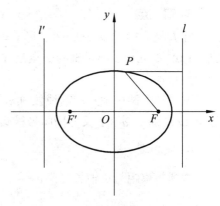

将上式两边平方，并化简，得

$$(a^2-c^2)x^2+a^2y^2=a^2(a^2-c^2)$$

在上式中，令 $a^2-c^2=b^2$，就可化成

$$\frac{x^2}{a^2}+\frac{y^2}{b^2}=1 \quad (a>b>0)$$

图 6.19

这是椭圆的标准方程，故点 P 的轨迹是一个椭圆（图 6.19）．

由例 2 可得椭圆的另一种定义：动点到一个定点的距离和它到一条定直线的距离的比是常数 $e=\dfrac{c}{a}\ (0<e<1)$ 时，动点的的轨迹是椭圆．这个定点是椭圆的焦点，定直线叫做椭圆的**准线**，常数 e 叫做椭圆的**离心率**．

椭圆 $\dfrac{x^2}{a^2}+\dfrac{y^2}{b^2}=1\ (a>b>0)$ 对应于焦点 $F(c,0)$ 的准线是 $x=\dfrac{a^2}{c}$，对应于另一焦点 $F'(-c,0)$ 的准线则是 $x=-\dfrac{a^2}{c}$．所以一个椭圆有两条准线．

二、椭圆的几何性质

在解析几何中，是利用曲线的方程来研究曲线的几何性质的．也就是说，是通过对曲线方程的讨论，得到曲线的形状、大小和位置．下面我们根据椭圆的标准方程

$$\frac{x^2}{a^2}+\frac{y^2}{b^2}=1 \quad (a>b>0) \tag{3}$$

来研究椭圆的几何性质．

1. 范　围

由方程（3）得

$$y=\pm\frac{b}{a}\sqrt{a^2-x^2},\quad x=\pm\frac{a}{b}\sqrt{b^2-y^2}$$

可知 $|x|\leqslant a$，$|y|\leqslant b$．这说明椭圆在直线 $x=\pm a$ 和 $y=\pm b$ 所围成的矩形内（图 6.20）．

2. 对称性

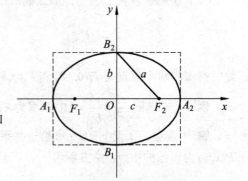

图 6.20

在方程（3）中，把 x 换成 $-x$，或把 y 换成 $-y$，或同时把 x,y 换成 $-x,-y$，方程都不变．这说明椭圆是关于 x 轴、y 轴和中心都对称的图形．此时，坐标轴是椭圆的对称轴，原点是椭圆的对称中心，椭圆的对称中心叫做椭圆的**中心**．

3. 顶点

在方程（3）中，令 $x=0$，得 $y=\pm b$；又令 $y=0$，得 $x=\pm a$. 这说明椭圆与 x 轴的交点是 $A_1(-a,0), A_2(a,0)$，与 y 轴的交点是 $B_1(0,-b), B_2(0,b)$. 椭圆和它的对称轴的这四个交点，叫做椭圆的**顶点**.

对称轴上两个顶点间的线段 A_1A_2 叫做椭圆的**长轴**，B_1B_2 叫做椭圆的**短轴**，它们的长分别等于 $2a$ 和 $2b$，a 和 b 又分别叫做椭圆的长半轴的长和短半轴的长.

4. 离心率

椭圆的焦距与长轴长之比 $e=\dfrac{c}{a}$，叫做椭圆的**离心率**. 由于 $a>c>0$，所以 $0<e<1$. 当 e 越接近于 1 时，c 越接近于 a，从而 $b=\sqrt{a^2-c^2}$ 就越小，则椭圆就越扁；而当 e 越接近于 0 时，c 越接近于 0，从而 b 就越接近于 a，则椭圆就越接近于圆. 特别地，当 $a=b$ 时，$c=0$，这时椭圆的两个焦点重合，它的图形就变为圆，方程为 $x^2+y^2=a^2$，此时离心率 $e=0$.

例3 椭圆的中心在原点，对称轴为坐标轴，焦距是 16，离心率是 $\dfrac{2}{3}$，求这个椭圆的方程及焦点坐标、准线方程.

解 根据题意，$2c=16$，则 $c=8$. 又 $e=\dfrac{2}{3}$，则有

$$a=\dfrac{c}{e}=\dfrac{8}{\dfrac{2}{3}}=12$$

所以
$$b^2=a^2-c^2=12^2-8^2=144-64=80$$

椭圆的方程有下面两种可能：

（1）如果焦点在 x 轴上，那么椭圆的方程是

$$\dfrac{x^2}{144}+\dfrac{y^2}{80}=1$$

此时椭圆的两个焦点是 $F_1(-8,0)$ 和 $F_2(8,0)$，准线方程为 $x=\pm 18$.

（2）如果焦点在 y 轴上，那么椭圆的方程是

$$\dfrac{x^2}{80}+\dfrac{y^2}{144}=1$$

此时椭圆的两个焦点是 $F_1(0,-8)$ 和 $F_2(0,8)$，准线方程为 $y=\pm 18$.

例4 求椭圆 $\dfrac{x^2}{a^2}+\dfrac{y^2}{b^2}=1$ 中斜率为 k 的平行弦中点的轨迹方程.

解 （解法一）设 $y=kx+m$ 是这些平行弦中的任一条，它的端点为 $A(x_1,y_1), B(x_2,y_2)$，点 $P(x,y)$ 为该弦的中点. 由方程组

$$\begin{cases} y=kx+m \\ \dfrac{x^2}{a^2}+\dfrac{y^2}{b^2}=1 \end{cases}$$

消去 y，整理得
$$(a^2k^2+b^2)x^2+2a^2kmx+a^2(m^2-b^2)=0$$

则有
$$x_1+x_2=-\frac{2a^2km}{a^2k^2+b^2} \Rightarrow x=\frac{x_1+x_2}{2}=-\frac{a^2km}{a^2k^2+b^2} \qquad (4)$$

因为点 $P(x,y)$ 在直线 $y=kx+m$ 上，所以
$$y=k\left(-\frac{a^2km}{a^2k^2+b^2}\right)+m \Rightarrow y=\frac{b^2m}{a^2k^2+b^2} \qquad (5)$$

把（4）、（5）两式相除，得
$$\frac{x}{y}=-\frac{a^2k}{b^2}，\text{即 } b^2x+a^2ky=0$$

这就是所求的轨迹方程.

（解法二） 设 $P(x,y)$ 为所求轨迹上任一点，过 P 点且斜率为 k 的直线交椭圆于 $A(x_1,y_1)$，$B(x_2,y_2)$ 两点，则有
$$\frac{x_1^2}{a^2}+\frac{y_1^2}{b^2}=1 \qquad (6)$$
$$\frac{x_2^2}{a^2}+\frac{y_2^2}{b^2}=1 \qquad (7)$$

将（6）、（7）两式相减，得
$$\frac{1}{a^2}(x_1^2-x_2^2)+\frac{1}{b^2}(y_1^2-y_2^2)=0$$
即
$$b^2(x_1-x_2)(x_1+x_2)+a^2(y_1-y_2)(y_1+y_2)=0 \qquad (8)$$

因为直线 AB 的斜率为 k，故 AB 与 x 轴不垂直，则 $x_1 \neq x_2$，把（8）式的两端都除以 $2(x_1-x_2)$，得
$$b^2\left(\frac{x_1+x_2}{2}\right)+a^2\left(\frac{y_2-y_1}{x_2-x_1}\right)\left(\frac{y_1+y_2}{2}\right)=0 \qquad (9)$$

由于 $k=\dfrac{y_2-y_1}{x_2-x_1}$，$x=\dfrac{x_1+x_2}{2}$，$y=\dfrac{y_1+y_2}{2}$，把它们代入（9）式，可得
$$b^2x+ka^2y=0$$

这就是所求的轨迹方程. 它表示过椭圆中心的一条直线，所求轨迹是该直线夹在椭圆内的一条线段.

例 5 如图 6.21 所示，以原点 O 为圆心，分别以 a,b $(a>b>0)$ 为半径作两个圆. 过点 O 作射线交大圆于点 A、交小圆于点 B，又过点 A 作 AN 垂直于 x 轴，垂足为 N，过点 B 作 BM 垂直于 AN，垂足为 M. 求当射线 OA 绕点 O 旋转时点 M 的轨迹方程.

解 设点 M 的坐标是 (x,y)，φ 是以 Ox 轴为始

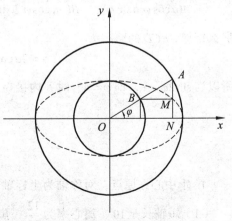

图 6.21

边、OA 为终边的正角. 取 φ 为参数，则有

$$\begin{cases} x = ON = |OA|\cos\varphi \\ y = NM = |OB|\sin\varphi \end{cases}$$

也就是

$$\begin{cases} x = a\cos\varphi \\ y = b\sin\varphi \end{cases} \quad (10)$$

分别将方程组（10）中的两个方程变形，得

$$\frac{x}{a} = \cos\varphi \quad (11)$$

$$\frac{y}{b} = \sin\varphi \quad (12)$$

再将（11）、（12）两式的两边平方后相加，得

$$\frac{x^2}{a^2} + \frac{y^2}{b^2} = 1$$

这是椭圆的标准方程，由此可知，点 M 的轨迹是椭圆. 方程（10）叫做椭圆的参数方程. 在椭圆的参数方程（10）中，常数 a，b 分别是椭圆的长半轴长和短半轴长.

例 6 求椭圆 $\dfrac{x^2}{a^2} + \dfrac{y^2}{b^2} = 1$ 的内接矩形的面积的最大值.

解（解法一）如图 6.22 所示，设椭圆内接矩形 $ABCD$ 的顶点 A 的坐标为 (x, y)，则矩形 $ABCD$ 的面积为

$$S = 4xy = 4x \cdot \frac{b}{a}\sqrt{a^2 - x^2} = \frac{4b}{a}\sqrt{a^2 x^2 - x^4}$$

$$= \frac{4b}{a}\sqrt{-\left(x^2 - \frac{a^2}{2}\right)^2 + \frac{a^4}{4}}$$

所以当 $x = \dfrac{\sqrt{2}}{2}a$ 时，内接矩形的面积 S 有最大值 $2ab$.

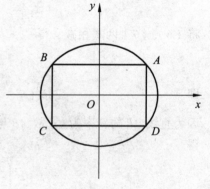

图 6.22

（解法二） 根据椭圆的参数方程，可设椭圆的四个顶点的坐标分别为

$A(a\cos\varphi, b\sin\varphi)$，$B(-a\cos\varphi, b\sin\varphi)$，$C(-a\cos\varphi, -b\sin\varphi)$，$D(a\cos\varphi, -b\sin\varphi)$

那么矩形 $ABCD$ 的面积为

$$S = 2a\cos\varphi \cdot 2b\sin\varphi = 2ab\sin 2\varphi$$

所以当 $\sin 2\varphi = 1$，即 $\varphi = 45°$ 时，内接矩形的面积 S 有最大值 $2ab$.

习题 6-4

1. 求中心在原点，对称轴为坐标轴，并且满足下列条件的椭圆的方程：

（1）短轴长是 10，离心率为 $\dfrac{12}{13}$，焦点在 y 轴上；

(2)长、短轴长之和是20,焦距是$4\sqrt{5}$,焦点在x轴上;

(3)经过两点$P_1(-3,0), P_2(0,5)$;

(4)一个焦点到长轴的两个端点的距离分别是5和1.

2. 已知$\triangle ABC$的周长为16,顶点B,C的坐标分别是$(-3,0)$,$(3,0)$,求顶点A的轨迹方程.

3. 已知椭圆的两个焦点为$F_1(-1,0), F_2(1,0)$,点P在椭圆上,$|PF_1|$,$|F_1F_2|$,$|F_2P|$成等差数列,求椭圆的标准方程.

4. 点P到椭圆$\dfrac{x^2}{13^2}+\dfrac{y^2}{12^2}=1$的左焦点和右焦点的距离之比为2:3,求点$P$的轨迹方程.

5. 椭圆$\dfrac{x^2}{25}+\dfrac{y^2}{9}=1$上有一点$P$,已知$P$到左准线的距离为$\dfrac{5}{2}$,求$P$到右焦点的距离.

6. 如图所示,从椭圆上的点P向x轴作垂线,恰好通过椭圆的一个焦点F,这时椭圆的长轴端点A和短轴端点B的连线平行于OP,求椭圆的离心率.

7. 在椭圆$\dfrac{x^2}{45}+\dfrac{y^2}{20}=1$上求一点$P$,使点$P$与椭圆两个焦点的连线相互垂直.

8. 求证:两椭圆$\dfrac{x^2}{a^2}+\dfrac{y^2}{b^2}=1$与$\dfrac{x^2}{b^2}+\dfrac{y^2}{a^2}=1$的交点在以原点为圆心的圆上,并求这个圆的方程.

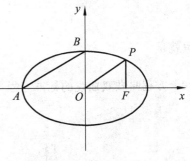

(第6题)

9. 已知椭圆长轴长$|A_1A_2|=6$,焦距$|F_1F_2|=4\sqrt{2}$,过椭圆的左焦点F_1作直线交椭圆于M,N两点,设$\angle MF_1F_2=\alpha$ $(0\leq\alpha\leq\pi)$,当α取何值时,$|MN|$等于椭圆的短轴长.

10. 已知椭圆$\dfrac{x^2}{2}+y^2=1$的两个焦点分别为F_1,F_2,过右焦点F_2作倾角为$\dfrac{\pi}{4}$的弦AB,求$\triangle ABF_1$的面积.

11. 设P是直线l:$\dfrac{x}{12}+\dfrac{y}{8}=1$上的点,射线$OP$交椭圆$\dfrac{x^2}{24}+\dfrac{y^2}{16}=1$于点$R$,而点$Q$在$OP$上且满足$|OQ|\cdot|OP|=|OR|^2$,当点$P$在直线$l$上移动时,求点$Q$的轨迹方程.

12. 设椭圆的中心是坐标原点,长轴在x轴上,离心率为$\dfrac{\sqrt{3}}{2}$,已知点$P\left(0,\dfrac{3}{2}\right)$与此椭圆上的点的最远距离是$\sqrt{7}$,求椭圆的方程,并求椭圆上到点$P$的距离等于$\sqrt{7}$的点的坐标.

第五节 双曲线

一、双曲线及其方程

平面内到两个定点的距离之差的绝对值为常数(小于两定点距离)的点的轨迹称为**双曲线**.这两个定点称为**焦点**,两焦点之间的距离称为**焦距**.

根据双曲线的定义,我们来求双曲线的方程.如图 6.23 所示,以过双曲线两个焦点F_1,F_2

的直线为 x 轴，以线段 F_1F_2 的中点为原点 O 建立直角坐标系.

设焦距 $|F_1F_2|=2c$ $(c>0)$，那么焦点 F_1, F_2 的坐标分别为 $(-c,0)$, $(c,0)$. 又设 $P(x,y)$ 是双曲线上任意一点，点 P 与 F_1, F_2 的距离之差的绝对值等于常数 $2a$ $(a>0)$.

根据双曲线的定义，得
$$|PF_1|-|PF_2|=\pm 2a$$

又根据两点间的距离公式，得
$$\sqrt{(x+c)^2+y^2}-\sqrt{(x-c)^2+y^2}=\pm 2a$$

化简，得
$$(c^2-a^2)x^2-a^2y^2=a^2(c^2-a^2)$$

由双曲线的定义可知，$2c>2a$，即 $c>a$，所以 $c^2-a^2>0$. 令 $c^2-a^2=b^2$ $(b>0)$，代入上式得
$$b^2x^2-a^2y^2=a^2b^2$$

也就是
$$\frac{x^2}{a^2}-\frac{y^2}{b^2}=1 \quad (a>0, b>0) \tag{1}$$

这个方程叫做**双曲线的标准方程**. 它所表示的双曲线的焦点在 x 轴上.

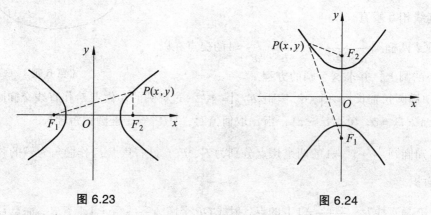

图 6.23　　　　　　　　图 6.24

如果双曲线的焦点在 y 轴上（图 6.24），设焦点 F_1, F_2 的坐标分别为 $(0,-c)$, $(0,c)$. 只要将方程（1）中的 x 与 y 互换，就可以得到它的方程
$$\frac{y^2}{a^2}-\frac{x^2}{b^2}=1 \tag{2}$$

这个方程也是**双曲线的标准方程**. 其中 a, b, c 的关系仍然是 $c^2=a^2+b^2$.

例1 已知平面上三个点：$A(-7,0)$, $B(7,0)$, $C(2,-12)$，椭圆过 A, B 两点，并且以 C 为一个焦点，求椭圆另一个焦点的轨迹方程.

解 设另一个焦点为 $P(x,y)$，根据椭圆的定义有
$$|AC|+|AP|=|BC|+|BP|$$

因为 $|AC|=\sqrt{(-12-0)^2+(2+7)^2}=15$，$|BC|=\sqrt{(-12-0)^2+(2-7)^2}=13$，所以
$$|PB|-|PA|=|AC|-|BC|=15-13=2$$

根据双曲线的定义，P 点轨迹是以 A, B 为焦点的双曲线（左支）. 设 P 点的轨迹方程为 $\dfrac{x^2}{a^2} - \dfrac{y^2}{b^2} = 1$，可知 $a = 1$，$c = 7$，则 $b^2 = c^2 - a^2 = 48$，所以椭圆的另一个焦点 P 的轨迹方程为

$$x^2 - \frac{y^2}{48} = 1 \quad (x \leqslant -1)$$

例 2　点 $P(x, y)$ 到定点 $F(c, 0)$ 的距离和它到定直线 $l : x = \dfrac{a^2}{c}$ 的距离的比是常数 $\dfrac{c}{a}$ $(c > a > 0)$，求点 P 的轨迹方程.

解　设 d 是点 P 到直线 l 的距离，根据题意，有

$$\frac{|PF|}{d} = \frac{c}{a}$$

由此得

$$\frac{\sqrt{(x-c)^2 + y^2}}{\left| x - \dfrac{a^2}{c} \right|} = \frac{c}{a}$$

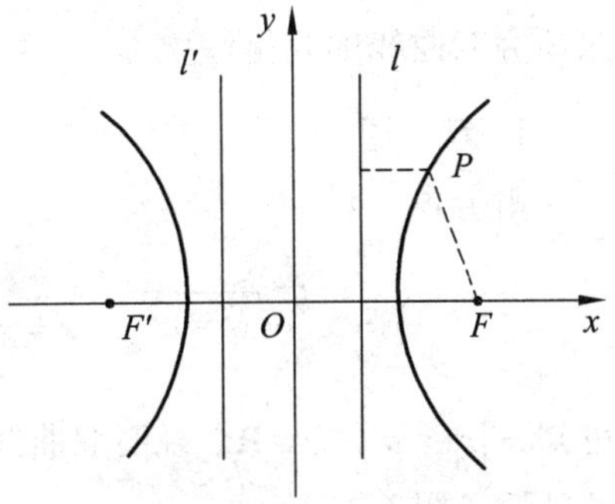

化简，得

$$(c^2 - a^2)x^2 - a^2 y^2 = a^2(c^2 - a^2)$$

图 6.25

令 $c^2 - a^2 = b^2$，就可化成

$$\frac{x^2}{a^2} - \frac{y^2}{b^2} = 1 \quad (a > 0, b > 0).$$

这是双曲线的标准方程，故点 P 的轨迹是一条双曲线（图 6.25）.

由例 2 可得双曲线的另一种定义：当动点到一个定点的距离和它到一条定直线的距离的比是常数 $e = \dfrac{c}{a}$ $(e > 1)$ 时，动点的的轨迹是双曲线. 这个定点是双曲线的焦点，定直线叫做双曲线的**准线**，常数 e 叫做双曲线的**离心率**.

双曲线 $\dfrac{x^2}{a^2} - \dfrac{y^2}{b^2} = 1$ $(a > 0, b > 0)$ 对应于焦点 $F(c, 0)$ 的准线是 $x = \dfrac{a^2}{c}$，对应于另一焦点 $F'(-c, 0)$ 的准线则是 $x = -\dfrac{a^2}{c}$. 所以一条双曲线有两条准线.

例 3　把参数方程 $\begin{cases} x = a \sec \varphi \\ y = b \tan \varphi \end{cases}$（$\varphi$ 是参数，$0 \leqslant \varphi < 2\pi$ 且 $\varphi \neq \dfrac{\pi}{2}$，$\varphi \neq \dfrac{3}{2}\pi$）化为普通方程.

解　由题中方程组得

$$\frac{x}{a} = \sec \varphi, \quad \frac{y}{b} = \tan \varphi$$

将两式的两边平方后相减，得

$$\frac{x^2}{a^2} - \frac{y^2}{b^2} = 1$$

这是双曲线的标准方程，由此可知，双曲线的参数方程是

$$\begin{cases} x = a\sec\varphi \\ y = b\tan\varphi \end{cases} \quad (\varphi \text{是参数,} \ 0 \leqslant \varphi < 2\pi \text{ 且 } \varphi \neq \frac{\pi}{2}, \ \varphi \neq \frac{3}{2}\pi)$$

二、双曲线的几何性质

我们仿照讨论椭圆几何性质的方法,根据双曲线的标准方程

$$\frac{x^2}{a^2} - \frac{y^2}{b^2} = 1 \quad (a>0, b>0) \tag{3}$$

来研究双曲线的几何性质.

1. 范 围

由方程(3)得

$$y = \pm \frac{b}{a}\sqrt{x^2 - a^2}, \quad x = \pm \frac{a}{b}\sqrt{y^2 + b^2}$$

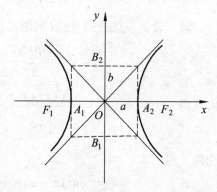

图 6.26

可知,$|x| \geqslant a$,$y \in \mathbf{R}$. 说明双曲线在直线 $x=a$ 和 $x=-a$ 的外侧(图 6.26).

2. 对称性

在方程(3)中,把 x 换成 $-x$,或把 y 换成 $-y$,或同时把 x, y 换成 $-x, -y$,方程都不变. 这说明双曲线是关于 x 轴、y 轴和中心都对称的图形. 此时,坐标轴是双曲线的对称轴,原点是双曲线的对称中心,双曲线的对称中心叫做双曲线的**中心**.

3. 顶 点

在方程(3)中,令 $y=0$,得 $x=\pm a$. 这说明双曲线与 x 轴的交点是 $A_1(-a, 0)$,$A_2(a, 0)$. 双曲线和它的对称轴的这两个交点,叫做双曲线的**顶点**.

令 $x=0$,得 $y^2 = -b^2$. 这个方程没有实数根,说明双曲线与 y 轴没有交点,但我们可以在 y 轴上取两点 $B_1(0, -b)$,$B_2(0, b)$(图 6.26). 线段 A_1A_2 叫做双曲线的**实轴**,B_1B_2 叫做双曲线的**虚轴**,它们的长分别等于 $2a$ 和 $2b$,a 和 b 又分别叫做椭圆的实半轴的长和虚半轴的长.

4. 渐近线

为了解双曲线图形的伸展趋势,我们把方程(3)化为

$$y = \pm \frac{b}{a} x \sqrt{1 - \frac{a^2}{x^2}}$$

当 $|x|$ 无限增大时,$\frac{a^2}{x^2}$ 就无限接近于 0,从而 $\sqrt{1-\frac{a^2}{x^2}}$ 就无限接近于 1,所以双曲线就无限接近于直线

$$y = \pm \frac{b}{a} x$$

这两条直线叫做双曲线的**渐近线**. 它们是以原点为中心, 边平行于坐标轴, 边长分别是 $2a$ 和 $2b$ 的矩形的对角线（图 6.26）.

焦点在 y 轴上的双曲线 $\dfrac{y^2}{a^2} - \dfrac{x^2}{b^2} = 1$ 的渐近线方程是 $x = \pm\dfrac{b}{a}y$, 即 $y = \pm\dfrac{a}{b}x$.

5. 离心率

双曲线的焦距与实轴长之比 $e = \dfrac{c}{a}$, 叫做双曲线的**离心率**. 由于 $c > a > 0$, 所以 $e > 1$. 由于 $c^2 - a^2 = b^2$, 则有

$$\frac{b}{a} = \frac{\sqrt{c^2 - a^2}}{a} = \sqrt{\frac{c^2}{a^2} - 1} = \sqrt{e^2 - 1}$$

因此当 e 越大, $\dfrac{b}{a}$ 也越大, 即渐近线 $y = \pm\dfrac{b}{a}x$ 的斜率的绝对值越大, 这时双曲线的形状就从扁狭逐渐变得开阔. 由此可知, 双曲线的离心率越大, 它的开口就越阔.

例 4 求渐近线方程为 $y = \pm\dfrac{4}{3}x$, 并且焦距为 20 的双曲线方程.

解 以 $y = \pm\dfrac{4}{3}x$ 为渐近线的双曲线有以下两种可能：

（1）焦点在 x 轴上, 可设双曲线的方程为 $\dfrac{x^2}{a^2} - \dfrac{y^2}{b^2} = 1$, 渐近线为 $y = \pm\dfrac{b}{a}x$.

由于 $\dfrac{b}{a} = \dfrac{4}{3}$, 且 $2c = 20$, $c^2 = a^2 + b^2$, 可得 $a = 6$, $b = 8$. 故所求的双曲线方程为

$$\frac{x^2}{36} - \frac{y^2}{64} = 1$$

（2）焦点在 y 轴上, 可设双曲线的方程为 $\dfrac{y^2}{a^2} - \dfrac{x^2}{b^2} = 1$, 渐近线为 $y = \pm\dfrac{a}{b}x$.

由于 $\dfrac{a}{b} = \dfrac{4}{3}$, 且 $2c = 20$, $c^2 = a^2 + b^2$, 解得 $a = 8$, $b = 6$. 故所求的双曲线方程为

$$\frac{y^2}{64} - \frac{x^2}{36} = 1$$

在本例中的双曲线 $\dfrac{x^2}{36} - \dfrac{y^2}{64} = 1$ 和 $\dfrac{y^2}{64} - \dfrac{x^2}{36} = 1$, 其中任一条双曲线都是以另一条双曲线的虚轴为实轴, 实轴为虚轴, 这样的双曲线叫做另一条双曲线的**共轭双曲线**.

如果一条双曲线的方程是 $\dfrac{x^2}{a^2} - \dfrac{y^2}{b^2} = 1$, 那么它的共轭双曲线的方程是

$$\frac{y^2}{b^2} - \frac{x^2}{a^2} = 1$$

双曲线和它的共轭双曲线有共同的渐近线, 它们的四个焦点在同一个圆上（图 6.27）.

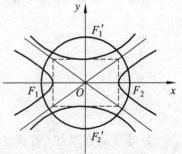

图 6.27

例 5 双曲线 $x^2-y^2=1$ 的两个焦点为 F_1, F_2，点 M 是双曲线上任意一点，求证：$|MF_1|\cdot|MF_2|=|OM|^2$.

证明 设点 M 的坐标为 (x_0, y_0)，由双曲线方程可知 F_1, F_2 的坐标分别为 $(-\sqrt{2}, 0)$, $(\sqrt{2}, 0)$，则

$$|MF_1|\cdot|MF_2|=\sqrt{(x_0+\sqrt{2})^2+y_0^2}\cdot\sqrt{(x_0-\sqrt{2})^2+y_0^2}$$

$$=\sqrt{x_0^2+2\sqrt{2}x_0+2+x_0^2-1}\cdot\sqrt{x_0^2-2\sqrt{2}x_0+2+x_0^2-1}$$

$$=\sqrt{(2x_0^2+1)^2-(2\sqrt{2}x_0)^2}=\sqrt{(2x_0^2-1)^2}=|2x_0^2-1|$$

$$|OM|^2=(\sqrt{x_0^2+y_0^2})^2=|x_0^2+y_0^2|=|x_0^2+x_0^2-1|=|2x_0^2-1|$$

所以 $|MF_1|\cdot|MF_2|=|OM|^2$.

本例中的双曲线 $x^2-y^2=1$，是实轴长与虚轴长相等的双曲线，叫做**等轴双曲线**. 等轴双曲线的标准方程是

$$x^2-y^2=a^2 \quad \text{或} \quad y^2-x^2=a^2$$

它的离心率 $e=\sqrt{2}$.

例 6 已知直线 l 的倾斜角为 $\dfrac{\pi}{4}$，在 y 轴上的截距为 3，以双曲线 $12x^2-4y^2=3$ 的焦点为焦点作椭圆，且椭圆与直线 l 有交点，若所作椭圆的长轴最短，试求该椭圆的方程.

解 所给双曲线的标准方程是 $\dfrac{x^2}{\frac{1}{4}}-\dfrac{y^2}{\frac{3}{4}}=1$，焦点坐标为 $(1,0)$ 和 $(-1,0)$. 设椭圆方程为 $\dfrac{x^2}{a^2}+\dfrac{y^2}{a^2-1}=1$，联立方程组

$$\begin{cases} y=x+3 \\ \dfrac{x^2}{a^2}+\dfrac{y^2}{a^2-1}=1 \end{cases}$$

化简整理得 $\qquad (2a^2-1)x^2+6a^2x+10a^2-a^4=0$

令 $\Delta\geqslant 0$，得 $\qquad 36a^4-4(2a^2-1)(10a^2-a^4)\geqslant 0$

解得 $a^2\geqslant 5$. 所以当 $a^2=5$ 时，所作椭圆的长轴最短，此时椭圆方程为

$$\frac{x^2}{5}+\frac{y^2}{4}=1$$

习题 6-5

1. 求中心在原点，且满足下列条件的双曲线的方程：

（1）实轴长为 16，离心率为 $\dfrac{5}{4}$，焦点在 x 轴上；

（2）实半轴长 $2\sqrt{5}$，经过点 $(2,-5)$，焦点在 y 轴上；

（3）焦点为 $(-6,0)$ 和 $(6,0)$，且过点 $A(-5,2)$；

（4）焦距为 10，渐近线为 $y=\pm\dfrac{1}{2}x$，焦点在 x 轴上.

2. 求与双曲线 $\dfrac{x^2}{9}-\dfrac{y^2}{16}=1$ 有共同的渐近线，且过点 $A(-3,2\sqrt{3})$ 的双曲线方程.

3. 已知中心在原点的双曲线的一个焦点是 $F_1(-4,0)$，一条渐近线的方程是 $3x-2y=0$，求双曲线的方程.

4. 在双曲线 $x^2-y^2=1$ 的右支上的一点 $P(a,b)$，到直线 $y=x$ 的距离等于 $\sqrt{2}$，求 a,b 的值.

5. 求证双曲线的一个焦点到一条渐近线的距离等于虚半轴的长.

6. 动点 P 到两定点 $(a,0),(-a,0)$（其中 $a>0$）连线的斜率乘积为 k，求动点 P 的轨迹方程，并从 k 值的变化讨论方程表示什么曲线.

7. 求以椭圆 $\dfrac{x^2}{8}+\dfrac{y^2}{5}=1$ 的焦点为顶点，以椭圆的顶点为焦点的双曲线方程.

8. 已知双曲线的离心率等于 2，求它的两条渐近线的夹角.

9. 过点 $P(2,1)$ 作一条直线交双曲线 $x^2-\dfrac{y^2}{3}=1$ 于 A,B 两点，并使 P 为 AB 的中点，求 AB 所在的直线方程和弦 AB 的长.

10. 过点 $M(-2,0)$ 作一条直线交双曲线 $x^2-y^2=1$ 于 A,B 两点，以 OA,OB 为一组邻边作平行四边形 $OAPB$，求点 P 的轨迹方程.

第六节　抛物线

一、抛物线及其方程

平面内到一个定点与到一条定直线的距离相等的点的轨迹称为**抛物线**. 这个定点叫做**焦点**，定直线叫做**准线**，焦点到准线的距离称为**焦参数**.

根据抛物线的定义，我们来求抛物线的方程. 如图 6.28 所示，以过抛物线焦点 F 且垂直于准线 l 的直线为 x 轴，x 轴与 l 相交于 M，以线段 MF 的中点 O 为原点 O 建立直角坐标系.

设焦参数为 p（$p>0$），那么焦点 F 的坐标为 $\left(\dfrac{p}{2},0\right)$，准线 l 的方程为 $x=-\dfrac{p}{2}$. 又设 $P(x,y)$ 是抛物线上任意一点，点 P 到准线 l 的距离为 d.

根据抛物线的定义，得 $|PF|=d$. 所以

$$\sqrt{\left(x-\dfrac{p}{2}\right)^2+y^2}=\left|x+\dfrac{p}{2}\right|$$

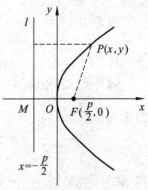

图 6.28

将上式两边平方,并化简得

$$y^2 = 2px \quad (p>0) \quad (1)$$

这个方程叫做**抛物线的标准方程**.它所表示的抛物线的焦点在 x 轴的正半轴上.

在实际问题中,由于抛物线的开口方向不同,在建立坐标系时,它们的焦点还可选择在 x 轴的负半轴、y 轴的正半轴或 y 轴的负半轴上,它们的标准方程、图形、焦点坐标以及准线方程列表 6.1 如下:

表 6.1

标准方程	$y^2 = 2px \ (p>0)$	$y^2 = -2px \ (p>0)$	$x^2 = 2py \ (p>0)$	$x^2 = -2py \ (p>0)$
图形	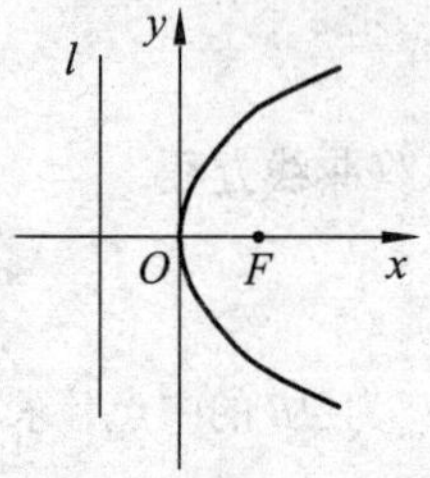	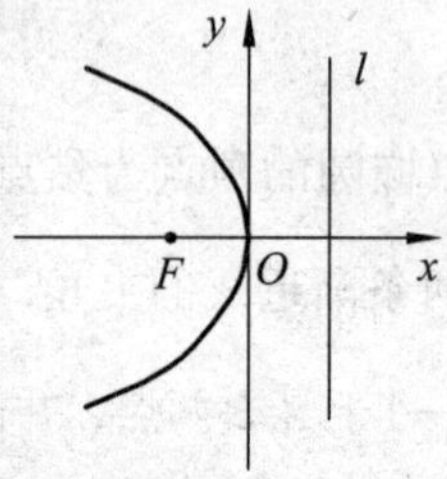	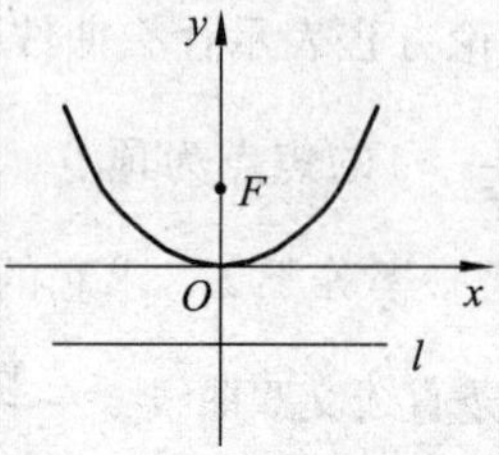	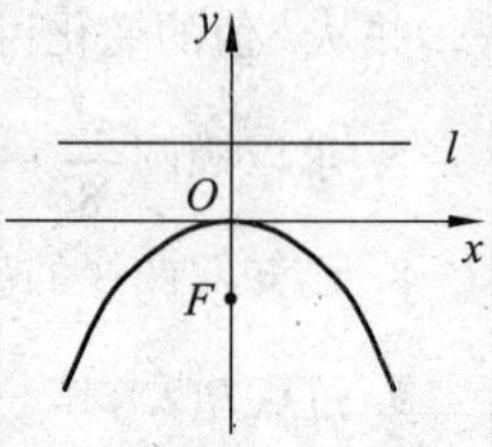
焦点	$F\left(\dfrac{p}{2}, 0\right)$	$F\left(-\dfrac{p}{2}, 0\right)$	$F\left(0, \dfrac{p}{2}\right)$	$F\left(0, -\dfrac{p}{2}\right)$
准线	$x = -\dfrac{p}{2}$	$x = \dfrac{p}{2}$	$y = -\dfrac{p}{2}$	$y = \dfrac{p}{2}$

例 1 点 P 到点 $F(0,4)$ 的距离比它到直线 $l: y+5=0$ 的距离小 1,求点 P 的轨迹方程.

解 如图 6.29 所示,点 P 到点 $F(0,4)$ 的距离等于它到直线 $l': y+4=0$ 的距离.根据抛物线的定义,点 P 的轨迹是以 F 为焦点、l' 为准线的抛物线.

由于 $\dfrac{p}{2} = 4$,可得 $p = 8$.因为焦点在 y 轴正半轴上,所以点 P 的轨迹方程为

$$x^2 = 16y$$

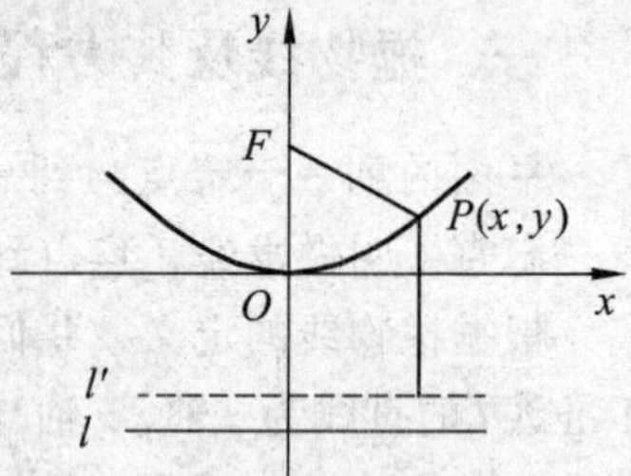

例 2 把参数方程 $\begin{cases} x = 2pt^2 \\ y = 2pt \end{cases}$($p>0$,$t$ 是参数,$-\infty < t < +\infty$)

化为普通方程.

图 6.29

解 由方程组中第二个方程有 $t = \dfrac{y}{2p}$,将 t 值代入方程组的第一个方程,得

$$x = \dfrac{y^2}{2p}$$

即

$$y^2 = 2px \ (p>0)$$

这是抛物线的标准方程.由此可知,抛物线的参数方程为

$$\begin{cases} x = 2pt^2 \\ y = 2pt \end{cases} \quad (p > 0,\ t\text{是参数},\ -\infty < t < +\infty)$$

例 3 过抛物线 $y^2 = 4x$ 的焦点作倾斜角为 $\dfrac{3\pi}{4}$ 的直线，交抛物线于 A, B 两点，求 A, B 之间的距离．

解 （解法一）过抛物线焦点 $(1, 0)$，倾斜角是 $\dfrac{3\pi}{4}$ 的直线方程为 $y = -x + 1$．设 A, B 的坐标分别为 $(x_1, y_1), (x_2, y_2)$，由方程组

$$\begin{cases} y = -x + 1 \\ y^2 = 4x \end{cases}$$

可得
$$x^2 - 6x + 1 = 0$$

则有 $x_1 + x_2 = 6$，$x_1 x_2 = 1$．由弦长公式得

$$|AB| = \sqrt{(1 + k^2)[(x_1 + x_2)^2 - 4x_1 x_2]} = \sqrt{2 \times (6^2 - 4 \times 1)} = 8$$

（解法二）设 A, B 的坐标分别为 $(x_1, y_1), (x_2, y_2)$，如图 6.30 所示，l 为准线，作 $AA' \perp l$，$BB' \perp l$，根据抛物线定义可得

$$|AB| = |AF| + |BF| = |AA'| + |BB'|$$
$$= x_1 + \dfrac{p}{2} + x_2 + \dfrac{p}{2} = x_1 + x_2 + p$$

由方程组 $\begin{cases} y = -x + 1 \\ y^2 = 4x \end{cases}$ 可得

$$x^2 - 6x + 1 = 0$$

则有 $x_1 + x_2 = 6$，又因为 $p = 2$，所以

$$|AB| = x_1 + x_2 + p = 6 + 2 = 8$$

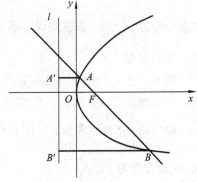

图 6.30

二、抛物线的几何性质

我们根据抛物线的标准方程

$$y^2 = 2px \quad (p > 0) \tag{2}$$

来研究抛物线的几何性质．

1. 范　围

由方程（2）可知 $x \geq 0$，$y \in \mathbf{R}$．说明抛物线（2）在 y 轴的右侧．当 x 的值增大时，$|y|$ 的值也增大，说明抛物线（2）向右上方和右下方无限延伸．

2. 对称性

在方程（2）中，把 y 换成 $-y$，方程不变．这说明抛物线（2）是关于 x 轴对称．我们把坐标轴叫做抛物线的**轴**．

3. 顶点

抛物线和它的轴的交点叫做抛物线的**顶点**. 在方程（2）中，当 $y=0$ 时，$x=0$，因此抛物线（2）的顶点就是坐标原点.

4. 离心率

抛物线上任一点到焦点和准线的距离之比，叫做抛物线的**离心率**，用 e 表示. 根据抛物线定义可知 $e=1$.

例 4 汽车前灯的反光曲面的纵断面是抛物线的一部分，已知灯口直径是 20 cm，灯深 10 cm，求这条抛物线的标准方程和焦点坐标.

解 如图 6.31 所示，以反光镜的顶点（即抛物线顶点）为原点，以灯轴（即抛物线的对称轴）为 x 轴建立直角坐标系.

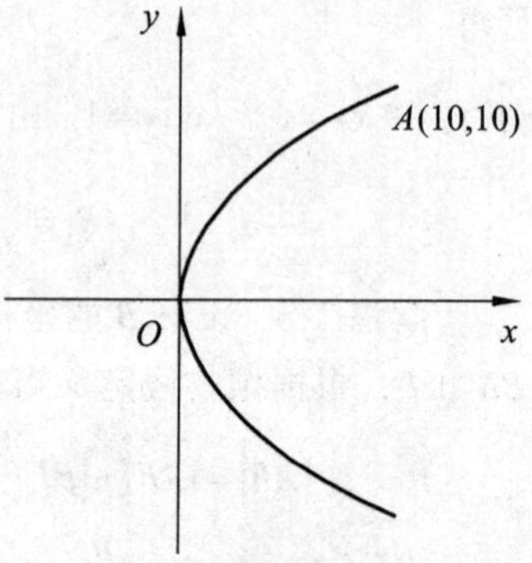

设抛物线方程为 $y^2 = 2px$，因为点 A 的坐标是 $(10,10)$，代入方程有

$$10^2 = 2 \times p \times 10$$

解得 $p=5$. 所以抛物线的方程为

$$y^2 = 10x$$

焦点坐标为 $\left(\dfrac{5}{2}, 0\right)$. 也就是说，反光镜的焦点在灯轴上与顶点相距 2.5 cm 处.

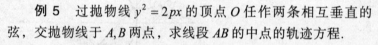

图 6.31

例 5 过抛物线 $y^2 = 2px$ 的顶点 O 任作两条相互垂直的弦，交抛物线于 A,B 两点，求线段 AB 的中点的轨迹方程.

解 设 OA 的斜率为 k，则 OA 的方程为 $y=kx$. 因为 $OA \perp OB$，所以 OB 的斜率为 $-\dfrac{1}{k}$，则 OB 的方程为 $y=-\dfrac{1}{k}x$.

设 A,B 的坐标分别为 (x_1, y_1), (x_2, y_2)，由方程组 $\begin{cases} y=kx \\ y^2 = 2px \end{cases}$ 可得

$$x_1 = \dfrac{2p}{k^2}, \quad y_1 = \dfrac{2p}{k} \tag{3}$$

又由方程组 $\begin{cases} y=-\dfrac{1}{k}x \\ y^2 = 2px \end{cases}$ 可得

$$x_2 = 2pk^2, \quad y_2 = -2pk \tag{4}$$

设点 $P(x,y)$ 为 AB 的中点，则有

$$\begin{cases} x = \dfrac{x_1+x_2}{2} \\ y = \dfrac{y_1+y_2}{2} \end{cases} \tag{5}$$

把（3）、（4）式代入（5）式，可得

$$\begin{cases} x = p\left(\dfrac{1}{k^2}+k^2\right) \\ y = p\left(\dfrac{1}{k}-k\right) \end{cases}$$

消去参数 k，得到

$$y^2 = p(x-2p)$$

这就是线段 AB 的中点的轨迹方程.

例6 已知抛物线 $y^2 = -x$ 与直线 $y = k(x+1)$ 相交于 A,B 两点.

（1）求证 $OA \perp OB$；

（2）当 $\triangle OAB$ 的面积等于 $\sqrt{10}$ 时，求 k 的值.

解（1）设 A,B 的坐标分别为 (x_1,y_1)，(x_2,y_2)，由方程组 $\begin{cases} y^2 = -x \\ y = k(x+1) \end{cases}$ 可得

$$k^2 x^2 + (2k^2+1)x + k^2 = 0$$

则有 $x_1 \cdot x_2 = 1$，因为点 A,B 在抛物线 $y^2 = -x$ 上，则有

$$y_1^2 \cdot y_2^2 = x_1 \cdot x_2$$

由题意，A,B 分别在 x 轴的两侧，于是 $y_1 \cdot y_2 < 0$，所以 $y_1 \cdot y_2 = -\sqrt{x_1 \cdot x_2} = -1$. 因此

$$k_{OA} \cdot k_{OB} = \dfrac{y_1}{x_1} \cdot \dfrac{y_2}{x_2} = \dfrac{y_1 y_2}{x_1 x_2} = -1$$

所以 $OA \perp OB$.

（2）由方程组 $\begin{cases} y^2 = -x \\ y = k(x+1) \end{cases}$ 可得

$$y^2 = -\left(\dfrac{y}{k}-1\right)$$

即

$$y^2 + \dfrac{y}{k} - 1 = 0$$

则有 $y_1 + y_2 = -\dfrac{1}{k}$. 所以

$$|y_1 - y_2| = \sqrt{(y_1+y_2)^2 - 4y_1 y_2} = \sqrt{\dfrac{1}{k^2}+4}$$

而 $\triangle OAB$ 的面积

$$S_{\triangle OAB} = \dfrac{1}{2} \times 1 \times |y_1 - y_2| = \dfrac{1}{2}\sqrt{\dfrac{1}{k^2}+4} = \sqrt{10}$$

解得 $k = \pm \dfrac{1}{6}$.

习题 6-6

1. 求顶点在原点，对称轴为坐标轴，并且满足下列条件的抛物线方程：

（1）焦点是 $F\left(0,-\dfrac{1}{2}\right)$；

（2）对称轴为 x 轴，并且经过点 $A(9,6)$；

（3）对称轴为 x 轴，顶点到焦点的距离为 6．

2. 经过抛物线 $y^2=2px$ 的焦点 F，作一条直线垂直于它的对称轴且与抛物线相交于 P_1，P_2 两点，线段 P_1P_2 叫做抛物线的通径，求通径的长．

3. 在抛物线 $y^2=12x$ 上，求和焦点的距离等于 9 的点的坐标．

4. 已知抛物线的顶点是双曲线 $16x^2-9y^2=144$ 的中心，而焦点是双曲线的左顶点，求抛物线的方程．

5. 若抛物线 $y^2=4x$ 上一点 P 到该抛物线焦点的距离为 10，求 P 点的坐标．

6. 求抛物线 $y^2=12x$ 被点 $M(1,2)$ 所平分的弦的方程．

7. 求抛物线 $y^2=12x$ 上的点到直线 $4x+3y+46=0$ 的最短距离．

8. 一个正三角形有两个顶点在抛物线 $y^2=2px$ 上，还有一个顶点在原点，求这个正三角形的边长．

9. 证明：当 m 取不同值时，方程 $x^2+y^2-2m(mx+2y)=5-4m^2-m^4$ 所表示的各圆圆心在一条抛物线上．

10. 求证：不论 a 为任何实数，抛物线 $y=x^2+ax+a-2$ 与 x 轴相交于两个不同的点，并回答 a 为何值时，这两点间的距离最小，最小的距离是多少？

11. 直线 $y=kx+b$ 与抛物线 $y=ax^2$ 及 x 轴交点的横坐标分别为 x_1，x_2，x_3，求证：$\dfrac{1}{x_3}=\dfrac{1}{x_1}+\dfrac{1}{x_2}$．

12. 椭圆 $\dfrac{x^2}{25}+\dfrac{y^2}{16}=1$ 的焦点为 F_1，F_2，动点 A 在抛物线 $y=x^2+3$ 上移动，求 $\triangle AF_1F_2$ 的重心 P 的轨迹方程．

*第七节　坐标轴的平移

点的坐标、曲线的方程都和坐标系有关．一般来说，在不同的坐标系中，同一个点有不同的坐标，同一条曲线有不同的方程．如果我们把坐标系适当变换，曲线的方程就可能变得更简单．

当坐标轴的方向和长度单位都不改变，只改变原点的位置时，这种坐标系的变换就叫做坐标轴的**平移**．

一、平移公式

设点 O' 在原坐标系 xOy 中的坐标为 (h,k)，以 O' 为新原点平移坐标轴，建立新坐标系 $x'O'y'$．在平面内任取一点 P，如果它在原坐标系和新坐标系中的坐标分别是 (x,y) 和 (x',y')，如图 6.32 所示，可知

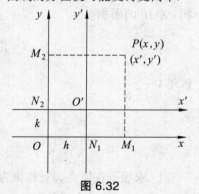

图 6.32

$$x = OM_1 = ON_1 + N_1M_1 = h + x'$$
$$y = OM_2 = ON_2 + N_2M_2 = k + y'$$

即 $\begin{cases} x = x' + h \\ y = y' + k \end{cases}$ 或 $\begin{cases} x' = x - h \\ y' = y - k \end{cases}$

这就是坐标的平移变换公式，简称为**平移公式**.

例 1 平移坐标轴，以 $O'(-3, 4)$ 为新原点，求下列各点的新坐标：$O(0,0)$，$A(-4,2)$，$B(0,4)$，$C(-1,-2)$.

解 把已知各点的坐标分别代入平移公式

$$\begin{cases} x' = x - h = x - (-3) \\ y' = y - k = y - 4 \end{cases}$$

就得到已知各点在新坐标系 $x'O'y'$ 中的坐标：$O(3,-4)$，$A(-1,-2)$，$B(3,0)$，$C(2,-6)$.

例 2 以 $(3,-2)$ 为新的坐标原点平移坐标轴，试求方程

$$x^2 + y^2 - 6x + 4y - 12 = 0$$

所表示的曲线在新坐标系下的方程.

解 设 P 为曲线上任意一点，它在原坐标系 xOy 下的坐标为 (x, y)，在新坐标系 $x'O'y'$ 下的坐标为 (x', y')，由平移公式

$$\begin{cases} x = x' + h = x' + 3 \\ y = y' + k = y' - 2 \end{cases}$$

代入原方程，得

$$(x'+3)^2 + (y'-2)^2 - 6(x'+3) + 4(y'-2) - 12 = 0$$

化简得
$$x'^2 + y'^2 = 25$$

这就是曲线在新坐标系中的方程.

由例 2 可以看到，适当地平移坐标轴，就可以把例 2 中的曲线方程变得比较简单. 下面，我们来研究如何选择新的坐标原点，通过坐标轴的平移来化简方程.

二、利用坐标轴的平移化简二元二次方程

对于缺 xy 项的二元二次方程

$$Ax^2 + Cy^2 + Dx + Ey + F = 0 \quad (A, B \text{ 不同时为 } 0)$$

利用平移变换，可以把它化成标准形式.

例 3 化简方程 $4x^2 + 9y^2 + 8x - 36y + 4 = 0$，并画出它的图形.

解（解法一）待定系数法. 把平移公式 $\begin{cases} x = x' + h \\ y = y' + k \end{cases}$ 代入原方程，得

$$4(x'+h)^2 + 9(y'+k)^2 + 8(x'+h) - 36(y'+k) + 4 = 0$$

整理，得
$$4x'^2+9y'^2+(8h+8)x'+(18k-36)y'+4h^2+9k^2+8h-36k+4=0 \quad (1)$$

令 $\begin{cases} 8h+8=0 \\ 18k-36=0 \end{cases}$，解得 $\begin{cases} h=-1 \\ k=2 \end{cases}$，代入（1）式，得

$$4x'^2+9y'^2=36$$

即
$$\frac{x'^2}{9}+\frac{y'^2}{4}=1$$

（解法二） 配方法．把原方程化为

$$4(x+1)^2+9(y-2)^2=36$$

即
$$\frac{(x+1)^2}{9}+\frac{(y-2)^2}{4}=1 \quad (2)$$

令 $\begin{cases} x'=x+1 \\ y'=y-2 \end{cases}$（即是把坐标原点 O 移到 $O'(-1,2)$），代入（2）式，得

$$\frac{x'^2}{9}+\frac{y'^2}{4}=1$$

这是一个椭圆，它的图形如图 6.33 所示．

方程（2）是中心在新坐标系的原点 $O'(1,-1)$，对称轴为直线 $x=1$ 和 $y=-1$，长轴长是 $2a=6$，短轴长是 $2b=4$ 的一个椭圆．坐标轴的平移就是把原点 $O(0,0)$ 移到椭圆的中心 $O'(1,-1)$，使新坐标系 $x'O'y'$ 的坐标轴与椭圆的对称轴相重合，从而达到化简方程的目的．

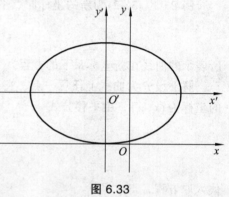

图 6.33

例4 证明二次函数 $y=ax^2+bx+c$ $(a\neq 0)$ 的图形是一条抛物线．

证明 只需要把原方程化简，如果能化成抛物线方程，就可以证明它是一条抛物线．用配方法证明．

$$y=a\left(x+\frac{b}{2a}\right)^2+c-\frac{b^2}{4a}$$

即
$$\left(x+\frac{b}{2a}\right)^2=\frac{1}{a}\left(y-\frac{4ac-b^2}{4a}\right) \quad (3)$$

令 $x'=x+\dfrac{b}{2a}$，$y'=y-\dfrac{4ac-b^2}{4a}$，代入（3）式，得

$$x'^2=\frac{1}{a}y'$$

所以二次函数 $y=ax^2+bx+c$ $(a\neq 0)$ 的图形是一条抛物线．

习题 6-7

1. 平移坐标轴，把原点移到 $O'(2,-5)$，写出坐标变换公式，并求点 $(3,4)$ 在新坐标系中的坐标.

2. 要使点 $A(3,8)$ 具有坐标 $(10,-2)$，应当把原点平移到哪一点？

3. 平移坐标轴，把原点移到 $O'(2,-3)$，求方程 $x^2+y^2-4x+6y-3=0$ 表示的曲线在新坐标系中的方程.

4. 利用坐标平移，化简下列方程：

（1）$y^2-4y-6x+10=0$；　　　　（2）$4x^2+9y^2-40x+36y+100=0$；

（3）$9x^2-16y^2-54x-64y-127=0$.

5. 已知椭圆方程为 $x^2+4y^2-2x+8y+1=0$，求椭圆的焦点坐标和离心率.

6. 求两顶点在 $A_1(5,1)$，$A_2(-1,1)$，焦点在 $F_1(7,1)$ 的双曲线方程.

7. 已知一抛物线的焦点是 $F\left(\dfrac{3}{8},-3\right)$，准线是 $x=\dfrac{13}{8}$，求这条抛物线的方程.

8. 已知曲线 C 的方程是 $x^2+4y^2-2ax-16ay+17a^2-4=0$，求它关于直线 $x-y+a=0$ 对称的曲线的方程.

小 结

一、平面直角坐标系的建立，使平面内的点与有序数对建立了对应关系，使图形与方程建立了对应关系. 概括地说，使形与数统一起来，因此就可以用代数方法研究几何问题.

二、直角坐标系的建立是以有向线段为基础的，两点间的距离公式及线段的定比分点公式则是坐标法的简单应用，掌握并熟悉这两个基本公式，对学习解析几何是十分必要的.

三、曲线方程是一个重要的基本概念，必须牢固掌握. 求曲线方程的基本思路是选取适当的坐标系，把曲线上任一点都满足的几何条件用代数关系式表达，经化简整理后就得到所求方程.

四、直线的斜率表示直线对于 x 轴的倾斜程度. 在解析几何中，平面上两条直线的平行、垂直、交角等关系，都是利用斜率来分析的：平行条件：$k_1=k_2$；垂直条件：$k_1=-\dfrac{1}{k_2}$.

五、两个独立条件可决定一条直线，不同的条件下产生不同形式的直线方程，列表如下：

名称	已知条件	方程	说明
点斜式	点 $P(x_1,y_1)$ 和斜率 k	$y-y_1=k(x-x_1)$	不包括 y 轴和平行于 y 轴的直线
斜截式	斜率 k 和 y 轴上的截距 b	$y=kx+b$	不包括 y 轴和平行于 y 轴的直线
两点式	点 $P(x_1,y_1)$ 和 $P(x_2,y_2)$	$\dfrac{y-y_1}{x-x_1}=\dfrac{y_2-y_1}{x_2-x_1}$	不包括坐标轴和平行于坐标轴的直线
截距式	x 轴、y 轴上的截距 a,b	$\dfrac{x}{a}+\dfrac{y}{b}=1$	不包括经过原点的直线

点斜式是基础，其他形式的方程都可以由点斜式导出，各种形式的直线方程在一定条件下可以互相转换，最后往往写成一般式.

$$Ax + By + C = 0$$

六、圆的标准方程是

$$(x-a)^2 + (y-b)^2 = r^2$$

由圆的标准方程导出圆的一般方程

$$x^2 + y^2 + Dx + Ey + F = 0$$

这两种形式的方程可以相互转化. 不论是圆的标准方程还是圆的一般方程, 都含有三个参数, 所以必须有三个独立条件才能确定一个圆.

七、椭圆（圆作为椭圆的特例）、双曲线、抛物线统称圆锥曲线，它们的统一性如下：

（1）在直角坐标系中，它们的方程都是二元二次方程，它们属于二次曲线；

（2）它们都是与定点和定直线距离的比是常数 e 的点的集合（或轨迹），这个定点是它们的焦点，定直线是它们的准线. 只是由于离心率 e 取值范围的不同, 而分为椭圆、双曲线、抛物线三种曲线.

根据它们的定义可分别求出它们的标准方程, 再通过对标准方程的分析, 研究它们的几何性质. 这三种曲线的定义、方程、图形、性质列表如下:

	椭圆	双曲线	抛物线
几何条件	与两个定点的距离之和等于常数	与两个定点的距离之差的绝对值等于常数	与一个定点和一条定直线的距离相等
标准方程	$\dfrac{x^2}{a^2} + \dfrac{y^2}{b^2} = 1\ (a>b>0)$	$\dfrac{x^2}{a^2} - \dfrac{y^2}{b^2} = 1\ (a>0, b>0)$	$y^2 = 2px\ (p>0)$
图形			
顶点坐标	$(\pm a, 0),\ (0, \pm b)$	$(\pm a, 0)$	$(0, 0)$
对称轴	x 轴，长轴长 $2a$ y 轴，长轴长 $2b$	x 轴，实轴长 $2a$ y 轴，虚轴长 $2b$	x 轴
焦点坐标	$(\pm c, 0)$ $c = \sqrt{a^2 - b^2}$	$(\pm c, 0)$ $c = \sqrt{a^2 + b^2}$	$\left(\dfrac{p}{2}, 0\right)$
离心率	$0 < e < 1$	$e > 1$	$e = 1$
准线	$x = \pm \dfrac{a^2}{c}$	$x = \pm \dfrac{a^2}{c}$	$x = -\dfrac{p}{2}$
渐近线		$y = \pm \dfrac{b}{a} x$	

八、坐标变换是化简方程、研究曲线的重要工具. 为了便于研究二次曲线的性质, 我们通过坐标轴的平移把不含 xy 项的二元二次方程化为标准方程.

复习题六

1. 已知直线 $l_1: x-3y+10=0$ 和 $l_2: 2x+y-8=0$，过点 $P(0,1)$ 作直线 l，使直线 l 在 l_1 与 l_2 之间的部分被点 P 平分，求直线 l 的方程．

2. 若实数 x,y 满足 $(x-2)^2+y^2=3$，那么 $\dfrac{y}{x}$ 的最大值是多少？

3. 设 m 为正实数，问圆 $x^2+y^2=m$ 与圆 $x^2+y^2+6x-8y-11=0$ 可能有哪几种位置关系？

4. 已知点 $P(-1,0)$ 与 $Q(1,0)$，动点 M 满足 $\dfrac{|MP|}{|MQ|}=\dfrac{1}{2}$，求点 M 的轨迹方程，并说明轨迹是什么图形．

5. 双曲线 $\dfrac{x^2}{16}-\dfrac{y^2}{k}=1\ (k>0)$ 的一条准线恰为圆 $x^2+y^2+2x=0$ 的一条切线，求 k 的值．

6. 当 α 从 $0°$ 到 $180°$ 变化时，讨论方程 $x^2+y^2\cos\alpha=1$ 所表示的曲线的类型．

7. 斜率为 2 的直线在双曲线 $\dfrac{x^2}{3}-\dfrac{y^2}{2}=1$ 上截得的弦长为 4，求此直线的方程．

8. 已知椭圆的焦点为 $F_1(0,-1)$ 和 $F_2(0,1)$，直线 $y=4$ 是椭圆的一条准线：

（1）求椭圆方程；

（2）设点 P 在这个椭圆上，且 $|PF_1|-|PF_2|=1$，求 $\tan\angle F_1PF_2$ 的值．

9. P 为抛物线 $y^2=4x$ 上一点，它到抛物线准线的距离记为 d_1，到直线 $x+2y-12=0$ 的距离记为 d_2，求 d_1+d_2 的最小值．

10. 求双曲线 $y^2-2x^2-6y+4x-2=0$ 的焦点坐标、渐近线方程及离心率．

11. 点 P 的直角坐标 (x,y) 满足
$$\begin{cases} \log_a x \cdot \log_a y - 2\log_a xy + 4 = 0 \\ xy = a^2 + a^3 \end{cases}$$
（其中 $a>0$，且 $a\neq 1$），试求点 P 的轨迹方程．

12. 已知方程 $y^2-2x-6y\sin\theta-9\cos^2\theta+8\cos\theta+9=0$，

（1）证明，不论 θ 如何变化，方程都表示顶点在同一椭圆上的抛物线，并求出这个椭圆方程；

（2）θ 为何值时，抛物线在直线 $x=14$ 上截得的弦长为 $4\sqrt{6}$．

13. 已知直线 l 经过点 $P(-3,3)$，倾斜角为 $\arccos\left(-\dfrac{4}{5}\right)$，圆 C 的参数方程为
$$\begin{cases} x=1+3\cos\varphi \\ y=3\sin\varphi \end{cases} (0\leq\varphi<2\pi)$$

（1）设直线 l 与圆 C 相交于点 A,B，求 $|AB|$ 的值；

（2）过点 P 作圆 C 的切线，切点为 T，求 $|PT|$ 的值．

第七章 复数与一元高次方程

一元高次方程是在一元二次方程的基础上研究的. 前面, 在实数范围内讨论了一元二次方程的解法及根的判别式, 这一章我们将在复数范围内, 用因式分解等方法讨论某些一元高次方程的根及根与系数的关系. 为此, 我们先介绍复数及其运算、余式定理和因式定理等, 然后引入一元高次方程.

第一节 复 数

一、复数的概念

在研究一元二次方程的解法时, 已经知道, 当判别式 $b^2-4ac<0$ 时, 方程没有实数根. 这说明在实数范围内讨论代数方程的解法不够完善. 为此, 人们将实数集进一步扩充. 出于解方程 $x^2+1=0$ 的需要, 人们引进了一个新数 i, 并将 i 作为方程 $x^2+1=0$ 的一个根, 即
$$i^2=-1$$
这样方程 $x^2+1=0$ 的两个根分别为 $x_1=i$, $x_2=-i$.

1. 虚数单位

i 叫虚数单位, 它具有下面的两个性质:

(1) $i^2=-1$.

(2) i 和实数在一起, 可以按照实数的四则运算法则进行运算.

根据虚数单位的定义, 可推知 i 的正整数幂具有周期性, 即
$$i^{4n+1}=i, \quad i^{4n+2}=-1, \quad i^{4n+3}=-i, \quad i^{4n}=1$$

2. 复数的定义

$a+bi$ (a,b 都是实数)称为**复数**, 用 z 表示, 即
$$z=a+bi$$
其中 a 与 b 分别称为复数的**实部**与**虚部**, 并分别记为 $\mathrm{Re}\,z=a$, $\mathrm{Im}\,z=b$.

因此, 全体实数可看作全体复数的一部分. 全体复数构成的集合称为**复数集**, 记作 **C**, 显然, 实数集是复数集的子集, 即 $\mathbf{R} \subseteq \mathbf{C}$.

特别地, 当 $b=0$ 时, 复数 $z=a+bi$ 就是实数 a;

当 $b \neq 0$ 时, 复数 $z=a+bi$ 称为虚数;

当 $a=0, b \neq 0$ 时, 复数 $z=a+bi$ 称为纯虚数 bi.

例 1 实数 m 取什么值时,复数 $(m+1)+(m-1)\text{i}$ 是(1)实数?(2)虚数?(3)纯虚数?

解 (1)当 $m-1=0$,即 $m=1$ 时,这个复数是实数;

(2)当 $m-1\neq 0$,即 $m\neq 1$ 时,这个复数是虚数;

(3)当 $m+1=0$ 且 $m-1\neq 0$,即 $m=-1$ 时,这个复数是纯虚数.

3. 复数相等

如果两个复数的实部和虚部分别相等,则这两个复数**相等**. 也就是说,如果 $a,b,c,d\in\mathbf{R}$,则
$$a+b\text{i}=c+d\text{i} \Leftrightarrow a=c, b=d$$

特别地,$a+b\text{i}=0 \Leftrightarrow a=0, b=0$.

例 2 已知复数 $(3x+1)+\text{i}=y-(3-y)\text{i}$,其中 $x,y\in\mathbf{R}$,求 x,y 的值.

解 根据复数相等的条件,得方程组
$$\begin{cases} 3x+1=y \\ 1=-(3-y) \end{cases}$$

解得 $x=1, y=4$.

4. 复数的几何表示

(1)复平面.

从复数相等的定义,我们知道,复数 $z=a+b\text{i}$ 由有序实数对 (a,b) 唯一确定. 而每一个有序实数对 (a,b),在平面直角坐标系中唯一地确定一点 $Z(a,b)$. 这使我们可以借平面直角坐标系来表示复数 $z=a+b\text{i}$. 如图 7.1 所示,点 Z 的横坐标是 a,纵坐标是 b,因此复数 $z=a+b\text{i}$ 可以用点 $Z(a,b)$ 来表示.

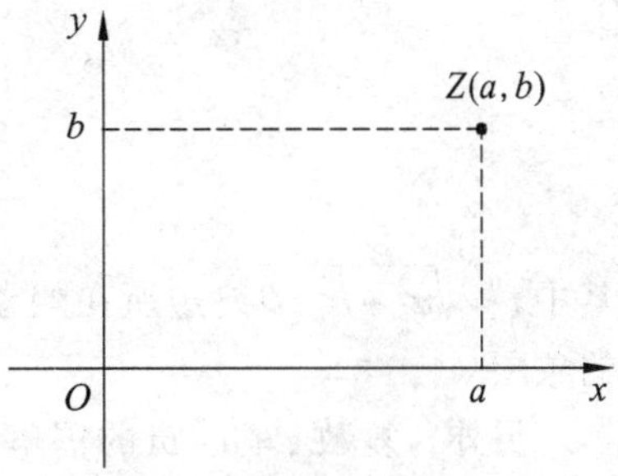

建立了直角坐标系,并用来表示复数的平面,叫做**复平面**.

在复平面内,x 轴称为**实轴**,单位为 1;y 轴除原点以外的部分叫做**虚轴**(原点在实轴上,表示实数 0),y 轴的单位为 i. 任一个实数 a 与实轴上的点 $(a,0)$ 一一对应;任一个纯虚数 $b\text{i}$ ($b\neq 0$) 与虚轴上的点 $(0,b)$ 一一对应.

显然,复数集 **C** 和复平面内的所有点构成的点集建立了一一对应关系:任何一个复数都可用复平面内的唯一确定点来表示;复平面内的每一个点都有唯一的一个复数和它对应.

图 7.1

(2)用向量表示复数.

如图 7.2 所示,如果复平面内的点 Z 表示复数 $a+b\text{i}$,连结 OZ,并把 O 看作起点,Z 看作终点,那么可得到有向线段所确定的向量 $\overrightarrow{OZ}$.

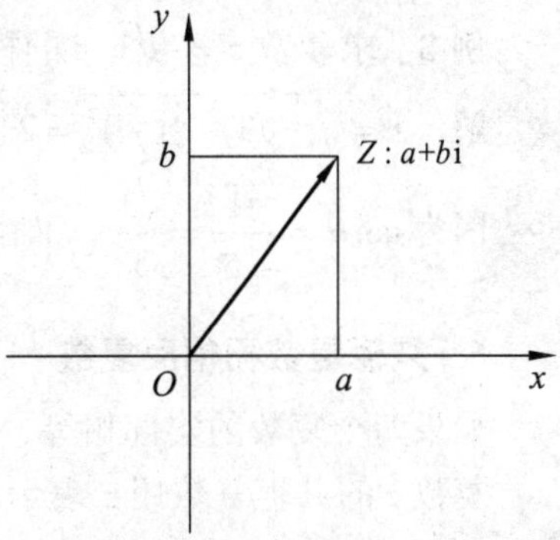

根据上述规定,复平面内的点 Z 和向量之间可以建立一一对应关系. 因为复平面内的点 $Z(a,b)$ 和复数 $z=a+b\text{i}$ 也是一一对应的,因此,我们可在复数 $z=a+b\text{i}$、点 $Z(a,b)$ 和向量之间建立起一一对应的关系,即

图 7.2

复数 $z=a+b\text{i}$ ⟵一一对应⟶ 复平面内的点 $Z(a,b)$ ⟵一一对应⟶ 平面向量 $\overrightarrow{OZ}$

5. 复数的模和辐角

向量的长度 $r = \sqrt{a^2+b^2}$ 叫做复数 $a+bi$ 的**模**，记为 $|\overrightarrow{OZ}|$，即

$$|\overrightarrow{OZ}| = \sqrt{a^2+b^2}$$

复数的模具有下列性质：
(1) $|z_1|+|z_2| \geqslant |z_1+z_2| \geqslant |z_1|-|z_2|$.
(2) $|z_1-z_2| \geqslant |z_1|-|z_2|$.
(3) $|z_1 \cdot z_2| = |z_1||z_2|$.
(4) $\left|\dfrac{z_1}{z_2}\right| = \dfrac{|z_1|}{|z_2|}$.

向量 $\overrightarrow{OZ}$ 与 x 轴正方向所成的夹角 θ 叫做复数 $a+bi$ 的**辐角**（见图 7.3）。不等于零的复数有无数多个辐角，它们的值相差 2π 的整数倍，其中适合于 $0 \leqslant \theta < 2\pi$ 的辐角 θ 的值，叫做**辐角的主值**，记作 $\theta = \arg z$. 复数的辐角通常用

$$\text{Arg}\, z = \arg z + 2k\pi \quad (k = 0, \pm 1, \pm 2 \cdots)$$

表示. 复数零没有确定的辐角.

复数 $z = a+bi$ 的辐角 θ 可由下面公式来确定：

$$\begin{cases} \cos\theta = \dfrac{a}{r} \\ \sin\theta = \dfrac{b}{r} \end{cases}$$

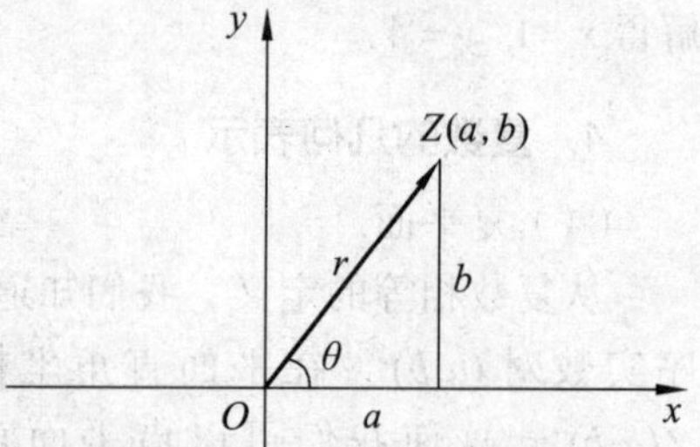

其中 $r = \sqrt{a^2+b^2}$，θ 终边所在的象限也就是点 $Z(a,b)$ 所在的象限.

图 7.3

另外，复数 $z = a+bi$ 的辐角 θ，也可用公式

$$\tan\theta = \dfrac{b}{a}$$

来确定，这里 θ 的终边所在的象限取决于 a 和 b 的符号. 用这种方法求辐角较为简便.

例 3 求复数 $z = -\sqrt{3}-i$ 的模和辐角主值.

解 $r = \sqrt{(-\sqrt{3})^2 + (-1)^2} = 2$.

因为 $\tan\theta = \dfrac{-1}{-\sqrt{3}} = \dfrac{\sqrt{3}}{3}$，又由于点 $(-\sqrt{3},-1)$ 在第三象限，所以 $\arg z = 210°$.

6. 共轭复数和相反复数

如果两个复数的实部相等，虚部互为相反数，则称这两个复数互为**共轭复数**.

复数 z 的共轭复数用 $\bar{z}$ 表示，即 $z = a+bi$，则

$$\bar{z} = a-bi$$

显然，复平面内两个共轭复数对应的点关于实轴对称.

例 4 指出下列各复数的共轭复数：$2-3i$，$3i-4$，$\sqrt{2}i$，-3，0．

解 $2-3i$ 的共轭复数是 $2+3i$；

$3i-4$ 的共轭复数是 $-4-3i$；

$\sqrt{2}i$ 的共轭复数是 $-\sqrt{2}i$；

-3 的共轭复数是 -3；

0 的共轭复数是 0．

例 5 已知复数 $(3x+2y)+(3x-y)i$ 与复数 $13+2i$ 互为共轭复数，其中 $x,y\in\mathbf{R}$，求 x 与 y．

解 因为 $13+2i$ 的共轭复数是 $13-2i$，根据题意得

$$(3x+2y)+(3x-y)i=13-2i$$

根据复数相等的条件得方程组 $\begin{cases}3x+2y=13\\3x-y=-2\end{cases}$

解得 $x=1, y=5$．

共轭复数有如下的性质：

（1）$z=\bar{z}$，必须且只须 z 为实数．

（2）$\overline{z_1\pm z_2}=\bar{z}_1\pm\bar{z}_2$，$\overline{z_1z_2}=\bar{z}_1\bar{z}_2$，$\overline{\left(\dfrac{z_1}{z_2}\right)}=\dfrac{\bar{z}_1}{\bar{z}_2}$．

（3）$z\bar{z}=|z|^2=|\bar{z}|^2$．

（4）$z+\bar{z}=2\operatorname{Re}z$，$z-\bar{z}=2(\operatorname{Im}z)i$．

如果两个复数的实部和虚部都互为相反数，则称这两个复数为**互为相反的复数**．也就是说，$a+bi$ 和 $-a-bi$ 互为相反复数．显然，两个相反复数的模相等，它们在复平面内对应的两个点关于原点成中心对称．

二、复数的表示形式

1. 复数的代数形式

$z=a+bi$ $(a,b\in\mathbf{R})$，叫做复数 z 的代数形式．

2. 复数的三角形式

利用复数 $z=a+bi$ 的模和幅角 θ，根据三角函数的定义，可以把复数表示成

$$a+bi=r(\cos\theta+i\sin\theta)$$

式子 $r(\cos\theta+i\sin\theta)$ 叫做复数 z 的三角形式，其中 $r=\sqrt{a^2+b^2}$，$\tan\theta=\dfrac{b}{a}$．

运用复数的三角形式时，要注意以下三点：

（1）模 r 必须是正数或零；

（2）$\cos\theta$ 与 $\sin\theta$ 之间必须是加号；

（3）括号中的实部必须是 $\cos\theta$，虚部必须是 $\sin\theta$，两部分的角必须相等，但不一定取辐角主值．

例如，$-r(\cos\theta+i\sin\theta)$，$r(-\cos\theta+i\sin\theta)$，$r(\sin\theta+i\cos\theta)$ 都不是复数的三角形式，化为

三角形式应为

$$-r(\cos\theta + i\sin\theta) = r[\cos(\pi+\theta) + i\sin(\pi+\theta)]$$

$$r(-\cos\theta + i\sin\theta) = r[\cos(\pi-\theta) + i\sin(\pi-\theta)]$$

$$r(\sin\theta + i\cos\theta) = r\left[\cos\left(\frac{\pi}{2}-\theta\right) + i\sin\left(\frac{\pi}{2}-\theta\right)\right]$$

实数或纯虚数的三角形式：

（1）正实数 a，r 为该数本身，$\theta = 0$．如 $4 = 4(\cos 0 + i\sin 0)$．

（2）负实数 a，r 为其相反数，$\theta = \pi$．如 $-5 = 5(\cos\pi + i\sin\pi)$．

（3）虚部为正数的纯虚数 bi．$r = b$，$\theta = \frac{\pi}{2}$．如 $2i = 2\left(\cos\frac{\pi}{2} + i\sin\frac{\pi}{2}\right)$．

（4）虚部为负数的纯虚数 bi．$r = -b$，$\theta = \frac{3\pi}{2}$．如 $-3i = 3\left(\cos\frac{3\pi}{2} + i\sin\frac{3\pi}{2}\right)$．

3. 复数的指数形式

复数的三角形式还可以通过欧拉公式 $e^{i\theta} = \cos\theta + i\sin\theta$（$\theta$ 用弧度制表示）表示为

$$z = r(\cos\theta + i\sin\theta) = re^{i\theta}$$

其中 $e = 2.71828\cdots$．这就是复数 z 的指数形式．

例 6 把复数 $z = -\sqrt{3} + i$ 化为三角形式．

解 因为 $a = -\sqrt{3}$，$b = 1$，所以

$$r = \sqrt{3+1} = 2, \quad \tan\theta = -\frac{1}{\sqrt{3}}$$

由于与 $-\sqrt{3} + i$ 对应的点在第二象限，所以 $\arg z = \frac{5}{6}\pi$，于是

$$-\sqrt{3} + i = 2\left(\cos\frac{5}{6}\pi + i\sin\frac{5}{6}\pi\right)$$

例 7 将复数 $z = 2\sqrt{3} - 2i$ 化为三角形式和指数形式．

解 因为 $r = \sqrt{12+4} = 4$，$\tan\theta = -\frac{1}{\sqrt{3}}$，由于与 $2\sqrt{3} - 2i$ 对应的点在第四象限，所以

$$\arg z = \frac{11}{6}\pi$$

于是

$$z = 2\sqrt{3} - 2i = 4\left(\cos\frac{11}{6}\pi + i\sin\frac{11}{6}\pi\right) = 4e^{i\frac{11}{6}\pi}$$

习题 7-1

1. 写出下列复数的实部和虚部，并指出它是实数、虚数或纯虚数：

（1）$2\sqrt{3} - 3\sqrt{2}i$
（2）$-\sqrt{3}i$；
（3）$2 - \sqrt{2}$；
（4）$0i$．

2. 已知复数的实部和虚部，写出这个复数：

（1）实部是 $-\sqrt{2}$，虚部是 1；　　　　（2）实部是 0，虚部是 $-\dfrac{\sqrt{2}}{2}$；

（3）实部是 3，虚部是 0；　　　　　　　（4）实部是 1，虚部是 -1.

3. 实数 m 取什么值时，复数 $(m^2-3m-4)+(m^2-5m-6)\mathrm{i}$ 是：（1）实数；（2）纯虚数；（3）零.

4. 求适合下列方程的实数 x 与 y 的值：

（1）$\left(\dfrac{1}{2}x+y\right)+\left(5x+\dfrac{2}{3}y\right)\mathrm{i}=-4+16\mathrm{i}$；　　（2）$(x+y)-xy\mathrm{i}=-5+24\mathrm{i}$；

（3）$2x^2-5x+2+(y^2+y-2)\mathrm{i}=0$；　　（4）$(x^2-y^2)+2xy\mathrm{i}=8+6\mathrm{i}$.

5. 求实数 x, y 的值，使 $(x^2+y^2)-xy\mathrm{i}$ 是 $13+6\mathrm{i}$ 的共轭复数.

6. 求下列复数的模和辐角主值：

（1）$1+\sqrt{3}\mathrm{i}$；　　　　　　　　　（2）$-1-\mathrm{i}$；

（3）$-2\left(\sin\dfrac{\pi}{5}+\mathrm{i}\cos\dfrac{\pi}{5}\right)$；　　　（4）$4\left(\cos\dfrac{\pi}{5}-\mathrm{i}\sin\dfrac{\pi}{5}\right)$.

7. 化下列复数为三角形式和指数形式：

（1）$\dfrac{1}{2}+\dfrac{\sqrt{3}}{2}\mathrm{i}$；　　　　　　　　（2）4；

（3）-2；　　　　　　　　　　　　（4）$-3\mathrm{i}$；

（5）$1-\sqrt{3}\mathrm{i}$；　　　　　　　　　（6）$-3\left(\cos\dfrac{\pi}{7}-\mathrm{i}\sin\dfrac{\pi}{7}\right)$.

8. 化下列复数为三角形式：

（1）$2\left(\cos\dfrac{\pi}{6}-\mathrm{i}\sin\dfrac{\pi}{6}\right)$；　　　　（2）$-3\left(\cos\dfrac{\pi}{4}+\mathrm{i}\sin\dfrac{\pi}{4}\right)$；

（3）$\sqrt{3}(\cos15°+\mathrm{i}\sin165°)$；　　　　（4）$3\left(-\sin\dfrac{\pi}{3}+\mathrm{i}\cos\dfrac{\pi}{3}\right)$；

（5）$1-\cos x-\mathrm{i}\sin x\ \left(0\leqslant x\leqslant\dfrac{\pi}{2}\right)$.

9. 求下列两式的值：

（1）$1+\mathrm{i}+\mathrm{i}^2+\cdots+\mathrm{i}^{50}$；　　　　（2）$1\cdot\mathrm{i}\cdot\mathrm{i}^2\cdots\mathrm{i}^{50}$.

10. 已知复数 x 的模是 1，求证：$\dfrac{x}{1+x^2}$ 是一个实数.

第二节　复数的运算

一、复数的加法、减法

复数的加、减法运算按实部与实部相加减、虚部与虚部相加减的法则进行，即

$$(a+b\mathrm{i})\pm(c+d\mathrm{i})=(a\pm c)+(b\pm d)\mathrm{i}$$

例 1 计算：$(8-5\mathrm{i})+(-3+2\mathrm{i})-(2+5\mathrm{i})$.

解 $(8-5\mathrm{i})+(-3+2\mathrm{i})-(2+5\mathrm{i})=(8-3-2)+(-5+2-5)\mathrm{i}=3-8\mathrm{i}$.

1. 复数加法的几何意义

两个复数的和 z_1+z_2，对应于以向量 $\overrightarrow{OZ_1}$ 和 $\overrightarrow{OZ_2}$ 为邻边所作的平行四边形的对角线 OZ 所表示的向量 $\overrightarrow{OZ}$，如图 7.4 所示，即

$$\overrightarrow{OZ}=\overrightarrow{OZ_1}+\overrightarrow{OZ_2}$$

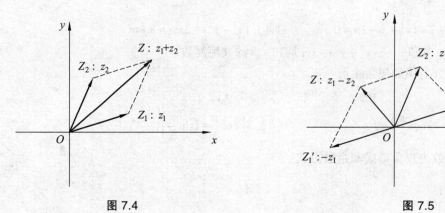

图 7.4　　　　　　　　　　图 7.5

2. 复数减法的几何意义

如图 7.5 所示，两个复数的差 z_2-z_1（即 $\overrightarrow{OZ_2}-\overrightarrow{OZ_1}$）对应于复数 z（即向量 $\overrightarrow{OZ}$）. 因为向量 $\overrightarrow{OZ}$ 与向量 $\overrightarrow{Z_1Z_2}$ 相等，它们表示同一个复数，所以两个复数的差 z_2-z_1，对应于连结两个向量的终点，并指向被减复数的向量 $\overrightarrow{Z_1Z_2}$，显然有

$$|z_2-z_1|=|\overrightarrow{OZ}|=|\overrightarrow{Z_1Z_2}|$$

若 $z_1=x_1+y_1\mathrm{i}$，$z_2=x_2+y_2\mathrm{i}$，则复数 z_1,z_2 的对应点 Z_1,Z_2 之间的距离 d 为

$$d=|z_1-z_2|=\sqrt{(x_1-x_2)^2+(y_1-y_2)^2}$$

例 2 已知复平面内一个等边三角形的两个顶点分别是 $z_1=1$ 与 $z_2=2+\mathrm{i}$，且第三个顶点 z_3 在 z_1,z_2 的上方，求 z_3.

解 设 $z_3=x+y\mathrm{i}$，则

$$|z_1-z_2|=|z_3-z_2|=|z_3-z_1|$$

即

$$|1-2-\mathrm{i}|=|z_3-2-\mathrm{i}|=|z_3-1|$$

$$|(x-1)+y\mathrm{i}|=|(x-2)+(y-1)\mathrm{i}|=\sqrt{2}$$

则

$$\begin{cases}(x-1)^2+y^2=2\\(x-2)^2+(y-1)^2=2\end{cases}$$

解此方程得 $x = \dfrac{3 \pm \sqrt{3}}{2}$，$y = \dfrac{1 \mp \sqrt{3}}{2}$. 于是所求的 Z_3 为 $z_3 = \dfrac{3-\sqrt{3}}{2} + \dfrac{1+\sqrt{3}}{2}\mathrm{i}$.

二、复数的乘除运算

1. 复数代数形式的乘、除运算

两复数的乘法类似于两多项式相乘，但必须在所得结果中把 i^2 换成 -1，并把实部和虚部分别合并.

例 3 求 $(2+\mathrm{i})(3-4\mathrm{i})$ 的值.

解 $(2+\mathrm{i})(3-4\mathrm{i}) = 2\times 3 + 2(-4\mathrm{i}) + 3\mathrm{i} + \mathrm{i}(-4\mathrm{i})$
$= 6 - 8\mathrm{i} + 3\mathrm{i} - 4\mathrm{i}^2 = 6 - 5\mathrm{i} + 4 = 10 - 5\mathrm{i}.$

一般地，设复数 $z_1 = a+b\mathrm{i}, z_2 = c+d\mathrm{i}$，则

$$z_1 \cdot z_2 = (a+b\mathrm{i})(c+d\mathrm{i}) = ac + ad\mathrm{i} + bc\mathrm{i} + bd\mathrm{i}^2$$

即
$$z_1 \cdot z_2 = (ac - bd) + (ad + bc)\mathrm{i}$$

例 4 求共轭复数 $(\sqrt{3}-\mathrm{i})$ 与 $(\sqrt{3}+\mathrm{i})$ 的积.

解 $(\sqrt{3}-\mathrm{i})(\sqrt{3}+\mathrm{i}) = (\sqrt{3})^2 - \mathrm{i}^2 = 3 + 1 = 4$.

复数的乘法满足交换律、结合律和乘法对加法的分配律.

设复数 z_1, z_2, z_3，则有

（1）交换律：$z_1 \cdot z_2 = z_2 \cdot z_1$.

（2）结合律：$(z_1 \cdot z_2) \cdot z_3 = z_1 \cdot (z_2 \cdot z_3)$.

（3）分配律：$z_1(z_2 + z_3) = z_1 z_2 + z_1 z_3$.

例 5 计算：（1）$(1+\mathrm{i})^2$；（2）$(1-\mathrm{i})^2$；（3）$(1+\mathrm{i})^{2000}$.

解 （1）$(1+\mathrm{i})^2 = 1^2 + 2 \cdot 1 \cdot \mathrm{i} + \mathrm{i}^2 = 1 + 2\mathrm{i} - 1 = 2\mathrm{i}$；

（2）$(1-\mathrm{i})^2 = 1^2 - 2 \cdot 1 \cdot \mathrm{i} + \mathrm{i}^2 = 1 - 2\mathrm{i} - 1 = -2\mathrm{i}$；

（3）$(1+\mathrm{i})^{2\,000} = [(1+\mathrm{i})^2]^{1\,000} = (2\mathrm{i})^{1\,000} = 2^{1\,000} \cdot \mathrm{i}^{1\,000} = 2^{1\,000} \cdot 1 = 2^{1\,000}$.

例 6 计算：$\dfrac{1-2\mathrm{i}}{3+4\mathrm{i}}$.

解 $\dfrac{1-2\mathrm{i}}{3+4\mathrm{i}} = \dfrac{(1-2\mathrm{i})(3-4\mathrm{i})}{(3+4\mathrm{i})(3-4\mathrm{i})} = \dfrac{(3-8)+(-6-4)\mathrm{i}}{9+16} = -\dfrac{1}{5} - \dfrac{2}{5}\mathrm{i}.$

两个复数相除（除数不为零），要先把它们写成分式，再将分子和分母同时乘以分母的共轭复数，然后进行化简，即

$$\dfrac{a+b\mathrm{i}}{c+d\mathrm{i}} = \dfrac{(a+b\mathrm{i})(c-d\mathrm{i})}{(c+d\mathrm{i})(c-d\mathrm{i})} = \dfrac{(ac+bd)+(bc-ad)\mathrm{i}}{c^2+d^2} = \dfrac{ac+bd}{c^2+d^2} + \dfrac{bc-ad}{c^2+d^2}\mathrm{i}$$

因此
$$\dfrac{a+b\mathrm{i}}{c+d\mathrm{i}} = \dfrac{ac+bd}{c^2+d^2} + \dfrac{bc-ad}{c^2+d^2}\mathrm{i}$$

例 7 计算：$\left(\dfrac{1+\mathrm{i}}{1-\mathrm{i}}\right)^6$.

解 $\left(\dfrac{1+i}{1-i}\right)^6 = \left[\left(\dfrac{1+i}{1-i}\right)^2\right]^3 = \left[\dfrac{(1+i)^2}{(1-i)^2}\right]^3 = \left(\dfrac{2i}{-2i}\right)^3 = (-1)^3 = -1.$

2. 复数三角形式的乘、除运算

设 $z_1 = r_1(\cos\theta_1 + i\sin\theta_1)$，$z_2 = r_2(\cos\theta_2 + i\sin\theta_2)$，则

$$z_1 \cdot z_2 = r_1(\cos\theta_1 + i\sin\theta_1) \cdot r_2(\cos\theta_2 + i\sin\theta_2)$$
$$= r_1 r_2[(\cos\theta_1\cos\theta_2 - \sin\theta_1\sin\theta_2) + i(\sin\theta_1\cos\theta_2 + \cos\theta_1\sin\theta_2)]$$
$$= r_1 r_2[\cos(\theta_1 + \theta_2) + i\sin(\theta_1 + \theta_2)]$$

即
$$z_1 z_2 = r_1 r_2[\cos(\theta_1 + \theta_2) + i\sin(\theta_1 + \theta_2)]$$

这就是说，两个复数的乘积仍为复数，积的模等于两个复数模的积，积的幅角等于两个复数的辐角的和（简述为：模相乘，辐角相加）.

若 $z_2 \neq 0$, 且 $\overline{z}_2 = r_2(\cos\theta_2 - i\sin\theta_2)$，$z_2\overline{z}_2 = r_2^2$，因此两个复数相除，可将分子、分母同时乘以分母的共轭复数，从而将分母化为实数. 于是有

$$\dfrac{z_1}{z_2} = \dfrac{r_1(\cos\theta_1 + i\sin\theta_1) \cdot r_2(\cos\theta_2 - i\sin\theta_2)}{r_2(\cos\theta_2 + i\sin\theta_2) \cdot r_2(\cos\theta_2 - i\sin\theta_2)}$$
$$= \dfrac{r_1 r_2[\cos(\theta_1 - \theta_2) + i\sin(\theta_1 - \theta_2)]}{r_2^2(\cos^2\theta_2 + \sin^2\theta_2)} = \dfrac{r_1}{r_2}[\cos(\theta_1 - \theta_2) + i\sin(\theta_1 - \theta_2)]$$

这就是说，两个复数相除时，商的模等于被除数的模除以除数的模，商的辐角等于被除数的辐角减去除数的辐角所得的差.（简述：模相除，幅角相减）.

例 8 计算：$\sqrt{2}\left(\cos\dfrac{\pi}{6} + i\sin\dfrac{\pi}{6}\right) \cdot \sqrt{3}\left(\cos\dfrac{\pi}{3} + i\sin\dfrac{\pi}{3}\right).$

解 $\sqrt{2}\left(\cos\dfrac{\pi}{6} + i\sin\dfrac{\pi}{6}\right) \cdot \sqrt{3}\left(\cos\dfrac{\pi}{3} + i\sin\dfrac{\pi}{3}\right)$
$= \sqrt{6}\left[\cos\left(\dfrac{\pi}{6} + \dfrac{\pi}{3}\right) + i\sin\left(\dfrac{\pi}{6} + \dfrac{\pi}{3}\right)\right] = \sqrt{6}\left(\cos\dfrac{\pi}{2} + i\sin\dfrac{\pi}{2}\right) = \sqrt{6}i.$

例 9 计算：$12\left(\cos\dfrac{3\pi}{4} + i\sin\dfrac{3\pi}{4}\right) \div 6\left(\cos\dfrac{\pi}{2} + i\sin\dfrac{\pi}{2}\right).$

解 $12\left(\cos\dfrac{3\pi}{4} + i\sin\dfrac{3\pi}{4}\right) \div 6\left(\cos\dfrac{\pi}{2} + i\sin\dfrac{\pi}{2}\right)$
$= 2\left[\cos\left(\dfrac{3\pi}{4} - \dfrac{\pi}{2}\right) + i\sin\left(\dfrac{3\pi}{4} - \dfrac{\pi}{2}\right)\right] = 2\left(\cos\dfrac{\pi}{4} + i\sin\dfrac{\pi}{4}\right) = \sqrt{2} + \sqrt{2}i.$

三、复数的乘方和开方

由复数的乘法可知，复数 $z = r(\cos\theta + i\sin\theta)$ 的平方为

$$z^2 = r^2(\cos 2\theta + i\sin 2\theta)$$

用数学归纳法容易证明

$$z^n = [r(\cos\theta + i\sin\theta)]^n = r^n(\cos n\theta + i\sin n\theta) \quad (n \in \mathbf{N}^*)$$

这就是说，复数的 n 次幂的模等于这个复数的模的 n 次幂，其辐角等于这个复数的辐角的 n 倍 $(n \in \mathbf{Z}^*)$. 这个结论称为棣莫佛定理.

设 $\omega^n = z$，求 z 的 n 次方根 ω $(n \in \mathbf{N}^*)$.

令 $z = r(\cos\theta + i\sin\theta)$，$\omega = \rho(\cos\varphi + i\sin\varphi)$，则

$$\rho^n(\cos n\varphi + i\sin n\varphi) = r(\cos\theta + i\sin\theta)$$

因为两复数相等，它们的模必相等，而辐角可以相差 2π 的整数倍. 所以

$$\begin{cases} \rho^n = r \\ n\varphi = \theta + 2k\pi \end{cases} \quad (k\text{ 为整数})$$

于是得 $\rho = \sqrt[n]{r}$，$\varphi = \dfrac{\theta + 2k\pi}{n}$. 因此 $z = r(\cos\theta + i\sin\theta)$ 的 n 次方根是

$$\omega_k = \sqrt[n]{r}\left(\cos\dfrac{\theta + 2k\pi}{n} + i\sin\dfrac{\theta + 2k\pi}{n}\right)$$

当 k 取 $0,1,2,3,\cdots,n-1$ 时，就可以得到 n 个不同的值. 由于正弦与余弦的周期都是 2π，当 k 取 $n, n+1, \cdots$ 时，又重复出现 k 取 $0,1,2,3,\cdots,n-1$ 时的结果，所以

$$\omega_k = \sqrt[n]{r}\left(\cos\dfrac{\theta + 2k\pi}{n} + i\sin\dfrac{\theta + 2k\pi}{n}\right), \quad (k = 0,1,2,\cdots,n-1)$$

也就是说：复数的 n $(n \in \mathbf{N}^*)$ 次方根是 n 个复数，它们的模等于这个复数的模的 n 次算术根，它们的辐角分别等于这个复数的辐角与 2π 的 $0,1,2,3,\cdots,n-1$ 倍的和的 n 分之一.

例 10 设 $(\sqrt{3} + i)^{10} = x + (y - \sqrt{3})i$，求实数 x 与 y.

解 因为

$$(\sqrt{3} + i)^{10} = \left[2\left(\cos\dfrac{\pi}{6} + i\sin\dfrac{\pi}{6}\right)\right]^{10} = 2^{10}\left(\cos\dfrac{5\pi}{3} + i\sin\dfrac{5\pi}{3}\right) = 512 - 512\sqrt{3}i$$

所以 $\qquad 512 - 512\sqrt{3}i = x + (y - \sqrt{3})i$

根据复数相等的条件得：$x = 512$，$y = -511\sqrt{3}$.

例 11 计算：

（1）$[\sqrt{2}(\cos 50° + i\sin 50°)]^6$；　　　（2）$(\sqrt{3} - i)^{12}$.

解（1）$[\sqrt{2}(\cos 50° + i\sin 50°)]^6 = (\sqrt{2})^6(\cos 300° + i\sin 300°) = 8(\cos 60° - i\sin 60°)$

$$= 8\left(\dfrac{1}{2} - \dfrac{\sqrt{3}}{2}i\right) = 4 - 4\sqrt{3}i.$$

（2）$(\sqrt{3} - i)^{12} = \left[2\left(\cos\dfrac{11\pi}{6} + i\sin\dfrac{11\pi}{6}\right)\right]^{12} = 2^{12}\left[\cos\left(12 \times \dfrac{11\pi}{6}\right) + i\sin\left(12 \times \dfrac{11\pi}{6}\right)\right]$

$$= 2^{12}(\cos 22\pi + i\sin 22\pi) = 2^{12} = 4096.$$

注意：在进行复数三角运算时，应首先准确地将复数化为三角形式．

例 12 求 $1+i$ 的四次方根．

解 因为 $1+i = \sqrt{2}\left(\cos\dfrac{\pi}{4}+i\sin\dfrac{\pi}{4}\right)$，所以 $1+i$ 的四次方根是

$$\omega_k = \sqrt[8]{2}\left(\cos\dfrac{\dfrac{\pi}{4}+2k\pi}{4}+i\sin\dfrac{\dfrac{\pi}{4}+2k\pi}{4}\right) \quad (k=0,1,2,3)$$

即

$$\omega_0 = \sqrt[8]{2}\left(\cos\dfrac{\pi}{16}+i\sin\dfrac{\pi}{16}\right), \quad \omega_1 = \sqrt[8]{2}\left(\cos\dfrac{9\pi}{16}+i\sin\dfrac{9\pi}{16}\right)$$

$$\omega_2 = \sqrt[8]{2}\left(\cos\dfrac{17\pi}{16}+i\sin\dfrac{17\pi}{16}\right), \quad \omega_3 = \sqrt[8]{2}\left(\cos\dfrac{25\pi}{16}+i\sin\dfrac{25\pi}{16}\right)$$

四、复数乘、除、开方的几何意义

1. 复数乘法的几何意义

复数 z_1 乘以 z_2 的几何意义：在复平面内分别作出 z_1，z_2 对应的向量 $\overrightarrow{OM_1}$ 和 $\overrightarrow{OM_2}$，把点 M_1 绕原点 O 按逆时针方向旋转角 θ_2，同时把向量 $\overrightarrow{OM_1}$ 的模变为原来的 r_2 倍，所得的向量 $\overrightarrow{OM}$ 就表示乘积 $z_1 \cdot z_2$ 所对应的向量（见图 7.6）．

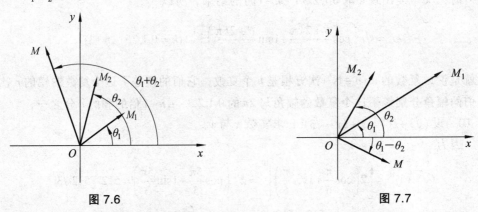

图 7.6　　　　　　　　　　　图 7.7

2. 复数 z_1 除以 z_2 的几何意义

复数 z_1 除以 z_2 的几何意义：把 z_1 所对应的向量 $\overrightarrow{OM_1}$ 先按顺时针方向旋转一个角 θ_2，同时把 $\overrightarrow{OM_1}$ 的长度变为原来的 $\dfrac{1}{r_2}$ 倍，得到一个新的向量 $\overrightarrow{OM}$，即复数 $\dfrac{z_1}{z_2}$ 所对应的向量（见图 7.7）．

3. 复数开方的几何意义

复数 $z = r(\cos\theta+i\sin\theta)$ 的 n 次方根所对应的点，是以原点为中心、$\sqrt[n]{r}$ 为半径的圆的一个内接正 n 边形的顶点，其中一个顶点 M_0 所对应的向量 $\overrightarrow{OM_0}$ 与 x 轴的正方向的夹角为 $\dfrac{\theta}{n}$（图 7.8 是 $n=8$ 的情况）．

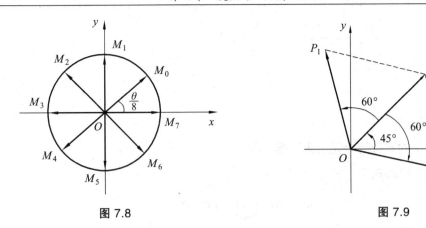

图 7.8　　　　　　　　　　　图 7.9

例 13　在复平面内的点 P 对应着复数 $z=1+\mathrm{i}$，求以 OP 为一边的正三角形的第三个顶点对应的复数.

解　所求的复数就是把向量 $\overrightarrow{OP}$ 分别按逆、顺时针方向旋转 $60°$ 得到的向量 $\overrightarrow{OP_1}$ 和 $\overrightarrow{OP_2}$ 所对应的复数，如图 7.9 所示.

由复数乘法和除法的几何意义可知，所求复数就是 z 乘以一个复数 z_1 的积或除以一个复数 z_2 的商．z_1 和 z_2 的模都是 1、辐角的主值均为 $60°$，所以所求复数分别是

$$z \cdot z_1 = (1+\mathrm{i})(\cos 60° + \mathrm{i}\sin 60°) = (1+\mathrm{i})\left(\frac{1}{2}+\frac{\sqrt{3}}{2}\mathrm{i}\right) = \frac{1-\sqrt{3}}{2}+\frac{1+\sqrt{3}}{2}\mathrm{i}$$

$$z \div z_2 = (1+\mathrm{i}) \div (\cos 60° + \mathrm{i}\sin 60°) = \frac{\sqrt{2}[\cos(45°)+\mathrm{i}\sin(45°)]}{\cos 60° + \mathrm{i}\sin 60°}$$

$$= \sqrt{2}\,[\cos(-15°)+\mathrm{i}\sin(-15°)] = \frac{1+\sqrt{3}}{2}+\frac{1-\sqrt{3}}{2}\mathrm{i}$$

所以，以 OP 为一边所做的正三角形的第三个顶点 P_1 或 P_2 所对应的复数是 $\frac{1-\sqrt{3}}{2}+\frac{1+\sqrt{3}}{2}\mathrm{i}$ 或 $\frac{1+\sqrt{3}}{2}+\frac{1-\sqrt{3}}{2}\mathrm{i}$.

在复数的运算中，请熟记下列基本关系：

$$\frac{1}{\mathrm{i}}=-\mathrm{i},\quad \frac{1+\mathrm{i}}{1-\mathrm{i}}=\mathrm{i},\quad \frac{1-\mathrm{i}}{1+\mathrm{i}}=-\mathrm{i},\quad (1\pm\mathrm{i})^2=\pm 2\mathrm{i}$$

i 的平方根是 $\pm\left(\frac{\sqrt{2}}{2}+\frac{\sqrt{2}}{2}\mathrm{i}\right)$.

1 的立方根是 $1, -\frac{1}{2}+\frac{\sqrt{3}}{2}\mathrm{i}, -\frac{1}{2}-\frac{\sqrt{3}}{2}\mathrm{i}$.

例 14　计算：$\dfrac{1}{2\mathrm{i}+\dfrac{1}{2\mathrm{i}+\dfrac{1}{\mathrm{i}}}}$.

解 $\dfrac{1}{2\mathrm{i}+\dfrac{1}{2\mathrm{i}+\dfrac{1}{\frac{1}{\mathrm{i}}}}} = \dfrac{1}{2\mathrm{i}+\dfrac{1}{2\mathrm{i}-\mathrm{i}}} = \dfrac{1}{2\mathrm{i}-\mathrm{i}} = -\mathrm{i}$.

五、复数方程

1. 对于 a, b, c 为实数的一元二次方程

此类方程的一般形式为

$$ax^2 + bx + c = 0 \quad (a \neq 0)$$

当 $b^2 - 4ac < 0$ 时,根据 $\mathrm{i}^2 = -1$,容易验证这个方程有两个相互共轭的复数根,即

$$x = \dfrac{-b \pm \sqrt{4ac - b^2}\,\mathrm{i}}{2a}$$

2. a, b, c 是复数的一元二次方程

由 $z = r(\cos\theta + \mathrm{i}\sin\theta)$ $(r \geq 0)$ 的两个平方根:

$$\omega_1 = \sqrt{r}\left(\cos\dfrac{\theta}{2} + \mathrm{i}\sin\dfrac{\theta}{2}\right), \quad \omega_2 = \sqrt{r}\left(\cos\dfrac{\theta + 2\pi}{2} + \mathrm{i}\sin\dfrac{\theta + 2\pi}{2}\right)$$

可知 $\omega_1 = -\omega_2$. 也就是说:一个复数的两平方根的绝对值相等,但符号相反. z^2 的两个平方根可简记为 $\pm z$.

现在应用复数的平方根来解系数 a, b, c 是复数的一元二次方程

$$az^2 + bz + c = 0 \quad (a \neq 0)$$

把上式变形为

$$\left(z + \dfrac{b}{2a}\right)^2 = \dfrac{b^2 - 4ac}{4a^2}$$

若 $\Delta = b^2 - 4ac$ 的平方根为 $\pm \omega$,则方程的两个根就是

$$z_1 = \dfrac{-b + \omega}{2a}, \quad z_2 = \dfrac{-b - \omega}{2a}$$

由此也可知,在复数集内,一元二次三项式 $az^2 + bz + c$ 总可以分解为两个一次式的因式之积,即

$$az^2 + bz + c = a(z - z_1)(z - z_2)$$

例 15 解方程:$z^2 - (4 + 2\mathrm{i})z + 6 = 0$.

解 因为

$$\Delta = b^2 - 4ac = (4 + 2\mathrm{i})^2 - 24 = 4(-3 + 4\mathrm{i}) = 20\left(-\dfrac{3}{5} + \dfrac{4}{5}\mathrm{i}\right)$$

若令 $\cos\theta = -\dfrac{3}{5}$, $\sin\theta = \dfrac{4}{5}$, 则 $\cos\dfrac{\theta}{2} = \dfrac{1}{\sqrt{5}}$, $\sin\dfrac{\theta}{2} = \dfrac{2}{\sqrt{5}}$. 于是 Δ 的一个平方根为

$$\omega = 2\sqrt{5}\left(\cos\dfrac{\theta}{2} + i\sin\dfrac{\theta}{2}\right) = 2\sqrt{5}\left(\dfrac{1}{\sqrt{5}} + \dfrac{2}{\sqrt{5}}i\right) = 2 + 4i$$

则原方程的两个根为

$$z_1 = \dfrac{(4+2i)+(2+4i)}{2} = 3+3i, \quad z_2 = \dfrac{(4+2i)-(2+4i)}{2} = 1-i$$

当然，也可令 $z = x + yi$ ($x \in \mathbf{R}, y \in \mathbf{R}$)，代入原方程，然后分别由实部为零与虚部为零，得到关于 x, y 的二元二次方程组：

$$\begin{cases} x^2 - y^2 - 4x + 2y + 6 = 0 \\ xy - x - 2y = 0 \end{cases}$$

解此方程组，也可得到上面的根.

例 17 设 $z = \cos\theta + i\sin\theta$ ($0 < \theta < 2\pi$)，$\omega = 1 + z$，求 $\arg\omega$.

解 为便于求出 $\arg\omega$，先把 ω 化为三角形式：

$$\omega = 1 + z = 1 + \cos\theta + i\sin\theta = 2\cos^2\dfrac{\theta}{2} + 2i\sin\dfrac{\theta}{2}\cos\dfrac{\theta}{2} = 2\cos\dfrac{\theta}{2}\left(\cos\dfrac{\theta}{2} + i\sin\dfrac{\theta}{2}\right)$$

即 $|\omega| = 2\left|\cos\dfrac{\theta}{2}\right|$. 由此与 $0 < \theta < 2\pi$ 知，ω 的三角形式为

$$\omega = \begin{cases} 2\cos\dfrac{\theta}{2}\left(\cos\dfrac{\theta}{2} + i\sin\dfrac{\theta}{2}\right), & (0 < \theta < \pi) \\ 0, & (\theta = \pi) \\ -2\cos\dfrac{\theta}{2}\left[\cos\left(\pi + \dfrac{\theta}{2}\right) + i\sin\left(\pi + \dfrac{\theta}{2}\right)\right], & (\pi < \theta < 2\pi) \end{cases}$$

所以

$$\arg\omega = \begin{cases} \dfrac{\theta}{2}, & (0 < \theta < \pi) \\ \varphi, & (\theta = \pi) \\ \pi + \dfrac{\theta}{2}, & (\pi < \theta < 2\pi) \end{cases}, \quad \varphi \in [0, 2\pi)$$

例 17 解方程：$z^2 + 2|z| = 3$.

解 在原方程两端取共轭，得

$$\overline{z}^2 + 2|z| = 3$$

将这个方程与原方程相减，有

$$z^2 - \overline{z}^2 = 0, \quad 即\ (z - \overline{z})(z + \overline{z}) = 0$$

得 $z = \overline{z}$ 或 $z = -\overline{z}$. 所以 z 为实数或 z 为纯虚数.

设 z 为实数 x，则方程成为

$$x^2 + 2|x| = 3$$

解之得 $|x|=1$,故 $x=\pm 1$;

设 z 为纯虚数 $y\mathrm{i}$,则方程成为

$$-y^2+2|y|=3$$

这个方程无解.

综上所述,原方程的解为 $z=\pm 1$.

3. 二项方程

形如

$$a_n x^n + a_0 = 0 \quad (a_0, a_n \neq 0, n \in \mathbf{N}^*)$$

的方程叫做二项方程.

任何一个二项方程都可以化为

$$x^n = b \quad (b \in \mathbf{C})$$

的形式,所以可通过复数的开方来求它的根.

例 18 解方程:$x^5 - 32 = 0$.

解 由于 $x^5 = 32$,所以

$$x^5 = 32(\cos 0 + \mathrm{i}\sin 0)$$

即

$$x_k = \sqrt[5]{32}\left(\cos\frac{2k\pi}{5} + \mathrm{i}\sin\frac{2k\pi}{5}\right) \quad (k=0,1,2,3,4)$$

于是方程的五个根分别是:

$$x_0 = 2(\cos 0 + \mathrm{i}\sin 0) = 2, \quad x_1 = 2\left(\cos\frac{2\pi}{5} + \mathrm{i}\sin\frac{2\pi}{5}\right), \quad x_2 = 2\left(\cos\frac{4\pi}{5} + \mathrm{i}\sin\frac{4\pi}{5}\right)$$

$$x_3 = 2\left(\cos\frac{6\pi}{5} + \mathrm{i}\sin\frac{6\pi}{5}\right), \quad x_4 = 2\left(\cos\frac{8\pi}{5} + \mathrm{i}\sin\frac{8\pi}{5}\right)$$

习题 7-2

1. 计算:

(1) $\left(\frac{2}{3} + \mathrm{i}\right) + \left(1 - \frac{2}{3}\mathrm{i}\right) - \left(\frac{1}{2} + \frac{3}{2}\mathrm{i}\right)$;

(2) $(-\sqrt{2} + \sqrt{3}\mathrm{i}) + (\sqrt{3} - \sqrt{2}\mathrm{i}) - [(\sqrt{3} - \sqrt{2}) + (\sqrt{3} + \sqrt{2})\mathrm{i}]$;

(3) $(2x + 3y\mathrm{i}) - (3x - 2y\mathrm{i}) + (y - 2x\mathrm{i}) - 3x\mathrm{i}, (x, y \in \mathbf{R})$;

(4) $(1 - 3\mathrm{i}^7) + (2 + 4\mathrm{i}^9) - (3 - 5\mathrm{i}^3)$.

2. 计算:

(1) $(-5 + 6\mathrm{i})(-3\mathrm{i})$;　　(2) $(0.1 + 0.3\mathrm{i}) - (0.1 - 0.4\mathrm{i})$;

(3) $(-3 - 4\mathrm{i})(2 + 3\mathrm{i})$;　　(4) $\left(-\frac{1}{2} + \frac{\sqrt{3}}{2}\mathrm{i}\right)\left(-\frac{1}{2} - \frac{\sqrt{3}}{2}\mathrm{i}\right)$;

(5) $(1 - 2\mathrm{i})(2 + \mathrm{i})(3 - 4\mathrm{i})$.

3. 计算：

（1）$\dfrac{2i}{1-i}$；　　　　（2）$\dfrac{1-2i}{3+4i}$；　　　　（3）$\dfrac{1+2i}{2-4i^3}$；　　　　（4）$\dfrac{(1-2i)^2}{3-4i}-\dfrac{(2+i)^2}{4-3i}$.

4. 计算：

（1）$\sqrt{2}\left(\cos\dfrac{\pi}{12}+i\sin\dfrac{\pi}{12}\right)\cdot\sqrt{3}\left(\cos\dfrac{\pi}{6}+i\sin\dfrac{\pi}{6}\right)$；

（2）$8\left(\cos\dfrac{\pi}{6}+i\sin\dfrac{\pi}{6}\right)\cdot 2\left(\cos\dfrac{\pi}{6}-i\sin\dfrac{\pi}{6}\right)$；

（3）$(1-i)\left(-\dfrac{1}{2}+\dfrac{\sqrt{3}}{2}i\right)\left[\cos\left(\dfrac{5}{12}\pi-\theta\right)+i\sin\left(\dfrac{5}{12}\pi-\theta\right)\right]$；

（4）$2(\cos 12°+i\sin 12°)\cdot 3(\cos 78°+i\sin 78°)\cdot\dfrac{1}{6}(\cos 45°+i\sin 45°)$.

5. 计算：

（1）$12\left(\cos\dfrac{7}{4}\pi+i\sin\dfrac{7}{4}\pi\right)\div 6\left(\cos\dfrac{2}{3}\pi+i\sin\dfrac{2}{3}\pi\right)$；

（2）$\sqrt{3}(\cos 150°+i\sin 150°)\div\sqrt{2}(\cos 225°+i\sin 225°)$；

（3）$2\div\left(\cos\dfrac{\pi}{4}+i\sin\dfrac{\pi}{4}\right)$；

（4）$(-i)\div 2(\cos 120°+i\sin 120°)$.

6. 计算：

（1）$[3(\cos 18°+i\sin 18°)]^5$；　　　　（2）$\left[3\left(\cos\dfrac{\pi}{4}-i\sin\dfrac{\pi}{4}\right)\right]^6$；

（3）$(2+2i)^8$；　　　　（4）$\left(\dfrac{\sqrt{3}-i}{2}\right)^{12}$.

7. 设 $(\sqrt{3}+i)^9=m+(n-2)i$，求实数 m, n.

8. 解答下列各题：

（1）求 $1-i$ 的立方根；　　　　（2）求 -64 的 4 次方根；

（3）求 $-i$ 的平方根；　　　　（4）求 $-1+\sqrt{3}i$ 的 6 次方根.

9. 解下列方程：

（1）$x^2+x+6=0$；　　　　（2）$x^4+3x^2-10=0$；

（3）$x^3+1-i=0$；　　　　（4）$x^5-2+2i=0$.

10. 设点 A, B, C, D 对应的复数为 $2+i, 3+6i, 2i, \dfrac{1}{2}+i$，

（1）求证 $\overrightarrow{AC}\perp\overrightarrow{BD}$；　　　　（2）求四边形 $ABCD$ 的面积.

11. 设 $z+\dfrac{1}{z}$ 为实数，且 $|z-2|=\sqrt{3}$，求 z.

12. 设 $z=\cos\theta+i\sin\theta$，求 $\text{Re}(z^2+z+1)$ 的最大值与最小值.

13. 设复平面内点 F_1, F_2 所对应的复数分别为 $i, -i$，过点 F_2 引直线交曲线 $|z-i|+|z+i|=4$ 于点 G_1, G_2. 求 $\triangle G_1F_1G_2$ 的周长.

14. 解下列方程：

(1) $4z^2 - 4iz - 1 - 8i = 0$；

(2) $2z^2 + 4|z| = 1$；

(3) $z^2 - (5+i)z + (8+i) = 0$.

第三节 余式定理与因式定理

上面我们讨论了复数及其运算，解决了一元二次方程在复数集 **C** 内的求根问题以及二元三项式在复数集 **C** 内分解成两个一次因式的问题. 但是一个一元高次多项式是否能分解成多个一次因式的乘积？在这一节，我们先讨论余式定理和因式定理，然后研究一元高次多项式的因式分解.

一、余式定理

我们知道，多项式 $f(x) = 2x^2 - 5x + 1$ 除以 $x - 2$ 所得的余数是 -1；如果把 $x = 2$ 代入 $f(x)$ 也得到 $f(2) = -1$. 可见，$f(x)$ 除以 $x - 2$ 所得的余数恰巧是 $f(2)$. 现在来研究：一般的多项式 $f(x)$ 除以 $x - b$ 所得的余数是否仍有这样的性质.

定理 3.1（余式定理） 多项式 $f(x)$ 除以 $x - b$ 所得的余数等于 $f(b)$.

证明 设多项式 $f(x)$ 除以 $x - b$ 所得的商式为 $q(x)$，余数为 r，则

$$f(x) = (x-b) \cdot q(x) + r$$

用 $x = b$ 代入上式两边得

$$f(b) = (b-b) \cdot q(b) + r$$

所以余数 $r = f(b)$.

这个定理叫做**余式定理**，也叫做**剩余定理**或**裴蜀定理**. 由这个定理可知，求多项式 $f(x)$ 除以 $x - b$ 所得的余数 r，就可以由 $f(b)$ 直接求得；反之，求 $f(x)$ 在 $x = b$ 的值 $f(b)$，也可以由余数 r 来求得.

例 1 求多项式 $f(x) = x^6 + 6$ 除以 $x + 1$ 所得的余数 r.

解 由余式定理可知，所求的余数为

$$r = f(-1) = (-1)^6 + 6 = 7$$

例 2 求多项式 $f(x) = 4x^4 - 12x^3 + 7x^2 + 7x - 5$ 除以 $x - \dfrac{3}{2}$ 所得的余数 r.

解（解法一） 用直接代入法：

$$余数\ r = f\left(\frac{3}{2}\right) = 4 \cdot \left(\frac{3}{2}\right)^4 - 12 \cdot \left(\frac{3}{2}\right)^3 + 7 \cdot \left(\frac{3}{2}\right)^2 + 7 \cdot \left(\frac{3}{2}\right) - 5 = 1$$

（解法二） 用综合除法：

$$
\begin{array}{rrrrr|r}
4 & -12 & +7 & +7 & -5 & \dfrac{3}{2} \\
  & +6 & -9 & -3 & +6 & \\
\hline
4 & -6 & -2 & +4 & +1 &
\end{array}
$$

所以余数 $r=1$.

例 3　设 $f(x)=x^6-10x^5+18x^4-20x^3+30x^2+15x+8$，求 $f(8)$.

解　用综合除法求余数 r：

```
  1    -10    +18    -20    +30    +15    +8  | 8
         +8    -16    +16    -32    -16    -8
  1     -2     +2     -4     -2    -10     0
```

所以余数 $r=0$. 再由余式定理可知，$f(8)=0$.

二、因式定理

从上面例 3 可知，多项式 $f(x)=x^6-10x^5+18x^4-20x^3+30x^2+15x+8$ 除以 $x-8$ 所得的余数 $r=0$，所以 $x-8$ 整除 $f(x)$. 也就是说，

$$x^6-10x^5+18x^4-20x^3+30x^2+15x+8=(x^5-2x^4+2x^3-4x^2-2x-1)(x-8)$$

显然，$x^6-10x^5+18x^4-20x^3+30x^2+15x+8$ 有一个因式 $x-8$. 于是，从余式定理可以推出一个重要的定理——因式定理.

定理 3.2（因式定理）　多项式 $f(x)$ 有一个一次因式 $x-b$ 的充要条件是 $f(b)=0$.

证明　（1）充分性. 设 $f(b)=0$，根据余式定理，$f(x)$ 除以 $x-b$ 所得的余数 $r=0$. 因此，$f(x)$ 有一个一次因式 $x-b$.

（2）必要性. 设 $f(x)$ 有一个一次因式 $x-b$，则 $f(x)$ 除以 $x-b$ 所得的余数 $r=0$，根据余式定理有 $f(b)=0$.

例 4　求证：n 为任何自然数，x^n-a^n 都有因式 $x-a$.

证明　设 $f(x)=x^n-a^n$，则有

$$f(a)=a^n-a^n=0$$

根据因式定理，x^n-a^n 有因式 $x-a$.

例 5　求 m 为何值时，多项式 $f(x)=x^5-8x^3+m$ 能被 $x+2$ 整除.

解　因为多项式 $f(x)$ 能被 $x+2$ 整除就是 $f(x)$ 有因式 $x+2$，故由因式定理可知，其充要条件是 $f(-2)=0$，即

$$(-2)^5-8(-2)^3+m=0$$

所以 $m=-32$.

三、分解因式

从因式定理可知，如果多项式 $f(x)$ 在 $x=b$ 的值等于 0，则 $x-b$ 必为 $f(x)$ 的一个因式. 但是对于复系数的一元 n 次多项式 $f(x)$ 能否分解为 n 个一次因式（所谓复系数多项式是指该多项式的系数是复数）？下面的定理可以回答这个问题.

定理 3.3　任何一个复系数一元 n 次多项式 $f(x)$ 有且仅有 n 个一次因式

$$x-x_i \quad (i=1,2,\cdots,n)$$

把其中相同的因式的积用幂表示后，$f(x)$ 就具有唯一确定的因式分解的形式

$$f(x)=a_n(x-x_1)^{k_1}(x-x_2)^{k_2}\cdots(x-x_m)^{k_m}$$

其中 $k_1,k_2,\cdots,k_m\in \mathbf{N}^*$，且 $k_1+k_2+\cdots+k_m=n$，复数 $x_1,x_2,\cdots,x_m$ 两两不相等，$x-x_i(i=1,2,\cdots,m)$ 为 $f(x)$ 的 k_i 重一次因式.

注意：这个定理必须在复数集 **C** 内分解才能成立，否则不一定成立.

例 6 把多项式 $f(x)=x^6+x^4-x^2-1$ 在复数集 **C** 内分解因式.

解 用因式分解法：

$$f(x)=x^6+x^4-x^2-1=(x^6+x^4)-(x^2+1)=x^4(x^2+1)-(x^2+1)$$
$$=(x^2+1)(x^4-1)=(x^2+1)(x^2+1)(x^2-1)=(x+i)^2(x-i)^2(x+1)(x-1)$$

这个一元六次多项式有六个一次因式，其中有两个因式 $x+i$ 和 $x-i$ 都是 2 重一次因式.

对于复系数的一元 n 次多项式，定理 3.1、3.2 也都成立.

对于任意一个复系数一元 n 次多项式 $f(x)$，要求出它的一次因式，是没有一般方法的. 但对于整系数的多项式 $f(x)$，则可用下面定理和综合除法以及因式定理，能较快地求出它的形如 $x-\dfrac{q}{p}$（其中 p,q 是互质的整数）的因式，或者确定它没有这种形式的因式.

定理 3.4 如果整系数多项式

$$f(x)=a_nx^n+a_{n-1}x^{n-1}+\cdots+a_1x+a_0 \quad (a_n\neq 0)$$

有因式 $x-\dfrac{q}{p}$（其中 p,q 是互质的整数），则 p 一定是首项系数 a_n 的约数，q 一定是常数项 a_0 的约数.

证明 因为 $f(x)$ 有因式 $x-\dfrac{q}{p}$，所以 $f\left(\dfrac{q}{p}\right)=0$，即

$$a_n\left(\dfrac{q}{p}\right)^n+a_{n-1}\left(\dfrac{q}{p}\right)^{n-1}+\cdots+a_1\left(\dfrac{q}{p}\right)+a_0=0$$

所以

$$a_n\left(\dfrac{q}{p}\right)^n=-\left[a_{n-1}\left(\dfrac{q}{p}\right)^{n-1}+\cdots+a_1\left(\dfrac{q}{p}\right)+a_0\right]$$

$$\dfrac{a_nq^n}{p}=-(a_{n-1}q^{n-1}+\cdots+a_1qp^{n-2}+a_0p^{n-1})$$

等式的右边是一个整数，所以 $\dfrac{a_nq^n}{p}$ 也是一个整数，即 p 能整除 a_nq^n. 但 p,q 是互质的，所以 p 只能整除 a_n，从而 p 是 a_n 的约数.

同理，把上面的等式写成

$$\dfrac{a_0p^n}{q}=-(a_nq^{n-1}+a_{n-1}q^{n-2}p+\cdots+a_1p^{n-1})$$

可以证明 q 一定是常数项 a_0 的约数.

推论 如果首项系数为 1 的整系数多项式

$$f(x) = x^n + a_{n-1}x^{n-1} + \cdots + a_1x + a_0$$

有因式 $x-q$，其中 q 是整数，则 q 一定是常数项 a_0 的约数.

利用此定理或推论，我们可以较快地判定一个一元一次因式是不是某整系数一元 n 次多项式的因式.

例 7 把多项式 $f(x) = x^3 + x^2 - 10x - 6$ 分解因式.

解 由定理 3.4 的推论可知，$f(x)$ 的一次因式可能为

$$x \pm 1, \quad x \pm 2, \quad x \pm 3, \quad x \pm 6.$$

因为 $f(1), f(-1), f(-2)$ 的值都不为 0，而 $f(3) = 0$，故 $x-3$ 是 $f(x)$ 的一个一次因式. 用综合除法得

1	+1	−10	−6	3
	+3	+12	+6	
1	+4	+2	0	

所以
$$x^3 + x^2 - 10x - 6 = (x-3)(x^2 + 4x + 2)$$

又因 $x^2 + 4x + 2 = 0$ 的两个根分别为 $-2+\sqrt{2}, -2-\sqrt{2}$，于是

$$x^3 + x^2 - 10x - 6 = (x-3)(x^2 + 4x + 2)$$
$$= (x-3)(x+2-\sqrt{2})(x+2+\sqrt{2})$$

例 8 把多项式 $f(x) = 2x^4 - x^3 - 13x^2 - x - 15$ 分解因式.

解 由定理 3.4 知，$f(x)$ 的一次因式可能为

$$x \pm 1, \quad x \pm 3, \quad x \pm 5, \quad x \pm 15, \quad x \pm \frac{1}{2}, \quad x \pm \frac{3}{2}, \quad x \pm \frac{5}{2}, \quad x \pm \frac{15}{2}$$

因为 $f(1), f(-1), f(-3)$ 的值都不为 0，而 $f(3) = 0$，故 $x-3$ 是 $f(x)$ 的一个一次因式. 用综合除法得

2	−1	−13	−1	−15	3
	+6	+15	+6	+15	
2	+5	+2	+5	0	$-\frac{5}{2}$
	−5	0	−5		
2	0	+2	0		

解降次方程
$$2x^2 + 2 = 0$$

得 $x = \mathrm{i}, x = -\mathrm{i}$. 于是

$$2x^4 - x^3 - 13x^2 - x - 15 = 2(x-3)\left(x+\frac{5}{2}\right)(x^2+1)$$
$$= 2(x-3)\left(x+\frac{5}{2}\right)(x+i)(x-i)$$

习题 7-3

1. 已知 $f(x) = 3x^5 + 2x^4 - 19x^3 + 18x^2 + 35x - 70$，求 $f\left(\dfrac{1}{3}\right)$.

2. 不用除法，求证：
（1） $x^5 + 4x^3 - 11x^2 + 9x - 3$ 有因式 $x-1$；
（2） $(x-1)^5 - 1$ 有因式 $x-2$；
（3）当 n 为奇数时：$x^n + a^n$ 有因式 $x+a$，$x^n - a^n$ 有因式 $x-a$.

3. 把下列各式分解因式（在复数集 **C** 内）.
（1） $x^3 - 4x^2 - 17x + 60$；　　　　（2） $x^3 - 8x + 8$；
（3） $4x^4 + 4x^3 - 9x^2 - x + 2$；　　（4） $2x^4 - x^3 - 13x^2 - x - 15$.

4. 把下列各式分解因式（在有理数集 **Q** 中）.
（1） $4x^4 - 3x^3 + 15x^2 - 1$；
（2） $3a^5 - 5a^4b + a^3b^2 - 8a^2b^3 + 3ab^4 + 2b^5$.

5. 已知 $x^4 + ax^2 + 1$ 能被 $x^2 + ax + 1$ 整除，确定 a 的值.

第四节　一元高次方程

一、高次方程的根

如果
$$f(x) = a_n x^n + a_{n-1} x^{n-1} + \cdots + a_1 x + a_0 \quad (a_n \neq 0)$$
是复系数的一元 n 次多项式，则方程
$$a_n x^n + a_{n-1} x^{n-1} + \cdots + a_1 x + a_0 = 0 \quad (a_n \neq 0)$$
叫做**复系数的一元 n 次方程**. 如果方程的系数都是实数，则称此方程为**实系数方程**. 当 $n > 2$ 时，通常叫做**高次方程**.

因为一元 n 次方程 $f(x) = 0$ 的根与多项式 $f(x)$ 的一次因式之间有着极其密切的关系，根据因式定理，我们有：

定理 4.1　一元 n 次方程 $f(x) = 0$ 有一个根 $x = b$ 的充要条件是多项式 $f(x)$ 有一个一次因式 $x - b$.

由上节定理 3.3，我们已经知道，任何一个复系数一元 n 次多项式 $f(x)$ 都具有唯一确定的因式分解的形式：

$$f(x) = a_n(x-x_1)^{k_1}(x-x_2)^{k_2}\cdots(x-x_m)^{k_m}$$

其中 $k_1, k_2, \cdots, k_m \in \mathbf{N}^*$，且 $k_1+k_2+\cdots+k_m=n$，复数 $x_1, x_2, \cdots, x_m$ 两两不等. 由定理 4.1 可知，$x_1, x_2, \cdots, x_m$ 都是方程 $f(x)=0$ 的根. 除此之外，方程 $f(x)=0$ 不再有其他的根. 因此，易得到：

定理 4.2 复系数一元 n 次方程在复数集 $\mathbf{C}$ 中有且仅有 n 个根（k 重根算 k 个根）.

这个定理解决了复系数一元 n 次方程在复数集 $\mathbf{C}$ 中的根的个数问题. 要注意，实系数一元 n 次方程在实数集 $\mathbf{R}$ 中的根的个数不一定具有这样的性质. 例如，方程 $x^2+x+1=0$ 在实数集 $\mathbf{R}$ 中没有一个实数根.

例 1 已知方程 $x^3+8x^2+5x-50=0$，

（1）求证 -5 是这个方程的二重根；

（2）求这个方程的另一个根.

解 （1）因为

$$f(-5) = (-5)^3 + 8(-5)^2 + 5(-5) - 50 = 0$$

所以 -5 是这个方程的一个根. 用综合除法得

1	+8	+5	−50	−5
	−5	−15	+50	
1	+3	−10	0	−5
	−5	+10		
1	−2	0		

即

$$x^3+8x^2+5x-50 = (x+5)(x+5)(x-2) = (x+5)^2(x-2)$$

由此可知，$x+5$ 是多项式 $f(x)$ 的二重一次因式，所以 -5 是方程 $f(x)=0$ 的二重根.

（2）由（1）可知，原方程可写成

$$(x+5)^2(x-2) = 0$$

所以这个方程的另一个根为 $x=2$.

例 2 求方程 $f(x) = x^4+3x^3-2x^2-9x+7=0$ 在复数集 $\mathbf{C}$ 内的解集.

解 原方程的有理根只可能为 ± 1，± 7.

因为原方程的系数之和为 0，即 $f(1)=0$，故 1 是原方程的一个根，用综合除法有

1	+3	−2	−9	+7	1
	+1	+4	+2	−7	
1	+4	+2	−7	0	1
	+1	+5	+7		
1	+5	+7	0		

所以原方程可写成 $(x-1)^2(x^2+5x+7)=0$

解原方程的降次方程 $x^2+5x+7=0$

得两根 $x = \dfrac{-5 \pm \sqrt{3}\,\mathrm{i}}{2}$. 所以, 原方程在复数集 **C** 内的解集为 $\left\{1_{(2)}, \dfrac{-5+\sqrt{3}\mathrm{i}}{2}, \dfrac{-5-\sqrt{3}\mathrm{i}}{2}\right\}$.

定理 4.3 如果既约分数 $\dfrac{q}{p}$ 是整系数一元 n 次方程:

$$a_n x^n + a_{n-1} x^{n-1} + \cdots + a_1 x + a_0 = 0 \quad (a_n \neq 0)$$

的根, 则 p 一定是首项系数 a_n 的约数, q 一定是常数项 a_0 的约数.

推论 1 如果整系数一元 n 次方程的首项系数为 1, 则这个方程的有理数根只能是整数.

推论 2 如果整系数一元 n 次方程有整数根, 则它一定是常数项的约数.

我们知道, 任何一个整数的约数只有有限个, 因此, 应用定理 4.3 或推论, 通过试探的方法, 就可以把整系数一元 n 次方程的所有有理根逐个找出, 或者证明它没有有理根. 但是必须注意: 在应用此定理和推论时, 首先要求原方程一定是整系数方程.

例 3 求方程 $f(x) = 2x^3 + 3x^2 - 8x + 3 = 0$ 在复数集 **C** 内的解集.

解 原方程的有理根只可能是: $\pm 1, \pm 3, \pm \dfrac{3}{2}, \pm \dfrac{1}{2}$.

因为 $f(1) = 0$, 所以 1 是原方程的一个根. 利用综合除法

2	+3	−8	+3	1
	+2	+5	−3	
2	+5	−3	0	

由此得到原方程的降次方程

$$2x^2 + 5x - 3 = 0$$

解得 $x = -3$, $x = \dfrac{1}{2}$. 所以原方程在复数集 **C** 内的解集为 $\left\{1, -3, \dfrac{1}{2}\right\}$.

例 4 在复数集 **C** 中解方程: $2x^5 + 3x^4 - 15x^3 - 26x^2 - 27x - 9 = 0$.

解 原方程的可能有理根是 $\pm 1, \pm 3, \pm 9, \pm \dfrac{1}{2}, \pm \dfrac{3}{2}, \pm \dfrac{9}{2}$.

由 $f(1) \neq 0$, $f(-1) \neq 0$, 知 $x = \pm 1$ 都不是原方程的根. 对于 $x = 3$, 用综合除法

2	+3	−15	−26	−27	−9	3
	+6	+27	+36	+30	+9	
2	+9	+12	+10	+3	0	−3
	−6	−9	−9	−3		
2	+3	+3	+1	0		−$\dfrac{1}{2}$
	−1	−1	−1			
2	+2	+2	+2	0		
1	+1	+1				

所以原方程的有理根是 $3, -3, -\dfrac{1}{2}$. 解降次方程

$$x^2 + x + 1 = 0$$

得另外两根：$x = \dfrac{-1 \pm \sqrt{3}i}{2}$. 所以原方程在 **C** 中的解集是 $\left\{3, -3, -\dfrac{1}{2}, \dfrac{-1+\sqrt{3}\,i}{2}, \dfrac{-1-\sqrt{3}\,i}{2}\right\}$.

例 5 已知一个方程的解集为 $\left\{1, \dfrac{1}{2}_{(2)}, +i, -i\right\}$，求其最简整系数方程.

解 设所求的方程是

$$(x-1)\left(x-\dfrac{1}{2}\right)^2 (x+i)(x-i) = 0$$

即

$$(x-1)\left(x-\dfrac{1}{2}\right)^2 (x^2+1) = 0$$

所以

$$x^5 - 2x^4 + \dfrac{9}{4}x^3 - \dfrac{9}{4}x^2 + \dfrac{5}{4}x - \dfrac{1}{4} = 0$$

则所求方程为

$$4x^5 - 8x^4 + 9x^3 - 9x^2 + 5x - 1 = 0$$

我们已经知道，对于实系数一元二次方程 $ax^2 + bx + c = 0$，当判别式 $b^2 - 4ac < 0$ 时，它有一对共轭虚根. 对于实系数一元 n 次方程的虚数根，也有这样的性质.

定理 4.4（虚根成双定理） 如果虚数 $a + bi$ 是实系数一元 n 次方程 $f(x) = 0$ 的根，则其共轭虚数 $a - bi$ 也是这个方程的根.

证明 设实系数一元 n 次 ($n \geqslant 2, n \in \mathbf{N}^*$) 方程 $f(x) = 0$ 为

$$a_n x^n + a_{n-1} x^{n-1} + \cdots + a_1 x + a_0 = 0 \quad (a_n \neq 0)$$

其中 $a_n \neq 0$ 且 $a_k \in \mathbf{R}\,(k = 0, 1, \cdots, n)$. 由 $a + bi$ 是它的根，知

$$a_n (a+bi)^n + a_{n-1}(a+bi)^{n-1} + \cdots + a_1 (a+bi) + a_0 = 0 \quad (a_n \neq 0)$$

根据共轭复数的性质以及 $a_k \in \mathbf{R}\,(k = 0, 1, \cdots, n)$，我们有

$$\overline{a_n}\,\overline{(a+bi)^n} + \overline{a_{n-1}}\,\overline{(a+bi)^{n-1}} + \cdots + \overline{a_1}\,\overline{(a+bi)} + \overline{a_0} = 0$$

即

$$a_n(a-bi)^n + a_{n-1}(a-bi)^{n-1} + \cdots + a_1(a-bi) + a_0 = 0 \quad (a_n \neq 0)$$

所以 $a - bi$ 也是 $f(x) = 0$ 的根.

这个定理叫做实系数方程的虚根成双定理. 在此，"实系数"这个条件不可缺少，否则结论不成立. 例如，复系数方程 $ix - 1 = 0$ 有根 $x = -i$，而它的共轭虚数 i 并不是此方程的根.

若 a 与 $\bar{a}$ 是共轭复数，则 $a + \bar{a}$ 与 $a\bar{a}$ 都是实数.

例 6 求方程 $2x^4 - 6x^3 + 21x^2 + 14x + 39 = 0$ 在复数集中的解集，已知它有一个根：$2 - 3i$.

解 由定理 4.2 知，原方程在复数集 **C** 中有且仅有四个根. 根据定理 4.4，$2 + 3i$ 也是原方程的根. 由于

$$(2x^4 - 6x^3 + 21x^2 + 14x + 39) \div [(x - 2 + 3i)(x - 2 - 3i)] = 2x^2 + 2x + 3$$

所以原方程可化为

$$[x-(2-3i)][x-(2+3i)](2x^2+2x+3)=0$$

解降次方程
$$2x^2+2x+3=0$$

得原方程的另外两个根：$\dfrac{-1\pm\sqrt{5}i}{2}$. 由此，原方程在复数集 **C** 中的解集为

$$\left\{2-3i,\ 2+3i,\ \dfrac{-1+\sqrt{5}i}{2},\ \dfrac{-1-\sqrt{5}i}{2}\right\}$$

二、高次方程的根与系数的关系

如果一元二次方程 $ax^2+bx+c=0$ 的两个根是 x_1 和 x_2，则

$$\begin{cases} x_1+x_2=-\dfrac{b}{a} \\ x_1\cdot x_2=\dfrac{c}{a} \end{cases}$$

现在把这个性质推广到一元 n 次方程.

定理 4.5　如果一元 n 次方程

$$f(x)=a_n x^n+a_{n-1}x^{n-1}+\cdots+a_1 x+a_0=0\quad(a_n\neq 0)$$

在复数集 **C** 中的根为 $x_1,x_2,\cdots,x_n$，则

$$\begin{cases} x_1+x_2+\cdots+x_n=-\dfrac{a_{n-1}}{a_n} \\ x_1 x_2+x_1 x_3+\cdots+x_{n-1}x_n=\dfrac{a_{n-2}}{a_n} \\ \cdots\cdots\cdots\cdots \\ x_1 x_2 \cdots x_n=(-1)^n\dfrac{a_0}{a_n} \end{cases}$$

证明　因为 $x_1,x_2,\cdots,x_n$ 是方程 $f(x)=0$ 的根，所以多项式 $f(x)$ 必含有 n 个一次因式：

$$x-x_1,\quad x-x_2,\quad \cdots,\quad x-x_n$$

于是
$$\begin{aligned} a_n x^n+a_{n-1}x^{n-1}+\cdots+a_1 x+a_0 &= a_n(x-x_1)(x-x_2)\cdots(x-x_n) \\ &= a_n x^n - a_n(x_1+x_2+\cdots+x_n)x^{n-1}+ \\ &\quad a_n(x_1 x_2+x_1 x_3+\cdots+x_{n-1}x_n)x^{n-2}+\cdots+(-1)^n a_n x_1 x_2 \cdots x_n \end{aligned}$$

这是一个恒等式，所以对应项的系数必定相等，于是有

$$\begin{cases} x_1 + x_2 + \cdots + x_n = -\dfrac{a_{n-1}}{a_n} \\ x_1 x_2 + x_1 x_3 + \cdots + x_{n-1} x_n = \dfrac{a_{n-2}}{a_n} \\ \cdots\cdots\cdots\cdots \\ x_1 x_2 \cdots x_n = (-1)^n \dfrac{a_0}{a_n} \end{cases}$$

这个定理的逆命题也成立，即对任何一元 n 次方程

$$f(x) = a_n x^n + a_{n-1} x^{n-1} + \cdots + a_1 x + a_0 = 0 \quad (a_n \ne 0)$$

如果有 n 个数 $x_1, x_2, \cdots, x_n$ 满足上式，那么 $x_1, x_2, \cdots, x_n$ 一定是方程 $f(x) = 0$ 的根.

例 7 已知方程 $2x^3 - 5x^2 - 4x + 12 = 0$ 有 2 重根，求这个方程在复数集 **C** 中的解集.

解 设原方程在复数集 **C** 中的根为 α, α, β，由根与系数的关系得

$$\begin{cases} \alpha + \alpha + \beta = \dfrac{5}{2} & (1) \\ \alpha^2 + \alpha\beta + \alpha\beta = -2 & (2) \\ \alpha^2 \beta = -6 & (3) \end{cases}$$

由（1）、（2）两式解得

$$\begin{cases} \alpha = 2 \\ \beta = -\dfrac{3}{2} \end{cases} \quad \text{或} \quad \begin{cases} \alpha = -\dfrac{1}{3} \\ \beta = \dfrac{19}{6} \end{cases}$$

第一组解满足（3）式；第二组解不满足（3）式，舍去. 故原方程的解集为 $\left\{ 2_{(2)}, -\dfrac{3}{2} \right\}$.

例 8 已知方程 $x^3 + px^2 + qx + r = 0$ 的三个根是 α, β, γ，求 $\alpha^2 + \beta^2 + \gamma^2$.

解 因为

$$\begin{cases} \alpha + \beta + \gamma = -p \\ \alpha\beta + \beta\gamma + \alpha\gamma = q \end{cases}$$

所以

$$\alpha^2 + \beta^2 + \gamma^2 = (\alpha + \beta + \gamma)^2 - 2(\alpha\beta + \beta\gamma + \alpha\gamma) = (-p)^2 - 2q = p^2 - 2q$$

习题 7-4

1. 已知方程 $f(x) = x^5 - 5x^4 + 7x^3 - 2x^2 + 4x - 8 = 0$,
（1）求证 2 是这个方程的三重根；　　（2）求这个方程的另外两个根.
2. 已知方程 $f(x) = 2x^4 - 11x^3 + 18x^2 - ax - 2a = 0$ 有三重根 2.

（1）求 a 的值； （2）解这个方程.

3. 求下列方程在复数集 **C** 中的解集：

（1）$x^3-8x^2+20x-16=0$； （2）$x^4+x^3-5x^2+x-6=0$；

（3）$5x^4+6x^3-5x-6=0$； （4）$x^5+2x^4-14x^3-12x^2+29x-6=0$.

4. 求最简整系数方程 $f(x)=0$，已知它在复数集 **C** 中的解集是：

（1）$\{-2, 2+i, 2-i\}$； （2）$\{2+i, 2-i, -1+i, -1-i\}$；

（3）$\{0, i, -i, 1+\sqrt{2}i, 1-\sqrt{2}i\}$.

5. （1）已知方程 $3x^3-4x^2+x+88=0$ 有一个根：$2+\sqrt{7}i$，求它在复数集 **C** 中的解集.

（2）已知方程 $3x^4-2x^3+10x^2-2x+7=0$ 有一个根：i，求它在复数集 **C** 中的解集.

6. 已知虚数 $-1+\sqrt{2}i$ 是实系数方程 $x^3+3x^2+ax+b=0$ 的根，求 a,b 的值，并解这个方程.

7. 已知方程 $2x^3-5x^2-4x+12=0$ 有二重根，求这个方程在复数集 **C** 中的解集.

8. 已知方程 $12x^3-8x^2-3x+2=0$ 的两个根互为相反数，求这个方程在复数集 **C** 中的解集.

9. 已知方程 $2x^3-3x-5=0$ 的三个根是 α,β,γ，求下列各式的值：

（1）$\alpha^2+\beta^2+\gamma^2$； （2）$\dfrac{1}{\alpha}+\dfrac{1}{\beta}+\dfrac{1}{\gamma}$.

10. 解方程组 $\begin{cases} x^2-y^2-5x+y+8=0, \\ 2xy-x-5y+1=0. \end{cases}$

小　结

一、复数及其运算

1. 复数的主要概念.

（1）虚数单位：i. $i=i$，$i^2=-1$，$i^3=-i$，$i^4=1$. 一般地，i 的整数次幂具有周期性：

$$i^{4n+1}=i, \quad i^{4n+2}=-1, \quad i^{4n+3}=-i, \quad i^{4n}=1$$

（2）复数. 定义：形如 $a+bi$（a,b 都是实数）.

几何表示：复数 $a+bi$ 表示复平面上的点 $Z(a,b)$，也表示复平面上的向量 $\overrightarrow{OZ}$.

（3）复数相等：$a+b\mathrm{i}=c+d\mathrm{i} \Leftrightarrow a=c, b=d$

（4）共轭复数：$z=a+bi$ 与 $\bar{z}=a-bi$ 互为共轭复数.

2. 复数的代数形式与三角形式、指数形式的互化：

$$z=a+bi=r(\cos\theta+\mathrm{i}\sin\theta)=re^{\mathrm{i}\theta}$$

其中 r 为模（绝对值），且 $r=|z|=|a+bi|=\sqrt{a^2+b^2}$；$\theta$ 为辐角.

确定辐角的公式：$\tan\theta=\dfrac{b}{a}$；辐角的主值区间：$0\leqslant\theta'<2\pi$；辐角的一般表示式：$\theta=2k\pi+\theta'$（k 是整数）.

3. 复数的运算.

（1）加减法：$(a+bi) \pm (c+di) = (a \pm c) + (b \pm d)i$.

（2）乘法：① $(a+bi)(c+di) = (ac-bd) + (ad+bc)i$.

② $r_1(\cos\theta_1 + i\sin\theta_1) \cdot r_2(\cos\theta_2 + i\sin\theta_2) = r_1 r_2[\cos(\theta_1 + \theta_2) + i\sin(\theta_1 + \theta_2)]$.

（3）除法：① $\dfrac{a+bi}{c+di} = \dfrac{ac+bd}{c^2+d^2} + \dfrac{bc-ad}{c^2+d^2}i$.

② $\dfrac{r_1(\cos\theta_1 + i\sin\theta_1)}{r_2(\cos\theta_2 + i\sin\theta_2)} = \dfrac{r_1}{r_2}[\cos(\theta_1 - \theta_2) + i\sin(\theta_1 - \theta_2)]$.

（4）乘方：应用棣莫佛定理

$$[r(\cos\theta + i\sin\theta)]^n = r^n(\cos n\theta + i\sin n\theta)$$

（5）开方：$z = r(\cos\theta + i\sin\theta)$ 的 n 次方根是

$$\omega_k = \sqrt[n]{r}\left(\cos\dfrac{\theta + 2k\pi}{n} + i\sin\dfrac{\theta + 2k\pi}{n}\right) \quad (k=0,1,2,3,\cdots,n-1)$$

复数的加、减、乘、除（除数不为 0）、乘方、开方的运算结果仍是复数.

4. 利用复数的开方运算求实系数一元二次方程在复数集中的复数根和二项方程的根.

二、多项式的重要性质

1. 余式定理：多项式 $f(x)$ 除以 $x-b$ 所得的余数等于 $f(b)$.

2. 因式定理：多项式 $f(x)$ 有一个一次因式 $x-b$ 的充要条件是 $f(b)=0$.

3. 任何一个复系数一元 n 次多项式 $f(x)$ 具有唯一确定的因式分解的形式：

$$f(x) = a_n(x-x_1)^{k_1}(x-x_2)^{k_2}\cdots(x-x_m)^{k_m}$$

其中 $k_1, k_2, \cdots, k_m \in \mathbf{N}^*$，且 $k_1 + k_2 + \cdots + k_m = n$，复数 $x_1, x_2, \cdots, x_m$ 两两不相等.

4. 如果整系数多项式

$$f(x) = a_n x^n + a_{n-1} x^{n-1} + \cdots + a_1 x + a_0$$

有因式 $x - \dfrac{q}{p}$（其中 p, q 是互质的整数），则 p 必是 a_n 的约数，q 必是 a_0 的约数. 根据这个性质，可以求出整系数多项式 $f(x)$ 的形如 $x - \dfrac{q}{p}$ 的因式.

三、一元 n 次方程的根

1. 一元 n 次方程 $f(x)=0$ 有一个根 $x=b$ 的充要条件是其相应多项式 $f(x)$ 有一个一次因式 $x-b$.

2. 根的个数定理：复系数一元 n 次方程 $f(x)=0$ 在复数集 $\mathbf{C}$ 中有且仅有 n 个根（k 重根算 k 个根）. 注意：实系数一元 n 次方程 $f(x)=0$ 在实数集 $\mathbf{R}$ 中的根的个数不一定具有这样的性质.

3. 如果整系数一元 n 次方程

$$a_n x^n + a_{n-1} x^{n-1} + \cdots + a_1 x + a_0 = 0 \quad (a_n \neq 0)$$

有有理根：$x = \dfrac{q}{p}$，则 p 必是 a_n 的约数，q 必是 a_0 的约数．由此，求这类方程的有理根时，可用试除法，把有理数根逐一找出．

4．虚根成双定理：如果虚数 $a+bi$ 是实系数一元 n 次方程 $f(x)=0$ 的根，则其共轭虚数 $a-bi$ 也是这个方程的根．

注意：方程的系数是实数时，这个性质方能成立．

5．根与系数的关系：如果一元 n 次方程
$$a_n x^n + a_{n-1} x^{n-1} + \cdots + a_1 x + a_0 = 0 \quad (a_n \neq 0)$$
在复数集 **C** 中的根为 $x_1, x_2, \cdots, x_n$，则
$$\begin{cases} x_1 + x_2 + \cdots + x_n = -\dfrac{a_{n-1}}{a_n} \\ x_1 x_2 + x_1 x_3 + \cdots + x_{n-1} x_n = \dfrac{a_{n-2}}{a_n} \\ \cdots\cdots\cdots\cdots \\ x_1 x_2 \cdots x_n = (-1)^n \dfrac{a_0}{a_n} \end{cases}$$

它的逆命题也成立．

6．求一元 n 次方程 $f(x)=0$ 的根是没有一般方法的，但我们可以根据多项式的重要性质，把某些一元 n 次多项式分解因式，从而可以求出相应的一元 n 次方程的解集．在解决这类问题时，要认真分析已知条件，选择较为简单的解法．例如，对于整系数一元 n 次方程，可以利用综合除法逐一求出有理数根；已知实系数一元 n 次方程的一个虚根 $a+bi$，就可以知道它有另一个虚数根 $a-bi$；有时还可以根据已知条件，利用方程的根与系数的关系；观察方程系数的特点，确定根的范围等，都是解一元 n 次方程的常用方法．

复习题七

1．计算：

（1）$i^{k+4} + i^{k+5} + i^{k+6} + i^{k+7}$ $(k \in \mathbf{N}^*)$；（2）$1 + i + i^2 + i^3 + i^4 + \cdots + i^{55}$．

2．设 $z_1 = a_1 + b_1 i$，$z_2 = a_2 + b_2 i$ 是两个复数，在什么条件下有：

（1）$z_1 + z_2$ 是实数？是纯虚数？（2）$z_1 - z_2$ 是实数？是纯虚数？

（3）$z_1 \cdot z_2$ 是实数？是纯虚数？（4）$\dfrac{z_1}{z_2}(z_2 \neq 0)$ 是实数？是纯虚数？

（5）z_1^2 是实数？是纯虚数？

3．求适合下列各式的实数 x 和 y：

（1）$(1+2i)x + (3-10i)y = 5 - 6i$；（2）$2x^2 - 5x + 2 + (y^2 + y - 2)i = 0$；

（3）$\dfrac{x}{1-i} + \dfrac{y}{1-2i} = \dfrac{5}{1-3i}$．

4. 已知 $z = x + y\mathrm{i}\,(x, y \in \mathbf{R})$，求下列各式的实部和虚部：（1）$z^2$；（2）$z^3$；（3）$\dfrac{1}{z}$.

5. 已知 $z\bar{z} + z - \bar{z} = 25 - 6\mathrm{i}$，求 z.

6. 化简：$\dfrac{(\sqrt{3}+\mathrm{i})^3\left(\cos\dfrac{\pi}{3}+\mathrm{i}\sin\dfrac{\pi}{3}\right)}{\left(\cos\dfrac{\pi}{12}+\mathrm{i}\sin\dfrac{\pi}{12}\right)^3}$.

7. 已知 $(1+\cos x+\mathrm{i}\sin x)^6$ 为实数，求实数 x.

8. 已知 $x+\dfrac{1}{x}=2\cos\theta$，求证：$x^n+\dfrac{1}{x^n}=2\cos n\theta$.

9. 在复数集 **C** 中，分解下列各式成一次因式：
（1）x^4-4；　　　　　　　　（2）$2x^2-6x+5$；
（3）$x^2-2x\cos\alpha+1$.

10. 在复数集 **C** 内解下列方程：
（1）$(x+1)^4=(1+\mathrm{i})^4$；　　　（2）$x^4+1-\sqrt{3}\mathrm{i}=0$.

11. 用综合除法求下列各式的余式和商式：
（1）$(3x^3-4x^2+7x-14)\div(3x-1)$；　（2）$(2x^4+3x^3+4x^2+11)\div(2x+3)$.

12. （1）已知多项式 $6x^3-19x^2+ax+b$ 能被 $3x+1$ 整除，也能被 $2x+3$ 整除，求 a 和 b 的值；
（2）已知多项式 $ax^3+bx^2-47x-15$ 能被 $6x^2-7x-3$ 整除，求 a 和 b 的值；
（3）已知多项式 ax^4+bx^3+1 能被 $(x-1)^2$ 整除，求 a 和 b 的值.

13. 已知方程 $x^4+4x^3+6x^2+4x+5=0$ 有一个根是 $-\mathrm{i}$，求这个方程在复数集 **C** 中的解集.

14. 已知方程 $x^4-x^3+mx^2+nx-6=0$ 在复数集 **C** 中两个根的和是 3，积是 2，求 m,n 的值，并求这个方程在复数集 **C** 中的解集.

15. 已知方程 $x^3-(3+2k)x^2+(5+4k)x-(3+2k)=0$，
（1）如果它的一个根 $x_1=\sqrt{3}$，求 k 的值；
（2）如果它的另两个根为 x_2, x_3，求证 $\arctan x_1+\arctan x_2+\arctan x_3=\pi$；
（3）如果 $\triangle ABC$ 的三内角为 $\arctan x_1, \arctan x_2, \arctan x_3$，且 $S_{\triangle ABC}=2(3+\sqrt{3})$，求 $\triangle ABC$ 的三边.

第八章 极限与连续

公元前 5 世纪,芝诺著名的阿基里斯与乌龟赛跑的悖论;《庄子·天下篇》的"一尺之棰,日取其半,万世不竭.";刘徽的割圆术;古希腊人的穷竭法,无不包含极限与连续的思想. 经过 2000 多年来中外学者的不断探索,19 世纪,法国数学家柯西(1789—1851)在《分析教程》(1821 年)中比较完整地阐述了极限概念及其理论. 极限是描述数列与函数在无限过程中变化趋势的重要概念. 本章及以后所讨论的连续函数、导数与定积分等基本概念都是建立在极限基础上的. 连续函数是各类函数中最重要的一类函数. 本章将介绍数列与函数的极限、极限的运算法则以及连续函数的概念.

第一节 数列及其极限

一、数列

按一定次序排列的一列数叫做**数列**,数列中的每一个数叫做这个数列的项,在第一个位置上的数叫做数列的第 1 项(首项),在第二个位置上的数叫做数列的第 2 项,……,在第 n 个位置上的数 $(n \in \mathbf{N}^*)$ 叫做数列的第 n 项.

在一个数列中,如果某一项的后面不再有任何项,这个数列叫做**有穷数列**;如果在任何一项的后面还有跟随着的项,这个数列叫做**无穷数列**. 在实际问题中,我们常常遇到需研究无穷数列变化趋势的问题. 本节我们将讨论和研究无穷数列的变化趋势,以后提到的"数列"一般指无穷数列.

以正整数集 $\mathbf{N}^* = \{n \mid n = 1, 2, 3, \cdots\}$ 为定义域的函数

$$a_n = f(n) \quad (n \in \mathbf{N}^*)$$

按自变量 n 从小到大顺序排列的一系列函数值 $a_1, a_2, \cdots, a_n, \cdots$ 叫做数列,记为 $\{a_n\}$.

数列 $\{a_n\}$ 中的 a_n 叫做该数列的第 n 项,也称为该数列的通项或一般项. 我们称 $a_n = f(n)$ 为该数列的通项公式.

例 1 $a_n = \dfrac{1}{n}$ 表示的数列是:$1, \dfrac{1}{2}, \dfrac{1}{3}, \cdots, \dfrac{1}{n}, \cdots$.

例 2 $a_n = (-1)^n$ 表示的数列是:$-1, 1, -1, 1, \cdots, (-1)^n, \cdots$.

例 3 $a_n = \dfrac{1+(-1)^n}{n}$ 表示的数列是:$0, 1, 0, \dfrac{1}{2}, 0, \dfrac{1}{3}, 0, \cdots, \dfrac{1+(-1)^n}{n}, \cdots$.

例 4 $a_n = \dfrac{1}{n(n+1)}$ 表示的数列是：$\dfrac{1}{1\times 2}, \dfrac{1}{2\times 3}, \dfrac{1}{3\times 4}, \cdots, \dfrac{1}{n(n+1)}, \cdots$.

通项公式为 $a_n = f(n)$ 的数列可简记为 $\{f(n)\}$.

数列的**前 n 项和**记为 S_n，则 $S_n = a_1 + a_2 + \cdots + a_n$. 特别地，$S_1 = a_1$.

$\{S_n\}$ 也是一个数列，它与 $\{a_n\}$ 的关系是：

（1）当 $n = 1$ 时，$S_1 = a_1$；

（2）当 $n > 1$ 时，$S_n = S_{n-1} + a_n$.

例如，$a_n = n$ 的前 n 项和为 $S_n = \dfrac{n(n+1)}{2}$. $a_n = n^2$ 的前 n 项和为 $S_n = \dfrac{n(n+1)(2n+1)}{6}$.

例 5 根据通项公式，求出下面数列的前 5 项.

（1）$a_n = \dfrac{n}{2n+1}$；　　　　　　（2）$a_n = (-1)^{n+1} \cdot n$.

解 （1）在通项公式中依次取 $n = 1, 2, 3, 4, 5$，得到数列的前 5 项依次为 $\dfrac{1}{3}, \dfrac{2}{5}, \dfrac{3}{7}, \dfrac{4}{9}, \dfrac{5}{11}$.

（2）同理得数列的前 5 项依次为：$1, -2, 3, -4, 5$.

例 6 写出数列的一个通项公式，使它的前 4 项分别是下列各数：

（1）$1, 4, 7, 10$；　　　　　　（2）$\dfrac{1}{1\cdot 2}, -\dfrac{1}{2\cdot 3}, \dfrac{1}{3\cdot 4}, -\dfrac{1}{4\cdot 5}$.

分析 将项与项数相比较，找出相互联系的规律.

解 （1）项数的 3 倍减 2 等于对应的项，所以通项公式为：$a_n = 3n - 2$.

（2）数列的前 4 项的绝对值的分母都等于项数与项数加 1 的积，且奇数项为正，偶数项为负，所以通项公式为：$a_n = \dfrac{(-1)^{n+1}}{n(n+1)}$.

数列可以由它的通项公式给出各项，也可以用相邻项之间的关系来给出. 如：

$$\begin{cases} a_1 = 1 \\ a_2 = 1 \\ a_{n+1} = a_{n-1} + a_n \ (n > 1) \end{cases}$$

为求 a_3, a_4, a_5 等项，只需依次用 $2, 3, 4 \cdots$ 代替关系式 $a_{n+1} = a_{n-1} + a_n$ 中的 n，计算如下：

$a_1 = 1$

$a_2 = 1$

$a_3 = a_1 + a_2 = 1 + 1 = 2$

$a_4 = a_2 + a_3 = 1 + 2 = 3$

$a_5 = a_3 + a_4 = 2 + 3 = 5$

$\cdots\cdots$

二、等差数列与等比数列

1. 等差数列

如果一个数列从第二项起，每一项与它前一项的差都等于一个常数，这个数列就叫做**等差数列**. 这个常数叫做等差数列的**公差**，公差常用字母 d 表示.

由递推公式
$$a_n = a_{n-1} + d \quad (n = 2, 3, \cdots) \tag{1}$$
给出的数列 $\{a_n\}$ 称为**等差数列**，常数 d 称为该数列的**公差**，a_1 称为该数列的**首项**.

由（1）可知，等差数列的通项公式为
$$a_n = a_1 + (n-1)d, \quad (n = 1, 2, 3, \cdots)$$
等差数列的前 n 项和为
$$S_n = \frac{n(a_1 + a_n)}{2} \quad 或 \quad S_n = na_1 + \frac{n(n-1)}{2}d$$
若 a, b, c 三个数按这个顺序排列成等差数列，那么 b 叫 a, c 的**等差中项**，a, b, c 满足：
$$b - a = c - b$$
a, b, c 成等差数列的充要条件是 $b = \dfrac{a+c}{2}$.

例7 已知等差数列的首项是 -1，公差为 2，求这个数列的第 20 项.

解 因为 $a_1 = -1, d = 2, n = 20$，所以
$$a_{20} = a_1 + (n-1)d = -1 + (20-1) \times 2 = 37$$

例8 正整数中，100 以内所有 3 的倍数的和是多少？

解 把 100 以内的所有 3 的倍数按从小到大排列，是首项为 3，公差为 3，尾项为 99 的等差数列，共 33 项，故
$$S_{33} = \frac{3+99}{2} \times 33 = 1683$$

2. 等比数列

如果一个数列从第 2 项起，每一项与它前一项的比都等于同一个非零常数，这个数列就叫做**等比数列**. 这个常数叫做等比数列的**公比**，公比通常用字母 $q(q \neq 0)$ 表示. 特别地，$q = 1$ 时，a_n 为常数列.

由递推公式
$$a_n = a_{n-1}q \quad (n = 2, 3, \cdots) \tag{2}$$
给出的数列 $\{a_n\}$ 称为**等比数列**，非零常数 q 称为该数列的**公比**，a_1 称为该数列的首项.

由（2）式可导出等比数列的通项公式
$$a_n = a_1 q^{n-1} \quad (n = 1, 2, 3, \cdots)$$
若令 $S_n = a_1 + a_2 + \cdots + a_n$，则等比数列前 n 项和的公式为
$$S_n = \begin{cases} \dfrac{a_1(1-q^n)}{1-q}, & q \neq 1 \\ na_1, & q = 1 \end{cases} \tag{3}$$

事实上，当 $q \neq 1$ 时，在恒等式
$$(1-q)(1 + q + q^2 + \cdots + q^{n-1}) = 1 - q^n$$

两端同乘以 a_1，并同时除以 $1-q$，得（3）式的第一式；当 $q=1$ 时，显然有 $S_n = na_1$.

a, b, c 三个数按这个顺序排列成等比数列，那么 b 叫 a, c 的**等比中项**，a, b, c 满足：

$$b \div a = c \div b$$

a, b, c 成等比数列的充要条件是 $b^2 = ac \neq 0$.

例 9 已知等比数列 $\{a_n\}$ 满足 $a_3 = 12$, $a_8 = \dfrac{3}{8}$，记其前 n 项和为 S_n.

（1）求数列 $\{a_n\}$ 的通项公式 a_n；

（2）若 $S_n = 93$，求 n.

解 （1）设等比数列 $\{a_n\}$ 的公比为 q，则

$$\begin{cases} a_3 = a_1 q^2 = 12 \\ a_8 = a_1 q^7 = \dfrac{3}{8} \end{cases}$$

解得 $\begin{cases} a_1 = 48, \\ q = \dfrac{1}{2} \end{cases}$ 所以

$$a_n = a_1 q^{n-1} = 48 \cdot \left(\dfrac{1}{2}\right)^{n-1}$$

（2）

$$S_n = \dfrac{a_1(1-q^n)}{1-q} = \dfrac{48\left[1-\left(\dfrac{1}{2}\right)^n\right]}{1-\dfrac{1}{2}} = 96 \times \left[1-\left(\dfrac{1}{2}\right)^n\right]$$

由 $S_n = 93$，得

$$96 \times \left[1 - \left(\dfrac{1}{2}\right)^n\right] = 93$$

解得 $n = 5$.

三、数列的极限

在几何上，数列 $\{x_n\}$ 可以看成数轴上的一个动点，它依次在数轴上取点 $x_1, x_2, \cdots, x_n, \cdots$. 例如，数列 $\left\{1 + \dfrac{(-1)^n}{n}\right\}$ 依次为：

$$0, \dfrac{3}{2}, \dfrac{2}{3}, \dfrac{5}{4}, \cdots, 1+\dfrac{(-1)^n}{n}, \cdots$$

从图 8.1 可以看出，当 n 无限增大时（即 $n \to \infty$），数列中的点 $x_n = 1 + \dfrac{(-1)^n}{n}$ 无限趋近于 1. 这时，1 称为数列 $\left\{1 + \dfrac{(-1)^n}{n}\right\}$ 当 $n \to \infty$ 时的极限，记作

$$\lim_{n\to\infty}\left\{1+\frac{(-1)^n}{n}\right\}=1$$

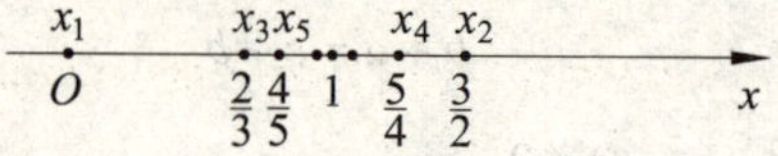

图 8.1

定义 1.1 对于数列 $\{a_n\}$，当项数 n 无限增大时，数列的相应项 a_n 无限逼近常数 A，则称 A 是数列 $\{a_n\}$ 的**极限**，记为

$$\lim_{n\to\infty}a_n=A \quad \text{或} \quad a_n\to A \ (n\to\infty)$$

称数列 $\{a_n\}$ **收敛**于 A. 若数列 $\{a_n\}$ 没有极限，则称数列 $\{a_n\}$ 是**发散**的.

例如，数列 $a_n=\dfrac{7}{5n}$，当 $n\to\infty$ 时，$a_n\to 0$. 因此，$\lim\limits_{n\to\infty}\dfrac{7}{5n}=0$，即数列 $a_n=\dfrac{7}{5n}$ 收敛于 0.

数列 $a_n=\left(\dfrac{4}{3}\right)^n$，当 $n\to\infty$ 时，$a_n\to\infty$. 从而，$\lim\limits_{n\to\infty}\left(\dfrac{4}{3}\right)^n$ 不存在，即数列 $a_n=\left(\dfrac{4}{3}\right)^n$ 是**发散**的.

例 10 考察下面的数列是否收敛，若收敛，求出它们的极限：

（1）$a_n=(-1)^n$； （2）$a_n=(-3)^n$； （3）$a_n=\dfrac{1}{n}$；

（4）$a_n=3$； （5）$a_n=\left(\dfrac{1}{3}\right)^n$； （6）$a_n=\left(-\dfrac{2}{3}\right)^n$.

解 （1）数列为：

$$-1,\ 1,\ -1,\ 1,\ -1,\ 1\cdots,\ (-1)^n,\ \cdots$$

各项在 -1 和 1 之间反复摆动，不趋近于任何常数，它是发散数列.

（2）数列为：

$$-3,\ 9,\ -27,\ 81,\ -243,\cdots,\ (-3)^n,\ \cdots,$$

各项绝对值不断增大，不趋近于任何常数，它是发散数列.

（3）数列为：

$$1,\ \frac{1}{2},\ \frac{1}{3},\ \frac{1}{4},\ \frac{1}{5},\ \cdots,\ \frac{1}{n},\ \cdots$$

当 n 无限增大时，$\dfrac{1}{n}$ 无限趋近于常数 0，数列是收敛的，它的极限为 0. 可记为 $\lim\limits_{n\to\infty}\dfrac{1}{n}=0$.

（4）数列为：

$$3,\ 3,\ 3,\ \cdots,\ 3,\ \cdots$$

该数列为常数列，每项都为 3，当 n 无限增大时，永远等于常数 3. 数列是收敛的，它的极限为 3，可记为 $\lim\limits_{n\to\infty}3=3$.

（5）数列为：

$$\frac{1}{3}, \frac{1}{9}, \frac{1}{27}, \frac{1}{81}, \cdots, \left(\frac{1}{3}\right)^n, \cdots$$

当 n 无限增大时，$\left(\frac{1}{3}\right)^n$ 无限趋近于常数 0，数列是收敛的，它的极限为 0. 可记为 $\lim\limits_{n\to\infty}\left(\frac{1}{3}\right)^n = 0$.

（6）数列为：

$$-\frac{2}{3}, \frac{4}{9}, -\frac{8}{27}, \frac{16}{81}, \cdots, \left(-\frac{2}{3}\right)^n, \cdots$$

当 n 无限增大时，$\left(-\frac{2}{3}\right)^n$ 无限趋近于常数 0，数列是收敛的，它的极限为 0. 可记为 $\lim\limits_{n\to\infty}\left(-\frac{2}{3}\right)^n = 0$.

由例 10 的（3）、（4）、（5）、（6）容易得到三个基本的数列极限：

（1）$\lim\limits_{n\to\infty}\frac{1}{n} = 0$.

（2）$\lim\limits_{n\to\infty} c = c$ （c 为常数）.

（3）$\lim\limits_{n\to\infty} q^n = 0$ （$|q| < 1$）.

以后在求数列极限时，以上三个基本的数列极限可以直接使用.

从图 8-1 中可以看到，对于任意给定的正数 ε，总能在数列 $\left\{1+\frac{(-1)^n}{n}\right\}$ 中找到这样一项，使得这项以后的所有项与 1 之差的绝对值都小于 ε. 例如，取 $\varepsilon = \frac{1}{3}$，则数列中的第 3 项以后的所有项与 1 之差的绝对值都小于 ε. 即当 $n > 3$ 时，数列 $\left\{1+\frac{(-1)^n}{n}\right\}$ 中的一切 a_n 都满足不等式 $|a_n - 1| < \frac{1}{3}$.

一般地，我们有：

定义 1.2 设有数列 $\{a_n\}$ 与某常数 A，对于任意给定的正数 ε，总存在相应的自然数 N，使得当 $n > N$ 时，一切 a_n 都满足不等式

$$|a_n - A| < \varepsilon$$

则称常数 A 为数列 $\{a_n\}$ 的**极限**，记作

$$\lim_{n\to\infty} a_n = A \quad \text{或} \quad a_n \to A (n \to \infty)$$

可简记作：$\lim\limits_{n\to\infty} a_n = A \Leftrightarrow \forall\, \varepsilon > 0$，$\exists$ 正整数 N，当 $n > N$ 时，有 $|a_n - A| < \varepsilon$.

极限存在的数列称为**收敛数列**，否则称为**发散数列**.

例 11 证明 $\lim\limits_{n\to\infty} \frac{n}{n+1} = 1$.

证明 由

$$\left|\frac{n}{n+1}-1\right|=\left|\frac{1}{n+1}\right|=\frac{1}{n+1}$$

可知,$\frac{1}{n+1}<\varepsilon$,即 $n>\frac{1}{\varepsilon}-1$ 时,有

$$\left|\frac{n}{n+1}-1\right|<\varepsilon$$

于是对任意给定的正数 ε,可取自然数 $N=\left[\frac{1}{\varepsilon}\right]-1$,使得当 $n>N$ 时的一切 $\frac{1}{n+1}$ 都满足不等式

$$\frac{1}{n+1}<\varepsilon$$

于是证得 $\lim\limits_{n\to\infty}\frac{n}{n+1}=1$.

上面定义中 ε 的作用是衡量数列 $\{a_n\}$ 与其极限 A 靠近的程度,因此 ε 必须是任意给定的. 但是,并非要所有 a_n 都满足 $|a_n-A|<\varepsilon$,而只要从某一项 a_N 以后的一切项都满足即可. 至于这个 N 多么大,$a_1,a_2,\cdots,a_N$ 这些项是否满足不等式是无关紧要的. N 不在于大小,只需存在.

例 12 证明 $\lim\limits_{n\to\infty}\sqrt{1+\frac{1}{n}}=1$.

证明 由

$$\left|\sqrt{1+\frac{1}{n}}-1\right|=\frac{\frac{1}{n}}{\sqrt{1+\frac{1}{n}}+1}<\frac{\frac{1}{n}}{1+1}=\frac{1}{2n}$$

知,当 $\frac{1}{2n}<\varepsilon$ 时,即 $n>\frac{1}{2\varepsilon}$ 时,有

$$\left|\sqrt{1+\frac{1}{n}}-1\right|<\varepsilon$$

于是对任意给定的正数 ε,可取自然数 $N=\left[\frac{1}{2\varepsilon}\right]$,使得当 $n>N$ 时,一切 $\sqrt{1+\frac{1}{n}}$ 都满足不等式

$$\left|\sqrt{1+\frac{1}{n}}-1\right|<\varepsilon$$

即 $\lim\limits_{n\to\infty}\sqrt{1+\frac{1}{n}}=1$.

定义 1.3 无穷递缩等比数列各项和:公比的绝对值小于 1 的无穷等比数列,当 n 无限增大时,其前 n 项和的极限叫做这个无穷等比数列各项的和.

我们把 $0<|q|<1$ 的无穷等比数列的前 n 项和 S_n 当 $n\to\infty$ 时的极限叫做无穷等比数列的各项和,并用符号 S 表示.

$$S = \lim_{n\to\infty} S_n = \lim_{n\to\infty}(a_1 + a_2 + \cdots + a_n) = \frac{a_1}{1-q} \quad (0 < |q| < 1)$$

例 13 已知 $S_n = 0.9 + 0.09 + 0.009 + \cdots + 0.\underbrace{00\cdots 9}_{n位}$，求 $S = \lim_{n\to\infty} S_n$.

解 $S = \lim_{n\to\infty} S_n = \dfrac{0.9}{1-0.1} = 1.$

四、收敛数列的性质

定理 1.1 （极限的唯一性）若数列 $\{a_n\}$ 收敛，那么它的极限唯一.

定理 1.2 （收敛数列的有界性）若数列 $\{a_n\}$ 收敛，那么数列 $\{a_n\}$ 一定有界.

定理 1.3 （收敛数列的保号性）若 $\lim\limits_{n\to\infty} a_n = A > 0$（或 <0），则必存在正整数 N，使得当 $n > N$ 时，有 $a_n > 0$（或 <0）.

证明 设 $\lim\limits_{n\to\infty} a_n = A > 0$，根据极限定义可知，对 $\varepsilon = \dfrac{A}{2}$，存在正整数 N，使得当 $n > N$ 时，有

$$|a_n - A| < \frac{A}{2}$$

即当 $n > N$ 时，

$$a_n > A - \frac{A}{2} > 0$$

类似地可证，当 $A < 0$ 时，定理也成立.

定理 1.4（数列极限的运算法则）若数列 $\{a_n\}$ 和 $\{b_n\}$ 都是收敛的，且 $\lim\limits_{n\to\infty} a_n = A$，$\lim\limits_{n\to\infty} b_n = B$，则这两个数列的和、差、积、商（在商的情形 $b_n \neq 0$，$B \neq 0$），以及常数 C 与收敛数列的积，都是收敛的，且：

（1） $\lim\limits_{n\to\infty}(a_n \pm b_n) = \lim\limits_{n\to\infty} a_n \pm \lim\limits_{n\to\infty} b_n = A \pm B$；

（2） $\lim\limits_{n\to\infty}(a_n b_n) = \lim\limits_{n\to\infty} a_n \cdot \lim\limits_{n\to\infty} b_n = A \cdot B$；

（3） $\lim\limits_{n\to\infty}(Ca_n) = C\lim\limits_{n\to\infty}(a_n) = CA$；

（4） $\lim\limits_{n\to\infty}\dfrac{a_n}{b_n} = \dfrac{\lim\limits_{n\to\infty} a_n}{\lim\limits_{n\to\infty} b_n} = \dfrac{A}{B}$（此时需 $B \neq 0$ 成立）.

以上公式可以推广到有限个的情形，但不能推广到无限个的情形.

现在只证明 $\lim\limits_{n\to\infty}(a_n + b_n) = \lim\limits_{n\to\infty} a_n + \lim\limits_{n\to\infty} b_n = A + B$，其他可以类似证明.

证明 对任意给定的 $\varepsilon > 0$，由于 $\lim\limits_{n\to\infty} a_n = A$，$\lim\limits_{n\to\infty} b_n = B$，因此，分别存在正整数 N_1, N_2 使得

$$|a_n - A| < \frac{\varepsilon}{2} \quad （当 n > N_1）$$

$$|b_n - B| < \frac{\varepsilon}{2} \quad （当 n > N_2）$$

取 $N = \max\{N_1, N_2\}$，则当 $n > N$ 时，上面两个不等式同时成立，所以对于任意给定的正数 ε，使得适合 $n > N$ 的一切 n 所对应的 $a_n + b_n$，都使不等式

$$|(a_n + b_n) - (A + B)| \leq |a_n - A| + |b_n - B| < \varepsilon$$

成立，即 $\lim\limits_{n \to \infty}(a_n + b_n) = A + B$。

例 14 求 $\lim\limits_{n \to \infty} \dfrac{1 + 2 + 3 + \cdots + n}{n^2}$.

解 $\lim\limits_{n \to \infty} \dfrac{1 + 2 + 3 + \cdots + n}{n^2} = \lim\limits_{n \to \infty} \dfrac{n(n+1)}{2n^2} = \lim\limits_{n \to \infty} \dfrac{n^2 + n}{2n^2} = \lim\limits_{n \to \infty} \dfrac{1 + \dfrac{1}{n}}{2} = \dfrac{1 + 0}{2} = \dfrac{1}{2}$.

而 $\lim\limits_{n \to \infty} \dfrac{1 + 2 + 3 + \cdots + n}{n^2} = \lim\limits_{n \to \infty} \dfrac{1}{n^2} + \lim\limits_{n \to \infty} \dfrac{2}{n^2} + \lim\limits_{n \to \infty} \dfrac{3}{n^2} + \cdots + \lim\limits_{n \to \infty} \dfrac{n}{n^2} = 0 + 0 + 0 + \cdots + 0 = 0$ 是错误的.

例 15 求 $\lim\limits_{n \to \infty} \dfrac{6n^2 + 2}{7n^2 + 5n + 3}$.

解 $\lim\limits_{n \to \infty} \dfrac{6n^2 + 2}{7n^2 + 5n + 3} = \lim\limits_{n \to \infty} \dfrac{\dfrac{6n^2 + 2}{n^2}}{\dfrac{7n^2 + 5n + 3}{n^2}} = \lim\limits_{n \to \infty} \dfrac{6 + \dfrac{2}{n^2}}{7 + \dfrac{5}{n} + \dfrac{3}{n^2}} = \dfrac{6 + 0}{7 + 0 + 0} = \dfrac{6}{7}$.

例 16 求 $\lim\limits_{n \to \infty} \dfrac{(-3)^n + 5^n}{(-3)^{n+1} + 5^{n+1}}$.

解 $\lim\limits_{n \to \infty} \dfrac{(-3)^n + 5^n}{(-3)^{n+1} + 5^{n+1}} = \lim\limits_{n \to \infty} \dfrac{\dfrac{(-3)^n + 5^n}{5^{n+1}}}{\dfrac{(-3)^{n+1} + 5^{n+1}}{5^{n+1}}} = \lim\limits_{n \to \infty} \dfrac{\dfrac{1}{5} \cdot \left(-\dfrac{3}{5}\right)^n + \dfrac{1}{5}}{\left(-\dfrac{3}{5}\right)^{n+1} + 1} = \dfrac{\dfrac{1}{5} \cdot 0 + \dfrac{1}{5}}{0 + 1} = \dfrac{1}{5}$.

例 17 求 $\lim\limits_{n \to \infty}(\sqrt{3n+1} - \sqrt{3n-1})$.

解 $\lim\limits_{n \to \infty}(\sqrt{3n+1} - \sqrt{3n-1}) = \lim\limits_{n \to \infty} \dfrac{(3n+1) - (3n-1)}{\sqrt{3n+1} + \sqrt{3n-1}} = \lim\limits_{n \to \infty} \dfrac{\dfrac{2}{\sqrt{n}}}{\dfrac{\sqrt{3n+1} + \sqrt{3n-1}}{\sqrt{n}}}$

$$= \lim\limits_{n \to \infty} \dfrac{\dfrac{2}{\sqrt{n}}}{\sqrt{3 + \dfrac{1}{n}} + \sqrt{3 - \dfrac{1}{n}}} = \dfrac{0}{\sqrt{3+0} + \sqrt{3-0}} = 0.$$

习题 8-1

1. 写出下列数列的前四项：

（1） $a_n = \dfrac{1}{n} \sin n^3$；

（2） $a_n = \dfrac{1}{\sqrt{n^2+1}} + \dfrac{1}{\sqrt{n^2+2}} + \cdots + \dfrac{1}{\sqrt{n^2+n}}$.

2. 按数列极限定义证明 $x_n = \dfrac{n}{n-1} \to 1 \, (n \to \infty)$，问 n 从何值开始，有 $|x_n - 1| < 10^{-4}$？

*3. 按数列极限定义证明下列各式：

（1）$\lim\limits_{n\to\infty}\dfrac{\sqrt{n^2+n}}{n}=1$； （2）$\lim\limits_{n\to\infty}\sqrt[n]{a}=1$；

（3）$\lim\limits_{n\to\infty}\left(\dfrac{1}{1\times 2}+\dfrac{1}{2\times 3}+\cdots+\dfrac{1}{n(n+1)}\right)=1$； （4）$\lim\limits_{n\to\infty}\left(\dfrac{1}{n^2}+\dfrac{2}{n^2}+\cdots+\dfrac{n}{n^2}\right)=\dfrac{1}{2}$.

4. 考察下面数列是否收敛，若收敛，求出它们的极限.

（1）$a_n=\dfrac{1}{2^{n+1}}$； （2）$a_n=\dfrac{3n+(-1)^{n+1}}{n}$； （3）$a_n=\dfrac{n-1}{2n}$； （4）$a_n=\dfrac{n^2-1}{2n}$；

（5）$a_n=4-(-1)^n$； （6）$a_n=\dfrac{13}{3n}$； （7）$a_n=\dfrac{3\times(-1)^{n+1}}{n^2}$.

5. 求下列极限：

（1）$\lim\limits_{n\to\infty}\dfrac{3n^3-2n^2+2}{7n^3+5n-3}$； （2）$\lim\limits_{n\to\infty}\dfrac{2n^3-3n^2+2}{3n^4-5n-3}$； （3）$\lim\limits_{n\to\infty}\left[\left(2-\dfrac{3}{n}\right)\left(3+\dfrac{5}{n^2}\right)\right]$；

（4）$\lim\limits_{n\to\infty}\dfrac{n(n+1)(n-1)}{3n^3-3}$； （5）$\lim\limits_{n\to\infty}\dfrac{3+6+9+\cdots+3n}{5n^2}$； （6）$\lim\limits_{n\to\infty}\left(1+\dfrac{1}{2}+\dfrac{1}{4}+\cdots+\dfrac{1}{2^n}\right)$.

6. 求下列极限：

（1）$\lim\limits_{n\to\infty}\sqrt{2n}(\sqrt{3n+1}-\sqrt{3n-1})$； （2）$\lim\limits_{n\to\infty}\dfrac{e^n+1}{e^{n+1}+3}$； （3）$\lim\limits_{n\to\infty}\dfrac{(-3)^n-1}{5^n-5^{n+1}}$.

第二节　函数的极限

数列$\{a_n\}$的各项依次为

$$a_1=f(1),\quad a_2=f(2),\cdots,a_n=f(n),\cdots$$

所以，数列的极限$\lim\limits_{n\to\infty}a_n=\lim\limits_{n\to\infty}f(n)=A$可以看成，$f(x)$当自变量$x$取自然数$n$且无限增大时，相应的函数值$f(n)$趋于常数$A$. 现在要考察函数$f(x)$，当自变量$x$按某种方式变化时，相应函数值的变化趋势.

一、自变量趋于无穷大时函数的极限

从图8.2中可以看出，当自变量x的绝对值$|x|$无限增大时，函数$g(x)=\dfrac{x}{x+1}$趋于1，这时把1叫做$g(x)$当$x\to\infty$时的极限，记作$\lim\limits_{x\to\infty}\dfrac{x}{x+1}=1$.

类似于数列极限的定义，我们可以用不等式来描述这个极限.

定义 2.1　对于预先任意给定的正数ε，总存在正数$M>0$，使得$|x|>M$的一切x所对应的$f(x)$，都满足

$$|f(x)-A|<\varepsilon$$

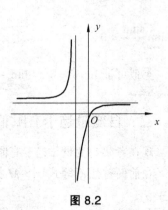

图 8.2

则称常数 A 为函数 $f(x)$ 当 $x \to \infty$ 时的极限，记作

$$\lim_{x \to \infty} f(x) = A \quad \text{或} \quad f(x) \to A \, (x \to \infty)$$

上述定义可简单地理解为：$|f(x) - A|$ 可以任意小，只要 $|x|$ 充分大.

可简记作：$\lim\limits_{x \to \infty} f(x) = A \Leftrightarrow \forall \varepsilon > 0$，$\exists M > 0$，当 $|x| > M$ 时，有 $|f(x) - A| < \varepsilon$.

$\lim\limits_{x \to +\infty} f(x) = A$ 表示 $x > 0$ 且 x 无限增大时，$f(x)$ 的极限是 A；

$\lim\limits_{x \to -\infty} f(x) = A$ 表示 $x < 0$ 且 x 的绝对值无限增大时，$f(x)$ 的极限是 A.

从图 8.2 中可以看出，

$$\lim_{x \to +\infty} \frac{x}{x+1} = 1, \quad \lim_{x \to -\infty} \frac{x}{x+1} = 1$$

而由 $f(x) = \arctan x$ 的图形（图 8.3）我们可以看出，

$$\lim_{x \to +\infty} \arctan x = \frac{\pi}{2}, \quad \lim_{x \to -\infty} \arctan x = -\frac{\pi}{2}$$

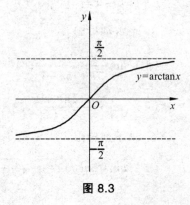

图 8.3

例 1 求证 $\lim\limits_{x \to \infty} \dfrac{\sin x}{x} = 0$.

证明 由

$$\left| \frac{\sin x}{x} - 0 \right| = \frac{|\sin x|}{|x|} \leq \frac{1}{|x|}$$

知，当 $\dfrac{1}{|x|} < \varepsilon$ 时，即 $|x| > \dfrac{1}{\varepsilon}$ 时，有

$$\left| \frac{\sin x}{x} - 0 \right| < \varepsilon$$

于是对任意给定的正数 ε，可取正数 $M = \left[\dfrac{1}{\varepsilon}\right]$，使得对于 $|x| > M$ 的一切 x 所对应的 $\dfrac{\sin x}{x}$，都满足不等式

$$\left| \frac{\sin x}{x} - 0 \right| < \varepsilon$$

即 $\lim\limits_{x \to \infty} \dfrac{\sin x}{x} = 0$.

类似可证 $\lim\limits_{x \to \infty} \dfrac{1}{x} = 0$，$\lim\limits_{x \to +\infty} \dfrac{1}{x} = 0$，$\lim\limits_{x \to -\infty} \dfrac{1}{x} = 0$，$\lim\limits_{x \to \infty} C = C$（其中 C 为常数）.

二、自变量趋于有限值时函数的极限

现在考察自变量 x 趋于有限值 a（不等于 a）时，函数 $f(x)$ 趋于常数 A 的情形.

在前面曾用不等式 $|x| > M$ 描述 $x \to \infty$，现在可用不等式 $0 < |x - a| < \delta$ 来描述 $x \to a$（x 不等于 a）.

定义 2.2 设 $f(x)$ 在点 a 的去心邻域内有定义（a 点除外），A 是常数. 如果对于任意给

定的不论怎么小的正数 ε，总存在正数 δ，使得适合 $0<|x-a|<\delta$ 的一切 x，所对应的 $f(x)$ 都满足不等式

$$|f(x)-A|<\varepsilon$$

则称 A 为函数 $f(x)$ 当 $x\to a$ 时的极限，记作

$$\lim_{x\to a}f(x)=A \quad \text{或} \quad f(x)\to A\ (x\to a)$$

此定义可简述为 $|f(x)-A|$ 可以任意小，只要 $|x-a|$ 充分小 $(x\neq a)$.

可简记作：$\lim\limits_{x\to a}f(x)=A \Leftrightarrow \forall \varepsilon>0$，$\exists \delta>0$，当 $0<|x-a|<\delta$ 时，有 $|f(x)-A|<\varepsilon$.

例 2 证明 $\lim\limits_{x\to 1}(3x-1)=2$.

证明 $\forall \varepsilon>0$，由

$$|3x-1-2|=3|x-1|<\varepsilon$$

得

$$|x-1|<\frac{\varepsilon}{3}$$

取 $\delta=\dfrac{\varepsilon}{3}$，则当 $0<|x-1|<\delta$ 时，有

$$|3x-1-2|<\varepsilon$$

所以 $\lim\limits_{x\to 1}(3x-1)=2$.

类似地可证明：$\lim\limits_{x\to a}x=a$，$\lim\limits_{x\to a}C=C$（其中 C 为常数）.

例 3 证明 $\lim\limits_{x\to x_0}\cos x=\cos x_0$.

证明 由

$$|\cos x-\cos x_0|=\left|-2\sin\frac{x+x_0}{2}\cdot\sin\frac{x-x_0}{2}\right|\leq 2\left|\sin\frac{x-x_0}{2}\right|\leq |x-x_0|$$

知，当 $|x-x_0|<\varepsilon$ 时，有

$$|\cos x-\cos x_0|<\varepsilon$$

于是对于任意的 ε，可取 $\delta=\varepsilon$，使得 $0<|x-x_0|<\delta$ 的一切 x 所对应的 $\cos x$ 都满足不等式

$$|\cos x-\cos x_0|<\varepsilon$$

即 $\lim\limits_{x\to x_0}\cos x=\cos x_0$.

特别地，当 $x_0=0$ 时，有 $\lim\limits_{x\to x_0}\cos x=1$.

类似地，可证得 $\lim\limits_{x\to x_0}\sin x=\sin x_0$.

$\lim\limits_{x\to a^+}f(x)=A$（或记 $f(a+0)=A$），表示 $x>a$ 且趋于 a 时，函数 $f(x)$ 趋于 A，称 A 为 $f(x)$ 当 $x\to a$ 时的**右极限**.

$\lim\limits_{x\to a^-}f(x)=A$（或记 $f(a-0)=A$），表示 $x<a$ 且趋于 a 时，函数 $f(x)$ 趋于 A，称 A 为 $f(x)$ 当 $x\to a$ 时的**左极限**.

根据函数极限，以及左、右极限的定义，有下面的定理.

定理 2.1 函数 $f(x)$ 当 $x \to a$ 时, 极限存在的充要条件是 $f(a+0) = f(a-0)$.

三、函数极限的性质

定理 2.2 (极限的唯一性) 若 $\lim\limits_{x \to a} f(x)$ 存在, 那么这个极限唯一.

定理 2.3 (函数极限的局部有界性) 若 $\lim\limits_{x \to a} f(x) = A$, 那么存在常数 $M > 0$ 和 $\delta > 0$, 使得当 $0 < |x-a| < \delta$ 时, 有 $|f(x)| \leq M$.

证明 因为 $\lim\limits_{x \to a} f(x) = A$, 所以取 $\varepsilon = 1$, 则存在 $\delta > 0$, 当 $0 < |x-a| < \delta$ 时, 有
$$|f(x) - A| < 1$$
所以
$$|f(x)| \leqslant |f(x) - A| + |A| < |A| + 1$$
取 $M = |A| + 1$, 有
$$|f(x)| < M$$

定理 2.4 (局部保号性) 若函数 $f(x)$ 在点 a 的空心邻域 $\overset{\circ}{U}(a)$ 内有定义, 且 $\lim\limits_{x \to a} f(x) = A > 0$ (或 < 0), 则必存在 $\delta > 0$. 使得当 $0 < |x-a| < \delta$ 时, 有 $f(x) > 0$ 和 (或 < 0).

证明 设 $\lim\limits_{x \to a} f(x) = A > 0$, 根据极限定义可知, 对 $\varepsilon = \dfrac{A}{2}$, 存在 $\delta > 0$, 使得当 $0 < |x-a| < \delta$ 时, 有
$$|f(x) - A| < \frac{A}{2}$$
即当 $0 < |x-a| < \delta$ 时,
$$f(x) > A - \frac{A}{2} > 0$$

类似地可证, 当 $A < 0$ 时, 定理也成立.

例 4 证明函数 $f(x) = \begin{cases} x^2 + 1, & x > 0 \\ 0, & x = 0 \\ -1, & x < 0 \end{cases}$ 当 $x \to 0$ 时极限不存在.

证明 由
$$f(0+0) = \lim_{x \to 0^+} (x^2 + 1) = 1$$
$$f(0-0) = \lim_{x \to 0^-} (-1) = -1$$
得 $f(0+0) \neq f(0-0)$, 于是由定理 2.1 知函数的极限不存在.

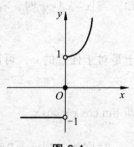

图 8.4

习题 8-2

*1. 证明下列极限:

(1) $\lim\limits_{x \to 2}(3x + 1) = 7$;   (2) $\lim\limits_{x \to 3} \dfrac{x-3}{x^2 - 9} = \dfrac{1}{6}$;   (3) $\lim\limits_{x \to \infty} \dfrac{x-1}{x+2} = 1$.

2. 讨论下列函数在 $x = 0$ 处是否有极限和左、右极限:

（1）$f(x) = \dfrac{x}{x}$； （2）$f(x) = \dfrac{|x|}{x}$； （3）$f(x) = \begin{cases} x-1, & x < 0 \\ 0, & x = 0 \\ x^2+1, & x > 0 \end{cases}$.

3. 运用列举函数值或观察函数图像研究下列函数在 $x \to +\infty$，$x \to -\infty$，$x \to \infty$ 时的极限：

（1）$f(x) = \dfrac{1}{x^3}$； （2）$f(x) = \dfrac{x}{\sqrt{x^2}}$； （3）$f(x) = \arctan x$.

4. 判断下列函数当 x 趋于指定点时，极限是否存在，如果存在求出极限值.

（1）$f(x) = \begin{cases} x-1, & x \ne 2 \\ 0, & x = 2 \end{cases}$，$x \to 2$； （2）$f(x) = \begin{cases} \sin x, & x < 0 \\ 2x^2, & x \geq 0 \end{cases}$，$x \to 0$；

（3）$f(x) = \begin{cases} x, & x \leq 0 \\ \dfrac{1}{x}, & x > 0 \end{cases}$，$x \to 0$； （4）$f(x) = \tan x$，$x \to \dfrac{\pi}{4}$.

*5. 当 $x \to 4$ 时，$y = \dfrac{1}{2}x + 1 \to 3$. 问 δ 等于多少时，使 $|x-4| < \delta$ 时，$|y-3| < 0.00001$？

*6. 当 $x \to \infty$ 时，$y = \dfrac{x-1}{x+1} \to 1$. 问 M 等于多少时，使 $|x| > M$ 时，$|y-1| < 0.00001$？

第三节 无穷小与无穷大

一、无穷小

定义 3.1 如果函数 $f(x)$ 当 $x \to a$（或 $x \to \infty$）时的极限为零，即 $\lim\limits_{x \to a} f(x) = 0$（或 $\lim\limits_{x \to \infty} f(x) = 0$），则称 $f(x)$ 为当 $x \to a$（或 $x \to \infty$）时的无穷小.

例如：$\sin x^3, 1 - \cos^2 x$ 都是当 $x \to 0$ 时的无穷小；$\dfrac{1}{x}, \dfrac{\sin x}{x^2}$ 都是当 $x \to \infty$ 时的无穷小.

特别地，以 0 为极限的数列 $\{x_n\}$ 称为 $n \to \infty$ 时的无穷小.

对于无穷小之间的比较我们有如下定义：

定义 3.2 当 α 与 β 同为当 $x \to a$ 时的无穷小时，

（1）当 $\lim\limits_{x \to a} \dfrac{\alpha}{\beta} = 0$ 时，我们称 α 是比 β **高阶的无穷小**（也称 β 是比 α **低阶的无穷小**），记为 $\alpha = o(\beta)$ $(x \to a)$；

（2）如果 $\lim\limits_{x \to a} \dfrac{\alpha}{\beta} = C$（$C$ 为常数且 $C \ne 0$），则称 α 是 β 的**同阶无穷小**；

（3）特别地，当 $\lim\limits_{x \to a} \dfrac{\alpha}{\beta} = 1$ 时，我们称 α 与 β 是**等价无穷小**，记作：$\alpha \sim \beta$ $(x \to a)$.

比如：$x, 3x, \sin x, x^3$ 都是 $x \to 0$ 时的无穷小，但 x^3 是 $x \to 0$ 时比另 3 个都高阶的无穷小；$x, 3x, \sin x$ 中的任两个，都是 $x \to 0$ 时的同阶无穷小；而其中 x 与 $\sin x$ 是 $x \to 0$ 时的等价无穷小.

例 1 比较下列各对无穷小量.

(1) 当 $n \to \infty$ 时，$\left\{\dfrac{4}{n^5}\right\}$ 和 $\left\{\dfrac{5}{n^4}\right\}$；

(2) 当 $x \to \infty$ 时，$y = \dfrac{x^4}{x^5+1}$ 和 $y = \dfrac{x^3}{x^4-1}$；

(3) 当 $x \to 1$ 时，$y = 2x^2 - 2$ 和 $y = 2x^2 + x - 3$.

解 （1）因为

$$\lim_{n\to\infty} \dfrac{\dfrac{4}{n^5}}{\dfrac{5}{n^4}} = \lim_{n\to\infty} \dfrac{4}{5n} = 0$$

所以当 $n \to \infty$ 时，$\dfrac{4}{n^5} = o\left(\dfrac{5}{n^4}\right)$.

（2）因为

$$\lim_{x\to\infty} \dfrac{\dfrac{x^4}{x^5+1}}{\dfrac{x^3}{x^4-1}} = \lim_{x\to\infty} \dfrac{x^5-x}{x^5+1} = \lim_{x\to\infty} \dfrac{1-\dfrac{1}{x^4}}{1+\dfrac{1}{x^5}} = 1$$

所以 $\dfrac{x^4}{x^5+1} \sim \dfrac{x^3}{x^4-1}$ $(x \to \infty)$.

（3）因为

$$\lim_{x\to 1} \dfrac{2x^2-2}{2x^2+x-3} = \lim_{x\to 1} \dfrac{2(x+1)(x-1)}{(x-1)(2x+3)} = \lim_{x\to 1} \dfrac{2x+2}{2x+3} = \dfrac{4}{5}$$

所以当 $x \to 1$ 时，$y = 2x^2 - 2$ 和 $y = 2x^2 + x - 3$ 是同阶无穷小.

二、无穷大

定义 3.3 如果函数 $f(x)$ 当 $x \to a$（或 $x \to \infty$）时，$f(x)$ 的绝对值无限增大，则称 $f(x)$ 为当 $x \to a$（或 $x \to \infty$）时的无穷大. 记为：

$$\lim_{x\to a} f(x) = \infty \text{（或 } \lim_{x\to\infty} f(x) = \infty\text{）}$$

如果当 $|x-a|$ 充分小时，函数值总保持正号且无限增大时，称 $f(x)$ 为当 $x \to a$ 时的正无穷大；若函数值总保持负号而绝对值无限增大时，称 $f(x)$ 为当 $x \to a$ 时的负无穷大. 分别记为：

$$\lim_{x\to a} f(x) = +\infty, \qquad \lim_{x\to a} f(x) = -\infty$$

例如，$\lim\limits_{x\to 0}\dfrac{1}{x} = \infty$，$\lim\limits_{x\to 0}\dfrac{1}{x^2} = +\infty$，$\lim\limits_{x\to 1}\dfrac{-1}{(x-1)^2} = -\infty$.

特别地，若数列 $\{x_n\}$，当 $n \to \infty$ 时，$|x_n|$ 无限增大，则称数列 $\{x_n\}$ 为 $n \to \infty$ 时的无穷大.

例 2 证明：$\lim\limits_{x\to x_0} \dfrac{1}{x-x_0} = \infty$.

证明 $\forall M > 0$，要使

$$\left|\frac{1}{x-x_0}\right| > M$$

只需

$$|x-x_0| < \frac{1}{M}$$

取 $\delta = \frac{1}{M}$，则当 $0 < |x-x_0| < \delta$ 时，有：

$$\left|\frac{1}{x-x_0}\right| > M$$

所以 $\lim\limits_{x \to x_0}\frac{1}{x-x_0} = \infty$.

显然，若当 $f(x)$ 为当 $x \to a$ 时的无穷大，其倒数 $\frac{1}{f(x)}$ 是 $x \to a$ 时的无穷小；而无穷小 $f(x)$（只要 $f(x) \neq 0$）的倒数 $\frac{1}{f(x)}$ 是无穷大.

定理 3.1 在自变量的同一变化过程中，若 $f(x)$ 为无穷大，则其倒数 $\frac{1}{f(x)}$ 为无穷小；若 $f(x)$ 为无穷小，则其倒数 $\frac{1}{f(x)}$ 为无穷大.

例如，$\lim\limits_{x \to 0}\sin x = 0$，而 $\lim\limits_{x \to 0}\frac{1}{\sin x} = \infty$；$\lim\limits_{x \to 0}\frac{1}{1-\cos x} = \infty$，而 $\lim\limits_{x \to 0}(1-\cos x) = 0$

习题 8-3

1. 两个无穷小的商是否一定是无穷小？举例说明.

*2. 根据定义证明：

（1）$f(x) = \frac{x^2-4}{x+2}$ 为 $x \to 2$ 时的无穷小；

（2）$f(x) = x^2\sin\frac{1}{x}$ 为 $x \to 0$ 时的无穷小.

*3. 根据定义证明：$f(x) = \frac{x+2}{x^2-4}$ 为 $x \to 2$ 时的无穷大，问 x 满足什么条件，能使 $|y| > 10^9$？

4. 求下列极限并说明理由：

（1）$\lim\limits_{x \to \infty}\frac{3x+2}{x}$；　　　　（2）$\lim\limits_{x \to 0}\frac{x^2-9}{x+3}$.

5. 比较当 $x \to 0$ 时下列各对无穷小量：

（1）$2x^3$ 与 $3x^2$；　　（2）$2x^2$ 与 $3x^2$；　　（3）$\sin x$ 与 $\tan x$.

6. 比较当 $x \to \infty$ 时下列各对无穷小量：

（1）$\frac{1}{2x^3}$ 与 $\frac{3}{x^2}$；　　（2）$\frac{1}{3x^3}$ 与 $\frac{2}{x^3}$；　　（3）$\sin\frac{1}{x}$ 与 $\tan\frac{1}{x}$.

第四节　函数极限的运算法则

一、极限的运算法则

定理 4.1　两个无穷小的和、差、积都是无穷小.

现在只证明 $x \to a$ 时，两个无穷小 $\alpha(x), \beta(x)$ 的和为 $x \to a$ 时的无穷小.

证明　设 $\lim\limits_{x \to a} \alpha(x) = 0$，$\lim\limits_{x \to a} \beta(x) = 0$，而 $\lambda(x) = \alpha(x) + \beta(x)$，则 $\forall \varepsilon > 0$，对于 $\dfrac{\varepsilon}{2} > 0$，∃ 两个正数 δ_1 和 δ_2，当 $0 < |x - a| < \delta_1$ 时，有

$$|\alpha(x)| < \dfrac{\varepsilon}{2}$$

当 $0 < |x - a| < \delta_2$ 时，有

$$|\beta(x)| < \dfrac{\varepsilon}{2}$$

取 $\delta = \min\{\delta_1, \delta_2\}$，则当 $0 < |x - a| < \delta$ 时，有

$$|\alpha(x) + \beta(x)| < \varepsilon$$

所以
$$|\lambda(x)| = |\alpha(x) + \beta(x)| < \varepsilon$$

所以
$$\lim_{x \to a} \lambda(x) = \lim_{x \to a}(\alpha(x) + \beta(x)) = 0$$

需要说明的是：在 $x \to a, x \to a^+, x \to a^-, x \to \infty, x \to +\infty, x \to -\infty$ 这六种自变量的变化过程中的任一种，都有两个无穷小的和、差、积都是无穷小.

推论 1　有限个无穷小的和、差、积都是无穷小.

推论 2　常数与无穷小之积仍为无穷小.

推论 3　有界量与无穷小之积仍为无穷小.

定理 4.2　$\lim\limits_{x \to a} f(x) = A$（$A$ 为常数）的充要条件是：$f(x) = A + \alpha$，其中 α 是当 $x \to a$ 时的无穷小.

证明　必要性. 设 $\lim\limits_{x \to a} f(x) = A$，令 $\alpha = f(x) - A$，这时有

$$\lim_{x \to a} \alpha = \lim_{x \to a}[f(x) - A] = \lim_{x \to a} f(x) - \lim_{x \to a} A = 0$$

充分性. 设 $f(x) = A + \alpha$，其中 α 是当 $x \to a$ 时的无穷小. 则

$$\lim_{x \to a} f(x) = \lim_{x \to a}(A + \alpha) = \lim_{x \to a} A + \lim_{x \to a} \alpha = A$$

以上的定义与定理对于 $x \to a^+, x \to a^-, x \to \infty, x \to +\infty, x \to -\infty$ 都适用.

从前面的例子中看到，用定义去考察函数的极限，即使简单的 $\lim\limits_{x \to 1}(3x+1), \lim\limits_{x \to x_0} \cos x$ 也需要相当的技巧，对于复杂一点的函数其困难就更大了. 为了便于计算函数的极限，现在介绍极限的四则运算法则.

第八章 极限与连续

定理 4.3 设 $\lim\limits_{\substack{x\to a\\(x\to\infty)}} f(x) = A$,$\lim\limits_{\substack{x\to a\\(x\to\infty)}} g(x) = B$,则

(1) $\lim\limits_{\substack{x\to a\\(x\to\infty)}} (f(x)\pm g(x)) = \lim\limits_{\substack{x\to a\\(x\to\infty)}} f(x) \pm \lim\limits_{\substack{x\to a\\(x\to\infty)}} g(x)$.

(2) $\lim\limits_{\substack{x\to a\\(x\to\infty)}} (f(x)g(x)) = \lim\limits_{\substack{x\to a\\(x\to\infty)}} f(x) \lim\limits_{\substack{x\to a\\(x\to\infty)}} g(x)$.

特别地,$\lim\limits_{\substack{x\to a\\(x\to\infty)}} Cf(x) = C \lim\limits_{\substack{x\to a\\(x\to\infty)}} f(x)$($C$ 为常数).

(3) $\lim\limits_{\substack{x\to a\\(x\to\infty)}} \dfrac{f(x)}{g(x)} = \dfrac{\lim\limits_{\substack{x\to a\\(x\to\infty)}} f(x)}{\lim\limits_{\substack{x\to a\\(x\to\infty)}} g(x)}$ ($B\neq 0$).

证明 现在就 $x\to a$ 时证明(1).

对任意给定的 $\varepsilon > 0$,由于 $\lim\limits_{x\to a} f(x) = A$,$\lim\limits_{x\to a} g(x) = B$,因此,分别存在 $\delta_1 > 0, \delta_2 > 0$,使得

$$|f(x) - A| < \frac{\varepsilon}{2} \quad (当 0 < |x-a| < \delta_1)$$

$$|g(x) - B| < \frac{\varepsilon}{2} \quad (当 0 < |x-a| < \delta_2)$$

取 $\delta = \min\{\delta_1, \delta_2\}$,则当 $0 < |x-a| < \delta$ 时,上面两个不等式同时成立,所以对于任意给定的正数 ε,使得适合 $0 < |x-a| < \delta$ 的一切 x 所对应的 $f(x)\pm g(x)$,都使不等式

$$|(f(x)\pm g(x)) - (A\pm B)| \leq |f(x) - A| + |g(x) - B| < \varepsilon$$

成立. 即

$$\lim\limits_{x\to a} (f(x)\pm g(x)) = A\pm B$$

法则(1)与(2)可以推广到有限个函数的情形.

法则(1)与(2)可以简述为:在每个函数极限存在的情形下,函数和、差的极限等于函数极限的和、差;函数乘积的极限等于各个因子的极限之积. 法则(3)简述为:两函数商的极限等于极限的商,但要注意分母的极限不能为零.

例 1 求 $\lim\limits_{x\to 1}(4x+1)$.

解 $\lim\limits_{x\to 1}(4x+1) = 4\lim\limits_{x\to 1} x + \lim\limits_{x\to 1} 1 = 4 + 1 = 5$.

例 2 设 $P(x)$ 是关于 x 的 n 次多项式,即

$$P(x) = a_n x^n + a_{n-1} x^{n-1} + \cdots + a_1 x + a_0$$

求证:$\lim\limits_{x\to a} P(x) = P(a)$.

证明 首先由法则(2)知:$\lim\limits_{x\to a} x^n = a^n$. 再由法则(1),(2)得

$$\lim\limits_{x\to a} P(x) = a_n \lim\limits_{x\to a} x^n + a_{n-1} \lim\limits_{x\to a} x^{n-1} + \cdots + a_1 \lim\limits_{x\to a} x + a_0$$

$$= a_n a^n + a_{n-1} a^{n-1} + \cdots + a_1 a + a_0 = P(a)$$

因而，由法则（3）可得有理函数 $\dfrac{P(x)}{Q(x)}$ 当 $x \to a$ 时的极限

$$\lim_{x \to a} \frac{P(x)}{Q(x)} = \frac{P(a)}{Q(a)} \quad (Q(a) \ne 0)$$

其中 $P(x), Q(x)$ 都是关于 x 的多项式．

例 3 求 $\lim\limits_{x \to -2} \dfrac{2x^3 - x^2 + 1}{x+1}$．

解 $\lim\limits_{x \to -2} \dfrac{2x^3 - x^2 + 1}{x+1} = \dfrac{2(-2)^3 - (-2)^2 + 1}{(-2)+1} = 19$．

例 4 求 $\lim\limits_{x \to 1}\left(\dfrac{1}{x-1} - \dfrac{3}{x^3-1} \right)$．

解 $\lim\limits_{x \to 1}\left(\dfrac{1}{x-1} - \dfrac{3}{x^3-1} \right) = \lim\limits_{x \to 1} \dfrac{x^2+x-2}{(x-1)(x^2+x+1)} = \lim\limits_{x \to 1} \dfrac{(x-1)(x+2)}{(x-1)(x^2+x+1)}$

$$= \lim_{x \to 1} \frac{x+2}{x^2+x+1} = 1.$$

例 5 求 $\lim\limits_{x \to \infty} \sqrt{3x}(\sqrt{x+1} - \sqrt{x-1})$．

解 $\lim\limits_{x \to \infty} \sqrt{3x}(\sqrt{x+1} - \sqrt{x-1}) = \lim\limits_{x \to \infty} \dfrac{2\sqrt{3x}}{\sqrt{x+1} + \sqrt{x-1}} = \lim\limits_{x \to \infty} \dfrac{\dfrac{2\sqrt{3x}}{\sqrt{x}}}{\dfrac{\sqrt{x+1} + \sqrt{x-1}}{\sqrt{x}}}$

$$= \lim_{x \to \infty} \frac{2\sqrt{3}}{\sqrt{1+\dfrac{1}{x}} + \sqrt{1-\dfrac{1}{x}}} = \sqrt{3}.$$

二、等价无穷小在求极限中的应用

定理 4.4 设 $f(x) \sim g(x)\ (x \to x_0)$，

（1）若 $\lim\limits_{x \to x_0} f(x)\mu(x) = A$，则 $\lim\limits_{x \to x_0} g(x)\mu(x) = A$；

（2）若 $\lim\limits_{x \to x_0} \dfrac{\mu(x)}{f(x)} = A$，则 $\lim\limits_{x \to x_0} \dfrac{\mu(x)}{g(x)} = A$．

现只证明（1），读者可以仿照证明（2）．

证明 因为 $g(x)\mu(x) = \dfrac{g(x)}{f(x)} f(x)\mu(x)$，所以

$$\lim_{x \to x_0} g(x)\mu(x) = \lim_{x \to x_0} \frac{g(x)}{f(x)} \cdot \lim_{x \to x_0} f(x)\mu(x) = 1 \cdot A = A$$

该定理表明，在上述两种情况下求函数极限，一个无穷小可以用其等价无穷小来代替．由（1）和（2）可知，求两个无穷小之比的极限时，分子、分母都可以用与之等价的无穷小来代替．

求极限时常用到的等价无穷小有：

$\sin x \sim x \ (x \to 0)$; $\tan x \sim x \ (x \to 0)$; $1-\cos x \sim \dfrac{1}{2}x^2 \ (x \to 0)$;

$\arcsin x \sim x \ (x \to 0)$; $\arctan x \sim x \ (x \to 0)$.

例 6 求 $\lim\limits_{x \to 0} \dfrac{\tan 3x}{\sin 7x}$.

解 因为 $\sin x \sim x \ (x \to 0)$，$\tan x \sim x \ (x \to 0)$，所以

$$\lim_{x \to 0} \dfrac{\tan 3x}{\sin 7x} = \lim_{x \to 0} \dfrac{3x}{7x} = \dfrac{3}{7}$$

例 7 求 $\lim\limits_{x \to 0} \dfrac{\tan 3x}{2x^2 + 7x}$.

解 因为 $\tan x \sim x \ (x \to 0)$，所以

$$\lim_{x \to 0} \dfrac{\tan 3x}{2x^2 + 7x} = \lim_{x \to 0} \dfrac{3x}{2x^2 + 7x} = \lim_{x \to 0} \dfrac{3}{2x + 7} = \dfrac{3}{7}$$

例 8 求 $\lim\limits_{x \to 0} \dfrac{x \arctan 3x}{1 - \cos x}$.

解 因为 $1 - \cos x \sim \dfrac{1}{2}x^2 \ (x \to 0)$，$\arctan x \sim x \ (x \to 0)$，所以

$$\lim_{x \to 0} \dfrac{x \arctan 3x}{1 - \cos x} = \lim_{x \to 0} \dfrac{3x^2}{\dfrac{1}{2}x^2} = 6$$

习题 8-4

1. 求下列极限.

（1）$\lim\limits_{x \to 0} \dfrac{x^2 - 1}{2x^2 - x - 1}$;   （2）$\lim\limits_{x \to 1} \dfrac{x^2 - 1}{2x^2 - x - 1}$;   （3）$\lim\limits_{x \to \infty} \dfrac{x^2 - 1}{2x^2 - x - 1}$;

（4）$\lim\limits_{x \to \infty} \dfrac{x^2 + 4x}{x^3 - 2x^2 + 1}$;   （5）$\lim\limits_{x \to 1} \dfrac{x^2 - 1}{x^3 - 1}$;   （6）$\lim\limits_{x \to 1} \dfrac{\sqrt{x} - 1}{\sqrt[3]{x} - 1}$;

（7）$\lim\limits_{x \to +\infty} (\sqrt{x^2 + 2x - 1} - x)$;   （8）$\lim\limits_{x \to -\infty} (\sqrt{x^2 + 2x - 1} + x)$;   （9）$\lim\limits_{x \to -\infty} \dfrac{x|x|}{x^2 + x + 1}$.

2. 求下列极限.

（1）$\lim\limits_{x \to 0} 3x^3 \sin \dfrac{1}{x}$;   （2）$\lim\limits_{x \to \infty} \dfrac{(\arctan x)^2}{x}$.

3. 求下列极限

（1）$\lim\limits_{x \to 3} \dfrac{x^3 - 2x^2 + 3x - 4}{(x-3)^2}$;   （2）$\lim\limits_{x \to \infty} \dfrac{2x^2}{3x - 1}$;   （3）$\lim\limits_{x \to \infty} (2x^2 - 3x + 4)$.

4. 利用等价无穷小的性质，求下列极限：

（1）$\lim\limits_{x \to \infty} \dfrac{2 \arctan x}{3 \sin x}$;   （2）$\lim\limits_{x \to 0} \dfrac{\tan 3x}{x^3 + 2 \sin 2x}$;   （3）$\lim\limits_{x \to \infty} \dfrac{\tan x - \sin x}{\sin^3 x}$.

第五节 两个重要极限

一、重要极限 $\lim\limits_{x\to 0}\dfrac{\sin x}{x}=1$

为了证明该极限，先介绍两个定理（追敛法则）：

定理 5.1 对于数列 $\{a_n\}$，$\{b_n\}$，$\{c_n\}$，若存在正整数 N，当 $n>N$ 时，有 $a_n\leqslant b_n\leqslant c_n$，并且 $\lim\limits_{n\to\infty}a_n=\lim\limits_{n\to\infty}c_n=A$，则数列 $\{b_n\}$ 必收敛，且 $\lim\limits_{n\to\infty}b_n=A$．

定理 5.2 若函数 $f(x),g(x),h(x)$ 在包含 x_0 的区间 (a,b) 内，满足 $f(x)\leqslant g(x)\leqslant h(x)$，并且 $\lim\limits_{x\to x_0}f(x)=\lim\limits_{x\to x_0}h(x)=A$，则 $\lim\limits_{x\to x_0}g(x)=A$．

类似于数列的追敛法则，对于函数 $f(x),g(x),h(x)$，若存在正数 M，当 $|x|>M$ 时，都有 $f(x)\leqslant g(x)\leqslant h(x)$，并且 $\lim\limits_{x\to\infty}f(x)=\lim\limits_{x\to\infty}h(x)=A$，则 $\lim\limits_{x\to\infty}g(x)=A$．

例 1 证明 $\lim\limits_{x\to 0}\dfrac{\sin x}{x}=1$．

证明 由前面三角函数的知识我们知道

$$\sin x < x < \tan x, \quad \left(0<x<\dfrac{\pi}{2}\right)$$

即

$$\cos x < \dfrac{\sin x}{x} < 1, \quad \left(0<x<\dfrac{\pi}{2}\right)$$

又 $\lim\limits_{x\to 0^+}\cos x=\cos 0=1$，$\lim\limits_{x\to 0^+}1=1$，于是得

$$\lim_{x\to 0^+}\dfrac{\sin x}{x}=1$$

又由于 $\dfrac{\sin x}{x}=\dfrac{\sin(-x)}{-x}$，即 $y=\dfrac{\sin x}{x}$ 的图形是对称于 y 轴的，因而有

$$\lim_{x\to 0^-}\dfrac{\sin x}{x}=1$$

所以 $\lim\limits_{x\to 0}\dfrac{\sin x}{x}=1$．

例 2 求 $\lim\limits_{x\to 0}\dfrac{\sin 2x}{x}$．

解 $\lim\limits_{x\to 0}\dfrac{\sin 2x}{x}=\lim\limits_{x\to 0}2\times\dfrac{\sin 2x}{2x}=2\lim\limits_{x\to 0}\dfrac{\sin 2x}{2x}=2$．

例 3 求 $\lim\limits_{x\to 0}\dfrac{1-\cos x}{x^2}$．

解 $\lim\limits_{x\to 0}\dfrac{1-\cos x}{x^2}=\lim\limits_{x\to 0}\dfrac{2\sin^2\dfrac{x}{2}}{x^2}=\dfrac{1}{2}\lim\limits_{x\to 0}\left(\dfrac{\sin\dfrac{x}{2}}{\dfrac{x}{2}}\right)^2=\dfrac{1}{2}$．

例 4 求 $\lim\limits_{x \to 0} \dfrac{\tan x}{x}$.

解 $\lim\limits_{x \to 0} \dfrac{\tan x}{x} = \lim\limits_{x \to 0} \left(\dfrac{\sin x}{x} \cdot \dfrac{1}{\cos x} \right) = 1.$

二、重要极限 $\lim\limits_{x \to \infty} \left(1 + \dfrac{1}{x}\right)^x = \mathrm{e}$ ($\lim\limits_{x \to 0}(1+x)^{\frac{1}{x}} = \mathrm{e}$)

定理 5.3 单调有界的数列一定是收敛的.

如果一个数列是单调递增（减），且有上（下）界，则该数列必收敛.

考察数列 $\left\{ \left(1 + \dfrac{1}{n}\right)^n \right\}$：

$$\left(1+\dfrac{1}{1}\right)^1, \left(1+\dfrac{1}{2}\right)^2, \left(1+\dfrac{1}{3}\right)^3, \left(1+\dfrac{1}{4}\right)^4, \left(1+\dfrac{1}{5}\right)^5, \left(1+\dfrac{1}{6}\right)^6, \cdots$$

保留 2 位小数：

$$2, \quad 2.25, \quad 2.37, \quad 2.44, \quad 2.49, \quad 2.52, \cdots$$

我们可以用计算器继续算下去，会发现它是单调递增的，它不会超过 3（上有界），所以数列 $\left\{ \left(1 + \dfrac{1}{n}\right)^n \right\}$ 是收敛的，我们记 $\lim\limits_{n \to \infty} \left(1 + \dfrac{1}{n}\right)^n = \mathrm{e}$.

e 是一个无理数，$\mathrm{e} \approx 2.71828182845\cdots$.

这样我们得到重要极限 $\lim\limits_{n \to \infty} \left(1 + \dfrac{1}{n}\right)^n = \mathrm{e}$，由此可以证明 $\lim\limits_{x \to \infty} \left(1 + \dfrac{1}{x}\right)^x = \mathrm{e}$.

例 5 求证：$\lim\limits_{\alpha \to 0}(1+\alpha)^{\frac{1}{\alpha}} = \mathrm{e}$ $(\alpha \neq 0)$.

证明 令 $x = \dfrac{1}{\alpha}$，则当 $\alpha \to 0$ 时，相应的有 $x \to \infty$，因此有：

$$\lim\limits_{\alpha \to 0}(1+\alpha)^{\frac{1}{\alpha}} = \lim\limits_{x \to \infty}\left(1 + \dfrac{1}{x}\right)^x = \mathrm{e}$$

即 $\lim\limits_{\alpha \to 0}(1+\alpha)^{\frac{1}{\alpha}} = \mathrm{e}.$

例 6 求 $\lim\limits_{x \to 0}(1-3x)^{\frac{1}{x}}$.

解 $\lim\limits_{x \to 0}(1-3x)^{\frac{1}{x}} = \lim\limits_{x \to 0}[(1-3x)^{\frac{1}{-3x}}]^{-3} = \mathrm{e}^{-3}.$

例 7 求 $\lim\limits_{x \to 0}(1+\tan x)^{\cot x}$.

解 令 $t = \tan x$，当 $x \to 0$ 时，$t \to 0$，所以

$$\lim\limits_{x \to 0}(1+\tan x)^{\cot x} = \lim\limits_{t \to 0}(1+t)^{\frac{1}{t}} = \mathrm{e}$$

习题 8-5

1. 利用两个重要极限，求下列极限：

（1）$\lim\limits_{x\to 0}\dfrac{\sin mx}{nx}$；

（2）$\lim\limits_{x\to 0}\dfrac{\tan x}{\sin 3x}$；

（3）$\lim\limits_{x\to \frac{\pi}{2}}\dfrac{\cos x}{x-\dfrac{\pi}{2}}$；

（4）$\lim\limits_{x\to \infty}\left(\dfrac{x+1}{x-1}\right)^x$；

（5）$\lim\limits_{x\to 0}(1+\sin 2x)^{\frac{1}{x}}$；

（6）$\lim\limits_{x\to 0}(1+x)^{\cot x}$.

2. 比较当 $x\to 0$ 时下列各对无穷小量：

（1）$2\sin 3x$ 与 $5x$；

（2）$\dfrac{2x^3}{3\sin x}$ 与 $\dfrac{3x^2}{2\sin x}$.

3. 利用重要极限 $\lim\limits_{x\to 0}\dfrac{\sin x}{x}=1$，讨论 $\lim\limits_{x\to 0}\dfrac{\sin x^n}{(\sin x)^m}$（$n, m$ 为正整数）的极限.

4. 利用两个重要极限，求下列极限：

（1）$\lim\limits_{x\to 0} x\cot x$；

（2）$\lim\limits_{x\to 0}\dfrac{1-\cos 2x}{x\sin x}$；

（3）$\lim\limits_{x\to \frac{\pi}{2}}\dfrac{\cos x}{x-\dfrac{\pi}{2}}$；

（4）$\lim\limits_{x\to 0}\dfrac{\tan x-\sin x}{x^3}$；

（5）$\lim\limits_{x\to \infty}\left(\dfrac{3x+2}{3x-1}\right)^{2x-1}$；

（6）$\lim\limits_{x\to \infty}\left(1-\dfrac{1}{x}\right)^x$；

（7）$\lim\limits_{x\to \infty}\left(1+\dfrac{k}{x}\right)^{mx}$；

（8）$\lim\limits_{n\to \infty}\left(1+\dfrac{1}{n}\right)^{n+4}$.

第六节　函数的连续性

一、函数的连续性

在函数的研究过程中，我们往往需要考察函数的局部性质，也就是考察函数 $y=f(x)$ 在某点 x_0 的邻域内变化的情况. 为此，我们引入函数增量的概念.

设变量 x 从 x_0 变化到 x_1 时，称 x_1-x_0 为变量 x 在 x_0 处的增量，记作：$\Delta x=x_1-x_0$.

设函数 $y=f(x)$ 在点 x_0 的某邻域内有定义，如果自变量 x 在该邻域内从 x_0 变到 $x_0+\Delta x$ 时，函数 $y=f(x)$ 相应地从 $f(x_0)$ 变到 $f(x_0+\Delta x)$，此时函数 $y=f(x)$ 相应的增量为

$$\Delta y=f(x_0+\Delta x)-f(x_0)$$

例 1　设 $y=x^2+x-1$，计算当 x 从 x_0 变到 $x_0+\Delta x$ 时，$y=x^2+x-1$ 相应的增量.

解　$\Delta y=(x_0+\Delta x)^2+(x_0+\Delta x)-1-(x_0^2+x_0-1)=(2x_0+1)\Delta x+(\Delta x)^2$.

大家知道，当温度变化很小时，铁棒长度的变化很小；当时间变化很小时，气温变化也很小. 因此，从函数来看，这些现象可归纳为：函数 $y=f(x)$ 的自变量 x 在点 x_0 的增量 $\Delta x\to 0$ 时，相应函数的增量 $\Delta y\to 0$，这时，称 $y=f(x)$ 在点 x_0 连续.

定义 6.1　设函数 $y=f(x)$ 在点 x_0 的某邻域内有定义，且 x 在该邻域内由 x_0 变到 $x_0+\Delta x$，函数 $y=f(x)$ 相应地从 $y_0=f(x_0)$ 变到 $y_0+\Delta y=f(x_0+\Delta x)$. 如果

$$\lim_{\Delta x\to 0}\Delta y=\lim_{\Delta x\to 0}f(x_0+\Delta x)-f(x_0)=0 \tag{1}$$

则称函数 $y = f(x)$ 在点 x_0 处**连续**，称点 x_0 为函数 $y = f(x)$ 的**连续点**．

如果函数 $y = f(x)$ 在点 x_0 处不连续，则称函数 $f(x)$ 在点 x_0 **间断**，称点 x_0 为函数 $y = f(x)$ 的**间断点**．

如果把（1）中的 $x_0 + \Delta x$ 记作 x，则 $\Delta y = f(x) - f(x_0)$，于是 $\Delta x \to 0$，$\Delta y \to 0$ 可分别记作 $x \to x_0$，$f(x) \to f(x_0)$．这时（1）式成为

$$\lim_{x \to x_0} f(x) = f(x_0)$$

因此上述定义又可叙述为：

设 $y = f(x)$ 在点 x_0 的某邻域内有定义，且

$$\lim_{x \to x_0} f(x) = f(x_0)$$

则称函数 $y = f(x)$ 在点 x_0 **连续**，称点 x_0 为函数 $y = f(x)$ 的**连续点**．

该定义用"$\varepsilon - \delta$"语言表述为：

$y = f(x)$ 在点 x_0 连续 $\Leftrightarrow \forall \varepsilon > 0$，$\exists \delta > 0$，当 $|x - x_0| < \delta$ 时，有 $|f(x) - f(x_0)| < \varepsilon$．

如果只考虑单侧极限，当 $\lim\limits_{x \to x_0^+} f(x) = f(x_0)$ 时，称函数 $f(x)$ 在点 x_0 处**右连续**；当 $\lim\limits_{x \to x_0^-} f(x) = f(x_0)$ 时，称函数 $f(x)$ 在点 x_0 处**左连续**．

定理 6.1 函数 $f(x)$ 在点 x_0 处连续的充要条件是：函数 $f(x)$ 在点 x_0 处既左连续又右连续．

例 2 讨论函数 $f(x) = \begin{cases} \dfrac{\sin x}{x}, & x \neq 0 \\ 1, & x = 0 \end{cases}$ 在点 $x = 0$ 处的连续性．

解 由 $\lim\limits_{x \to 0} f(x) = \lim\limits_{x \to 0} \dfrac{\sin x}{x} = 1$ 和 $f(0) = 1$ 可知，$f(x)$ 在点 $x = 0$ 处连续．

例 3 讨论函数 $f(x) = \dfrac{x - 3}{x^2 - 9}$ 在点 $x = 3$ 处的连续性．

解 因为 $f(x)$ 在点 $x = 3$ 处无定义，所以 $f(x)$ 在点 $x = 3$ 处不连续，即 $f(x)$ 在点 $x = 3$ 间断．

定义 6.2 如果函数 $f(x)$ 在开区间 (a,b) 内每一点都连续，则称函数 $f(x)$ 在开区间 (a,b) 内连续．

如果函数 $f(x)$ 在开区间 (a,b) 内连续，并且在 $x = a$ 处右连续，在 $x = b$ 处左连续，那么称 $f(x)$ 在闭区间 $[a,b]$ 上连续．

由第二节例 3 知，$\lim\limits_{x \to x_0} \cos x = \cos x_0$，所以 $\cos x$ 在其定义域内连续．同样，$\sin x$ 在其定义域内也连续．

由 $\lim\limits_{x \to x_0} \dfrac{P(x)}{Q(x)} = \dfrac{P(x_0)}{Q(x_0)}$ $(Q(x_0) \neq 0)$ 知，有理函数 $\dfrac{P(x)}{Q(x)}$ 在其定义域内是连续的．

二、函数的间断点

如果函数 $y = f(x)$ 在点 x_0 不连续，则点 x_0 称为函数 $y = f(x)$ 的**间断点**或**不连续点**．

点 x_0 为函数 $y = f(x)$ 的间断点，有下列两种情况：

（1）极限 $\lim\limits_{x \to x_0} f(x)$ 不存在（指无有限极限）；

（2）极限 $\lim\limits_{x \to x_0} f(x)$ 存在有限极限，但不等于 $f(x_0)$，或 $f(x)$ 在 x_0 无定义.

显然，考察点 x_0 是不是函数 $y = f(x)$ 的间断点，其先决条件是 $f(x)$ 在点 x_0 的去心邻域 $\overset{\circ}{U}(x_0)$ 内有定义.

间断点可按下述情形分类：

（1）可去间断点. 若 $\lim\limits_{x \to x_0} f(x) = A$，但 $f(x_0) \neq A$ 或 $f(x)$ 在 x_0 无定义.

如点 $x = 0$ 是 $f(x) = \dfrac{\sin x}{x}$ 的可去间断点，$x = 3$ 是函数 $f(x) = \begin{cases} \dfrac{x-3}{x^2-9}, & x \neq \pm 3 \\ 0, & x = \pm 3 \end{cases}$ 的可去间断点.

若 x_0 是 $y = f(x)$ 的可去间断点，只需在点 x_0 补充定义，或改变 $f(x)$ 在 x_0 的函数值，就可以使点 x_0 变为函数 $f(x)$ 的连续点.

（2）跳跃间断点. 若 $f(x)$ 的左、右极限均存在但不相等（即 $f(x_0 + 0) \neq f(x_0 - 0)$）.

如 $x = 0$ 是函数 $f(x) = \begin{cases} x^2 + 1, & x > 0 \\ 0, & x = 0 \\ x - 1, & x < 0 \end{cases}$ 的跳跃间断点.

可去间断点和跳跃间断点统称为**第一类间断点**，第一类间断点的特点是函数在该点的左、右极限均存在.

（3）第二类间断点. 函数在该点至少有一侧不存在有限极限，该点称为**第二类间断点**.

如 $x = 0$ 是函数 $y = \dfrac{1}{x}$ 的第二类间断点，因为 $\lim\limits_{x \to 0} \dfrac{1}{x} = \infty$，我们称 $x = 0$ 是 $y = \dfrac{1}{x}$ 的无穷间断点；同样 $x = \dfrac{\pi}{2}$ 是函数 $y = \tan x$ 的第二类间断点，因为 $\lim\limits_{x \to \frac{\pi}{2}} \tan x = \infty$，称 $x = \dfrac{\pi}{2}$ 是函数 $y = \tan x$ 的无穷间断点.

$f(x) = \sin \dfrac{1}{x}$ 在 $x = 0$ 处的左、右极限均不存在，$x = 0$ 是 $\sin \dfrac{1}{x}$ 的第二类间断点，$x \to 0$ 时 $\sin \dfrac{1}{x}$ 在 $[-1, +1]$ 上震荡，称 $x = 0$ 为 $\sin \dfrac{1}{x}$ 的震荡间断点.

三、连续函数的运算

根据连续函数的定义及函数极限的运算法则可得：

定理 6.2 设 $f(x)$ 与 $g(x)$ 在点 $x = x_0$ 处连续，则 $f(x) \pm g(x), f(x)g(x), \dfrac{f(x)}{g(x)} (g(x_0) \neq 0)$ 都在点 $x = x_0$ 处连续.

证明 根据函数极限的运算法则与 $f(x), g(x)$ 在点 $x = x_0$ 处连续的定义，我们有

$$\lim_{x \to x_0} [f(x) \pm g(x)] = \lim_{x \to x_0} f(x) \pm \lim_{x \to x_0} g(x) = f(x_0) \pm g(x_0)$$

即 $f(x) \pm g(x)$ 在点 $x = x_0$ 处连续.

同理可证，$f(x)g(x), \dfrac{f(x)}{g(x)} (g(x_0) \neq 0)$ 在点 $x = x_0$ 处连续.

定理 6.2 可推广到有限个连续函数的和、差与积都是连续函数的情形.

从 $\sin x$, $\cos x$ 在其定义域内连续以及定理 6.2 知，$\tan x$, $\cot x$, $\sec x$, $\csc x$ 都在其定义域内连续，即三角函数在其定义域内连续.

我们还可以证明：反三角函数、幂函数、指数函数与对数函数在其定义域内是连续函数. 即有如下定理.

定理 6.3 基本初等函数在其定义域内是连续的（证明从略）.

例 4 讨论函数 $f(x) = \arctan x - \dfrac{1}{x}$ 的连续性.

解 由定理 6.3 知，$\arctan x$, $\dfrac{1}{x}$ 分别在 $(-\infty, +\infty)$, $(-\infty, 0) \cup (0, +\infty)$ 内连续，再由定理 6.2 知，$f(x)$ 在 $(-\infty, 0) \cup (0, +\infty)$ 内连续.

例 5 讨论函数 $f(x) = \begin{cases} x-1, & x < 0 \\ 0, & x = 0 \\ x+1, & x > 0 \end{cases}$ 的连续性.

解 当 $x < 0$ 时，$f(x) = x - 1$，由定理 6.3 知，$f(x)$ 是连续的.

同理，当 $x > 0$ 时，$f(x) = x + 1$ 也是连续的.

又因

$$\lim_{x \to 0^+} f(x) = \lim_{x \to 0^+} (x+1) = 1, \quad \lim_{x \to 0^-} f(x) = \lim_{x \to 0^-} (x-1) = -1$$

可知，$f(0+0) \neq f(0-0)$，所以 $f(x)$ 在点 $x = 0$ 处不连续.

为了进一步判断函数的连续性，下面介绍复合函数及其连续性.

例如，$y = \sin x^2$ 不是基本初等函数，若令 $u = x^2$，则 $y = \sin x^2$ 可看成是正弦函数 $y = \sin u$ 与幂函数 $u = x^2$ 复合而成. 此时称 $y = \sin x^2$ 是 x 的复合函数.

一般地，若函数 $y = f(u)$ 的定义域为 J，函数 $u = \varphi(x)$ 的定义域为 D，其值域包含于 J 中，则 y 通过 u 也是 x 的函数，这时称 y 是 x 的**复合函数**，记为 $y = f[\varphi(x)]$，而称 u 为中间变量. 应当注意的是，复合函数 $f[\varphi(x)]$ 的定义域与 $u = \varphi(x)$ 的定义域不一定相同.

定理 6.4 若函数 $y = f(u)$ 在点 u_0 处连续，而函数 $u = \varphi(x)$ 在点 x_0 处连续，则复合函数 $y = f[\varphi(x)]$ 在点 x_0 处连续.

证明 因为函数 $u = \varphi(x)$ 在 x_0 处连续，所以有

$$\lim_{x \to x_0} \varphi(x) = \varphi(x_0)$$

又 $\lim\limits_{u \to u_0} f(u) = A$，则

$$\lim_{x \to x_0} f[\varphi(x)] = \lim_{u \to u_0} f(u) = A$$

推论 $\lim\limits_{x \to x_0} \varphi(x) = u_0$，函数 $y = f(u)$ 在点 u_0 处连续，则有

$$\lim_{x \to x_0} f[\varphi(x)] = f[\lim_{x \to x_0} \varphi(x)]$$

此推论意味着在函数连续的前提下，极限符号与函数符号可以相互交换.

根据初等函数的定义，由本节定理 6.2、6.3、6.4 可得出结论：**初等函数在其定义域区间**

内都是是连续的.

例 6 求极限 $\lim\limits_{x\to 0}\dfrac{\ln(x+1)}{x}$.

解 $\lim\limits_{x\to 0}\dfrac{\ln(x+1)}{x}=\lim\limits_{x\to 0}\ln(x+1)^{\frac{1}{x}}=\ln[\lim\limits_{x\to 0}(x+1)^{\frac{1}{x}}]=\ln e=1$.

四、闭区间上连续函数的性质

闭区间上连续的函数具有一些非常重要的性质. 下面仅给出定理的叙述，不做证明.

定理 6.5（最值定理） 若函数 $f(x)$ 在闭区间 $[a,b]$ 上连续，则它在 $[a,b]$ 上一定存在最大值和最小值.

注意：非闭区间上连续的函数，定理的结论不一定成立. 比如，$y=x^2$ 在 $(0,1)$ 内连续，但在 $(0,1)$ 内既无最大值也无最小值.

推论（有界性定理） 若函数 $f(x)$ 在闭区间 $[a,b]$ 上连续，则它在 $[a,b]$ 上有界.

定理 6.6（介值定理） 若函数 $f(x)$ 在闭区间 $[a,b]$ 上连续，m 与 M 分别是 $f(x)$ 在闭区间 $[a,b]$ 上的最小值与最大值，则对介于 m 与 M 之间的任意实数 C（即 $m<C<M$），至少存在一点 $\xi\in(a,b)$，使得 $f(\xi)=C$.

推论（零点定理） 若函数 $f(x)$ 在闭区间 $[a,b]$ 上连续，且 $f(a)$ 与 $f(b)$ 异号，则在 (a,b) 内至少存在一点 ξ，使得 $f(\xi)=0$.

例 7 证明方程 $x=a\sin x+b\ (a>0,b>0)$ 至少有一个正根，并且不超过 $a+b$.

证明 设 $f(x)=x-a\sin x-b$，则

$$f(0)=-b<0,\quad f(a+b)=a[1-\sin(a+b)]\geqslant 0$$

当 $f(a+b)>0$ 时，依据零点定理知，$f(x)$ 在 $(0,a+b)$ 内至少存在一点 ξ，使得

$$f(\xi)=\xi-a\sin\xi-b=0$$

即

$$\xi=a\sin\xi+b$$

而当 $f(a+b)=0$ 时，$a+b$ 本身就是方程的一个根，所以方程 $x=a\sin x+b(a>0,b>0)$ 至少有一个正根，并且不超过 $a+b$.

习题 8-6

1. 求下列函数的连续区间：

   （1）$f(x)=\dfrac{1}{\sqrt[3]{x^2-3x+2}}$；

   （2）$f(x)=\lg(2-x)$；

   （3）$f(x)=\sqrt{x-4}+\sqrt{6-x}$；

   （4）$f(x)=\ln\arcsin x$.

2. 讨论函数 $f(x)=\begin{cases}x^2,&0\leqslant x\leqslant 1\\2-x,&1<x\leqslant 2\end{cases}$ 的连续性，并画出函数的图形.

3. 求下列极限.

（1）$\lim\limits_{x\to\frac{\pi}{4}}(\sin x+\cos x)$；

（2）$\lim\limits_{x\to 2}\sqrt[3]{x+6}$；

（3）$\lim\limits_{x\to 0}\dfrac{\sqrt{1+x}-\sqrt{1-x}}{x}$；

（4）$\lim\limits_{x\to -8}\sqrt[3]{x}\lg(2-x)$.

4. 证明：方程 $x^5-3x^3+1=0$ 在区间 $(0, 1)$ 内至少有一个根.

5. 求下列函数的间断点，并说明间断点类别. 若是可去间断点，修改（补充）该点的函数值使其连续.

（1）$f(x)=\dfrac{\sqrt[3]{x}}{(2x^2+1)^2}$；

（2）$f(x)=\dfrac{x^2-1}{x^2+3x+2}$；

（3）$f(x)=\dfrac{\sin 2}{3x}$；

（4）$f(x)=\begin{cases}3x^2, & 0<x\leqslant 1\\ 3-x, & 1<x<2\end{cases}$；

（5）$f(x)=\begin{cases}3\cos\dfrac{2}{x}, & x<0\\ 3-x, & x\geqslant 0\end{cases}$；

（6）$f(x)=\dfrac{1}{x-2}$；

（7）$f(x)=\cos\dfrac{1}{x}$.

小　结

本章主要介绍了数列与函数的极限以及函数连续的概念.

一、对于无穷数列的收敛与发散，以及用 $\varepsilon-N$ 语言描述数列的极限，需要认真理解，它是微积分的入门知识.

二、函数极限的六种情形，即 $x\to\infty, x\to+\infty, x\to-\infty, x\to x_0, x\to x_0^+, x\to x_0^-$，需要认真学习与掌握. 对于函数极限中的 $\varepsilon-M$ 和 $\varepsilon-\delta$，要注意区别与联系.

三、要掌握极限的运算规则，特别是做除法时，分母的极限为零的情形. 对于两个重要极限：$\lim\limits_{x\to 0}\dfrac{\sin x}{x}=1$，$\lim\limits_{x\to\infty}\left(1+\dfrac{1}{x}\right)^x=e$，以及由它们的变化得出的变式也要掌握清楚.

四、了解无穷小与无穷大的概念，以及它们之间的关系，并要掌握函数的极限与无穷小之间的关系.

五、对于函数连续的条件，必须掌握与理解. 了解闭区间上连续的函数具有的基本性质.

复习题八

1. 求下列极限：

（1）$\lim\limits_{x\to 2}\dfrac{x^2-4}{x-2}$；

（2）$\lim\limits_{x\to\infty}\dfrac{x^k}{x^2+2x+3}$（$k$ 为常数）；

（3）$\lim\limits_{x\to 0}\dfrac{\sin kx}{mx}$；

（4）$\lim\limits_{x\to 3}\dfrac{\sqrt{1+x}-2}{x-3}$.

2. 函数 $f(x)$ 在 x_0 处连续，函数 $g(x)$ 在 x_0 处不连续，问 $f(x)+g(x)$ 在点 x_0 处是否连续？为什么？问 $f(x)g(x)$ 在 x_0 处是否连续？为什么？

3. 若函数 $f(x), g(x)$ 在 x_0 处都不连续，问 $f(x)g(x)$ 在 x_0 处是否也不连续？试讨论.

（1） $f(x)=\begin{cases}x+2, & x\neq 2\\ 3, & x=2\end{cases}$; （2） $g(x)=\begin{cases}x+1, & x\neq 2\\ 4, & x=2\end{cases}$.

4. 求下列极限：

（1） $\lim\limits_{n\to\infty}\dfrac{n(n+1)(3n-1)}{2n^3-3}$; （2） $\lim\limits_{n\to\infty}\dfrac{(n+1)(3n-1)}{2n^3-3}$; （3） $\lim\limits_{n\to\infty}\dfrac{n(n+1)(3n-1)}{2n^2-3}$

（4） $\lim\limits_{n\to\infty}\left(\dfrac{1}{1\times 2}+\dfrac{1}{2\times 3}+\cdots+\dfrac{1}{n(n+1)}\right)$; （5） $\lim\limits_{n\to\infty}\dfrac{(-1)^n+5^n}{(-1)^{n+1}+5^{n+1}}$;

（6） $\lim\limits_{n\to\infty}\dfrac{1-\dfrac{1}{2}+\dfrac{1}{4}+\cdots+\dfrac{1}{(-2)^{n-1}}}{1+\dfrac{1}{3}+\dfrac{1}{9}+\cdots+\dfrac{1}{3^{n-1}}}$; （7） $\lim\limits_{x\to\infty}\dfrac{1-x^2}{2x^2-x-1}$; （8） $\lim\limits_{x\to-\infty}\dfrac{3^x(x+1)}{x-1}$;

（9） $\lim\limits_{x\to 0}\dfrac{\sqrt{1+x^2}-\sqrt{1-x^2}}{\sqrt{1+x}-\sqrt{1-x}}$; （10） $\lim\limits_{x\to -1}\dfrac{\sqrt[3]{x}+1}{x^3+1}$; （11） $\lim\limits_{x\to 0}\dfrac{\sin 7x}{\sin 3x}$;

（12） $\lim\limits_{x\to\infty}\left(1+\dfrac{1}{3x}\right)^{x+1}$; （13） $\lim\limits_{x\to 0}(1-2x)^{x+1}$.

*5. 证明 $\lim\limits_{n\to\infty}\dfrac{1}{\sqrt{n}}=0$.

6. 证明方程 $x^3-2x^2+3x-1=0$ 在区间 $(0, 1)$ 上至少有一个实根.

第九章 导数、微分及其应用

导数与微分是高等数学中的基本概念，应用很广．本章将介绍导数、导数的几何意义、微分、微分的简单应用，以及它们的运算法则，导数以及高阶导数的运用举例．

第一节 导 数

一、导数的概念

自然科学中有很多基本概念与导数有关，例如瞬时速度、电流强度及曲线的切线斜率等，这些都可以归结为求某个函数的导数．现在以瞬时速度为例．

如果物体作匀速直线运动，由于速度是位移与时间之比，所以物体在任何时刻的速度为 $v = \dfrac{\Delta s}{\Delta t}$，且是一个常数．例如，当 $s = 2t + 3$ (m)时，物体在 t_0 时刻的速度是

$$v = \frac{\Delta s}{\Delta t} = \frac{[2(t_0 + \Delta t) + 3] - (2t_0 + 3)}{\Delta t} = 2 \text{ (m/s)}$$

设物体作变速直线运动，在 t 时刻的位置是 $s = f(t)$（$s = f(t)$ 为物体的运动规律或运动方程），当时间 t 从 t_0 变到 $t_0 + \Delta t$ 时，物体在 Δt 这段时间内的位移是

$$\Delta s = f(t_0 + \Delta t) - f(t_0)$$

当 t_0 为固定值时，$\dfrac{\Delta s}{\Delta t}$ 将随 Δt 的变化而变化．称比值 $\dfrac{\Delta s}{\Delta t}$ 为物体在时间区间 $[t_0, t_0 + \Delta t]$ 内的平均速度，记为 $\bar{v}$，即

$$\bar{v} = \frac{\Delta s}{\Delta t} = \frac{f(t_0 + \Delta t) - f(t_0)}{\Delta t}$$

很明显，当 Δt 很小时，可以认为物体在时间区间 $[t_0, t_0 + \Delta t]$ 内近似地作匀速运动．因此可以用 $\bar{v}$ 作为 $v(t_0)$ 的近似值，而且 Δt 越小，其近似程度越好．由此可知：物体在时刻 t_0 的瞬时速度 $v(t_0)$ 的确切意义是，$\Delta t \to 0$ 时平均速度 $\dfrac{\Delta s}{\Delta t}$ 的极限，即

$$v(t_0) = \lim_{\Delta t \to 0} \frac{\Delta s}{\Delta t} = \lim_{\Delta t \to 0} \frac{f(t_0 + \Delta t) - f(t_0)}{\Delta t}$$

例 1 设物体作自由落体运动，其运动规律为 $s = \dfrac{1}{2}gt^2$ (m)（g 为重力加速度），求物体在 $t = 2$(s)的速度．

解 物体在 $t = t_0$ 的瞬时速度是

$$v_0 = \lim_{\Delta t \to 0} \frac{\Delta s}{\Delta t} = \lim_{\Delta t \to 0} \frac{\frac{1}{2}g(t_0 + \Delta t)^2 - \frac{1}{2}gt_0^2}{\Delta t}$$

$$= \lim_{\Delta t \to 0} \frac{gt_0 \Delta t + \frac{1}{2}g(\Delta t)^2}{\Delta t} = \lim_{\Delta t \to 0} \left(gt_0 + \frac{1}{2}g\Delta t\right) = gt_0$$

所以物体在 $t = 2(\text{s})$ 的速度是 $v = 2g \ (\text{m/s})$.

瞬时速度在数学上可抽象出导数的概念.

定义 1.1 设函数 $y = f(x)$ 在点 $x = x_0$ 的某邻域内有定义,当自变量 x 由 x_0 变到 $x_0 + \Delta x$ 时,函数 $y = f(x)$ 相应的增量为 $\Delta y = f(x_0 + \Delta x) - f(x_0)$. 如果函数的增量 Δy 与自变量 Δx 之比,当 $\Delta x \to 0$ 时极限存在,则称这个极限为函数 $y = f(x)$ 在点 $x = x_0$ 处的**导数**,记作 $y'|_{x=x_0}$,即

$$y'|_{x=x_0} = \lim_{\Delta x \to 0} \frac{\Delta y}{\Delta x} = \lim_{\Delta x \to 0} \frac{f(x_0 + \Delta x) - f(x_0)}{\Delta x}$$

也记作 $f'(x_0)$,$\frac{\mathrm{d}y}{\mathrm{d}x}\big|_{x=x_0}$.

于是,作直线运动的物体在时刻 $t = t_0$ 的瞬时速度 v_0 就是其位置函数 $s = f(t)$ 在 $t = t_0$ 的导数,即

$$v_0 = s'|_{t=t_0} \quad \text{或} \quad v_0 = f'(t_0) = \frac{\mathrm{d}s}{\mathrm{d}t}\big|_{t=t_0}$$

因而也把导数 $f'(x_0)$ 看成是函数 $f(x)$ 在点 $x = x_0$ 处的变化率. 它可以用来衡量函数 $f(x)$ 在点 $x = x_0$ 处相对于自变量变化的快慢程度.

如果函数 $f(x)$ 在点 $x = x_0$ 处有导数或导数存在,则称函数 $f(x)$ 在点 $x = x_0$ 处可导;否则称函数 $f(x)$ 在点 $x = x_0$ 处不可导. 如果函数 $y = f(x)$ 在区间 (a,b) 内任一 x 都可导,则称函数 $y = f(x)$ 在区间 (a,b) 内可导. 在 (a,b) 内任一点 x 处的导数记为 y',也记作 $f'(x)$ 或 $\frac{\mathrm{d}y}{\mathrm{d}x}$. 这时 y' 或 $f'(x)$,$\frac{\mathrm{d}y}{\mathrm{d}x}$ 也是 x 的函数,称这个函数为 $y = f(x)$ 的导函数,也简称为**导数**.

例 2 设 $y = x^2 + 2x$,求 y' 及 $y'|_{x=2}$.

解 设自变量由 x 变到 $x + \Delta x$,则

$$\Delta y = f(x + \Delta x) - f(x) = [(x + \Delta x)^2 + 2(x + \Delta x)] - [x^2 + 2x]$$
$$= 2x\Delta x + (\Delta x)^2 + 2\Delta x$$

所以
$$\frac{\Delta y}{\Delta x} = 2x + \Delta x + 2$$

所以
$$y' = \lim_{\Delta x \to 0} \frac{\Delta y}{\Delta x} = \lim_{\Delta x \to 0}(2x + \Delta x + 2) = 2x + 2$$

则 $y'|_{x=2} = 2 \times 2 + 2 = 6$.

定理 1.1 设函数 $f(x)$ 在点 $x = x_0$ 处可导,则函数 $f(x)$ 在点 $x = x_0$ 处连续.

证明 由 $f(x)$ 在点 $x = x_0$ 处可导可得

$$\lim_{\Delta x \to 0} \Delta y = \lim_{\Delta x \to 0}(\Delta x)\left(\frac{\Delta y}{\Delta x}\right) = \lim_{\Delta x \to 0}(\Delta x)\left(\frac{f(x_0+\Delta x)-f(x_0)}{\Delta x}\right)$$

$$= \lim_{\Delta x \to 0}\Delta x \lim_{\Delta x \to 0}\frac{f(x_0+\Delta x)-f(x_0)}{\Delta x} = 0 \times f'(x_0) = 0$$

即函数 $f(x)$ 在 $x = x_0$ 连续.

定理1.1 表明函数连续性是函数可导的必要条件，但这个条件却不是充分的. 例如，函数 $y = \sqrt[3]{x}$. 显然，在 $x = 0$ 连续，但由于

$$\lim_{\Delta x \to 0}\frac{\Delta y}{\Delta x} = \lim_{\Delta x \to 0}\frac{\sqrt[3]{0+\Delta x}-\sqrt[3]{0}}{\Delta x} = \lim_{\Delta x \to 0}\frac{\sqrt[3]{\Delta x}}{\Delta x} = \infty$$

即函数 $y = \sqrt[3]{x}$ 在点 $x = 0$ 处不可导.

二、按定义求导数举例

例3 求证：$(C)' = 0$，其中 C 为常数.

证明 设 $y = C$，则

$$\Delta y = C - C = 0$$

所以
$$\frac{\Delta y}{\Delta x} = 0$$

即
$$(C)' = \lim_{\Delta x \to 0}\frac{\Delta y}{\Delta x} = \lim_{\Delta x \to 0}0 = 0$$

例3 表明常数的导数恒为零.

例4 求证：$(x^n)' = nx^{n-1}$ $(n \in \mathbf{N})$.

证明 设 $y = x^n$，则

$$\Delta y = f(x+\Delta x) - f(x) = (x+\Delta x)^n - x^n$$
$$= x^n + C_n^1 x^{n-1}\Delta x + C_n^2 x^{n-2}(\Delta x)^2 + \cdots + (\Delta x)^n - x^n$$
$$= C_n^1 x^{n-1}\Delta x + C_n^2 x^{n-2}(\Delta x)^2 + \cdots + (\Delta x)^n$$

所以
$$\frac{\Delta y}{\Delta x} = C_n^1 x^{n-1} + C_n^2 x^{n-2}\Delta x + \cdots + (\Delta x)^{n-1}$$

即
$$(x^n)' = \lim_{\Delta x \to 0}\frac{\Delta y}{\Delta x} = C_n^1 x^{n-1} = nx^{n-1}$$

例如，$(x^3)' = 3x^2$，$(x)' = 1 \cdot x^0 = 1$.

应当指出，当 n 为任意实数时，例4 仍成立，此即为幂函数的求导公式. 例如

$$\left(\frac{1}{x}\right)' = (x^{-1})' = -x^{-2} = -\frac{1}{x^2}, \quad (\sqrt{x})' = (x^{\frac{1}{2}})' = \frac{1}{2}x^{-\frac{1}{2}} = \frac{1}{2\sqrt{x}}$$

例5 求证：$(\sin x)' = \cos x$，$(\cos x)' = -\sin x$.

证明 设 $y = \sin x$，则

$$\Delta y = \sin(x+\Delta x) - \sin x = 2\cos\left(x+\frac{\Delta x}{2}\right)\sin\frac{\Delta x}{2}$$

所以
$$\frac{\Delta y}{\Delta x} = \frac{\cos\left(x + \frac{\Delta x}{2}\right)\sin\frac{\Delta x}{2}}{\frac{\Delta x}{2}}$$

由 $\lim_{u \to 0}\frac{\sin u}{u} = 1 \left(u = \frac{\Delta x}{2}\right)$ 及余弦函数的连续性，得

$$(\sin x)' = \lim_{\Delta x \to 0}\frac{\Delta y}{\Delta x} = \lim_{\Delta x \to 0}\frac{\cos\left(x + \frac{\Delta x}{2}\right)\sin\frac{\Delta x}{2}}{\frac{\Delta x}{2}}$$

$$= \lim_{\Delta x \to 0}\cos\left(x + \frac{\Delta x}{2}\right)\lim_{\Delta x \to 0}\frac{\sin\frac{\Delta x}{2}}{\frac{\Delta x}{2}} = (\cos x) \times 1 = \cos x$$

同理可证
$$(\cos x)' = -\sin x$$

例 6 求证：$(\ln x)' = \frac{1}{x}$.

证明 设 $y = \ln x$，则

$$\Delta y = \ln(x + \Delta x) - \ln x = \ln\left(1 + \frac{\Delta x}{x}\right)$$

所以
$$\frac{\Delta y}{\Delta x} = \frac{1}{\Delta x}\ln\left(1 + \frac{\Delta x}{x}\right) = \frac{1}{x}\ln\left(1 + \frac{\Delta x}{x}\right)^{\frac{x}{\Delta x}}$$

由 $\lim_{u \to 0}(1 + u)^{\frac{1}{u}} = e \left(u = \frac{\Delta x}{x}\right)$，得

$$(\ln x)' = \lim_{\Delta x \to 0}\frac{\Delta y}{\Delta x} = \lim_{\Delta x \to 0}\frac{1}{x}\ln\left(1 + \frac{\Delta x}{x}\right)^{\frac{x}{\Delta x}} = \frac{1}{x}\lim_{\Delta x \to 0}\ln\left(1 + \frac{\Delta x}{x}\right)^{\frac{x}{\Delta x}} = \frac{1}{x}\ln e = \frac{1}{x}$$

三、导数的几何意义

如图 9.1 所示，设曲线 C 的方程为 $y = f(x)$，点 $P(x_0, y_0)$ 与 $Q(x_0 + \Delta x, y_0 + \Delta y)(\Delta x \neq 0)$ 均在 C 上，过点 P 与点 Q 分别向 x 轴作垂线 PN 与 QM，过点 P 作 $PR \perp QM$，于是在直角 $\triangle PRQ$ 中，

$$PR = NM = OM - ON = \Delta x$$
$$QR = MQ - MR = \Delta y$$

且曲线 C 的割线 PQ 的斜率是

$$\tan \alpha = \frac{RQ}{PR} = \frac{\Delta y}{\Delta x}$$

从图 9.1 中可以直观地看到，当点 Q 沿曲线 C 趋于点 P 时，割线 PQ 趋于切线 PT，且当点 Q 沿曲线 C 趋于点 P，

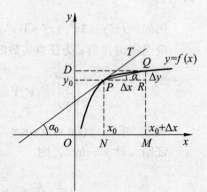

图 9.1

即 $\Delta x \to 0$ 时，割线 PQ 的斜率 $\dfrac{\Delta y}{\Delta x} = \tan\alpha$ 趋于切线 PT 的斜率 $f'(x_0) = \tan\alpha_0$，即

$$\lim_{\Delta x \to 0} \dfrac{\Delta y}{\Delta x} = f'(x_0) = \tan\alpha_0$$

所以函数 $y = f(x)$ 在点 $x = x_0$ 处的导数 $f'(x_0)$ 在几何上表示曲线 $y = f(x)$ 在点 $P(x_0, f(x_0))$ 处的切线的斜率.

根据直线的点斜式方程，我们可以求出曲线 $y = f(x)$ 在点 $P(x_0, y_0)$ 处的切线方程：

$$y - y_0 = f'(x_0)(x - x_0)$$

这里假定 $f(x)$ 在点 $x = x_0$ 处可导.

过点 $P(x_0, y_0)$ 垂直于切线 PT 的直线 PN 称为 $y = f(x)$ 在点 $P(x_0, y_0)$ 处的**法线**. 若 $f'(x_0) \neq 0$，则法线 PN 的方程为

$$y - y_0 = -\dfrac{1}{f'(x_0)}(x - x_0)$$

例 7 如图 9.2 所示，求抛物线 $y = x^2 - 2x$ 在点 $P(2, 0)$ 处的切线与法线方程.

解 由 $y' = 2x - 2$ 知，$y'|_{x=2} = 2$. 于是所求切线与法线的方程分别是

$$y - 0 = 2(x - 2)$$

和

$$y - 0 = -\dfrac{1}{2}(x - 2)$$

化简得

$$2x - y - 4 = 0$$

和

$$x + 2y - 2 = 0$$

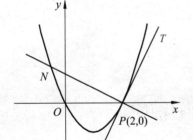

图 9.2

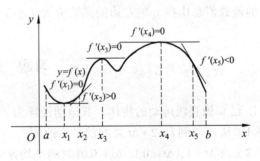

图 9.3

如图 9.3 所示，当函数 $f(x)$ 的导数为正（负）时，曲线 $y = f(x)$ 在相应点的切线倾角为锐（钝）角；当函数 $f(x)$ 的导数为零时，曲线 $y = f(x)$ 在相应点的切线倾角为零. 反之亦然.

下面再考虑导数的正、负与函数值大、小的关系.

定理 1.2 若 $f'(x_0) > 0 (f'(x_0) < 0)$，则存在点 $x = x_0$ 的去心邻域 $N_0(\delta)$，使得当 $x \in (x_0 - \delta, x_0)$ 时，都有

$$f(x) < f(x_0) \ (f(x) > f(x_0))$$

当 $x \in (x_0, x_0 + \delta)$ 时，都有

$$f(x) > f(x_0) \ (f(x) < f(x_0))$$

证明 令 $y = f(x)$，$x = x_0 + \Delta x$，则

$$\Delta x = x - x_0, \quad \Delta y = f(x) - f(x_0)$$

于是 $\Delta x \to 0$ 时，有 $x \to x_0$，且

$$\lim_{x \to x_0} \frac{f(x) - f(x_0)}{x - x_0} = f'(x_0)$$

于是当 $f'(x_0) > 0$ 时，由非零极限函数的局部保号性定理知，存在点 $x = x_0$ 的去心邻域 $N_0(\delta)$，使得 $N_0(\delta)$ 内的一切 x，都有

$$\frac{f(x) - f(x_0)}{x - x_0} > 0$$

所以当 $x_0 - \delta < x < x_0$ 时，

$$f(x) < f(x_0)$$

当 $x_0 < x < x_0 + \delta$ 时，

$$f(x) > f(x_0)$$

同理可证：当 $f'(x_0) < 0$，且当 $x_0 - \delta < x < x_0$ 时，

$$f(x) > f(x_0)$$

当 $x_0 < x < x_0 + \delta$ 时，

$$f(x) < f(x_0)$$

定理 1.2 可简述为：若 $f'(x_0) > 0$（$f'(x_0) < 0$），则在点 $x = x_0$ 的充分小的邻域内，在 x_0 的右边的函数值总比在 x_0 的左边的函数值大（小）.

习题 9-1

1. 已知做直线运动的物体，其运动规律为 $s = 3t^2 + 2t + 1$，计算：
（1）从 $t = 2$ 到 $t = 2 + \Delta t$ 之间的平均速度；
（2）当 $\Delta t = 1$，$\Delta t = 0.1$，$\Delta t = 0.01$ 时的平均速度；
（3）当 $t = 2$ 时的瞬时速度.
2. 用导数定义求下列函数在点 x 处的导数：
（1）$y = \dfrac{1}{x}$ ($x \neq 0$)；
（2）$y = \cos x$；
（3）$y = \ln x$；
（4）$y = \sqrt{x+1}$ ($x > -1$).
3. 求下列曲线在指定点的切线方程和法线方程：
（1）$y = x^2$，点 $(1, 1)$；
（2）$y = \dfrac{12}{x}$，点 $(3, 4)$；
（3）$y = \ln x$，点 $(e, 1)$.

第二节　求导法则

求导运算是微分学中的基本运算，按照定义求导一般不容易求得．为此，本节将推出几个求导法则，并给出基本初等函数的求导公式．利用这些法则与公式可以简便地求出常见函数的导数．

一、导数的四则运算

根据导数的定义与极限的四则运算法则可以推出导数的四则运算．

定理 2.1　设函数 $u=u(x)$，$v=v(x)$ 在点 x 可导，则在点 x 有

（1）$(u\pm v)'=u'\pm v'$；

（2）$(uv)'=u'v+uv'$，特别地，$(Cu)'=Cu'$（C 为常数）；

（3）$\left(\dfrac{u}{v}\right)'=\dfrac{u'v-uv'}{v^2}$ $(v\neq 0)$．

证明　以性质（2）为例．设 $y=u(x)v(x)$，给 x 以增量 Δx，则

$$\Delta y = u(x+\Delta x)v(x+\Delta x)-u(x)v(x)$$
$$= u(x+\Delta x)v(x+\Delta x)-u(x)v(x+\Delta x)+u(x)v(x+\Delta x)-u(x)v(x)$$

所以

$$\frac{\Delta y}{\Delta x}=\frac{u(x+\Delta x)-u(x)}{\Delta x}v(x+\Delta x)+u(x)\frac{v(x+\Delta x)-v(x)}{\Delta x}$$

因为 $v(x)$ 在点 x 可导，故在该点连续，即当 $\Delta x\to 0$ 时，$v(x+\Delta x)\to v(x)$．所以

$$\lim_{\Delta x\to 0}\frac{\Delta y}{\Delta x}=\lim_{\Delta x\to 0}\frac{u(x+\Delta x)-u(x)}{\Delta x}v(x+\Delta x)+u(x)\lim_{\Delta x\to 0}\frac{v(x+\Delta x)-v(x)}{\Delta x}$$
$$=u'(x)v(x)+u(x)v'(x)$$

同理可证（1）和（3）．

与极限运算法则一样，和、差的导数等于导数的和、差，也可以推广到有限个函数的情形．例如，

$$(u+v-w)'=u'+v'-w'$$

这里假定 u,v,w 都在点 x 可导．

对于有限个函数之积的导数，可逐次应用法则（2）．例如，

$$(uvw)'=(uv)'w+(uv)w'=(u'v+uv')w+(uv)w'$$
$$=u'vw+uv'w+uvw'$$

这里假定 u,v,w 都在点 x 可导．

例 1　求 $y=x^4+2x^2-3x+2$ 的导数．

解　$y'=(x^4+2x^2-3x+2)'=(x^4)'+(2x^2)'-(3x)'+(2)'$
$=4x^3+4x-3$．

例 2　求 $y=\log_a x$ 的导数．

解　$y'=(\log_a x)'=\left(\dfrac{\ln x}{\ln a}\right)'=\dfrac{1}{\ln a}(\ln x)'=\dfrac{1}{x\ln a}$．

例 3 求 $y = \sqrt{x} - \cos x + \log_3 x$ 的导数.

解 $y' = (\sqrt{x} - \cos x + \log_3 x)' = \dfrac{1}{2\sqrt{x}} + \sin x + \dfrac{1}{x\ln 3}$.

例 4 求 $y = x^4 \ln x$ 的导数.

解 $y' = (x^4 \ln x)' = (x^4)' \ln x + x^4 (\ln x)'$

$= 4x^3 \ln x + x^4 \cdot \dfrac{1}{x} = x^3 (4\ln x + 1)$.

例 5 求证：$(\tan x)' = \sec^2 x$，$(\cot x)' = -\csc^2 x$，$(\sec x)' = \sec x \tan x$，$(\csc x)' = -\csc x \cot x$.

证明 根据 $(\sin x)' = \cos x$，$(\cos x)' = -\sin x$ 以及法则（3），可得

$$\tan x = \left(\dfrac{\sin x}{\cos x}\right)' = \dfrac{(\sin x)' \cos x - \sin x (\cos x)'}{(\cos x)^2}$$

$$= \dfrac{\cos^2 x + \sin^2 x}{\cos^2 x} = \dfrac{1}{\cos^2 x} = \sec^2 x$$

同理可证其他三角函数的求导公式.

二、反函数的求导法则

为了求出指数函数与反三角函数的求导公式，下面先介绍反函数的求导法则.

定理 2.2 设 $x = g(y)$ 在 $[\alpha, \beta]$ 上单调且连续，其反函数为 $y = f(x)$，如果 $x = g(y)$ 在点 $y \in (\alpha, \beta)$ 可导，且 $g'(y) \neq 0$，则 $y = f(x)$ 在对应点 $x = g(y)$ 可导，且

$$\dfrac{dy}{dx} = \dfrac{1}{\dfrac{dx}{dy}}, \quad f'(x) = \dfrac{1}{g'(y)}$$

证明 由 $x = g(y)$ 单调可以知道，$y = f(x)$ 也是单调的. 从而当 $\Delta x \neq 0$ 时，有 $\Delta y = f(x + \Delta x) - f(x) \neq 0$，于是

$$\dfrac{\Delta y}{\Delta x} = \dfrac{1}{\dfrac{\Delta x}{\Delta y}}$$

根据 $x = g(y)$ 在点 y 连续，可证 $y = f(x)$ 在相应点 x 也连续，即当 $\Delta x \to 0$ 时，$\Delta y \to 0$. 所以由上式与 $x'_y = g'(y) \neq 0$ 得

$$y'_x = \lim_{\Delta x \to 0} \dfrac{\Delta y}{\Delta x} = \lim_{\Delta y \to 0} \dfrac{1}{\dfrac{\Delta x}{\Delta y}} = \dfrac{1}{\lim_{\Delta y \to 0} \dfrac{\Delta x}{\Delta y}} = \dfrac{1}{x'_y}$$

这里 y'_x 表示 y 对 x 求导，x'_y 表示 x 对 y 求导.

定理 2.2 表明，互为反函数的函数，它们的导数互为倒数. 定理 2.2 中的闭区间也可以是其他各种区间，甚至可以是无穷区间.

例 6 求证：指数函数的求导公式为

$$(a^x)' = a^x \ln a, \quad (e^x)' = e^x$$

证明 因为 $y = a^x$ 可看成是 $x = \log_a y$ 的反函数，由例 2 与定理 2.2 可知

$$(a^x)' = y'_x = \frac{1}{x'_y} = \frac{1}{(\log_a y)'} = \frac{1}{\frac{1}{y \ln a}} = y \ln a = a^x \ln a$$

当 $a = e$ 时，有 $\ln a = \ln e = 1$，所以

$$(e^x)' = e^x$$

上式表明，以 e 为底的指数函数 e^x，其导数仍为 e^x. 这是以 e 为底的指数函数的一个特性，这个特性在高等数学中有着重要的作用.

例 7 证明下列反三角函数的求导公式：

$$(\arcsin x)' = \frac{1}{\sqrt{1-x^2}} \quad (-1 < x < 1)$$

$$(\arccos x)' = \frac{-1}{\sqrt{1-x^2}} \quad (-1 < x < 1)$$

$$(\arctan x)' = \frac{1}{1+x^2} \quad (-\infty < x < \infty)$$

证明 因为 $y = \arcsin x$ 可看成 $x = \sin y$ 的反函数，所以由 $x'_y = (\sin y)'_y = \cos y$ 及定理 2.2 可得

$$(\arcsin x)' = y'_x = \frac{1}{x'_y} = \frac{1}{\cos y}$$

但由 $x = \sin y \left(-\frac{\pi}{2} < y < \frac{\pi}{2}\right)$ 知

$$\cos y = \sqrt{1 - \sin^2 y} = \sqrt{1 - x^2}$$

于是上式成为

$$(\arcsin x)' = \frac{1}{\sqrt{1-x^2}} \quad (-1 < x < 1)$$

同理可证其他反三角函数的求导公式.

三、复合函数的求导法则

到现在为止，我们已经推出基本初等函数的求导公式. 但还有很多其他函数的求导问题，其中相当一部分函数是由基本初等函数复合而成，为此，下面再介绍复合函数的求导法则.

定理 2.3（链式法则） 设函数 $u = g(x)$ 在点 x 可导，且函数 $y = f(u)$ 在对应点 u 可导，则复合函数 $y = f[g(x)]$ 在点 x 可导，且

$$y'_x = y'_u u'_x \quad \text{或} \quad \frac{dy}{dx} = \frac{dy}{du} \frac{du}{dx}, \quad \{f[g(x)]\}' = f'(u)g'(x)$$

证明 设自变量由 x 变到 $x + \Delta x$，函数 $u = g(x)$ 与 $y = f(u)$ 相应的增量为 Δu 与 Δy，而当 $\Delta u \neq 0$ 时，有

$$\frac{\Delta y}{\Delta x} = \frac{\Delta y}{\Delta u} \frac{\Delta u}{\Delta x}$$

根据 $u=g(x)$ 在点 x 可导,所以 $u=g(x)$ 在点 x 处也连续,即 $\lim\limits_{\Delta x \to 0}\Delta u = 0$. 而 $y=f(u)$ 在对应点 u 可导,因此

$$y'_u = \lim_{\Delta u \to 0}\frac{\Delta y}{\Delta u}, \quad u'_x = \lim_{\Delta x \to 0}\frac{\Delta u}{\Delta x}$$

所以

$$y'_x = \lim_{\Delta x \to 0}\frac{\Delta y}{\Delta x} = \lim_{\Delta x \to 0}\left(\frac{\Delta y}{\Delta u}\frac{\Delta u}{\Delta x}\right) = \lim_{\Delta u \to 0}\frac{\Delta y}{\Delta u}\lim_{\Delta x \to 0}\frac{\Delta u}{\Delta x} = y'_u u'_x$$

当 $\Delta u = 0$ 时,定理 2.3 仍然成立. 该定理可以推广到由有限个函数复合而成的复合函数. 例如,若 $y=f(u), u=g(v), v=h(x)$,则

$$y'_x = y'_u u'_v v'_x$$

这里假定函数 y,u,v 在相应点可导.

例 8 求 $y=\sin 4x$ 的导数.

解 因为 $y=\sin 4x$ 可看成由 $y=\sin u, u=4x$ 复合而成,所以

$$(\sin 4x)' = (\sin u)'_u (4x)'_x = (\cos u)4 = 4\sin u$$

再将中间变量 $u=4x$ 代入上式得

$$(\sin 4x)' = 4\cos 4x$$

例 9 求 $y=\sin\sqrt{1+x^2}$ 的导数.

解 这个函数是由三个函数 $y=\sin u, u=\sqrt{v}, v=1+x^2$ 复合而成,所以

$$(\sin\sqrt{1+x^2})' = y'_x = y'_u u'_v v'_x = (\sin u)'(\sqrt{v})'(1+x^2)'$$

$$= \cos u \frac{1}{2\sqrt{v}} 2x = \frac{x\cos\sqrt{1+x^2}}{\sqrt{1+x^2}}$$

为了简化计算,可不必引入中间变量,只要记清求导顺序逐次求导就可以了. 例 9 就是先对正弦求导,再对幂求导,最后再对幂的底求导,即

$$(\sin\sqrt{1+x^2})' = (\cos\sqrt{1+x^2})(\sqrt{1+x^2})' = \frac{x\cos\sqrt{1+x^2}}{\sqrt{1+x^2}}$$

例 10 计算 $\left(\dfrac{\ln x}{\sqrt{1+x^2}}\right)'$.

解 先用商的求导法则,然后再用复合函数的求导法则.

$$\left(\frac{\ln x}{\sqrt{1+x^2}}\right)' = \frac{(\ln x)'\sqrt{1+x^2}-(\ln x)(\sqrt{1+x^2})'}{1+x^2}$$

$$= \frac{\dfrac{\sqrt{1+x^2}}{x} - \left(\dfrac{\ln x}{2\sqrt{1+x^2}}\right)(1+x^2)'}{1+x^2}$$

$$= \frac{\frac{\sqrt{1+x^2}}{x} - \frac{x\ln x}{\sqrt{1+x^2}}}{1+x^2} = \frac{1+x^2 - x^2 \ln x}{x(1+x^2)^{\frac{3}{2}}}$$

例 11 计算：$(e^{-x^2} \arctan 3x)'$.

解 先用积的公式，再用复合函数的求导法则.

$$(e^{-x^2} \arctan 3x)' = (e^{-x^2})' \arctan 3x + e^{-x^2} (\arctan 3x)'$$

$$= e^{-x^2}(-x^2)' \arctan 3x + e^{-x^2} \frac{1}{1+9x^2}(3x)'$$

$$= -2x e^{-x^2} \arctan 3x + \frac{3e^{-x^2}}{1+9x^2}$$

以上例题表明，只要能熟记基本初等函数的求导公式、导数的四则运算法则及复合函数的求导法则，就能顺利地求出常见函数的导数.

四、基本初等函数的求导公式

1. 基本初等函数的求导公式

（1）$(C)' = 0$；　　　　　　　　　　（2）$(x^a)' = ax^{a-1}$；

（3）$(\sin x)' = \cos x$；　　　　　　（4）$(\cos x)' = -\sin x$；

（5）$(\tan x)' = \sec^2 x$；　　　　　（6）$(\cot x)' = -\csc^2 x$；

（7）$(\sec x)' = \sec x \tan x$；　　　（8）$(\csc x)' = -\csc x \cot x$；

（9）$(a^x)' = a^x \ln a$；　　　　　　（10）$(e^x)' = e^x$；

（11）$(\log_a x)' = \frac{1}{x \ln a}$；　　　　（12）$(\ln x)' = \frac{1}{x}$；

（13）$(\arcsin x)' = \frac{1}{\sqrt{1-x^2}}$ $(-1<x<1)$；　　（14）$(\arccos x)' = \frac{-1}{\sqrt{1-x^2}}$ $(-1<x<1)$；

（15）$(\arctan x)' = \frac{1}{1+x^2}$ $(-\infty < x < \infty)$；　　（16）$(\text{arccot } x)' = \frac{-1}{1+x^2}$ $(-\infty < x < \infty)$.

2. 和、差、积、商的求导法则

（1）$(u \pm v)' = u' \pm v'$；

（2）$(uv)' = u'v + uv'$，特别地 $(Cu)' = Cu'$（C 为常数）；

（3）$\left(\dfrac{u}{v}\right)' = \dfrac{u'v - uv'}{v^2}$ $(v \neq 0)$.

3. 复合函数的求导法则

设 $u = g(x)$，$y = f(u)$，则复合函数 $y = f[g(x)]$ 的导数为

$$y'_x = y'_u u'_x \quad \text{或} \quad \frac{dy}{dx} = \frac{dy}{du} \frac{du}{dx}, \quad \{f[g(x)]\}' = f'(u) g'(x)$$

习题 9-2

1. 求下列函数的导数：

（1）$y = x^4 - 3x^2 + 7$；

（2）$y = 9x^{\frac{7}{3}} + 6x^{\frac{5}{3}} + 3x$；

（3）$y = \sqrt{2x} + \sqrt[3]{x} + \dfrac{1}{x}$；

（4）$y = x\ln x$；

（5）$y = x^2\cos x + \sin x$；

（6）$y = x(2x+1)(3x-2)$；

（7）$y = \sqrt{x}\log_2 x$；

（8）$y = \dfrac{\sin x}{1+\cos x}$；

（9）$y = x\arcsin x$；

（10）$y = e^x(\cos x + \sin x)$.

2. 求下列函数的导数：

（1）$y = (2x^3 - 5)^2$；

（2）$y = \sqrt{x^2 + a^2}$；

（3）$y = e^{-x} + \ln\pi$；

（4）$y = \sin\left(3x + \dfrac{\pi}{4}\right)$；

（5）$y = \sqrt{\cos x^2}$；

（6）$y = \ln\tan\dfrac{x}{2}$；

（7）$y = \cot^2 5x$；

（8）$y = e^{3x+5}$；

（9）$y = \sin 2x \cos 3x$；

（10）$y = \ln\sqrt{\dfrac{1+x}{1-x}}$.

第三节 隐函数的导数 高阶导数

一、隐函数的导数

用解析法表示函数时通常可以采用两种形式：一种是把因变量 y 直接表示成自变量 x 的函数 $y = f(x)$，我们称之为**显函数**. 另一种是两个变量的关系由二元方程 $F(x,y) = 0$ 来确定，即变量 y 与 x 的关系隐含在方程中. 把这种隐含在方程中的两个量的关系称为**隐函数**. 例如，$x^2 + y^2 = r^2$，$xy = e^{\frac{y}{x}}$ 等.

对于某些隐函数，有时可通过运算把它化成显函数. 例如，由 $e^x - xy = 0$ 所确定的隐函数 y，就可以化为显函数 $y = \dfrac{e^x}{x}$. 而很多隐函数是不能直接化为显函数的，因此下面介绍隐函数的求导方法.

隐函数的求导方法是：方程两端同时对 x 求导，遇到含有 y 的项时，先对 y 求导，再乘以 y 对 x 的导数 y'，得到一个含有 y' 的方程式，然后从中解出 y' 即可.

例 1 求由方程 $e^x - xy = 0$ 所确定的隐函数 y 的导数 y'.

解 因为方程是关于 x 的恒等式，故可在方程两边对 x 求导. 注意到 y 是 x 的函数，从而有

$$(e^x - xy)' = 0$$

即

$$e^x - (x)'y - x(y)' = 0$$

即
$$e^x - y - xy' = 0$$
解得 $y' = \dfrac{e^x - y}{x}$.

例2 求方程 $x^3 + 2x^3y - y^2x + 2 = 0$ 所确定的隐函数 y 在点 $x=1, y=3$ 的导数.

解 在给定方程的两边对 x 求导,得
$$3x^2 + 6x^2y + 2x^3y' - 2yy'x - y^2 = 0$$
所以
$$y' = \dfrac{3x^2 + 6x^2y - y^2}{2xy - 2x^3}$$
则 $y'\big|_{\substack{x=1\\y=3}} = 3$.

例3 求双曲线 $\dfrac{x^2}{2} - \dfrac{y^2}{7} = 1$ 上点 $P(4,7)$ 的切线方程.

解 方程两边对 x 求导,得
$$\dfrac{2x}{2} - \dfrac{2yy'}{7} = 0$$
即
$$y' = \dfrac{7x}{2y}$$
所以 $y'\big|_{\substack{x=4\\y=7}} = 2$. 则其切线方程为
$$y - 7 = 2(x - 4)$$
即
$$y - 2x + 1 = 0$$

二、高阶导数

一般地,函数 $y = f(x)$ 在点 x 处的导数 $y' = f'(x)$ 仍是 x 的函数. 如果导函数 $y' = f'(x)$ 在点 x 的导数存在,则称这个导数为 $y = f(x)$ 的二阶导数,记作 y'' 或 $f''(x), \dfrac{d^2y}{dx^2}$. 即
$$y'' = (y')', \quad f''(x) = [f'(x)]', \quad \dfrac{d^2y}{dx^2} = \dfrac{d}{dx}\left(\dfrac{dy}{dx}\right)$$

类似地,二阶导函数的导数称为 $y = f(x)$ 的三阶导数,$(n-1)$ 阶导函数的导数称为 $y = f(x)$ 的 n 阶导数,分别记为 $y''', f'''(x), \dfrac{d^3y}{dx^3}$;$y^{(n)}, f^{(n)}(x), \dfrac{d^ny}{dx^n}$.

例4 求 $y = x^3 + 2x^2 - x - 1$ 的二阶导数.

解 $y' = 3x^2 + 4x - 1$.
$y'' = 6x + 4$.

例5 求 $y = \sin^2 x$ 的三阶导数.

解 $y' = 2\sin x \cos x = \sin 2x$.
$y'' = 2\cos 2x$.
$y''' = -4\sin 2x$.

例6 求 $y = e^x \sin 2x$ 的二阶导数.

解 $y' = e^x \sin 2x + 2e^x \cos 2x$.

$y'' = e^x \sin 2x + 2e^x \cos 2x + 2e^x \cos 2x - 4e^x \sin 2x$

$\quad = 4e^x \cos 2x - 3e^x \sin 2x$.

例 7 求 $y = \dfrac{1}{1+x}$ 的 n 阶导数.

解 $y' = \dfrac{-1}{(1+x)^2}$.

$y'' = (-1)[(1+x)^{-2}]' = (-1)(-2)(1+x)^{-3}$.

$y''' = (-1)(-2)(-3)(1+x)^{-4}$.

……

$y^{(n)} = (-1)^n n! (1+x)^{-(n+1)}$.

习题 9-3

1. 求下列方程确定的隐函数的导数 $\dfrac{dy}{dx}$：

（1）$y^2 - 2xy + 3 = 0$；　　（2）$x^3 + y^3 - 3axy = 0$；　　（3）$\sin(xy) = x$；

（4）$xy = e^{x+y}$；　　（5）$y = 1 - xe^y$；　　（6）$x + 2\sqrt{x-y} + 4y = 5$.

2. 求下列曲线在指定点的斜率：

（1）$x^2 + 3xy + y^2 + 1 = 0$ 在点 $(2, -1)$；　　（2）$ye^x + \ln y = 1$ 在点 $(0, 1)$.

3. 求下列函数的二阶导数：

（1）$y = \sin 3x + \cos 2x$；　　（2）$y = e^{\sqrt{x}}$；　　（3）$y = x\sqrt{1+x^2}$；

（4）$y = x^2 e^x$；　　（5）$y = x \ln x$；　　（6）$y = \sqrt{a^2 - x^2}$.

第四节　微　分

与导数一样，微分也是非常重要的概念. 本节将介绍函数的微分，以及微分与导数的关系和微分的运算及其应用.

一、微分的概念

下面先考察一个实际问题. 设一个边长为 x 的正方形，它的面积

$$S = x^2$$

是 x 的一个函数. 若其边长 x_0 增加 Δx，相应地正方形面积的增量为

$$\Delta S = (x_0 + \Delta x)^2 - x_0^2 = 2x_0 \Delta x + (\Delta x)^2$$

ΔS 由两部分组成：第一部分 $2x_0 \Delta x$ 是 Δx 的线形函数（见图 9.4 的阴影

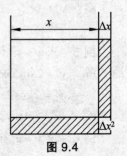

图 9.4

部分);第二部分 $(\Delta x)^2$,当 $\Delta x \to 0$ 时,是较 Δx 高阶的无穷小,即 $(\Delta x)^2 = o(\Delta x)$. 由此可见,当边长 x_0 有一个微小的增量 Δx 时,就会引起正方形面积的增量 ΔS. 如果用第一部分 Δx 的线形函数 $2x_0\Delta x$ 作为 ΔS 的近似值,由此所产生的误差(当 $\Delta x \to 0$ 时)是较 Δx 高阶的无穷小. 上述近似代替在高等数学中的应用较广. 为推广这种近似代替,下面引入函数的微分.

定义 4.1 设函数 $y = f(x)$ 在点 x_0 的邻域内有定义,而且 $\Delta y = f(x_0 + \Delta x) - f(x_0)$,如果

$$\Delta y = A\Delta x + o(\Delta x) \tag{1}$$

其中 A 是与 Δx 无关的常数;当 $\Delta x \to 0$ 时,$o(\Delta x)$ 是较 Δx 高阶的无穷小,则称函数 $f(x)$ 在点 $x = x_0$ **可微**,并把 Δx 的线性部分 $A\Delta x$ 叫做函数 $f(x)$ 在点 $x = x_0$ 的**微分**,记作

$$dy\big|_{x=x_0} = A\Delta x \quad 或 \quad df(x)\big|_{x=x_0} = A\Delta x \tag{2}$$

由此可知,正方形面积 $S = x^2$ 在点 $x = x_0$ 的微分便是 $dS\big|_{x=x_0} = 2x_0\Delta x$.

例 1 已知半径为 r 的球,当半径增加 Δr 时,求球体积 V 在半径 $r = 1$ 时的微分.

解 由 $V = \dfrac{4}{3}\pi r^3$ 知,在 $r = 1$ 时,

$$\Delta V = \frac{4}{3}\pi(1+\Delta r)^3 - \frac{4}{3}\pi = 4\pi\Delta r + 4\pi(\Delta r)^2 + \frac{4}{3}\pi(\Delta r)^3$$
$$= 4\pi\Delta r + (4\pi + \frac{4}{3}\pi\Delta r)(\Delta r)^2 = 4\pi\Delta r + o(\Delta r)$$

于是根据微分的定义得 $dV\big|_{r=1} = 4\pi\Delta r$.

定理 4.1 函数 $y = f(x)$ 在点 x_0 可微的充要条件是函数 $y = f(x)$ 在点 x_0 可导.

证明 必要性. 若函数 $y = f(x)$ 在点 x_0 可微,则有

$$\Delta y = A\Delta x + o(\Delta x)$$

其中 A 与 Δx 无关,$o(\Delta x)$ ($\Delta x \to 0$) 是比 Δx 高阶的无穷小. 于是有

$$\lim_{\Delta x \to 0}\frac{\Delta y}{\Delta x} = \lim_{\Delta x \to 0} A + \lim_{\Delta x \to 0}\frac{o(\Delta x)}{\Delta x} = A + 0 = A$$

即 $f'(x_0) = A$,所以 $f(x)$ 在点 $x = x_0$ 处可导.

充分性. 若函数 $f(x)$ 在点 $x = x_0$ 处可导,则由极限值与无穷小的关系,得

$$\frac{\Delta y}{\Delta x} = f'(x_0) + \alpha$$

即

$$\Delta y = f'(x_0)\Delta x + \alpha\Delta x$$

其中 $\lim\limits_{\Delta x \to 0}\alpha = 0$. 由此可知,$\alpha\Delta x$ ($\Delta x \to 0$) 是比 Δx 高阶的无穷小,即

$$\alpha\Delta x = o(\Delta x)$$

于是根据微分定义知,$f(x)$ 在点 $x = x_0$ 可微.

上述定理不仅表明函数在一点可导与在一点可微是等价的,而且给出了用导数求函数微分的公式

$$dy\big|_{x=x_0} = f'(x_0)\Delta x \quad 或 \quad df(x)\big|_{x=x_0} = f'(x_0)\Delta x \tag{3}$$

微分的几何意义：如图 9.5 所示，PT 是曲线 $y = f(x)$ 在点 $P(x_0, f(x_0))$ 处的切线，已知 PT 的斜率为 $\tan\alpha = f'(x_0)$，在 $\triangle PRT$ 中，有

$$RT = PR\tan\alpha = f'(x_0)\Delta x$$

于是
$$\mathrm{d}y\Big|_{x=x_0} = RT$$

上式表明，函数 $f(x)$ 在点 x_0 处的微分，可以看作切线 PT 的纵坐标在点 $x = x_0$ 处的增量. 这就是微分的几何意义.

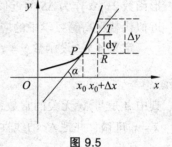

图 9.5

我们约定，自变量 x 的微分等于自变量的增量，即 $\mathrm{d}x = \Delta x$. 所以函数的微分可以写成

$$\mathrm{d}y = f'(x)\mathrm{d}x \qquad (4)$$

以 $\mathrm{d}x$ 除（4）式两端，得

$$f'(x) = \frac{\mathrm{d}y}{\mathrm{d}x} \qquad (5)$$

（4）式表明函数的微分等于函数的导数乘以自变量的微分；而（5）式则表明导数 $f'(x)$ 等于函数微分 $\mathrm{d}y$ 与自变量微分 $\mathrm{d}x$ 之商，因此导数也称为**微商**，也把求导数的方法叫做**微分法**. 在 9-1 节中，$\dfrac{\mathrm{d}y}{\mathrm{d}x}$ 是一个表示导数的符号，是一个整体，而学习了微分之后，$\dfrac{\mathrm{d}y}{\mathrm{d}x}$ 不仅是一个符号，也可以看成是一个商或分式，这为今后的微分及积分运算带来很大方便.

二、微分的运算法则

根据 $\mathrm{d}y = f'(x)\mathrm{d}x$ 以及导数的四则运算法则，可得微分的四则运算法则：

（1）$\mathrm{d}(u \pm v) = \mathrm{d}u \pm \mathrm{d}v$；

（2）$\mathrm{d}(uv) = v\mathrm{d}u + u\mathrm{d}v$，特别地，$\mathrm{d}(Cu) = C\mathrm{d}u$；

（3）$\mathrm{d}\left(\dfrac{u}{v}\right) = \dfrac{v\mathrm{d}u - u\mathrm{d}v}{v^2}$.

这里假定 u, v 是 x 的函数，且在点 x 可微，C 为常数.

事实上，由

$$\mathrm{d}(uv) = (uv)'\mathrm{d}x = (u'v + uv')\mathrm{d}x = (u'\mathrm{d}x)v + u(v'\mathrm{d}x) = v\mathrm{d}u + u\mathrm{d}v$$

类似地，可以证明法则（1）与（3）.

下面讨论复合函数的微分法则.

设 $u = g(x)$ 在点 x 可微，$y = f(u)$ 在相应点 u 可微，则

$$\mathrm{d}y = f'(u)\mathrm{d}u \qquad (6)$$

事实上，由复合函数的求导公式，得

$$\frac{\mathrm{d}y}{\mathrm{d}x} = f'(u)g'(x)$$

所以
$$\mathrm{d}y = f'(u)g'(x)\mathrm{d}x$$

由于 $\mathrm{d}u = g'(x)\mathrm{d}x$，所以

$$dy = f'(u)du$$

由（4），（6）式可以看出，不论 u 是自变量还是中间变量，微分公式

$$dy = f'(u)du$$

总是成立的. 这个性质称为**微分形式的不变性**.

例 2 求函数 $y = e^{-ax}\cos bx$ 的微分，其中 a, b 为常数.

解 $dy = d(e^{-ax}\cos bx) = \cos bx \, d(e^{-ax}) + e^{-ax} d\cos bx$

$\qquad = \cos bx (e^{-ax})' dx + e^{-ax}(\cos bx)' dx$

$\qquad = (-ae^{-ax}\cos bx - be^{-ax}\sin bx)dx$

$\qquad = -e^{-ax}(a\cos bx + b\sin bx)dx$.

三、微分在近似计算中的应用

实践中常常需要计算函数 $y = f(x)$ 在点 x_0 处的增量

$$\Delta y = f(x_0 + \Delta x) - f(x_0)$$

但直接用此式计算往往比较复杂，希望有一个计算 Δy 的简便近似方法. 利用函数 $y = f(x)$ 在点 x_0 处的微分

$$\Delta y = f'(x_0)\Delta x + \alpha\Delta x \quad \text{或} \quad \Delta y = dy + o(\Delta x)$$

可得近似公式

$$\Delta y \approx dy \quad \text{或} \quad \Delta y \approx f'(x_0)\Delta x \tag{7}$$

当 $|\Delta x|$ 很小时，上述公式的绝对误差 $|o(\Delta x)|$ 与相对误差 $\left|\dfrac{o(\Delta x)}{f'(x_0)\Delta x}\right|$ 都很小. 如果把（7）式改写成下面的形式，可得函数值 $f(x_0 + \Delta x)$ 的近似公式

$$f(x_0 + \Delta x) - f(x_0) \approx f'(x_0)\Delta x \quad \text{或} \quad f(x_0 + \Delta x) \approx f(x_0) + f'(x_0)\Delta x \tag{8}$$

从几何上说，在 $x = x_0$ 的充分小邻域内是以切线纵坐标的增量近似代替曲线纵坐标的增量，而（8）式则是以切线来近似代替曲线. 若 $x_0 = 0$，则（8）式成为

$$f(x) \approx f(0) + f'(0)x \quad (|x| \text{很小})$$

例 3 半径为 10 cm 的金属圆片加热后，半径伸长了 0.05 cm，求圆片面积改变量的近似值.

解 设圆片面积 $S = \pi r^2$，则 $r_0 = 10 \text{ cm}$，$\Delta r = 0.05 \text{ cm}$. 由公式（7），有

$$\Delta S \approx (\pi r^2)'_{r=r_0}\Delta r$$

得

$$\Delta S \approx 2\pi r_0 \Delta r = 2\pi \times 10 \times 0.05 = \pi \ (\text{cm}^2)$$

即圆片面积约增加了 $\pi \text{ cm}^2$.

例 4 求 $\sqrt[5]{34}$ 的近似值.

解 设 $f(x) = \sqrt[5]{x}$，若令 $x_0 = 32$，则 $\Delta x = 2$. 又因为 $f'(x) = \dfrac{1}{5}x^{-\frac{4}{5}}$，$f(x_0) = 2$，$f'(x_0) = \dfrac{1}{80}$，则由

$$f(x_0+\Delta x)\approx f(x_0)+f'(x_0)\Delta x$$

可得 $\sqrt[5]{34}\approx 2+\dfrac{1}{80}\times 2=2.025$.

例5 求 $\sqrt[3]{124}$ 的近似值.

解 设 $f(x)=\sqrt[3]{x}$，取 $x_0=125$，$\Delta x=-1$，又因为 $f'(x)=\dfrac{1}{3}x^{-\frac{2}{3}}$，$f(x_0)=5$，$f'(x_0)=\dfrac{1}{75}$，所以由

$$f(x_0+\Delta x)\approx f(x_0)+f'(x_0)\Delta x$$

可得 $\sqrt[3]{124}\approx 5+\dfrac{1}{75}\times(-1)\approx 4.986\ 7$.

例6 求 $\sin 31°$ 的近似值.

解 设 $f(x)=\sin x$，令 $x_0=30°=\dfrac{\pi}{6}$，则

$$\Delta x=x-x_0=31°-30°=1°=\dfrac{\pi}{180}$$

由公式（8）有

$$\sin 31°\approx \sin\dfrac{\pi}{6}+\cos\dfrac{\pi}{6}\dfrac{\pi}{180}\approx \dfrac{1}{2}+\dfrac{\sqrt{3}}{2}\times 0.017\ 45\approx 0.515\ 1$$

习题 9-4

1. 求下列函数在指定点的 Δy 与 $\mathrm{d}y$；

   （1）$y=x^2, x=1$；　　　　　　　　（2）$y=\sqrt{x+1}, x=0$.

2. 求下列函数的微分：

   （1）$y=x+\dfrac{1}{3}x^3-\dfrac{1}{5}x^5$；　　（2）$y=x^3\cos x$；　　（3）$y=x-x\ln x$；

   （4）$y=\ln\tan x$；　　（5）$y=\sin ax\cos bx$；　　（6）$y=\dfrac{x}{1+x^4}$.

3. 证明：当 $|x|$ 充分小时，有下列近似公式：

   （1）$\sin x\approx x$；　　（2）$\dfrac{1}{1+x}\approx 1-x$；　　（3）$\ln(1+x)\approx x$；

   （4）$\mathrm{e}^x\approx 1+x$；　　（5）$\sqrt[n]{a^n+x}\approx a+\dfrac{x}{na^{n-1}}\ (a>0)$.

4. 求下列各式的近似值：

   （1）$\sqrt[4]{80}$；　　（2）$\sqrt[3]{1.02}$；　　（3）$\sin 29°$；　　（4）$\lg 11$.

5. 有一批半径为 1 cm 的球，为了提高球面的光洁度，要镀上一层铜，厚度定为 0.01 cm. 求每只球需要用铜约多少克？(铜的密度是 8.9 g/cm³).

第五节 微分中值定理

为便于用导数研究函数的性质与函数的图形，先介绍三个中值定理.

定理 5.1（罗尔（Rolle）中值定理） 若函数 $f(x)$ 满足以下三个条件：

（1） $f(x)$ 在闭区间 $[a,b]$ 上连续；

（2） $f(x)$ 在开区间 (a,b) 内可导；

（3） $f(a)=f(b)$，

则在开区间 (a,b) 内至少存在一点 ξ，使得

$$f'(\xi)=0.$$

这个定理在图像上是非常直观的，如图 9.6 所示.

该定理的几何意义为：若连续光滑曲线 $y=f(x)$ 在闭区间 $[a,b]$ 上两个端点的函数值相等，且在开区间 (a,b) 内的每点都存在不垂直于 x 轴的切线，则在此曲线 $y=f(x)$ 上至少存在一条水平切线.

例 1 问函数 $y=\sin x$ 在区间 $[0,\pi]$ 上满足罗尔定理吗？若满足，求出 ξ.

解 由于函数 $y=\sin x$ 在区间 $[0,\pi]$ 上连续，且在开区间 $(0,\pi)$ 内可导，又因为

$$y(0)=\sin 0=0=\sin \pi=y(\pi)$$

故函数 $y=\sin x$ 在区间 $[0,\pi]$ 上满足罗尔定理. 所以存在一点 $\xi \in (0,\pi)$，使得

$$f'(\xi)=0$$

即 $f'(\xi)=\cos \xi=0$，所以 $\xi=\dfrac{\pi}{2}$.

定理 5.2（拉格朗日(Lagrange)中值定理） 设 $f(x)$ 在 $[a,b]$ 上连续，且在 (a,b) 内可导，则在 (a,b) 内至少有一点 ξ，使得

$$f'(\xi)=\frac{f(b)-f(a)}{b-a}, \quad \xi \in (a,b)$$

如图 9.7 所示，根据定理的条件，可以看到曲线 $y=f(x)$ 在 $[a,b]$ 上不仅是连续的，而且在 (a,b) 内处处有不垂直于 x 轴的切线. 因此在 (a,b) 内至少有一点 ξ，使得曲线 $y=f(x)$ 在点 $P(\xi,f(\xi))$ 处的一条切线 PT 平行于弦 AB.

A,B 的坐标分别是 $(a,f(a)),(b,f(b))$，弦 AB 的斜率是

$$\frac{f(b)-f(a)}{b-a}$$

由导数的几何意义可知，切线 PT 的斜率为 $f'(\xi)$. 由 $PT\,/\!/\,AB$，可得到

$$f'(\xi)=\frac{f(b)-f(a)}{b-a}, \quad \xi \in (a,b)$$

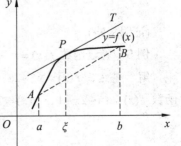

图 9.7

（证明从略）.

例 2 设 $f(x)=x^3+2x\ (0\leqslant x\leqslant 1)$，找出中值定理中的 ξ.

解 显然，所给函数在区间$[0,1]$上满足中值定理的条件，而且$f(0)=0$，$f(1)=3$，$f'(x)=3x^2+2$. 所以
$$f(1)-f(0)=f'(\xi)(1-0)$$
即
$$3=3\xi^2+2$$
解得$\xi=\pm\dfrac{1}{\sqrt{3}}$. 然而$-\dfrac{1}{\sqrt{3}}$不在$(0,1)$内，应舍去，所以$\xi=\dfrac{1}{\sqrt{3}}$.

一般来说，要找出中值定理中的ξ是比较困难的，然而这并不妨碍中值定理的作用.

例3 设$f(x)$在区间I内可导，如果$f'(x)=0(x\in I)$，求证$f(x)$在I内是常数.

证明 在I内任取两点$a,b(a<b)$，则$f(x)$在$[a,b]$上连续，在(a,b)内可导，所以$f(x)$满足中值定理的条件，有
$$f'(\xi)=\dfrac{f(b)-f(a)}{b-a}, \quad \xi\in(a,b)$$
由$f'(x)=0(x\in I)$知，$f'(\xi)=0$，所以
$$f(b)=f(a)$$

这个结果说明，$f(x)$在I内任取两点处的函数值都相等，即$f(x)$在I内是常数.

例4 设$F(x)$与$G(x)$在区间I内可导，且$F'(x)=G'(x)$ $(x\in I)$，求证：
$$F(x)=G(x)+C \quad (x\in I)$$
其中C为常数.

证明 由题意可知
$$F'(x)-G'(x)=0 \quad (x\in I)$$
由例2可知
$$[F(x)-G(x)]'=0$$
所以
$$F(x)-G(x)=C$$
所以
$$F(x)=G(x)+C \quad (x\in I)$$

例4表明，两个函数在区间I内的导数相等，则这两个函数在I内相差一个常数. 这个性质在不定积分中有着非常重要的应用.

定理5.3（柯西（Cauchy）中值定理） 设函数$f(x)$与$g(x)$在闭区间$[a,b]$上连续，在开区间(a,b)内可导，且$g'(x)\neq 0$，$x\in(a,b)$，则在开区间(a,b)内至少存在一点ξ，使得
$$\dfrac{f'(\xi)}{g'(\xi)}=\dfrac{f(b)-f(a)}{g(b)-g(a)}, \quad \xi\in(a,b)$$

(证明从略)

例5 验证函数$f(x)=x^3-2x+1$，$g(x)=2x-1$在$[0,2]$上满足柯西中值定理，并求出ξ.

解 显然，$f(x)=x^3-2x+1$，$g(x)=2x-1$在闭区间$[0,2]$上连续，在开区间$(0,2)$可导. 故函数$f(x)=x^3-2x+1$，$g(x)=2x-1$在$[0,2]$上满足柯西定理. 所以存在一点$\xi\in[0,2]$使得
$$\dfrac{f'(\xi)}{g'(\xi)}=\dfrac{f(2)-f(0)}{g(2)-g(0)}$$

因为$f'(x)=3x^2-2$，$g'(x)=2$，$f(0)=1$, $f(2)=5$, $g(0)=-1$, $g(2)=3$，从而有

$$\frac{3\xi^2-2}{2}=1$$

即 $\xi=\frac{2}{\sqrt{3}}\in(0,2)$.

习题 9-5

1. 验证函数 $f(x)=x^2$ 在$[1,2]$上满足中值定理的条件，并求 ξ.
2. 验证函数 $f(x)=x^2-5x+4$ 在$[2,3]$上满足中值定理的条件，并求 ξ.
3. 验证 $f(x)=x^3-6x^2+11x-5$ 在$[1,3]$满足罗尔定理条件，并求 ξ.
4. 验证 $f(x)=\sin x$，$g(x)=\cos x$ 在 $\left[0,\frac{\pi}{2}\right]$ 满足柯西中值定理条件，并求 ξ.

第六节 洛必达（L'Hospital）法则

当 $x\to a$（或 $x\to\infty$）时，如果函数 $f(x)$ 和 $g(x)$ 的极限都为零或都趋于无穷大，则极限 $\lim\frac{f(x)}{g(x)}$ 可能存在也可能不存在. 通常称这种类型的极限为**未定式**，简记为 $\frac{0}{0}$ 型或 $\frac{\infty}{\infty}$ 型. 关于这种未定式的计算，有一个重要而又简便的方法，这就是本节将要介绍的洛必达法则.

一、$\frac{0}{0}$ 型未定式

定理 6.1 设函数 $f(x)$ 和 $g(x)$ 满足条件：

（1）$\lim\limits_{x\to a}f(x)=\lim\limits_{x\to a}g(x)=0$；

（2）在点 a 的某空心邻域内可导，且 $g'(x)\neq 0$；

（3）$\lim\limits_{x\to a}\frac{f'(x)}{g'(x)}=A$（或 ∞），

则有

$$\lim\limits_{x\to a}\frac{f(x)}{g(x)}=\lim\limits_{x\to a}\frac{f'(x)}{g'(x)}=A\quad(\text{或}\infty)$$

证明 由于极限 $\lim\limits_{x\to a}\frac{f(x)}{g(x)}$ 存在与否，与函数值 $f(a)$ 和 $g(a)$ 的取值无关，故不妨补充定义：$f(a)=0$，$g(a)=0$. 于是，由定理条件可知，函数 $f(x)$ 和 $g(x)$ 在点 a 的某邻域内连续. 设 x 为该邻域内的一点$(x\neq a)$，则由定理的条件（2）可知，$f(x)$ 和 $g(x)$ 在以点 a 与点 x 为端点的区间 $[a,x]$（或 $[x,a]$）上满足柯西中值定理的条件，于是，在 (a,x)（或 (x,a)）内至少存在一点 ξ，使得

$$\frac{f(x)}{g(x)}=\frac{f(x)-f(a)}{g(x)-g(a)}=\frac{f'(\xi)}{g'(\xi)}$$

而当 $x\to a$ 时，必有 $\xi\to a$. 上式两端取极限，由定理的条件（3）可得

$$\lim_{x\to a}\frac{f(x)}{g(x)}=\lim_{\xi\to a}\frac{f'(\xi)}{g'(\xi)}=\lim_{x\to a}\frac{f'(x)}{g'(x)}=A\ (\text{或}\ \infty)$$

例1 求 $\lim\limits_{x\to 1}\dfrac{\sqrt{x}-1}{\sqrt[3]{x}-1}$ $\left(\dfrac{0}{0}\text{型}\right)$.

解 $\lim\limits_{x\to 1}\dfrac{\sqrt{x}-1}{\sqrt[3]{x}-1}=\lim\limits_{x\to 1}\dfrac{(\sqrt{x}-1)'}{(\sqrt[3]{x}-1)'}=\lim\limits_{x\to 1}\dfrac{\frac{1}{2}x^{-\frac{1}{2}}}{\frac{1}{3}x^{-\frac{2}{3}}}=\dfrac{3}{2}\lim\limits_{x\to 1}x^{\frac{1}{6}}=\dfrac{3}{2}$.

如果 $\lim\limits_{x\to a}\dfrac{f'(x)}{g'(x)}$ 仍为 $\dfrac{0}{0}$ 型未定式，且导数 $f'(x)$ 和 $g'(x)$ 能满足定理的条件，则可再次使用洛必达法则，先确定 $\lim\limits_{x\to a}\dfrac{f'(x)}{g'(x)}$，再确定 $\lim\limits_{x\to a}\dfrac{f(x)}{g(x)}$. 这表明有些未定式可能要重复使用洛必达法则，才能确定待求极限之值.

例2 求 $\lim\limits_{x\to 1}\dfrac{x^3-3x+2}{x^3-x^2-x+1}$.

解 $\lim\limits_{x\to 1}\dfrac{x^3-3x+2}{x^3-x^2-x+1}$ $\left(\dfrac{0}{0}\text{型}\right)$ $=\lim\limits_{x\to 1}\dfrac{3x^2-3}{3x^2-2x-1}$ $\left(\dfrac{0}{0}\text{型}\right)$ $=\lim\limits_{x\to 1}\dfrac{6x}{6x-2}=\dfrac{3}{2}$.

求解未定式极限问题时，应注意将洛必达法则与其他求极限的方法结合起来，这会简化求解过程.

例3 求 $\lim\limits_{x\to 0}\dfrac{(1-\cos x)^2\sin x^2}{x^6}$ $\left(\dfrac{0}{0}\text{型}\right)$.

解 由于

$$\lim_{x\to 0}\frac{\sin x^2}{x^2}=1,\quad \lim_{x\to 0}\frac{1-\cos x}{x^2}=\lim_{x\to 0}\frac{\sin x}{2x}=\frac{1}{2}$$

所以 $\lim\limits_{x\to 0}\dfrac{(1-\cos x)^2\sin x^2}{x^6}=\lim\limits_{x\to 0}\left(\dfrac{1-\cos x}{x^2}\right)^2\lim\limits_{x\to 0}\dfrac{\sin x^2}{x^2}=\left(\dfrac{1}{2}\right)^2\times 1=\dfrac{1}{4}$

对于 $x\to\infty$ 时的 $\dfrac{0}{0}$ 型未定式，由定理 6.1 可得如下推论：

推论 设函数 $f(x)$ 和 $g(x)$ 满足条件：

（1）$\lim\limits_{x\to\infty}f(x)=\lim\limits_{x\to\infty}g(x)=0$；

（2）存在正数 M，使得当 $|x|>M$ 时，$f(x)$ 和 $g(x)$ 可导，且 $g'(x)\neq 0$；

（3）$\lim\limits_{x\to\infty}\dfrac{f'(x)}{g'(x)}=A$（或 ∞），

则有 $$\lim_{x\to\infty}\frac{f(x)}{g(x)}=\lim_{x\to\infty}\frac{f'(x)}{g'(x)}=A\ (\text{或}\ \infty)$$

例4 求 $\lim\limits_{x\to\infty}\dfrac{\sin\dfrac{1}{x}}{\ln\left(1+\dfrac{1}{x}\right)}$.

解（解法一） $\lim\limits_{x\to\infty}\dfrac{\sin\dfrac{1}{x}}{\ln\left(1+\dfrac{1}{x}\right)}$ $\left(\dfrac{0}{0}\text{型}\right)$

$$=\lim_{x\to\infty}\left(-\dfrac{1}{x^2}\cos\dfrac{1}{x}\right)\bigg/\left(\dfrac{1}{1+\dfrac{1}{x}}\right)\left(-\dfrac{1}{x^2}\right)=\lim_{x\to\infty}\left(1+\dfrac{1}{x}\right)\cos\dfrac{1}{x}=1$$

（解法二）令 $\alpha=\dfrac{1}{x}$，则 $x\to\infty$ 时，$\alpha\to 0$. 于是

$$\lim_{x\to\infty}\dfrac{\sin\dfrac{1}{x}}{\ln\left(1+\dfrac{1}{x}\right)}=\lim_{\alpha\to 0}\dfrac{\sin\alpha}{\ln(1+\alpha)}=\lim_{\alpha\to 0}(1+\alpha)\cos\alpha=1$$

二、$\dfrac{\infty}{\infty}$ 型未定式

定理 6.2 设函数 $f(x)$ 和 $g(x)$ 满足条件：

（1）$\lim\limits_{x\to a}f(x)=\lim\limits_{x\to a}g(x)=\infty$；

（2）在点 a 的某空心邻域内可导，且 $g'(x)\neq 0$；

（3）$\lim\limits_{x\to a}\dfrac{f'(x)}{g'(x)}=A$（或 ∞），

则有
$$\lim_{x\to a}\dfrac{f(x)}{g(x)}=\lim_{x\to a}\dfrac{f'(x)}{g'(x)}=A\quad（\text{或}\ \infty）$$

证明从略.

对于 $x\to\infty$ 时的 $\dfrac{\infty}{\infty}$ 未定式，只需将定理 6.1 的推论作相应的修改，即可得到相应的洛必达法则.

例 5 求 $\lim\limits_{x\to+\infty}\dfrac{\ln x}{x^a}$ $(a>0)$.

解 $\lim\limits_{x\to+\infty}\dfrac{\ln x}{x^a}$ $\left(\dfrac{\infty}{\infty}\right)=\lim\limits_{x\to+\infty}\dfrac{\left(\dfrac{1}{x}\right)}{ax^{a-1}}=\dfrac{1}{a}\lim\limits_{x\to+\infty}\dfrac{1}{x^a}=0$.

注意：如果极限 $\lim\dfrac{f'(x)}{g'(x)}$ 不存在，也不为 ∞，则洛必达法则失效.

例 6 求 $\lim\limits_{x\to\infty}\dfrac{x+\sin x}{x+\cos x}$.

解 如果用洛必达法则，则有

$$\lim_{x\to\infty}\dfrac{x+\sin x}{x+\cos x}=\lim_{x\to\infty}\dfrac{1+\cos x}{1-\sin x}$$

而后面式子的极限不存在，也不为 ∞，故用洛必达法则是错误的.

事实上，$$\lim_{x\to\infty}\frac{x+\sin x}{x+\cos x}=\lim_{x\to\infty}\frac{1+\dfrac{\sin x}{x}}{1+\dfrac{\cos x}{x}}=1$$

三、其他类型的未定式

除了 $\dfrac{0}{0}$ 型和 $\dfrac{\infty}{\infty}$ 型的未定式之外，还有 $0\cdot\infty$ 型、$\infty-\infty$ 型、0^0 型、1^∞ 型和 ∞^0 型等类型的未定式. 求解这些类型的未定式的关键是先将它们化为 $\dfrac{0}{0}$ 型或 $\dfrac{\infty}{\infty}$ 型未定式，然后再利用洛必达法则或其他方法求解.

例 7 求 $\lim\limits_{x\to 0^+}x\ln x$ （$0\cdot\infty$ 型）.

解 $\lim\limits_{x\to 0^+}x\ln x$ （$0\cdot\infty$ 型）

$$=\lim_{x\to 0^+}\frac{\ln x}{\dfrac{1}{x}}\quad\left(\frac{\infty}{\infty}\right)=\lim_{x\to 0^+}\frac{\left(\dfrac{1}{x}\right)}{\left(-\dfrac{1}{x^2}\right)}=-\lim_{x\to 0^+}x=0.$$

例 8 求 $\lim\limits_{x\to 0}\left(\dfrac{1}{x}-\dfrac{1}{e^x-1}\right)$ （$\infty-\infty$ 型）.

解 $\lim\limits_{x\to 0}\left(\dfrac{1}{x}-\dfrac{1}{e^x-1}\right)$ （$\infty-\infty$ 型）

$$=\lim_{x\to 0}\frac{e^x-1-x}{x(e^x-1)}=\lim_{x\to 0}\frac{e^x-1}{e^x-1+xe^x}=\lim_{x\to 0}\frac{e^x}{(2+x)e^x}=\frac{1}{2}.$$

例 9 求 $\lim\limits_{x\to\frac{\pi}{4}}(\tan x)^{\tan 2x}$ （1^∞ 型）.

解 $$\lim_{x\to\frac{\pi}{4}}(\tan x)^{\tan 2x}=\lim_{x\to\frac{\pi}{4}}e^{\ln(\tan x)^{\tan 2x}}=\lim_{x\to\frac{\pi}{4}}e^{\frac{\ln\tan x}{\cot 2x}}$$

又 $$\lim_{x\to\frac{\pi}{4}}\frac{\ln\tan x}{\cot 2x}\quad\left(\frac{0}{0}\text{型}\right)=\lim_{x\to\frac{\pi}{4}}\frac{\dfrac{\sec^2 x}{\tan x}}{-2\csc^2 2x}=-1$$

所以原式 $=\dfrac{1}{e}$.

习题 9-6

求下列极限：

(1) $\lim\limits_{x\to x_0}\dfrac{x^\alpha-x_0^\alpha}{x^\beta-x_0^\beta}$ （$\beta\neq 0$）;

(2) $\lim\limits_{x\to 0}\dfrac{\tan x-x}{x-\sin x}$;

(3) $\lim\limits_{x\to 0}\dfrac{\cos x-\sqrt{1+x}}{x^3}$;

(4) $\lim\limits_{x\to 0}\dfrac{a^x-b^x}{x}$;

(5) $\lim\limits_{x\to\infty}(1+x^2)^{\frac{1}{x}}$;

(6) $\lim\limits_{x\to 1}\left(\dfrac{x}{x-1}-\dfrac{1}{\ln x}\right)$;

(7) $\lim\limits_{x\to\infty}x(\mathrm{e}^{\frac{1}{x}}-1)$;

(8) $\lim\limits_{x\to\infty}\dfrac{x-\sin x}{x+\sin x}$;

(9) $\lim\limits_{x\to+\infty}\dfrac{\mathrm{e}^x-\mathrm{e}^{-x}}{\mathrm{e}^x+\mathrm{e}^{-x}}$;

(10) $\lim\limits_{x\to 1}(1-x)\tan\dfrac{\pi x}{2}$;

(11) $\lim\limits_{x\to 0^+}(\tan x)^{\sin x}$;

(12) $\lim\limits_{x\to+\infty}\left(\dfrac{\pi}{2}-\arctan x\right)^{\frac{1}{\ln x}}$.

第七节 函数单调性的判别法及函数极值

一、函数单调性判别法

在初等数学中，我们用单调函数的定义证明函数在区间内的单调性，但一般来说用这种方法判定函数 $y=f(x)$ 的单调性并不容易. 现在借助中值定理，利用导数的符号来判别函数的单调性，将会化难为易，方便许多.

由第一节定理 1.2 知道：若 $f(x)$ 在 (a,b) 的导数为正，则函数 $f(x)$ 在 (a,b) 内是单调增加函数；若 $f(x)$ 在 (b,c) 内的导数为负，则函数 $f(x)$ 在 (b,c) 内就是单调减少函数. 一般地，我们有下面的判断函数单调性的定理.

定理 7.1 设函数 $f(x)$ 在 $[a,b]$ 上连续，在 (a,b) 内可导，

（1）如果在 (a,b) 内，$f'(x)>0$，则函数 $f(x)$ 在 $[a,b]$ 上单调增加；

（2）如果在 (a,b) 内，$f'(x)<0$，则函数 $f(x)$ 在 $[a,b]$ 上单调减少.

证明 在 $[a,b]$ 上任取两点 x_1, x_2 ($x_1<x_2$)，并在区间 $[x_1,x_2]$ 上应用中值定理，得

$$f(x_2)-f(x_1)=f'(\xi)(x_2-x_1)\quad(x_1<\xi<x_2)$$

如果 $f'(x)>0$ ($x\in(a,b)$)，则 $f'(\xi)>0$. 于是由 $x_1<x_2$ 以及上式，有

$$f(x_1)<f(x_2)\quad(x_1<x_2)$$

所以函数 $f(x)$ 在 $[a,b]$ 上单调增加. 这就证明了（1）.

可类似证明（2）.

若把定理 7.1 中的闭区间换成其他各种区间（包括无穷区间），结论仍成立.

我们把 $f(x)$ 定义域内方程 $f'(x)=0$ 的实根，叫做函数 $f(x)$ 的**驻点**.

如果 $f'(x)$ 为连续函数，且 $f(x)$ 的驻点与不可导但有定义的点为有限个，则先用这些点把 $f(x)$ 的定义域分成若干个子区间，再在各个子区间内应用定理 7.1 判断 $f(x)$ 的单调性. 解题时往往要把各个子区间内的讨论情况列成表格.

例 1 判定函数 $f(x)=2x^3-3x^2-12x+1$ 的单调性.

解 函数 $f(x)$ 的定义域为 $\mathbf{R}$.

求 $f(x)$ 的导数，得

$$f'(x) = 6x^2 - 6x - 12$$

解方程 $f'(x) = 0$，即解方程

$$x^2 - x - 2 = 0$$

得 $f(x)$ 的驻点 $x_1 = -1, x_2 = 2$. 用这些点分割定义域 **R**，得三个子区间 $(-\infty,-1), (-1,2), (2,+\infty)$. 现列表 7.1 讨论函数 $f(x)$ 在各个子区间内的单调性.

表 7.1

x	$(-\infty,-1)$	$(-1,2)$	$(2,+\infty)$
$f'(x)$	+	−	+
$f(x)$	↗	↘	↗

由上表可知，函数 $f(x)$ 在 $(-\infty,-1]$, $[2,+\infty)$ 上单调增加；函数 $f(x)$ 在 $[-1,2]$ 上单调减少.

例 2 判定函数 $f(x) = x + \ln x$ 的单调性.

解 函数 $f(x)$ 的定义域为 $(0,+\infty)$.

求导数，得

$$f'(x) = 1 + \frac{1}{x}$$

虽然 $f'(x) = 0$ 有实根 $x = -1$，但不在 $f(x)$ 的定义域 $(0,+\infty)$ 内，即 $f(x)$ 无驻点. 这时由 $x > 0$ 知，

$$f'(x) = 1 + \frac{1}{x} > 0 \quad (0 < x < +\infty)$$

即 $f(x)$ 在定义域内单调增加.

例 3 判定函数 $f(x) = \frac{1}{3}x^3 - \frac{3}{2}x^{\frac{2}{3}} + 1$ 的单调性.

解 因为

$$f'(x) = x^2 - x^{-\frac{1}{3}}$$

由 $f'(x) = 0$，得驻点 $x = 1$. 又由 $f'(x)$ 不存在得 $x = 0$. 列表 7.2 讨论函数 $f(x)$ 在各个子区间内的单调性.

表 7.2

x	$(-\infty,0)$	$(0, 1)$	$(1, +\infty)$
$f'(x)$	+	−	+
$f(x)$	↗	↘	↗

由上表可知：$f(x)$ 的单增区间为 $(-\infty,0]$ 和 $[1,+\infty)$，单减区间为 $[0,1]$.

如果 $f(x)$ 在 $[a,b]$ 上单调增加，则有

$$f(a) < f(x) < f(b) \quad (a < x < b)$$

我们可利用这个结果证明某些不等式.

例 4 证明：$e^x > 1 + x \ (0 < x < +\infty)$.

证明 设 $f(x) = e^x - 1 - x$，则

$$f'(x) = e^x - 1 > 0 \quad (0 < x < +\infty)$$

于是 $f(x)$ 在 $[0, +\infty)$ 上单调增加，即有

$$f(x) > f(0), \quad e^x - 1 - x > 0 \quad (0 < x < +\infty),$$

所以
$$e^x > 1 + x \quad (0 < x < +\infty)$$

二、函数的极值

定义 7.1 对于函数 $f(x)$，如果存在点 $x = x_0$ 的去心邻域 $N_0(\delta) = \{x \mid 0 < |x - x_0| < \delta\}$，使得 $N(\delta)$ 内的一切 x 都有：

$$f(x) > f(x_0) \ (f(x) < f(x_0))$$

则称 $f(x_0)$ 为函数 $f(x)$ 的**极小（大）值**，称 x_0 为函数 $f(x)$ 的**极小（大）值点**.

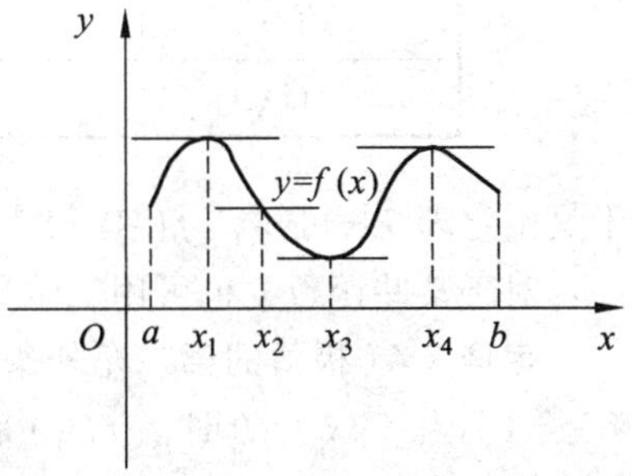

如图 9.8 所示，x_1, x_4 是函数的极大值点，x_3 则是函数的极小值点.

函数的极大值和极小值统称为函数的**极值**；函数的极值点和极小值点统称为函数的**极值点**.

定理 7.2（极值存在的必要条件） 设函数 $f(x)$ 在点 $x = x_0$ 取得极值，则 $f'(x_0) = 0$ 或 $f'(x_0)$ 不存在.

图 9.8

证明 设 $f(x_0)$ 为函数的极大值，则有

$$\lim_{x \to x_0^+} \frac{f(x) - f(x_0)}{x - x_0} \leq 0, \quad \lim_{x \to x_0^-} \frac{f(x) - f(x_0)}{x - x_0} \geq 0$$

于是当 $f'(x_0)$ 存在时，必有 $f'(x_0) = 0$ 或者 $f'(x_0)$ 不存在.

显然，函数的极值点必是函数的驻点或导数不存在的点，但函数的驻点或导数不存在的点却不一定是函数的极值点. 例如，$y = x^3$ 在 $x = 0$ 处是驻点，但却不是极值点. 设函数 $f(x)$ 在 $[a, b]$ 上有定义，且 $x_0 \in (a, b)$，则由极值的定义与函数的单调性可得（见表 7.3）：

表 7.3

$x \in [a, x_0]$	$x \in [x_0, b]$	$f(x_0)$ 是 $f(x)$ 的
$f(x) \searrow$	$f(x) \nearrow$	极小值
$f(x) \nearrow$	$f(x) \searrow$	极大值

根据单调函数的判别定理，可将上述结论归结为：

定理 7.3（极值的第一充分条件） 设函数 $f(x)$ 在 $[a, b]$ 上连续，在 (a, b) 内可微(可能除去点 $x_0 \in (a, b)$)，如果

（1）当 $x \in (a, x_0)$ 时，有 $f'(x) < 0$；当 $x \in (x_0, b)$ 时，有 $f'(x) > 0$，则称 $f(x_0)$ 是 $f(x)$ 的极小值.

（2）当 $x \in (a, x_0)$ 时，有 $f'(x) > 0$；当 $x \in (x_0, b)$ 时，有 $f'(x) < 0$，则称 $f(x_0)$ 是 $f(x)$ 的极大值.

定理 7.3 中的闭区间换成其他区间(包括无穷区间),结论也成立.

例 5 求函数 $f(x) = x^3 - 3x^2 - 9x + 3$ 的极值.

解 函数 $f(x)$ 的定义域为 **R**.

求 $f'(x)$,得

$$f'(x) = 3x^2 - 6x - 9 = 3(x^2 - 2x - 3) = 3(x+1)(x-3)$$

得函数 $f(x)$ 的驻点 $x_1 = -1$, $x_2 = 3$. 这两个驻点把定义域 **R** 分为子区间 $(-\infty, -1)$, $(-1, 3)$, $(3, +\infty)$. 列表 7.4 如下:

表 7.4

x	$(-\infty, -1)$	$(-1, 3)$	$(3, +\infty)$
$f'(x)$	+	−	+
$f(x)$	↗	↘	↗

于是由定理 7.3 可知,$f(-1) = 8$ 是 $f(x)$ 的极大值,而 $f(3) = -24$ 是 $f(x)$ 的极小值.

对于某些函数,也可用二阶导数来求它的极值.

定理 7.4(极值的第二充分条件) 设函数 $f(x)$ 在点 $x = x_0$ 有二阶导数,且 $f'(x_0) = 0$,则有:

(1) 当 $f''(x_0) > 0$ 时,$f(x_0)$ 是 $f(x)$ 的极小值;

(2) 当 $f''(x_0) < 0$ 时,$f(x_0)$ 是 $f(x)$ 的极大值.

证明 把第一节定理 1.2 应用到 $f'(x)$ 上. 若 $f''(x) > 0$,则存在点 $x = x_0$ 的去心邻域 $N_0(\delta)$,使得当 $x \in (x_0 - \delta, x_0)$ 时,都有

$$f'(x) < f'(x_0) = 0$$

而当 $x \in (x_0, x_0 + \delta)$ 时,都有

$$f'(x) > f'(x_0) = 0$$

再由定理 7.3 可知,$f(x_0)$ 是 $f(x)$ 的极小值.

同理可证:$f'(x_0) = 0$,$f''(x_0) < 0$ 时,$f(x_0)$ 是 $f(x)$ 的极大值.

例 6 求函数 $f(x) = e^x + 1 - x$ 的极值.

解 函数 $f(x)$ 的定义域为 **R**.

求 $f'(x)$,得

$$f'(x) = e^x - 1, \quad f''(x) = e^x$$

由 $f'(0) = 0$, $f''(0) = 1 > 0$ 及定理 7.4 可知,函数 $f(x)$ 的极小值为 $f(0) = 2$.

对于二阶导数 $f''(x_0)$ 为零的函数,以及计算二阶导数比较复杂的函数,仍用定理 7.3 来判断函数的极值.

例 7 求函数的极值 $f(x) = \dfrac{x}{1 + x^2}$.

解 函数 $f(x)$ 的定义域为 **R**.

求 $f'(x)$,得

$$f'(x) = \frac{(1+x^2)(x)' - x(1+x^2)'}{(1+x^2)^2} = \frac{1 + x^2 - 2x^2}{(1+x^2)^2} = -\frac{(x+1)(x-1)}{(1+x^2)^2}$$

用定理 7.3 求函数 $f(x)$ 的极值. 列表 7.5 如下：

表 7.5

x	$(-\infty,-1)$	$(-1,1)$	$(1,+\infty)$
$f'(x)$	$-$	$+$	$-$
$f(x)$	↘	↗	↘

由上表可知，$f(x)$ 的极小值为 $f(-1)=-\dfrac{1}{2}$，极大值为 $f(1)=\dfrac{1}{2}$.

对于某些在点 $x=x_0$ 不可导的函数，仍可用定理 7.3 求这个函数的极值.

例 8 求函数 $f(x)=1-(4x-3)^{\frac{2}{3}}$ 的极值.

解 $f(x)$ 的定义域为 **R**.

求 $f'(x)$，得

$$f'(x)=\dfrac{-8}{3\sqrt[3]{4x-3}}$$

在点 $x=\dfrac{3}{4}$，$f(x)$ 的导数不存在. 但由定理 7.3 可列表 7.6：

表 7.6

x	$\left(-\infty,\dfrac{3}{4}\right)$	$\left(\dfrac{3}{4},+\infty\right)$
$f'(x)$	$+$	$-$
$f(x)$	↗	↘

由上表可知，$f(x)$ 在点 $x=\dfrac{3}{4}$ 有极大值：$f\left(\dfrac{3}{4}\right)=1$.

习题 9-7

1. 判定函数 $f(x)=2x^3+3x^2-12x+1$ 的单调性.
2. 判定函数 $f(x)=\sqrt{2x-x^2}$ 的单调性.
3. 判定函数 $f(x)=x^4-2x^2-5$ 的单调性.
4. 利用单调性证明：$x\geqslant\ln(1+x)\,(x\geqslant 0)$.
5. 求下列函数的极值：

（1） $y=2x^3-6x^2-18x+1$；   （2） $y=\sqrt[3]{(x^2-a^2)^2}$；

（3） $y=x-\ln(1+x)$；   （4） $y=x+\dfrac{a^2}{x}\,(a>0)$.

第八节 函数最值及其应用

在高等数学中,可以用导数理论来求最值. 本节将介绍函数的最值及其在实际生活中的应用.

一、函数的最小值与最大值

设函数 $f(x)$ 在区间 I 上有定义,$x_0 \in I$,如果对于区间 I 上一切 x,都有

$$f(x_0) \leqslant f(x) \quad (f(x_0) \geqslant f(x))$$

则称 $f(x_0)$ 为 $f(x)$ 在区间 I 上的最小(大)值.

设函数 $f(x)$ 在 $[a,b]$ 上连续,在 (a,b) 内可导,如果函数 $f(x)$ 在点 $x_0 \in (a,b)$ 取得最小值或最大值,则由第一节定理 1.2 可知,x_0 是函数 $f(x)$ 的驻点. 因此,当函数 $f(x)$ 在 (a,b) 内的驻点为有限个时,可将 $f(x)$ 在各驻点处的函数值与端点函数值 $f(a)$,$f(b)$ 比较,其中最小(大)的就是 $f(x)$ 在 $[a,b]$ 上的最小(大)值.

特别地,函数在 (a,b) 内可导,且在 (a,b) 内只有唯一的驻点 x_0,如果 $f(x_0)$ 为 $f(x)$ 的极小(大)值,则 $f(x_0)$ 必为 $f(x)$ 在 (a,b) 内的最小(大)值. 这个结论对于无穷区间也适用.

例1 求函数 $f(x) = \dfrac{x^3}{3} - \dfrac{3x^2}{2} + 2x$ 在 $[0,3]$ 上的最小值与最大值.

解 因为

$$f'(x) = x^2 - 3x + 2$$

由 $f'(x) = 0$ 可知,$f(x)$ 在 $(0,3)$ 内的驻点是 $x_1 = 1$,$x_2 = 2$. 由

$$f(0) = 0, \quad f(1) = \frac{5}{6}, \quad f(2) = \frac{2}{3}, \quad f(3) = \frac{3}{2}$$

可知,$f(x)$ 在 $[0,3]$ 上的最小值与最大值分别是 $f(0) = 0$ 与 $f(3) = \dfrac{3}{2}$.

例2 求函数 $f(x) = 1 + \dfrac{1}{1-x^2}$ 在 $(-1,1)$ 内的最小值与最大值.

解 由

$$f'(x) = \frac{2x}{(1-x^2)^2}$$

解 $f'(x) = 0$,得 $f(x)$ 的唯一驻点 $x = 0$,$0 \in (-1,1)$. 而当 $-1 < x < 0$ 时,

$$f'(x) < 0$$

当 $0 < x < 1$ 时,
$$f'(x) > 0$$

所以 $f(x)$ 在 $(-1,1)$ 内只有唯一的极小值 $f(0)$. 因此 $f(x)$ 在 $(-1,1)$ 内的最小值是 $f(0) = 2$.

二、最值的应用

例3 求乘积为常数 $a > 0$ 而其和为最小的两个正数.

解 (1) 建立表示该问题的函数,这样的函数称为目标函数.

记这两个正数为 x 和 y，则由条件可知
$$xy = a$$
其中 $x, y > 0$. 由此可得 $y = \dfrac{a}{x}$. 设 x 与 y 之和为 $s = x + y$，则目标函数为
$$s(x) = x + \dfrac{a}{x} \quad (x > 0)$$

（2）求目标函数的最小值：

因为
$$s'(x) = 1 - \dfrac{a}{x^2}$$
令 $s'(x) = 0$，得 $x = \pm\sqrt{a}$，其中 $x = -\sqrt{a}$ 不在目标函数的定义域内，故该函数可能的极值点只有一个 $x = \sqrt{a}$. 又
$$s''(x) = \dfrac{2a}{x^3}, \quad s''(\sqrt{a}) > 0,$$
所以 $s(\sqrt{a})$ 为极小值，也为最小值. 从而可得 $x = y = \sqrt{a}$ 时其和最小.

例 4 有一宽为 $2a$ 的长方形铁片，将它的两边向上折起构成一个开口水槽. 其横断面为矩形，高为 x，问 x 取何值时，水槽的流量最大？

解 由题意知水槽的横断面积为
$$S(x) = 2x(a - x) \quad (0 < x < a)$$
欲使水槽的流量最大，也就是使水槽的横断面积 $S(x)$ 最大. 由
$$S'(x) = 2a - 4x$$
可知，$S(x)$ 的驻点在 $(0, a)$ 内只有一个 $x = \dfrac{a}{2}$，且 $S''(x) = S''\left(\dfrac{a}{2}\right) = -4$. 所以 $S\left(\dfrac{a}{2}\right) = \dfrac{a^2}{2}$ 是 $S(x)$ 在 $(0, a)$ 的最大值，即 $x = \dfrac{a}{2}$ 时水槽的横端面积最大，也就是流量最大.

例 5 设圆柱形的无盖茶缸容积为 V(常数)，求表面积最小时，底半径 r 与高 h 之比.

解 （1）建立目标函数
$$S = \pi r^2 + 2\pi rh$$
又因为 $V = \pi r^2 h$，所以 $h = \dfrac{V}{\pi r^2}$. 由此可得
$$S(r) = \pi r^2 + \dfrac{2V}{r} \quad (r > 0)$$

（2）求 $S(r)$ 的最小值. 因为
$$S'(r) = 2\pi r - \dfrac{2V}{r^2}$$
令 $S'(r) = 0$ 得 $r = \sqrt[3]{\dfrac{V}{\pi}}$. 又
$$S''(r) = 2\pi + \dfrac{4V}{r^3} > 0$$

所以当 $r=\sqrt[3]{\dfrac{V}{\pi}}$ 时 $S(r)$ 最小，此时 $h=\sqrt[3]{\dfrac{V}{\pi}}$. 所以 $\dfrac{r}{h}=1$.

习题 9-8

1. 求下列函数在所给区间上的最大值与最小值：
（1）$y=x^4-2x^2+5$，$x\in[-2,2]$；
（2）$y=x^3-3x^2+6x-2$，$x\in[-1,1]$；
（3）$y=\sin 2x-x$，$x\in\left[-\dfrac{\pi}{2},\dfrac{\pi}{2}\right]$.

2. 要做一个底面为长方形且带盖的箱子，其体积为 72 cm³，其底边成 1:2 的关系. 问各边长应多少，才使表面积最小？

3. 一圆柱内截于半径为 R 的球内，求使圆柱体积最大时，圆柱的高.

4. 铁路隧道的横断面是矩形加半圆（见图 9.9），已知其周长为 15，问横断面的底宽为多少时，才能使其面积最大？

5. 一火车锅炉每小时消耗的煤费用与火车速度的立方成正比. 已知当火车时速为 100 km/h 时，耗煤价值 10 000 元，而其他费用每小时 20 000 元. 甲乙两地相距 S 公里，问火车速度为多少时，才能使火车由甲地开往乙地的总费用最少？

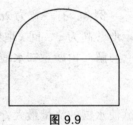

图 9.9

第九节 函数的图形

一、曲线的凹向与拐点

从曲线 $y=\dfrac{1}{x}$（见图 9.10）可以看出，当 $x>0$ 时，曲线总在其每一点切线的上方. 而当 $x<0$ 时，曲线总在其每一点切线的下方. 为了区分这两种情况，我们在这里介绍曲线的凹向.

定义 9.1 设曲线 $y=f(x)$ 在 (a,b) 内各点都有不垂直于 x 轴的切线，
（1）如果曲线 $y=f(x)$ 总在其每一点切线的上方，则称该曲线在 (a,b) 内向上凹（或向下凸），用符号 $\cup$ 表示；
（2）如果曲线 $y=f(x)$ 总在其每一点切线的下方，则称该曲线在 (a,b) 内向下凹（或向上凸），用符号 $\cap$ 表示.

这里我们不加证明地给出曲线凹向的判别法则.

定理 9.1 设 $y=f(x)$ 在 (a,b) 内有二阶导数：
（1）如果在 (a,b) 内 $f''(x)>0$，则曲线 $y=f(x)$ 在 (a,b) 内向上凹（或向下凸）；
（2）如果在 (a,b) 内 $f''(x)<0$，则曲线 $y=f(x)$ 在 (a,b) 内向下凹（或向上凸）.

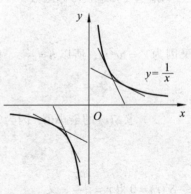

图 9.10

例1 判别曲线 $y=\dfrac{1}{x}$ 的凹向.

解 因为
$$y'=-\dfrac{1}{x^2}, \quad y''=\dfrac{2}{x^3}$$

则当 $x\in(-\infty,0)$ 时,$y''<0$,曲线 $y=\dfrac{1}{x}$ 向下凹;当 $x\in(0,+\infty)$ 时,$y''>0$,曲线 $y=\dfrac{1}{x}$ 向上凹.

例2 判别曲线 $y=\sin x$ 在 $(0,2\pi)$ 的凹向.

解 如图 9.11 所示,因为
$$y'=\cos x, \quad y''=-\sin x$$

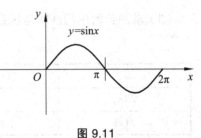

图 9.11

所以当 $x\in(0,\pi)$ 时 $y''<0$,曲线 $y=\sin x$ 向下凹;当 $x\in(\pi,2\pi)$ 时,$y''>0$,曲线 $y=\sin x$ 向上凹.

曲线 $y=\sin x$ 在点 $(\pi,0)$ 处,其左右两侧的曲线凹向不同,我们把曲线上的这类点叫做**拐点**.

定义 9.2 在有切线的连续曲线 $y=f(x)$ 上,向上凹与向下凹的分界点称为该曲线的**拐点**.

例3 讨论曲线 $y=\mathrm{e}^{-x^2}$ 的凹向与拐点.

解 函数 $y=\mathrm{e}^{-x^2}$ 的定义域为 **R**. 又
$$y'=-2x\mathrm{e}^{-x^2}, \quad y''=2(2x^2-1)\mathrm{e}^{-x^2}$$

为确定曲线的凹向与拐点,令 $y''=0$,解得 $x=\pm\dfrac{\sqrt{2}}{2}$. 列表 9.1 如下:

表 9.1

x	$\left(-\infty,-\dfrac{\sqrt{2}}{2}\right)$	$\left(-\dfrac{\sqrt{2}}{2},\dfrac{\sqrt{2}}{2}\right)$	$\left(\dfrac{\sqrt{2}}{2},+\infty\right)$
$f''(x)$	$+$	$-$	$+$
$f(x)$	$\cup$	$\cap$	$\cup$

所以拐点是 $\left(-\dfrac{\sqrt{2}}{2},\dfrac{\sqrt{\mathrm{e}}}{\mathrm{e}}\right)$ 及 $\left(\dfrac{\sqrt{2}}{2},\dfrac{\sqrt{\mathrm{e}}}{\mathrm{e}}\right)$.

例4 求曲线 $y=2+(x-4)^{\frac{1}{3}}$ 的拐点.

解 函数 $y=2+(x-4)^{\frac{1}{3}}$ 的定义域为 **R**. 又
$$y'=\dfrac{1}{3}(x-4)^{-\frac{2}{3}}, \quad y''=-\dfrac{2}{9}(x-4)^{-\frac{5}{3}}$$

所以 $x=4$ 时,y'' 不存在. 但当 $x<4$ 时,$y''>0$,即在 $(-\infty,4)$ 内曲线向上凹;$x>4$ 时,$y''<0$,即在 $(4,+\infty)$ 内曲线向下凹.又因为 $y|_{x=4}=2$,于是曲线的拐点为 $(4,2)$.

二、函数的作图

现在应用函数的定义域、奇偶性、单调性与极限,以及曲线的凹向与拐点作函数的图形.

例 5 作出函数 $f(x) = \dfrac{x^3}{3} - x^2 + 2$ 的图形.

解 （1）函数的定义域是 **R**. 曲线 $y = f(x)$ 与 y 轴的交点是 $(0, 2)$.

（2）求函数的一阶导数和二阶导数：

$$f'(x) = x^2 - 2x = x(x-2), \qquad f''(x) = 2x - 2 = 2(x-1)$$

（3）求函数的单调区间与函数的极值. 由 $f'(x) = 0$，得 $x_1 = 0, x_2 = 2$. 列表 9.2 如下：

表 9.2

x	$(-\infty, 0)$	$(0, 2)$	$(2, +\infty)$
$f'(x)$	+	−	+
$f(x)$	↗	↘	↗

由上表可知，$f(x)$ 的极大值与极小值分别是 $f(0) = 2$ 与 $f(2) = \dfrac{2}{3}$，它们分别对应于曲线 $y = f(x)$ 上的点为 $(0, 2)$ 与 $\left(2, \dfrac{2}{3}\right)$.

（4）求曲线 $y = f(x)$ 的凹向与拐点. 由 $f''(x) = 0$，得 $x = 1$. 列表 9.3 如下：

表 9.3

x	$(-\infty, 1)$	$(1, +\infty)$
$f''(x)$	−	+
$f(x)$	∩	∪

由上表可知，曲线 $y = f(x)$ 的拐点为 $\left(1, \dfrac{4}{3}\right)$.

（5）作图.

首先，把上面得到的点 $(0, 2)$、$\left(2, \dfrac{2}{3}\right)$、$\left(1, \dfrac{4}{3}\right)$ 描在 xOy 坐标系上. 为画得更准确些，这里再补充点 $\left(-1, \dfrac{2}{3}\right)$. 其次，按照上面所述的单调性与凹向性，用光滑曲线把这些点连结起来，便可作出已给函数的图形，如图 9.12 所示.

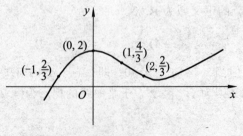

图 9.12

为了便于画出 $x \to \infty$ 时或 $y \to \infty$ 时曲线 $y = f(x)$ 的趋势，现在介绍水平渐近线与垂直渐近线.

设曲线 C 为 $y = f(x)$，如果 $\lim\limits_{x \to \infty} y = b$，则称直线 $y = b$ 为曲线 C 的**水平渐近线**；如果 $\lim\limits_{x \to a} y = \infty$，则称直线 $x = a$ 为曲线 C 的**垂直渐近线**.

由
$$\lim_{x \to \infty} \frac{x}{x+1} = 1, \quad \lim_{x \to -1} \frac{x}{x+1} = \infty$$

可知，曲线 $y = \dfrac{x}{x+1}$ 的水平渐近线为 $y = 1$，而垂直渐近线为 $x = -1$.

例 5 中三次函数的图形，既无水平渐近线也无垂直渐近线，因为这时有
$$\lim_{x \to \infty} \left(\frac{x^3}{3} - x^2 + 2\right) = \infty, \quad \lim_{x \to a} \left(\frac{x^3}{3} - x^2 + 2\right) = \frac{a^3}{3} - a^2 + 2$$

同样，n 次函数的图形，也没有水平渐近线和垂直渐近线.

例 6 作出 $f(x) = \dfrac{1}{1+x^2}$ 的图形.

解 （1）函数 $f(x)$ 的定义域为 **R**. 曲线 $y = f(x)$ 与 y 轴的交点是 $(0, 1)$. 由 $f(-x) = f(x)$ 可知，$f(x)$ 为偶函数，即曲线 $y = f(x)$ 关于 y 轴对称.

（2）求一阶导数与二阶导数.
$$f'(x) = \frac{-2x}{(1+x^2)^2}, \quad f''(x) = \frac{2(3x^2 - 1)}{(1+x^2)^3}$$

（3）求函数的单调区间与极值.

解方程 $f'(x) = 0$，得驻点 $x = 0$，列表 9.4 如下：

表 9.4

x	$(-\infty, 0)$	$(0, +\infty)$
$f'(x)$	+	−
$f(x)$	↗	↘

由上表可知，$f(x)$ 的极大值为 $f(0) = 1$，相应曲线 $y = f(x)$ 上的点为 $(0, 1)$.

（4）求曲线的凹向与拐点.

由 $f''(x) = 0$，得 $x = \pm \dfrac{1}{\sqrt{3}}$. 列表 9.5 如下：

表 9.5

x	$\left(-\infty, -\dfrac{1}{\sqrt{3}}\right)$	$\left(-\dfrac{1}{\sqrt{3}}, \dfrac{1}{\sqrt{3}}\right)$	$\left(\dfrac{1}{\sqrt{3}}, +\infty\right)$
$f''(x)$	+	−	+
$f(x)$	∪	∩	∪

由上表可知，曲线 $y = f(x)$ 的拐点为 $\left(-\dfrac{1}{\sqrt{3}}, \dfrac{3}{4}\right)$, $\left(\dfrac{1}{\sqrt{3}}, \dfrac{3}{4}\right)$.

（5）作图.

由 $\lim\limits_{x\to\infty}\dfrac{1}{1+x^2}=0$ 可知，曲线 $y=\dfrac{1}{1+x^2}$ 的水平渐近线为 $y=0$. 先画这条渐近线，再补充曲线上的两个点 $\left(\pm 2,\dfrac{1}{5}\right)$，最后把上面所得的点 $(0,1)$，$\left(-\dfrac{1}{\sqrt{3}},\dfrac{3}{4}\right)$，$\left(\dfrac{1}{\sqrt{3}},\dfrac{3}{4}\right)$，$\left(\pm 2,\dfrac{1}{5}\right)$ 按照上述的单调性与凹向，用光滑曲线连结起来，就作出已给函数的图形，如图 9.13 所示.

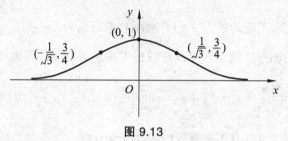

图 9.13

习题 9-9

1. 讨论下列各曲线的凹向，并求其拐点：
（1）$y=(x+1)^4+\mathrm{e}^4$；
（2）$y=\ln(x^2+1)$.
2. 问 a 及 b 为何值时，点 $(1,3)$ 为曲线 $y=ax^3+bx^2$ 的拐点.
3. 作出函数 $y=\dfrac{1}{x^2-1}$ 的图形.

小　结

导数与微分是高等数学的两个非常重要的概念. 这两个概念产生后，初等数学中许多不能解决的问题都变得迎刃而解了.

导数与微分本来是从两个不同角度建立起来的概念，但这两者有着很强的内在联系.

微分中值定理是几个非常重要的定理，其应用非常广泛，它解决了初等数学中比较困难的单调区间的划分问题.

利用导数及二阶导数和渐近线可以作出比较准确的函数的图形，而且它起到了至关重要的作用.

复习题九

1. 求下列函数的单调区间.
（1）$y=x-\mathrm{e}^x$；
（2）$y=2x^2-\ln x$.
2. 证明不等式：$\ln x>\dfrac{2(x-1)}{x+1}$ $(x>1)$.

3. 求下列函数的极值:

(1) $y = x^2 \ln x$;

(2) $y = x^2 e^{-x}$;

(3) $y = 2x - \ln(4x)^2$.

4. 如图 9.13 所示,铁路线上 AB 长 100 km,工厂 C 到铁路线 A 处的垂直距离 CA 为 20 km. 现在需要在 AB 上选一点 D,以 D 向 C 修一条直线公路. 已知铁路运输每吨公里与公路运输每吨公里的运费之比为 3:5,为了使原料从 B 处运到工厂 C 的运费最省, D 应选在何处?

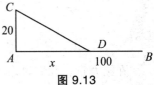

图 9.13

5. 作出函数 $y = \dfrac{x}{3-x^2}$ 的图形.

第十章 积分及其应用

在第九章,我们讨论了如何求一个函数的导数问题,本章将讨论它的反问题,即要寻求一个可导函数,使它的导函数等于已知函数,这是积分学的基本问题之一.

积分学有两个最基本的内容,它们是不定积分和定积分,本章将分七节介绍其概念、性质、求法与应用.

第一节 原函数与不定积分

一、原函数与不定积分

例1 已知某曲线 $y = f(x)\ (x \in \mathbf{R})$,在曲线上任意点 $M(x, y)$ 处切线的斜率为 $2x$,求此曲线.

解 由题意可知
$$y' = 2x$$
通过观察可知,
$$y = x^2$$

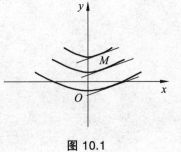

图 10.1

是符合题意的曲线. 又观察到 $y = x^2 + C$(其中 C 为任意常数)在点 $M(x, y)$ 处的切线斜率也为 $2x$,所以符合题意的曲线有无穷多条,如图 10.1 所示.

定义 1.1 已知 $y = f(x)$,若在区间 I 内存在一个函数 $F(x)$,使
$$F'(x) = f(x) \quad \text{或} \quad \mathrm{d}F(x) = f(x)\mathrm{d}x$$
则称 $F(x)$ 是 $f(x)$ 的一个原函数.

易见,若 $F(x)$ 是 $f(x)$ 的原函数,则对任意的 $C \in \mathbf{R}$,$F(x) + C$ 也是 $f(x)$ 的原函数.

如果 $F(x), G(x)$ 都是 $f(x)$ 的原函数,则
$$G(x) = F(x) + C$$

事实上,因为 $F(x)$ 是 $f(x)$ 的原函数,即
$$F'(x) = f(x)$$
$G(x)$ 也是 $f(x)$ 的原函数,即
$$G'(x) = F'(x) = f(x) \quad (x \in I)$$
所以
$$[G(x) - F(x)]' = G'(x) - F'(x) = f(x) - f(x) = 0$$

由微分中值定理可证得
$$G(x) - F(x) = C，即 G(x) = F(x) + C$$

这个结论告诉我们，$f(x)$ 在 I 内的任意两个原函数，它们只差一个常数．因此 $f(x)$ 在 I 内的任一原函数，可记作 $F(x)+C$，其中 $F(x)$ 是 $f(x)$ 的一个原函数，$C \in \mathbf{R}$．

定义 1.2 若 $F(x)$ 是 $f(x)$ 在区间 I 内的一个原函数，则称 $F(x)+C$ 为 $f(x)$ 的不定积分，记作 $\int f(x)\mathrm{d}x$，即

$$\int f(x)\mathrm{d}x = F(x)+C$$

其中 C 为任意常数，且 $\int$ 称为积分符号，$f(x)$ 称为被积函数，$f(x)\mathrm{d}x$ 称为被积表达式，x 称为积分变量．

可以证明，在区间 I 内，连续函数的原函数总是存在的，因而连续函数的不定积分也是存在的．

例 2 求不定积分 $\int x^2 \mathrm{d}x$．

解 因为 $\left(\dfrac{1}{3}x^3\right)' = x^2$，所以 $\int x^2 \mathrm{d}x = \dfrac{1}{3}x^3 + C$．

例 3 求 $\int \cos 2x \mathrm{d}x$．

解 因为 $\left(\dfrac{1}{2}\sin 2x\right)' = \cos 2x$，所以 $\int \cos 2x \mathrm{d}x = \dfrac{1}{2}\sin 2x + C$．

例 4 求 $\int \dfrac{1}{x}\mathrm{d}x \ (x>0)$．

解 $\int \dfrac{1}{x}\mathrm{d}x = \ln x + C$．

由不定积分的定义可得下列性质：

（1）$\left[\int f(x)\mathrm{d}x\right]' = [F(x)+C]' = f(x)$ 或 $\mathrm{d}\left[\int f(x)\mathrm{d}x\right] = f(x)\mathrm{d}x$．

（2）$\int F'(x)\mathrm{d}x = F(x)+C$ 或 $\int \mathrm{d}F(x) = F(x)+C$．

（3）$\int [f(x) \pm g(x)]\mathrm{d}x = \int f(x)\mathrm{d}x \pm \int g(x)\mathrm{d}x$．

（4）$\int kf(x)\mathrm{d}x = k\int f(x)\mathrm{d}x$（$k$ 为不等于零的常数），其中 $f(x), g(x)$ 均为连续函数．

二、基本积分表

由导数公式立即可得积分表．这是一张很有用的表，希望读者掌握．

（1）$\int 0 \mathrm{d}x = C$．　（2）$\int 1 \mathrm{d}x = \int \mathrm{d}x = x + C$．　（3）$\int x^u \mathrm{d}x = \dfrac{x^{u+1}}{u+1} + C \ (u \neq -1)$．

（4）$\int \dfrac{1}{x}\mathrm{d}x = \ln|x| + C \ (x \neq 0)$．

事实上，当 $x > 0$ 时，$[\ln|x|]' = [\ln x]' = \dfrac{1}{x}$；当 $x < 0$ 时，$[\ln|x|]' = [\ln(-x)]' = \dfrac{-1}{-x} = \dfrac{1}{x}$．

(5) $\int e^x dx = e^x + C$. (6) $\int a^x dx = \dfrac{a^x}{\ln a} + C$ ($a > 0$ 且 $a \neq 1$).

(7) $\int \sin x dx = -\cos x + C$. (8) $\int \cos x dx = \sin x + C$.

(9) $\int \dfrac{dx}{\sin^2 x} = \int \csc^2 x dx = -\cot x + C$. (10) $\int \dfrac{dx}{\cos^2 x} = \int \sec^2 x dx = \tan x + C$.

(11) $\int \sec x \tan x dx = \sec x + C$. (12) $\int \csc x \cot x dx = -\csc x + C$.

(13) $\int \dfrac{dx}{1+x^2} = \arctan x + C$. (14) $\int \dfrac{dx}{\sqrt{1-x^2}} = \arcsin x + C$.

例 5　求 $\int \dfrac{1}{x^4} dx$.

解　$\int \dfrac{1}{x^4} dx = \int x^{-4} dx = \dfrac{x^{-4+1}}{-4+1} + C = -\dfrac{1}{3} x^{-3} + C$.

例 6　求 $\int \left(\sqrt{x} - \dfrac{1}{x^2} \right) dx$.

解　$\int \left(\sqrt{x} - \dfrac{1}{x^2} \right) dx = \int (x^{\frac{1}{2}} - x^{-2}) dx = \dfrac{2}{3} x^{\frac{3}{2}} + \dfrac{1}{x} + C$.

例 7　求 $\int \dfrac{(x-1)^3}{x^2} dx$.

解　$\int \dfrac{(x-1)^3}{x^2} dx = \int \dfrac{x^3 - 3x^2 + 3x - 1}{x^2} dx = \int \left(x - 3 + \dfrac{3}{x} - x^{-2} \right) dx$

$= \dfrac{x^2}{2} - 3x + 3\ln|x| + \dfrac{1}{x} + C$.

例 8　求 $\int 2^x e^x dx$.

解　$\int 2^x e^x dx = \int (2e)^x dx = \dfrac{(2e)^x}{\ln 2 + 1} + C$.

例 9　求 $\int \dfrac{1+x+x^2}{x(1+x^2)} dx$.

解　$\int \dfrac{1+x+x^2}{x(1+x^2)} dx = \int \dfrac{1+x^2}{x(1+x^2)} dx + \int \dfrac{x dx}{x(1+x^2)}$

$= \int \dfrac{1}{x} dx + \int \dfrac{dx}{1+x^2}$

$= \ln|x| + \arctan x + C$.

例 10　求 $\int \dfrac{x^4}{1+x^2} dx$.

解　$\int \dfrac{x^4}{1+x^2} dx = \int \dfrac{x^4 - 1 + 1}{1+x^2} dx = \int \dfrac{x^4 - 1}{1+x^2} dx + \int \dfrac{1}{1+x^2} dx$

$= \dfrac{x^3}{3} - x + \arctan x + C$.

例 11　求 $\int \tan^2 x dx$.

解 $\int \tan^2 x dx = \int (\sec^2 x - 1) dx = \int \sec^2 x dx - \int dx = \tan x - x + C$.

例 12 求 $\int \sin^2 \dfrac{x}{2} dx$.

解 $\int \sin^2 \dfrac{x}{2} dx = \int \dfrac{1}{2}(1 - \cos x) dx = \dfrac{1}{2} \int (1 - \cos x) dx = \dfrac{1}{2}(x - \sin x) + C$.

例 13 求 $\int \dfrac{1}{\sin^2 \dfrac{x}{2} \cos^2 \dfrac{x}{2}} dx$.

解 $\int \dfrac{1}{\sin^2 \dfrac{x}{2} \cos^2 \dfrac{x}{2}} dx = \int \dfrac{1}{\left(\dfrac{\sin x}{2}\right)^2} dx = 4 \int \csc^2 x dx = -4 \cot x + C$.

以上例题表明，计算某些不定积分时，可用基本积分表计算（例 5）；或用性质与基本积分表计算（例 6）；或先将被积函数作代数、三角恒等变形，使它们与基本积分表中的某公式相符，然后计算不定积分（例 7～例 13），这样会觉得很方便. 通常将这种积分法叫做**直接积分法**.

为了熟悉和掌握直接积分法，除牢记性质及基本积分表外，还应多做练习题，这样才能熟能生巧.

习题 10-1

1. 证明下列等式：

（1）$\int kf(x) dx = k \int f(x) dx$ （k 为不为零的常数）；

（2）$\int [f(x) \pm g(x)] dx = \int f(x) dx \pm \int g(x) dx$.

2. 求下列不定积分：

（1）$\int (x^4 - 3x^2 + 2) dx$；　　　（2）$\int x^2 \sqrt{x} dx$；　　　（3）$\int \dfrac{1}{\sqrt{x}} dx$；

（4）$\int \dfrac{dx}{x^2 \sqrt{x}}$；　　　（5）$\int (\sin x + \sqrt{x}) dx$；　　　（6）$\int \left(2e^x - \dfrac{1}{x}\right) dx$；

（7）$\int \tan^2 x dx$；　　　（8）$\int \left(\sqrt{x} + \dfrac{1}{\sqrt{x}}\right) dx$；

（9）$\int \sec x (\sec x - \tan x) dx$；　　　（10）$\int \dfrac{\cos 2x}{\cos^2 x \sin^2 x} dx$.

第二节　换元积分法与分部积分法

一、第一类换元积分法（凑微分法）

例 1 求 $\int \dfrac{\ln x}{x} dx$.

解 先用导数把已给不定积分化为

$$\int \frac{\ln x}{x} dx = \int \ln x [\ln x]' dx$$

再令 $u = \ln x$，由 $du = (\ln x)' dx$，得不定积分

$$\int u du = \frac{u^2}{2} + C$$

最后将 $u = \ln x$ 代入上式得

$$\int \frac{\ln x}{x} dx = \frac{(\ln x)^2}{2} + C$$

验证：$\left[\frac{(\ln x)^2}{2} \right]' = \frac{\ln x}{x}$.

例 2 求 $\int x e^{x^2} dx$.

解 类似于例 1 有

$$\int x e^{x^2} dx = \int e^{x^2} \left(\frac{1}{2} x^2 \right)' dx = \frac{1}{2} \int e^{x^2} (x^2)' dx$$

令 $u = x^2$，由 $du = (x^2)' dx = 2x dx$，得

$$\frac{1}{2} \int e^u du = \frac{1}{2} e^u + C$$

将 $u = x^2$ 代入上式，得

$$\int x e^{x^2} dx = \frac{1}{2} e^{x^2} + C$$

验证：$\left[\frac{1}{2} e^{x^2} \right]' = x e^{x^2}$.

这种想法是否有普遍性呢？

对于某些不定积分 $\int f(x) dx$，先化为 $\int g[\varphi(x)] \varphi'(x) dx$，即

$$\int f(x) dx = \int g[\varphi(x)] \varphi'(x) dx$$

令 $u = \varphi(x)$，由 $du = \varphi'(x) dx$，得不定积分

$$\int g(u) du = G(u) + C \quad （其中 (G(u))' = g(u)） \tag{1}$$

或

$$\int g[\varphi(x)] \varphi'(x) dx = G[\varphi(x)] + C \tag{2}$$

事实上，$dG[\varphi(x)] = g[\varphi(x)] \varphi'(x) dx$，故（2）式成立. 这里假定 $g(u)$, $\varphi'(x)$ 均为连续函数. 这种方法可简记为

$$\int f(x) dx = \int g[\varphi(x)] \varphi'(x) dx = \int g[\varphi(x)] d\varphi(x) = G[\varphi(x)] + C$$

通常把上述积分法叫做第一类换元法.

例 3 求 $\int \frac{1}{x^2} e^{\frac{1}{x}} dx$.

解 $\int \dfrac{1}{x^2} \mathrm{e}^{\frac{1}{x}} \mathrm{d}x = -\int \mathrm{e}^{\frac{1}{x}} \mathrm{d}\left(\dfrac{1}{x}\right) = -\mathrm{e}^{\frac{1}{x}} + C$.

例 4 求 $\int x\sqrt{x^2-3}\,\mathrm{d}x$.

解 $\int x\sqrt{x^2-3}\,\mathrm{d}x = \dfrac{1}{2}\int \sqrt{x^2-3}\,\mathrm{d}x^2 = \dfrac{1}{2}\int (x^2-3)^{\frac{1}{2}} \mathrm{d}(x^2-3)$

$$= \dfrac{1}{2} \dfrac{1}{\frac{1}{2}+1}(x^2-3)^{\frac{1}{2}+1} + C = \dfrac{1}{3}(x^2-3)^{\frac{3}{2}} + C.$$

例 5 求 $\int \dfrac{1}{x^2-a^2}\,\mathrm{d}x$ $(a \neq 0)$.

解 $\int \dfrac{1}{x^2-a^2}\,\mathrm{d}x = \int \dfrac{1}{(x-a)(x+a)}\,\mathrm{d}x = \dfrac{1}{2a}\int \dfrac{(x+a)-(x-a)}{(x+a)(x-a)}\,\mathrm{d}x$

$$= \dfrac{1}{2a}\left[\int \dfrac{1}{x-a}\,\mathrm{d}(x-a) - \int \dfrac{1}{x+a}\,\mathrm{d}(x+a)\right]$$

$$= \dfrac{1}{2a}[\ln|x-a| - \ln|x+a|] + C = \dfrac{1}{2a}\ln\left|\dfrac{x-a}{x+a}\right| + C.$$

例 6 求 $\int \csc x\,\mathrm{d}x$.

解 $\int \csc x\,\mathrm{d}x = \int \dfrac{\mathrm{d}x}{\sin x} = \int \dfrac{\mathrm{d}x}{2\sin\frac{x}{2}\cos\frac{x}{2}} = \int \dfrac{1}{\tan\frac{x}{2}\cos^2\frac{x}{2}}\mathrm{d}\left(\dfrac{x}{2}\right)$

$$= \int \dfrac{1}{\tan\frac{x}{2}}\mathrm{d}\left(\tan\frac{x}{2}\right) = \ln\left|\tan\frac{x}{2}\right| + C = \ln|\csc x - \cot x| + C.$$

例 7 求 $\int \sec x\,\mathrm{d}x$.

解 $\int \sec x\,\mathrm{d}x = \int \csc\left(x+\dfrac{\pi}{2}\right)\mathrm{d}\left(x+\dfrac{\pi}{2}\right) = \left|\ln\csc\left(x+\dfrac{\pi}{2}\right) - \cot\left(x+\dfrac{\pi}{2}\right)\right| + C$

$$= \ln|\sec x + \tan x| + C.$$

例 8 求 $\int \dfrac{\mathrm{e}^{\sqrt{x}}}{\sqrt{x}}\mathrm{d}x$.

解 $\int \dfrac{\mathrm{e}^{\sqrt{x}}}{\sqrt{x}}\mathrm{d}x = 2\int \mathrm{e}^{\sqrt{x}}\mathrm{d}\sqrt{x} = 2\mathrm{e}^{\sqrt{x}} + C$.

例 9 求 $\int \sin^3 x\,\mathrm{d}x$.

解 $\int \sin^3 x\,\mathrm{d}x = \int \sin^2 x \sin x\,\mathrm{d}x = \int -(1-\cos^2 x)\mathrm{d}\cos x = \dfrac{1}{3}\cos^3 x - \cos x + C$.

例 10 求 $\int \tan^3 x \sec^3 x\,\mathrm{d}x$

解 $\int \tan^3 x \sec^3 x\,\mathrm{d}x = \int \tan^2 x \sec^2 x\,\mathrm{d}(\sec x) = \int (\sec^2 x - 1)\sec^2 x\,\mathrm{d}(\sec x)$

$$= \dfrac{1}{5}\sec^5 x - \dfrac{1}{3}\sec^3 x + C.$$

例 11 求 $\int \dfrac{\mathrm{d}x}{1+\mathrm{e}^{-x}}$.

解 $\int \dfrac{\mathrm{d}x}{1+\mathrm{e}^{-x}} = \int \dfrac{\mathrm{e}^x \mathrm{d}x}{\mathrm{e}^x+1} = \int \dfrac{\mathrm{d}(\mathrm{e}^x+1)}{\mathrm{e}^x+1} = \ln(\mathrm{e}^x+1) + C$.

例 12 求 $\int \sin^2 x \mathrm{d}x$.

解 $\int \sin^2 x \mathrm{d}x = \int \dfrac{1-\cos 2x}{2} \mathrm{d}x = \dfrac{x}{2} - \dfrac{\sin 2x}{4} + C$.

例 13 求 $\int \sin 5x \cos 3x \mathrm{d}x$.

解 $\int \sin 5x \cos 3x \mathrm{d}x = \int \dfrac{1}{2}[\sin(5+3)x + \sin(5-3)x]\mathrm{d}x = -\dfrac{1}{16}\cos 8x - \dfrac{1}{4}\cos 2x + C$.

二、第二类换元法

例 14 求 $\int \dfrac{\mathrm{d}x}{\sqrt{a^2-x^2}}$ $(a>0)$.

解 设 $x = a\sin t$，$\mathrm{d}x = a\cos t \mathrm{d}t$，则

$$\int \dfrac{\mathrm{d}x}{\sqrt{a^2-x^2}} = \int \dfrac{a\cos t}{a\cos t}\mathrm{d}t = t + C = \arcsin \dfrac{x}{a} + C$$

容易验证：$\mathrm{d}\left(\arcsin \dfrac{x}{a}\right) = \dfrac{\mathrm{d}x}{\sqrt{a^2-x^2}}$.

由此可见，上述想法对本题是对的，但是否有一般性呢？

仔细考虑这一想法就是将第一类换元法倒过来使用，即对于不定积分 $\int f(x)\mathrm{d}x$ 作变换 $x = \varphi(t)$，再求微分并代入，得

$$\int f(x)\mathrm{d}x = \int f[\varphi(t)]\varphi'(t)\mathrm{d}t$$

如果能求出右端的不定积分

$$\int f[\varphi(t)]\varphi'(t)\mathrm{d}t = F(t) + C$$

则

$$\int f(x)\mathrm{d}x = F[\varphi^{-1}(x)] + C$$

其中 $t = \varphi^{-1}(x)$ 是 $x = \varphi(t)$ 的反函数. 这里假定 $x = \varphi(t)$ 单调连续，且 $\varphi'(t)$ 连续，$\varphi'(t) \neq 0$，$f(x)$ 连续.

上述积分法称为第二换元积分法.

例 15 求 $\int \dfrac{\mathrm{d}x}{\sqrt{x^2+a^2}}$ $(a>0)$.

解 设 $x = a\tan t \left(-\dfrac{\pi}{2} < x < \dfrac{\pi}{2}\right)$，$\mathrm{d}x = a\sec^2 t \mathrm{d}t$，代入得

$$\int \dfrac{\mathrm{d}x}{\sqrt{x^2+a^2}} = \int \dfrac{a\sec^2 t \mathrm{d}t}{a\sec t} = \int \sec t \mathrm{d}t = \ln(\sec t + \tan t) + C_1$$

由变换 $x = a\tan t\left(-\dfrac{\pi}{2} < x < \dfrac{\pi}{2}\right)$ 得图 10.2，所以

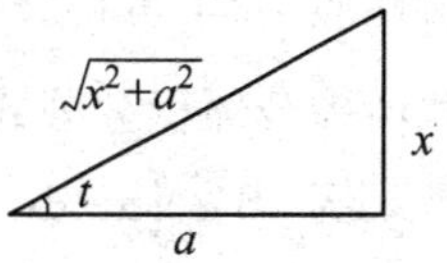

$$\int \frac{\mathrm{d}x}{\sqrt{x^2+a^2}} = \int \frac{a\sec^2 t\,\mathrm{d}t}{a\sec t} = \int \sec t\,\mathrm{d}t = \ln|\sec t + \tan t| + C_1$$

$$= \ln\left|\frac{\sqrt{a^2+x^2}}{a} + \frac{x}{a}\right| + C_1 = \ln|x + \sqrt{a^2+x^2}| - \ln a + C_1$$

$$= \ln|x + \sqrt{a^2+x^2}| + C \quad (\text{这里 } C = -\ln a + C_1)$$

图 10.2

例 16 求 $\displaystyle\int \frac{\mathrm{d}x}{\sqrt{x^2-a^2}}\ (a > 0)$.

解 设 $x = a\sec t$, $\mathrm{d}x = a\sec t\tan t\,\mathrm{d}t$，则

$$\int \frac{\mathrm{d}x}{\sqrt{x^2-a^2}} = \int \frac{a\sec t\tan t}{a\tan t}\mathrm{d}t = \int \sec t\,\mathrm{d}t = \ln|\sec t + \tan t| + C_1$$

由变换 $x = a\sec t$, $\mathrm{d}x = a\sec t\tan t\,\mathrm{d}t$ 得图 10.3，所以

$$\int \frac{\mathrm{d}x}{\sqrt{x^2-a^2}} = \ln|x + \sqrt{x^2+a^2}| + C_1 - \ln a = \ln|x + \sqrt{x^2-a^2}| + C$$

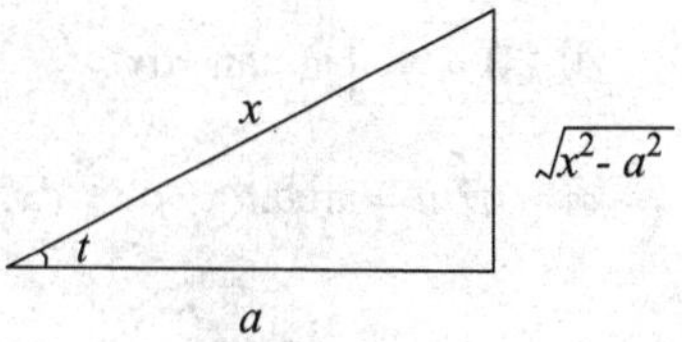

例 17 求 $\displaystyle\int \frac{\sin\sqrt[5]{x+1}}{\sqrt[5]{(x+1)^4}}\mathrm{d}x$.

图 10.3

解 令 $t = \sqrt[5]{x+1}$，则 $x = t^5 - 1$，有 $\mathrm{d}x = 5t^4\mathrm{d}t$，于是

$$\int \frac{\sin\sqrt[5]{x+1}}{\sqrt[5]{(x+1)^4}}\mathrm{d}x = \int \frac{\sin t}{t^4}\cdot 5t^4\mathrm{d}t = 5\int \sin t\,\mathrm{d}t = -5\cos t + C = -5\cos\sqrt[5]{x+1} + C.$$

积分表（二）

（15）$\displaystyle\int \tan x\,\mathrm{d}x = \ln|\sec x| + C$.　　　　　（16）$\displaystyle\int \cot x\,\mathrm{d}x = \ln|\sin x| + C$.

（17）$\displaystyle\int \sec x\,\mathrm{d}x = \ln|\sec x + \tan x| + C$.　　（18）$\displaystyle\int \csc x\,\mathrm{d}x = \ln|\csc x - \cot x| + C$.

（19）$\displaystyle\int \frac{\mathrm{d}x}{a^2+x^2} = \frac{1}{a}\arctan\frac{x}{a} + C$.　　（20）$\displaystyle\int \frac{\mathrm{d}x}{x^2-a^2} = \frac{1}{2a}\ln\left|\frac{x-a}{x+a}\right| + C$.

（21）$\displaystyle\int \frac{\mathrm{d}x}{\sqrt{a^2-x^2}} = \arcsin\frac{x}{a} + C$.

三、分部积分法

像 $\displaystyle\int xe^x\mathrm{d}x, \int x\ln x\mathrm{d}x, \int \arctan x\mathrm{d}x, \int e^x\cos x\mathrm{d}x$ 这类不定积分，无基本公式可循，也不便用换元法求解，现推出另一种常用的基本**积分法**.

设 $u(x), v(x)$ 有连续的导数，由微分公式，得

$$\mathrm{d}(uv) = u\mathrm{d}v + v\mathrm{d}u$$

由性质（2）可得
$$\int u \mathrm{d}v = uv - \int v \mathrm{d}u$$
此即为分部积分公式.

例 18 $\int x \mathrm{e}^x \mathrm{d}x$.

解 设 $u = x$, $\mathrm{d}v = \mathrm{e}^x \mathrm{d}x$, 则 $\mathrm{d}u = \mathrm{d}x$, $v = \mathrm{e}^x$, 所以
$$\int x \mathrm{e}^x \mathrm{d}x = x\mathrm{e}^x - \int \mathrm{e}^x \mathrm{d}x = x\mathrm{e}^x - \mathrm{e}^x + C$$

值得注意的是 u, v, 如果选择不当, 就会适得其反.

例 19 求 $\int x \ln x \mathrm{d}x$.

解 设 $u = \ln x$, $\mathrm{d}v = x \mathrm{d}x$, 则 $\mathrm{d}u = \dfrac{1}{x}\mathrm{d}x$, $v = \dfrac{x^2}{2}$, 所以
$$\int x \ln x \mathrm{d}x = \frac{x^2}{2}\ln x - \int \frac{x^2}{2}\frac{1}{x}\mathrm{d}x = \frac{x^2}{2}\ln x - \frac{1}{2}\int x \mathrm{d}x = \frac{x^2}{2}\ln x - \frac{x^2}{4} + C$$

例 20 求 $\int \arctan x \mathrm{d}x$.

解 设 $u = \arctan x$, $\mathrm{d}v = \mathrm{d}x$, 则 $\mathrm{d}u = \dfrac{1}{1+x^2}\mathrm{d}x$, $v = x$, 所以
$$\int \arctan x \mathrm{d}x = x \arctan x - \int \frac{x}{1+x^2}\mathrm{d}x = x \arctan x - \frac{1}{2}\ln(1+x^2) + C$$

例 21 求 $\int \sec^3 x \mathrm{d}x$.

解
$$I = \int \sec^3 x \mathrm{d}x = \int \sec^2 x \sec x \mathrm{d}x$$

设 $u = \sec x$, $\mathrm{d}v = \sec^2 x \mathrm{d}x$, 则 $\mathrm{d}u = \sec x \tan x \mathrm{d}x$, $v = \tan x$, 所以
$$I = \sec x \tan x - \int \sec x \tan^2 x \mathrm{d}x = \sec x \tan x - \int \sec x (\sec^2 x - 1)\mathrm{d}x$$
$$= \sec x \tan x - I + \int \sec x \mathrm{d}x = \sec x \tan x - I + \ln|\sec x + \tan x| + C_1$$

解得
$$I = \int \sec^3 x \mathrm{d}x = \frac{1}{2}[\sec x \tan x + \ln|\sec x + \tan x|] + C$$

习题 10-2

1. 求下列不定积分：

（1）$\int (2x+5)^4 \mathrm{d}x$；

（2）$\int x^2 \sqrt{1-x^3}\mathrm{d}x$；

（3）$\int \dfrac{x \mathrm{d}x}{x^2+1}$；

（4）$\int \dfrac{3x^2}{(x^3+1)}\mathrm{d}x$；

（5）$\int x \mathrm{e}^{x^2}\mathrm{d}x$；

（6）$\int \dfrac{x^2}{\sqrt[3]{(x^3-5)^2}}\mathrm{d}x$；

（7）$\int \dfrac{\mathrm{d}x}{x \ln x}$；

（8）$\int \dfrac{x \mathrm{d}x}{1+x^4}$；

（9）$\int \sin 3x \mathrm{d}x$；

（10）$\int \cos \dfrac{2}{5}x \mathrm{d}x$；

（11）$\int \dfrac{\mathrm{d}x}{\sin x \cos x}$；

（12）$\int \sin^2 x \cos 2x \mathrm{d}x$；

(13) $\int \tan^3 x \, dx$; (14) $\int e^x \cos e^x \, dx$; (15) $\int \dfrac{dx}{\sqrt{1-x^2}(\arcsin x)^2}$.

2. 求下列不定积分：

(1) $\int x\sqrt{x-6} \, dx$; (2) $\int \dfrac{\sqrt{x}}{1+\sqrt{x}} dx$; (3) $\int \dfrac{\sqrt{x}}{\sqrt{x}-\sqrt[4]{x}} dx$;

(4) $\int \dfrac{dx}{(x+2)\sqrt{x+1}}$; (5) $\int \sqrt{1-x^2} \, dx$;

(6) $\int \dfrac{dx}{\sqrt{(x^2+1)^3}}$; (7) $\int \dfrac{dx}{\sqrt{1+e^x}}$.

3. 求下列不定积分：

(1) $\int (x-1)e^x \, dx$; (2) $\int x \sin x \, dx$; (3) $\int x \sec^2 x \, dx$;

(4) $\int x^2 \ln x \, dx$; (5) $\int x \arctan x \, dx$; (6) $\int \ln x \, dx$.

第三节　有理函数积分举例

有理函数是指两个多项式的商所表示的函数，即

$$R(x) = \dfrac{a_n x^n + a_{n-1} x^{n-1} + \cdots + a_1 x + a_0}{b_m x^m + b_{m-1} x^{m-1} + \cdots + b_1 x + b_0}$$

由第二章知道，假分式可以化为多项式与既约真分式之和，而既约真分式可用分项分式化为若干个简单分式之和（实数范围内）. 因此，有理函数的积分就可以化为多项式的积分与简单分式的积分之和. 下面举例说明.

例1 求 $\int \dfrac{2}{x^2+x+1} dx$.

解 被积分式是一个简单分式，因而 x^2+x+1 在实数范围内不能再分解因子. 对于这类积分，可先将分母配方.

$$\int \dfrac{2}{x^2+x+1} dx = 2\int \dfrac{dx}{\left(x+\dfrac{1}{2}\right)^2 + \dfrac{3}{4}} = 2\int \dfrac{d\left(x+\dfrac{1}{2}\right)}{\left(x+\dfrac{1}{2}\right)^2 + \left(\dfrac{\sqrt{3}}{2}\right)^2}$$

$$= 2 \times \dfrac{2}{\sqrt{3}} \arctan \dfrac{x+\dfrac{1}{2}}{\dfrac{\sqrt{3}}{2}} + C = \dfrac{4}{\sqrt{3}} \arctan \dfrac{2x+1}{\sqrt{3}} + C$$

例2 求 $\int \dfrac{2x+3}{x^2+x+1} dx$.

解 被积分式也是一个简单分式，但分子是 x 的一次式，这时可将分子的一部分凑成分母的微分，即

$$\int \frac{2x+3}{x^2+x+1}dx = \int \frac{2x+1}{x^2+x+1}dx + \int \frac{2}{x^2+x+1}dx = \int \frac{d(x^2+x+1)}{x^2+x+1} + \int \frac{2dx}{x^2+x+1}$$

$$= \ln(x^2+x+1) + \frac{4}{\sqrt{3}}\arctan\frac{2x+1}{\sqrt{3}} + C$$

例 3 求 $\int \frac{x^3+x^2+2}{(x^2+2)^2}dx$.

解 把被积分函数化成分项分式

$$\frac{x^3+x^2+2}{(x^2+2)^2} = \frac{x+1}{x^2+2} - \frac{2x}{(x^2+2)^2}$$

所以

$$\int \frac{x^3+x^2+2}{(x^2+2)^2}dx = \int \frac{x+1}{x^2+2}dx - \int \frac{2x}{(x^2+2)^2}dx$$

$$= \frac{1}{2}\int \frac{d(x^2+2)}{x^2+2} + \int \frac{dx}{x^2+2} - \int \frac{d(x^2+2)}{(x^2+2)^2}$$

$$= \frac{1}{2}\ln(x^2+2) + \frac{1}{\sqrt{2}}\arctan\frac{x}{\sqrt{2}} + \frac{1}{x^2+2} + C$$

例 4 求 $\int \frac{4}{x^3+4x}dx$.

解 因为

$$\frac{4}{x^3+4x} = \frac{4}{x(x^2+4)} = \frac{1}{x} - \frac{x}{x^2+4}$$

所以

$$\int \frac{4}{x^3+4x}dx = \int \frac{1}{x}dx - \int \frac{xdx}{x^2+4} = \ln x - \frac{1}{2}\ln(x^2+4) + C = \ln \frac{x}{\sqrt{x^2+4}} + C$$

习题 10-3

求下列不定积分：

（1）$\int \frac{dx}{4-x^2}$；

（2）$\int \frac{dx}{x^2-4x+4}$；

（3）$\int \frac{dx}{x^2+x-6}$；

（4）$\int \frac{dx}{(x+a)(x-b)}$；

（5）$\int \frac{2x-1}{x^2-5x+6}dx$；

（6）$\int \frac{1+\ln x}{x\ln x}dx$；

（7）$\int \tan^3 x \sec x dx$；

（8）$\int \frac{\arctan\sqrt{x}}{\sqrt{x}(1+x)}dx$.

第四节 定积分概念

一、阿基米德面积

中学里已学过三角形面积、矩形面积、梯形面积等的计算方法，而对由曲线围成的平面图形的面积则无法求得．下面介绍图 10.4 所示的面积的求法，即阿基米德想法．

用分点
$$0 < \frac{1}{n} < \frac{2}{n} < \cdots < \frac{n-1}{n} < \frac{n}{n} = 1$$

把[0,1]等分成 n 个小区间. 相应地,把图形割成 n 条. 又以矩形面积作为每一曲边梯形面积的近似值(见图10.4),然后把 n 条矩形面积相加作为该图形面积的近似值,即

$$S_n = (0)^2 \cdot \frac{1}{n} + \left(\frac{1}{n}\right)^2 \cdot \frac{1}{n} + \cdots + \left(\frac{n-1}{n}\right)^2 \cdot \frac{1}{n}$$
$$= \frac{1}{n^3}[1^2 + 2^2 + \cdots + (n-1)^2] = \frac{1}{n^3} \frac{(n-1)n(2n-1)}{6}$$
$$= \left(\frac{1}{3} - \frac{1}{2n} + \frac{1}{6n^2}\right) \to \frac{1}{3} \quad (n \to \infty)$$

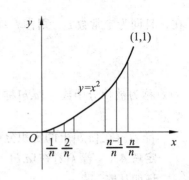

图 10.4

则此阿基米德面积就是 $\frac{1}{3}$.

如果把这一想法用于物理上以求变力作功及变速直线运动的路程,这类问题也可期望获得解决.

细考阿基米德面积的思维过程可知,求矩形面积总是以小区间左端点处的函数值 $(x_{i-1})^2$ 作为矩形之高,如果改以小区间右端点的函数值为 $(x_i)^2$,或小区间内任一点 ξ_i 的函数值 $(\xi_i)^2$ 作为矩形之高,所得矩形面积之和在 $n \to \infty$ 时的极限是否也是 $\frac{1}{3}$ 呢? 其次,如果不是把[0,1]等分成 n 个小区间,而是随意分成 n 个小区间,则其和 S_n' 与等分时和 S_n 的极限是否一样?

这里提出了一个极为复杂而又深刻的问题,它需要在数学上引出新的概念和推理.

二、定积分的定义

设函数 $f(x)$ 在 $[a,b]$ 上有定义.
(1) 用分点
$$a = x_0 < x_1 < x_2 < x_3 < \cdots < x_{i-1} < x_i < \cdots < x_{n-1} < x_n = b$$
把区间 $[a,b]$ 分割成若干 n 个小区间:
$$[x_0, x_1],\ [x_1, x_2],\ [x_2, x_3],\ \cdots,\ [x_{i-1}, x_i],\ \cdots,\ [x_{n-1}, x_n]$$
(2) 在每一个小区间上任取一点 $\xi_i \in [x_{i-1}, x_i] (i = 1, 2, 3 \cdots, n)$,并作乘积
$$f(\xi_i)(x_i - x_{i-1}) = f(\xi_i)\Delta x_i \quad (\text{记}\ \Delta x_i = x_i - x_{i-1})$$
(3) 作和式:
$$f(\xi_1)\Delta x_1 + f(\xi_2)\Delta x_2 + \cdots + f(\xi_i)\Delta x_i + \cdots + f(\xi_n)\Delta x_n = \sum_{i=1}^{n} f(\xi_i)\Delta x_i = S_n$$
(4) 为了保证每一个小区间都无限缩小,设 $\lambda = \max\{\Delta x_1, \Delta x_2, \Delta x_3, \cdots, \Delta x_n\}$,因此,当 $\lambda \to 0$ 时就表示分点无限增多, $n \to \infty$ 及每个小区间都无限缩小.

如果 $\lambda \to 0$ 时,无论用何种分割方法及小区间上 ξ_i 如何选取,其积分和式 S_n 的极限都存

在，且同为定常数 I，则称 I 为 $f(x)$ 在 $[a,b]$ 上的定积分，并记作 $\int_a^b f(x)\mathrm{d}x$，即

$$\int_a^b f(x)\mathrm{d}x = I = \lim_{\lambda \to 0} \sum_{i=1}^n f(\xi_i)\Delta x_i$$

$f(x)$ 称为被积分函数，$[a,b]$ 称为积分区间，a,b 分别称为积分下限和积分上限，x 称为积分变量.

若 $f(x)$ 在 $[a,b]$ 上的定积分存在，就称 $f(x)$ 在 $[a,b]$ 上可积.

定理 4.1 若 $f(x)$ 在 $[a,b]$ 上连续，则 $f(x)$ 在 $[a,b]$ 上可积.

证明从略.

由此可知，阿基米德面积可用定积分表示为 $A = \int_0^1 x^2 \mathrm{d}x = \dfrac{1}{3}$.

三、定积分的几何意义

以下假设 $f(x)$ 在 $[a,b]$ 上连续.

（1）$f(x) \geqslant 0$ $(x \in [a,b])$，则 $\int_a^b f(x)\mathrm{d}x \geqslant 0$.

证明 如图 10.5 所示，由于 $f(x) \geqslant 0$，所以

$$f(\xi_i) \geqslant 0 \quad (i=1,2,\cdots,n)$$

又 $\Delta x_i = x_i - x_{i-1} > 0$，因此

$$f(\xi_i)\Delta x_i \geqslant 0 \quad (i=1,2,\cdots,n)$$

即

$$\sum_{i=1}^n f(\xi_i)\Delta x_i \geqslant 0$$

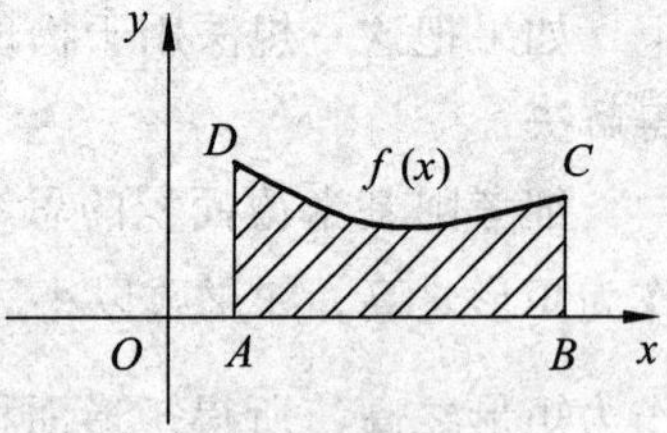

图 10.5

又因为 $f(x)$ 在 $[a,b]$ 上连续，所以

$$\lim_{\lambda \to 0} \sum_{i=1}^n f(\xi_i)\Delta x_i = \int_a^b f(x)\mathrm{d}x \geqslant 0$$

在几何上，有

$$\int_a^b f(x)\mathrm{d}x = \text{曲边梯形 } ABCD \text{ 的面积}$$

（2）$f(x) \leqslant 0$ $(x \in [a,b])$（见图 10.6），则 $\int_a^b f(x)\mathrm{d}x \leqslant 0$.

仿上可证得.

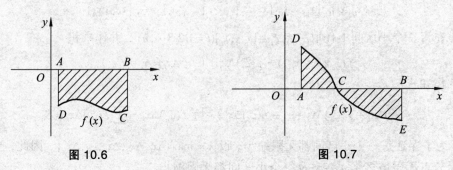

图 10.6 　　　　　　　图 10.7

（3）$f(x)$ 在 $[a,b]$ 上有时为正，有时为负（见图 10.7），则

$$\int_a^b f(x)\mathrm{d}x = (\text{曲边形 } ADC \text{ 的面积}) - (\text{曲边形 } CEB \text{ 的面积})$$

例 （1）用定积分的定义证明 $\int_a^b 1\mathrm{d}x = b-a$；

（2）用定积分的几何意义求 $\int_a^b 1\mathrm{d}x$.

证明 （1）$\int_a^b 1\mathrm{d}x$ 的被积分函数 $f(x) \equiv 1$ 在 $[a,b]$ 上是连续函数，所以与 n 个小区间的分法无关. 因此可等分成 n 个小区间 $\Delta x_i = \dfrac{b-a}{n}$. 又 $f(\xi_i) = 1$，所以

$$\sum_{i=1}^n f(\xi_i)\Delta x_i = \sum_{i=1}^n 1 \cdot \frac{b-a}{n} = b-a$$

即

$$\int_a^b 1\mathrm{d}x = \lim_{\lambda \to 0}\sum_{i=1}^n f(\xi_i)\Delta x_i = \lim_{\lambda \to 0}(b-a) = b-a$$

（2）由于被积函数 $f(x) = 1$，所以曲边梯形变为高为 1、底边长为 $b-a$ 的矩形，所以其面积为 $b-a$，即

$$\int_a^b 1\mathrm{d}x = b-a$$

四、定积分的基本性质

以下假定 $f(x), g(x)$ 在 $[a,b]$ 上是连续函数.

性质 1 $\int_a^b [f(x) \pm g(x)]\mathrm{d}x = \int_a^b f(x)\mathrm{d}x \pm \int_a^b g(x)\mathrm{d}x$.

证明
$$\int_a^b [f(x) \pm g(x)]\mathrm{d}x = \lim_{\lambda \to 0}\sum_{i=1}^n [f(\xi_i) \pm g(\xi_i)]\Delta x_i$$
$$= \lim_{\lambda \to 0}\sum_{i=1}^n f(\xi_i)\Delta x_i \pm \lim_{\lambda \to 0}\sum_{i=1}^n g(\xi_i)\Delta x_i$$
$$= \int_a^b f(x)\mathrm{d}x \pm \int_a^b g(x)\mathrm{d}x.$$

性质 2 $\int_a^b kf(x)\mathrm{d}x = k\int_a^b f(x)\mathrm{d}x$ （k 为常数）.

证法同性质 1.

性质 3 设 $a < c < b$，则 $\int_a^b f(x)\mathrm{d}x = \int_a^c f(x)\mathrm{d}x + \int_c^b f(x)\mathrm{d}x$.

从几何上看很明显.

证明思路：因为 $f(x)$ 在 $[a,b]$ 上连续，所以建立的积分和式与分点的选择无关. 因此把 c 始终看成分点，就可以得到两个积分和式，由此可得证.

应当注意的是，当 $a < b < c$ 或 $c < a < b$ 时，性质 3 仍成立，只要所给函数在给定区间上连续即可.

为了今后运算的方便，下面再作两条规定：

（1）规定：$\int_a^a f(x)dx = 0$；

（2）规定：当 $b < a$ 时，$\int_a^b f(x)dx = -\int_b^a f(x)dx$.

习题 10-4

1. 利用定积分的几何意义，说明下列不等式：

（1）$\int_0^1 2xdx = 1$；

（2）$\int_0^1 \sqrt{1-x^2}dx = \dfrac{\pi}{4}$；

（3）$\int_{-\pi}^{\pi} \sin xdx = 0$；

（4）$\int_{-\frac{\pi}{2}}^{\frac{\pi}{2}} \cos xdx = 2\int_0^{\frac{\pi}{2}} \cos xdx$.

2. 设连续函数 $f(x) \leqslant 0$ $(x \in [a,b])$，证明：$\int_a^b f(x)dx \leqslant 0$

3. 求曲线 $y = x^2 + 1$ 和直线 $y = 0, x = 0$ 及 $x = 1$ 所围成的图形.

第五节 微积分的基本定理

一、定积分的中值定理

定理 5.1 设 $f(x) \leqslant g(x)$ $(x \in [a,b])$（$f(x), g(x)$ 连续），则

$$\int_a^b f(x)dx \leqslant \int_a^b g(x)dx \ (a < b)$$

证明 因为 $f(x) \leqslant g(x)$ $(x \in [a,b])$，有 $f(x) - g(x) \leqslant 0$，所以

$$\int_a^b [f(x) - g(x)]dx \leqslant 0$$

即

$$\int_a^b f(x)dx - \int_a^b g(x)dx \leqslant 0$$

即

$$\int_a^b f(x)dx \leqslant \int_a^b g(x)dx$$

例 1 设 $f(x)$ 在 $[a,b]$ 上连续，则 $\left|\int_a^b f(x)dx\right| \leqslant \int_a^b |f(x)|dx$.

证明 因为 $-|f(x)| \leqslant f(x) \leqslant |f(x)|$，所以

$$-\int_a^b |f(x)|dx \leqslant \int_a^b f(x)dx \leqslant \int_a^b |f(x)|dx$$

即

$$\left|\int_a^b f(x)dx\right| \leqslant \int_a^b |f(x)|dx$$

定理 5.2（定积分的中值定理） 设 $f(x)$ 在 $[a,b]$ 上连续，则在 $[a,b]$ 上至少存在一点 ξ，使

$$\int_a^b f(x)dx = f(\xi)(b-a) \ (a \leqslant \xi \leqslant b)$$

这条定理的证明从略. 但在几何上可以理解为(见图 10.8)

$$曲边梯形面积 \int_a^b f(x)\mathrm{d}x$$
$$= 矩形面积 = f(\xi)(b-a)$$

其中 $\xi \in [a,b]$,$f(x)$ 在 $[a,b]$ 上连续.

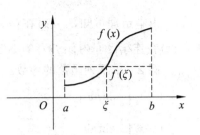

图 10.8

应当注意的是,当 $b<a$ 时,积分中值定理仍成立. 因为 $b<a$ 时,

$$\int_a^b f(x)\mathrm{d}x = -\int_b^a f(x)\mathrm{d}x = -(a-b)f(\xi) = (b-a)f(\xi) \quad (\xi \in [b,a])$$

二、积分上限的函数及其导数

由定积分的定义知

$$\int_a^b f(x)\mathrm{d}x = \lim_{\lambda \to 0} \sum_{i=1}^n f(\xi_i)\Delta x_i = I$$

$$\int_a^b f(t)\mathrm{d}t = \lim_{\lambda \to 0} \sum_{i=1}^n f(\xi_i)\Delta t_i = I$$

由此可知,定积分的值 I 与被积分函数及积分区间有关,而与积分变量用什么字母表示无关.

设 $f(x)$ 在 $[a,b]$ 上连续,由可积性可知,对任意的 $x \in [a,b]$,有唯一的一个积分数值 $\int_a^x f(t)\mathrm{d}t$ 和 x 相对应. 因此按函数的定义,$\int_a^x f(t)\mathrm{d}t$ 是积分上限 x 的函数(见图 10.9).

定理 5.3 设 $f(x)$ 在 $[a,b]$ 上连续,则积分上限函数 $\Phi(x) = \int_a^x f(t)\mathrm{d}t$ 在 $[a,b]$ 上可微,且

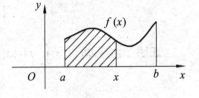

图 10.9

$$\Phi'(x) = \frac{\mathrm{d}}{\mathrm{d}x}\int_a^x f(t)\mathrm{d}t = f(x) \quad (a \leqslant x \leqslant b)$$

证明 设给定 $x \in (a,b)$,$|\Delta x|$ 充分小,使 $x+\Delta x \in (a,b)$,于是

$$\Phi(x+\Delta x) - \Phi(x) = \int_a^{x+\Delta x} f(t)\mathrm{d}t - \int_a^x f(t)\mathrm{d}t$$
$$= \int_a^{x+\Delta x} f(t)\mathrm{d}t + \int_x^a f(t)\mathrm{d}t = \int_x^{x+\Delta x} f(t)\mathrm{d}t$$

由积分中值定理,在 x 及 $x+\Delta x$ 之间存在 ξ,使

$$\Phi(x+\Delta x) - \Phi(x) = \int_x^{x+\Delta x} f(t)\mathrm{d}t = f(\xi)\Delta x$$

所以

$$\Phi'(x) = \lim_{\Delta x \to 0} \frac{\Phi(x+\Delta x) - \Phi(x)}{\Delta x} = \lim_{\Delta x \to 0} \frac{f(\xi)\Delta x}{\Delta x}$$
$$= \lim_{\Delta x \to 0} f(\xi) = \lim_{\xi \to x} f(\xi) = f(x)$$

由本定理可知，$f(x)$在$[a,b]$上连续，则$\int_a^x f(t)dt$是$f(x)$在$[a,b]$上的一个原函数，因此$f(x)$在连续区间内，$f(x)$的不定积分一定存在.

例2 求下列函数的导数.

（1）$\int_1^x \sin t dt$；

（2）$\int_x^1 \sin t dt$；

（3）$\int_1^{x^2} \sin t dt$；

（4）$\int_{\sqrt{x}}^1 \sin t dt$.

解 （1）$\dfrac{d}{dx}\int_1^x \sin t dt = \sin x$.

（2）$\dfrac{d}{dx}\int_x^1 \sin t dt = -\dfrac{d}{dx}\int_1^x \sin t dt = -\sin x$.

（3）$\dfrac{d}{dx}\int_1^{x^2} \sin t dt = \dfrac{d}{du}\left(\int_1^u \sin t dt\right)\dfrac{du}{dx} = 2x\sin x^2$.

（4）$\dfrac{d}{dx}\int_{\sqrt{x}}^1 \sin t dt = -\dfrac{d}{dx}\int_1^{\sqrt{x}} \sin t dt = -\dfrac{d}{du}\left(\int_1^u \sin t dt\right)\dfrac{du}{dx}$

$$= (-\sin\sqrt{x})\dfrac{1}{2\sqrt{x}} = \dfrac{-1}{2\sqrt{x}}\sin\sqrt{x}.$$

三、微积分基本定理

定理5.4 设$f(x)$在$[a,b]$上连续，$F(x)$是$f(x)$的一个原函数，则

$$\int_a^b f(x)dx = F(b) - F(a) = [F(x)]_a^b$$

证明 由于$\Phi(x) = \int_a^x f(t)dt$与$F(x)$都是$f(x)$的一个原函数$(x\in[a,b])$，所以存在$C\in\mathbf{R}$，使

$$\Phi(x) = F(x) + C$$

即

$$\int_a^x f(t)dt = \Phi(x) = F(x) + C$$

又因为$\int_a^a f(t)dt = F(a) + C = 0$，即$C = -F(a)$. 所以

$$\int_a^x f(t)dt = F(x) - F(a)$$

所以

$$\int_a^b f(x)dx = F(b) - F(a) = [F(x)]_a^b$$

由$\int_a^b f(x)dx = -\int_b^a f(x)dx$可知，上述基本公式对于$b<a$也成立.

这条定理之所以引人注目，在于它把本来相当困难的积分和式极限的求法转化为被积函数的原函数，同时，它也给出了定积分与不定积分的联系. 因此本公式被人们所称道，习惯上称其为牛顿-莱布尼次公式或微积分的基本定理.

例3 计算：$\int_0^1 x^2 dx$.

解 $\int_0^1 x^2 dx = \left[\dfrac{x^3}{3}\right]_0^1 = \dfrac{1}{3}$.

例 4 计算：$\int_{-\frac{\pi}{2}}^{\frac{\pi}{2}}(\cos x-\sin x)\mathrm{d}x$.

解 $\int_{-\frac{\pi}{2}}^{\frac{\pi}{2}}(\cos x-\sin x)\mathrm{d}x = \int_{-\frac{\pi}{2}}^{\frac{\pi}{2}}\cos x\mathrm{d}x - \int_{-\frac{\pi}{2}}^{\frac{\pi}{2}}\sin x\mathrm{d}x = [1-(-1)]-[0-0] = 2$.

例 5 $\int_{0}^{\frac{\pi}{2}}\sin^2 x\cos x\mathrm{d}x$.

解 $\int_{0}^{\frac{\pi}{2}}\sin^2 x\cos x\mathrm{d}x = \int_{0}^{\frac{\pi}{2}}\sin^2 x\mathrm{d}(\sin x) = \left[\dfrac{\sin^3 x}{3}\right]_{0}^{\frac{\pi}{2}} = \dfrac{1}{3}$.

例 6 计算：$\int_{-3}^{-2}\dfrac{\mathrm{d}x}{2x+1}$.

解 $\int_{-3}^{-2}\dfrac{\mathrm{d}x}{2x+1} = \dfrac{1}{2}\int_{-3}^{-2}\dfrac{\mathrm{d}(2x+1)}{2x+1} = \dfrac{1}{2}[\ln|2x+1|]_{-3}^{-2} = \dfrac{1}{2}\ln\dfrac{3}{5}$.

习题 10-5

1. 说明下列积分中，哪一个的值大？

（1）$\int_{0}^{1}x\mathrm{d}x$，$\int_{0}^{1}x^2\mathrm{d}x$； （2）$\int_{0}^{\frac{\pi}{2}}x\mathrm{d}x$，$\int_{0}^{\frac{\pi}{2}}\sin x\mathrm{d}x$.

2. 计算下列定积分：（1）$\int_{1}^{27}\dfrac{\mathrm{d}x}{\sqrt[3]{x}}$；（2）$\int_{1}^{\mathrm{e}}\dfrac{1+\ln x}{x}\mathrm{d}x$；（3）$\int_{-1}^{1}\dfrac{x\mathrm{d}x}{(x^2+1)^2}$.

3. 求函数 $y=\int_{0}^{x}\sin t\mathrm{d}t$ 在点 $x=\dfrac{\pi}{4}$ 处的导数.

4. 求函数 $y=\int_{x}^{b}\sqrt{1+t^2}\mathrm{d}t$ 的导数.

5. 求曲线 $y=\int_{1}^{x}\sin^2\dfrac{\pi}{2}t\mathrm{d}t$ 在点 $x=1$ 处的切线方程.

第六节 定积分的换元法和分部积分法

一、换元法

定理 设 $f(x)$ 在 $[a,b]$ 上连续，而 $x=\varphi(t)$ 满足条件：

（1）$x=\varphi(t)$ 在 $[\alpha,\beta]$ 上具有单调连续的导数；

（2）$\varphi(\alpha)=a$，$\varphi(\beta)=b$，且当 t 在 $[\alpha,\beta]$ 上变化时，$x=\varphi(t)$ 的值在 $[a,b]$ 上变化，则有定积分的换元公式：

$$\int_{a}^{b}f(x)\mathrm{d}x = \int_{\alpha}^{\beta}f[\varphi(t)]\varphi'(t)\mathrm{d}t$$

例 1 求 $\int_{0}^{3}\dfrac{x}{\sqrt{1+x}}\mathrm{d}x$.

解 设 $\sqrt{1+x} = t$,即 $x = t^2 - 1$, $\mathrm{d}x = 2t\mathrm{d}t$. 又当 $x = 0$ 时, $t = 1$;当 $x = 3$ 时, $t = 2$,所以

$$\int_0^3 \frac{x}{\sqrt{1+x}} \mathrm{d}x = \int_1^2 \frac{t^2-1}{t} \cdot 2t\mathrm{d}t = 2\int_1^2 (t^2-1)\mathrm{d}t = 2\left(\frac{1}{3}t^3 - t\right)\Big|_1^2 = \frac{8}{3}$$

例 2 求 $\int_0^1 \sqrt{1-x^2}\,\mathrm{d}x$.

解 设 $x = \sin t$,则 $\mathrm{d}x = \cos t\mathrm{d}t$. 又当 $x = 0$ 时, $t = 0$;当 $x = 1$ 时, $t = \frac{\pi}{2}$,所以有

$$\int_0^1 \sqrt{1-x^2}\,\mathrm{d}x = \int_0^{\frac{\pi}{2}} \cos^2 t\,\mathrm{d}t = \int_0^{\frac{\pi}{2}} \frac{1}{2}(1+\cos 2t)\mathrm{d}t = \left[\frac{t}{2} + \frac{\sin 2t}{4}\right]_0^{\frac{\pi}{2}} = \frac{\pi}{4}$$

例 3 若 $f(x)$ 是 $[-a, a]$ 上的连续奇函数 ($a > 0$),证明:$\int_{-a}^a f(x)\mathrm{d}x = 0$.

证明 因为

$$\int_{-a}^a f(x)\mathrm{d}x = \int_{-a}^0 f(x)\mathrm{d}x + \int_0^a f(x)\mathrm{d}x$$

对于 $\int_{-a}^0 f(x)\mathrm{d}x$,用变换 $x = -t$,则 $\mathrm{d}x = -\mathrm{d}t$. 当 $x = -a$ 时, $t = a$;当 $x = 0$ 时, $t = 0$. 所以

$$\int_{-a}^0 f(x)\mathrm{d}x = -\int_a^0 f(-t)\mathrm{d}t = -\int_0^a f(x)\mathrm{d}x = -\int_0^a f(t)\mathrm{d}t$$

即

$$\int_{-a}^a f(x)\mathrm{d}x = \int_{-a}^0 f(x)\mathrm{d}x + \int_0^a f(x)\mathrm{d}x = -\int_0^a f(x)\mathrm{d}x + \int_0^a f(x)\mathrm{d}x = 0$$

例 4 证明:$\int_0^{\frac{\pi}{2}} f(\sin x)\mathrm{d}x = \int_0^{\frac{\pi}{2}} f(\cos x)\mathrm{d}x$.

证明 设 $x = \frac{\pi}{2} - t$,则 $\mathrm{d}x = -\mathrm{d}t$. 当 $x = 0$ 时, $t = \frac{\pi}{2}$; $x = \frac{\pi}{2}$ 时, $t = 0$. 所以有

$$\int_0^{\frac{\pi}{2}} f(\sin x)\mathrm{d}x = \int_{\frac{\pi}{2}}^0 f\left[\sin\left(\frac{\pi}{2} - t\right)\right](-\mathrm{d}t) = \int_0^{\frac{\pi}{2}} f(\cos x)\mathrm{d}x$$

二、分部积分法

由 $u\mathrm{d}v = \mathrm{d}(uv) - v\mathrm{d}u$ 两端同时从 a 到 b 取定积分得

$$\int_a^b u\mathrm{d}v = [uv]_a^b - \int_a^b v\mathrm{d}u$$

上式即为定积分的分部积分公式. 这里假定函数 $u = u(x)$, $v = v(x)$ 在 $[a, b]$ 上有连续的导数.

例 5 求 $\int_0^1 x\mathrm{e}^x \mathrm{d}x$.

解 $\int_0^1 x\mathrm{e}^x \mathrm{d}x = \int_0^1 x\mathrm{d}\mathrm{e}^x = [x\mathrm{e}^x]_0^1 - \int_0^1 \mathrm{e}^x \mathrm{d}x = \mathrm{e} - (\mathrm{e} - 1) = 1$.

例 6 求 $\int_0^{\frac{\pi}{2}} \sin^n x\,\mathrm{d}x$.

解 设 $I_n = \int_0^{\frac{\pi}{2}} \sin^n x\,\mathrm{d}x$,令 $u = \sin^{n-1} x$, $\mathrm{d}v = \sin x\mathrm{d}x$,则

$$\mathrm{d}u = (n-1)\sin^{n-2} x \cos x, \quad v = -\cos x$$

所以
$$I_n = -\int_0^{\frac{\pi}{2}} \sin^{n-1}x \, d(\cos x) = [-\cos x \sin^{n-1}x]_0^{\frac{\pi}{2}} + \int_0^{\frac{\pi}{2}}(n-1)\sin^{n-2}x\cos^2 x \, dx$$
$$= (n-1)\int_0^{\frac{\pi}{2}}\sin^{n-2}x \, dx - (n-1)\int_0^{\frac{\pi}{2}}\sin^n x \, dx = (n-1)I_{n-2} - (n-1)I_n$$

所以 $$I_n = \frac{n-1}{n}I_{n-2}, \quad I_{n-2} = \frac{n-3}{n-2}I_{n-4}$$

即 $$I_n = \frac{n-1}{n} \cdot \frac{n-3}{n-2} I_{n-4}$$

所以 $$I_{2m} = \frac{2m-1}{2m} \cdot \frac{2m-3}{2m-2} \cdot \frac{2m-5}{2m-4} \cdots \frac{5}{6} \cdot \frac{3}{4} \cdot \frac{1}{2} I_0$$

$$I_{2m+1} = \frac{2m}{2m+1} \cdot \frac{2m-2}{2m-1} \cdot \frac{2m-4}{2m-3} \cdots \frac{6}{7} \cdot \frac{4}{5} \cdot \frac{2}{3} I_1 \quad (m = 1,2,3\cdots)$$

其中 $I_0 = \int_0^{\frac{\pi}{2}} dx = \frac{\pi}{2}$, $I_1 = \int_0^{\frac{\pi}{2}} \sin x \, dx = 1$.

根据以上公式，容易求得
$$\int_0^{\frac{\pi}{2}} \sin^4 x \, dx = \frac{3}{4} \cdot \frac{1}{2} \cdot \frac{\pi}{2} = \frac{3\pi}{16}, \quad \int_0^{\frac{\pi}{2}} \sin^5 x \, dx = \frac{4}{5} \cdot \frac{2}{3} = \frac{8}{15}$$

习题 10-6

1. 设 $f(x)$ 是连续的偶函数，证明：$\int_{-a}^{a} f(x)dx = 2\int_0^a f(x)dx \, (a > 0)$.

2. 计算下列定积分：

(1) $\int_1^4 \frac{1}{1+\sqrt{x}} dx$；

(2) $\int_0^2 \sqrt{4-x^2} dx$；

(3) $\int_1^{e^3} \frac{1}{x\sqrt{1+\ln x}} dx$；

(4) $\int_{-\pi}^{\pi} \sin^5 x \, dx$；

(5) $\int_{-a}^{a} x^3 e^{x^2} dx$；

(6) $\int_{-1}^{1}(3x^4 - 2x^2)dx$.

3. 证明：$\int_0^1 x^m (1-x)^n dx = \int_0^1 x^n (1-x)^m dx$.

4. 计算下列定积分：

(1) $\int_0^{\frac{\pi}{2}} x \sin x \, dx$；

(2) $\int_0^1 x^2 \ln(1+x) dx$；

(3) $\int_0^1 x \arctan x \, dx$.

第七节 定积分的应用

一、直角坐标系下平面图形的面积

由定积分的几何意义我们知道：当 $x \in [a,b]$，$f(x) \geq 0$，而且 $f(x)$ 连续时，由 $x = a$，$x = b$，$y = f(x)$ 以及 $y = 0$ 围成的平面图形的面积为

$$S = \int_a^b f(x) dx$$

当 $f(x)$ 在区间 $[a,b]$ 内有正有负时，面积为

$$S = \int_a^b |f(x)| dx$$

由此推知，如果平面图形由两条连续曲线 $y = f(x), y = g(x), x \in [a,b]$ 以及直线 $x = a$，$x = b$ 所围成，且 $f(x) \geq g(x)$，则其面积为

$$S = \int_a^b (f(x) - g(x)) dx$$

而当 $x \in [a,b]$ 时，$f(x)$ 与 $g(x)$ 的大小不确定时，其面积为

$$S = \int_a^b |f(x) - g(x)| dx$$

例 1 求由曲线 $y = \sin x$，$x = 0$，$x = \dfrac{3\pi}{2}$，以及 $y = 0$ 围成的图形面积.

解 由 $S = \int_a^b |f(x)| dx$ 可知，

$$S = \int_0^{\frac{3\pi}{2}} |\sin x| dx = \int_0^{\pi} \sin x dx - \int_{\pi}^{\frac{3\pi}{2}} \sin x dx$$

$$= -\cos x \Big|_0^{\pi} + \cos x \Big|_{\pi}^{\frac{3\pi}{2}} = 2 + 1 = 3$$

例 2 求由两条抛物线 $y = x^2, y^2 = x$ 所围成的图形面积.

解 如图 10.10 所示，解方程组

$$\begin{cases} y^2 = x \\ x = y^2 \end{cases}$$

得交点 $(0,0), (1,1)$. 取 x 为积分变量，则图形面积为

$$S = \int_0^1 (\sqrt{x} - x^2) dx = \left[\frac{2}{3} x^{\frac{3}{2}} - \frac{1}{3} x^3 \right]_0^1 = \frac{1}{3}$$

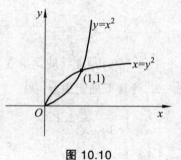

图 10.10

类似地，由连续曲线 $x = \varphi(y)$ $(\varphi(y) > 0)$，$y = c, y = d$ 及 y 轴围成的平面图形的面积为

$$S = \int_c^d \varphi(y) dy$$

同样由曲线 $x = \varphi(y), x = \phi(y)$ 及 $y = c, y = d$ 围成的平面图形的面积为

$$S = \int_c^d |\varphi(y) - \phi(y)| dy$$

例 3 求抛物线 $y^2 = 2x$ 和直线 $y = x - 4$ 围成的图形面积.

解 如图 10.11 所示，解方程组

$$\begin{cases} y = x - 4 \\ y^2 = 2x \end{cases}$$

得两交点 $(2, -2), (8, 4)$. 取 y 为积分变量，则图形面积为

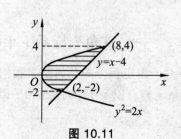

图 10.11

$$S = \int_{-2}^{4}\left[(y+4) - \frac{1}{2}y^2\right]dy = \left[\frac{y^2}{2} + 4y - \frac{y^3}{6}\right]_{-2}^{4} = 18$$

例 4 求摆线 $\begin{cases} x = a(t - \sin t) \\ y = a(1 - \cos t) \end{cases}$ $(a > 0, 0 \leq t \leq 2\pi)$ 一拱与 x 轴围成的图形面积.

解 如图 10.12 所示，显然所求面积为

$$S = \int_0^{2\pi a} y dx$$

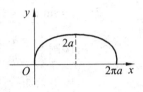

图 10.12

将 $x = a(t - \sin t), y = a(1 - \cos t)$ 代入积分公式，应用换元积分法换限，则有当 $x = 0$ 时，$t = 0$；当 $x = 2\pi a$ 时，$t = 2\pi$，所以

$$S = \int_0^{2\pi} a(1-\cos t)a(1-\cos t)dt = a^2\int_0^{2\pi}(1 - 2\cos t + \cos^2 t)dt = 3\pi a^2$$

*二、平行截面面积为已知的立体的体积

设一立体，夹在过点 $x = a, x = b$ 且垂直于 x 轴的两平面之间，其被垂直于 x 轴的平面所截的截面面积为已知的连续函数 $f(x)$. 类似于曲边梯形的面积求法，其体积为

$$V = \int_a^b f(x)dx$$

例 5 求以圆为底、平行且等于该圆直径的线段为顶、高为 h 的正劈锥体的体积.

解 选取如图 10.13 所示坐标系，显然，底圆的方程为

$$x^2 + y^2 = R^2$$

点 x 处垂直于 x 轴的平面截正劈锥体的截面面积为

$$S(x) = h\sqrt{R^2 - x^2} \quad (-R \leq x \leq R)$$

则所求体积为

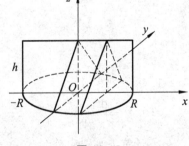

图 10.13

$$V = \int_{-R}^{R} h\sqrt{R^2 - x^2}dx = 2\int_0^{R} h\sqrt{R^2 - x^2}dx = \frac{1}{2}\pi R^2 h$$

例 6 求由 $y = \sin x$ $(x \in [0, \pi])$，x 轴围成的平面图形绕 x 轴旋转一周的旋转体的体积.

解 显然用垂直于 x 轴的平面截得的截面为圆，并且其半径为 $|y|$，所以其体积为

$$V_x = \pi\int_0^{\pi} y^2 dy = \pi\int_0^{\pi}\sin^2 x dx = \frac{\pi}{2}\int_0^{\pi}(1 - \cos 2x)dx = \frac{\pi^2}{2}$$

例 7 求椭圆 $\frac{x^2}{a^2} + \frac{y^2}{b^2} = 1$ 绕 y 轴旋转一周的椭球体的体积.

解 由题意有

$$V_y = \pi\int_{-b}^{b} x^2 dy = 2\pi a^2\int_0^{b}\left(1 - \frac{y^2}{b^2}\right)dy = \frac{4}{3}\pi a^2 b$$

习题 10-7

1. 求由下列曲线所围成的平面图形的面积.

（1）$y=\sqrt{x}, y=x$；

（2）$y=x-2, x=y^2$；

（3）$y=\sin x, y=\cos x, x=0, x=\dfrac{\pi}{2}$；

（4）$y=4-x^2, y=x^2-2x$.

2. 求椭圆 $\begin{cases} x=a\cos t \\ y=b\sin t \end{cases} (0\leqslant t<2\pi)$ 的面积.

3. 求由下列曲线所围成的平面图形绕指定坐标轴旋转而成的旋转体的体积.

（1）$y=x^2, y=4$，绕 y 轴.

（2）$y=\dfrac{3}{x}, y=4-x$，绕 x 轴、y 轴.

（3）$\dfrac{x^2}{a^2}+\dfrac{y^2}{b^2}=1$，绕 x 轴.

小 结

不定积分与定积分是两个不同的概念，本章主要介绍了不定积分与定积分的初步知识. 不定积分需要一定的技巧，需要大家熟记积分基本公式，再多加练习，这样才能熟能生巧. 定积分的几何意义非常重要. 在定积分的换元法中，要注意换元的同时还要换限. 对于定积分的其他应用，在以后的数学学习中还会碰到.

复习题十

1. 求下列积分.

（1）$\displaystyle\int \dfrac{\mathrm{d}x}{\sqrt{x(x+1)}}$；

（2）$\displaystyle\int \dfrac{\mathrm{d}x}{x(x^4+2)}$.

2. 计算下列定积分.

（1）$\displaystyle\int_0^\pi (1-\sin^3 x)\mathrm{d}x$；

（2）$\displaystyle\int_{-\frac{\pi}{2}}^{\frac{\pi}{2}} \dfrac{x}{2+\cos x}\mathrm{d}x$；

（3）$\displaystyle\int_1^e \dfrac{1+\ln x}{x}\mathrm{d}x$；

（4）$\displaystyle\int_0^{\frac{1}{2}} \dfrac{x^3}{\sqrt{1-x^2}}\mathrm{d}x$；

（5）$\displaystyle\int_{-\pi}^{\pi} \cos mx \cos nx\,\mathrm{d}x$.

3. 求由曲线 $y=\dfrac{1}{2}x^2, x^2+y^2=8$ 围成的平面图形的面积.

4. 求由 $y=x^3, x=1, y=0$ 围成的平面图形分别绕 x 轴与 y 轴旋转而成的旋转体的体积.

普通高校少数民族本科预科

数 学 试 卷

一．选择题：本大题共 15 个小题，每小题 4 分，共 60 分．在每小题给出的四个选项中，将唯一符合题目要求的一项代码填在题后的括号内．

1. 设 $A=\{1,2,a\}$，$B=\{2,3,a+1\}$，且 $A\cap B=\{2,a\}$，则 a 为（　）．

   A. 1　　　　B. 2　　　　C. 3　　　　D. 4

2. （理科必做）若 $f(x)$ 的定义域为[0，1]，则 $f(\ln x)$ 的定义域是（　）．

   A. [0,1]　　B. [0,+∞)　　C. (0,e]　　D. [1,e]

   （文科必做）$y=\dfrac{\sqrt{x-2}}{\log_2(x-1)}$ 的定义域为（　）．

   A. (1,+∞)　　B. (2,+∞)　　C. (1,2)∪(2,+∞)　　D. [2,+∞)

3. 已知 $f(x)=ax^3+x+7$，若 $f(2009)=1$，则 $f(-2009)$ 的值为（　）．

   A. 1　　　　B. −1　　　　C. −13　　　　D. 13

4. （理科必做）已知 p,q,m 为有理数，且 $p=m+\dfrac{q}{m}$，则一元二次方程 $x^2+px+q=0$ 的根（　）．

   A. 是有理数　　B. 是无理数　　C. 是虚数　　D. 不存在

   （文科必做）关于 x 的方程 $kx^2+kx+3=0$ 有实根，则 k 的值为（　）．

   A. $k\geq 12$ 或 $k<0$　　B. $k<0$
   C. $k\geq 12$ 或 $k\leq 0$　　D. $k\geq 12$

5. 满足等式 $81\cdot 6^{2x}=3^{3x}\cdot 2^{x+4}$ 的 x 的值为（　）．

   A. 2　　　　B. −2　　　　C. 4　　　　D. −4

6. 复数 $z=2e^{i\frac{2}{3}\pi}$ 的代数形式为（　）．

   A. $1+\sqrt{3}i$　　B. $-1+\sqrt{3}i$　　C. $1-\sqrt{3}i$　　D. $-1-\sqrt{3}i$

7. $\left(\dfrac{x^2}{a^2}-\dfrac{a}{x}\right)^6$ 的展开式中的常数项为（　）．

   A. 4　　　　B. 5　　　　C. 15　　　　D. 30

8. 已知 $f'(1)=2$，则 $\lim\limits_{x\to 1}\dfrac{f(x)-f(1)}{x^2-1}=$（　）．

   A. 1　　　　B. 2　　　　C. 4　　　　D. 不存在

9. （理科必做）从 2, 4, 6, 8 中任选取两个数字, 从 1, 3, 5, 7, 9 中任取三个数字, 可以组成没有重复数字的五位偶数的个数为（　）．

   A. $C_5^3C_4^2P_5^5$　　B. $C_4^2P_5^5$　　C. $C_4^1P_4^4$　　D. $C_5^3C_4^2C_2^1P_4^4$

   （文科必做）用数字 1, 2, 3, 4 能组成没有重复数字的偶数的个数为（　）．

   A. 16　　　　B. 20　　　　C. 24　　　　D. 32

10. 设 $0 < \theta < \dfrac{\pi}{2}$, $\cos(\pi-\theta) = -\dfrac{3}{5}$, $\tan\alpha = \dfrac{1}{2}$, 则 $\cot(\theta-\alpha)$ 的值为（　　）．

  A. -2 B. 2 C. $-\dfrac{2}{11}$ D. $\dfrac{2}{11}$

11. 圆 $C_1: x^2+y^2-4x-6y+9=0$ 和圆 $C_2: x^2+y^2+12x+6y-19=0$ 的位置关系是（　　）．

  A. 相切 B. 外离 C. 内含 D. 相交

12. $\lim\limits_{x\to 0}\dfrac{\tan x - \sin x}{x} = $（　　）．

  A. 2 B. 0 C. $\dfrac{1}{2}$ D. 不存在

13. （理科必做）$\displaystyle\int e^x \sin x \, dx = $（　　）．

  A. $\dfrac{1}{2}e^x(\sin x + \cos x) + C$ B. $\dfrac{1}{2}e^x(\sin x - \cos x) + C$

  C. $-\dfrac{1}{2}e^x(\sin x + \cos x) + C$ D. $\dfrac{1}{2}e^x(\cos x - \sin x) + C$

  （文科必做）$\displaystyle\int f'(x)dx = $（　　）．

  A. $f(x)$ B. $f(x)+C$ C. $f'(x)+C$ D. $f'(x)$

14. $\dfrac{d}{dx}\displaystyle\int_1^{x^2} \cos t^2 \, dt = $（　　）．

  A. $2x\cos x^4$ B. $\cos x^4$ C. $2x\cos x^2$ D. $2x\cos x^4 + C$

15. $d(e^{\sin x^2}) = $（　　）．

  A. $2x\cos x^2 \cdot e^{\sin x^2}$ B. $2x\cos x^2 \cdot e^{\sin x^2} dx$

  C. $2x\sin x^2 \cdot e^{\sin x^2}$ D. $e^{\sin x^2} \cdot \cos x^2 dx$

二、填空题：本大题共 6 个小题，每小题 4 分，共 24 分．把答案填在题中的横线上．

16. 不等式 $\lg\dfrac{\sqrt{3x-5}}{\sqrt{x-4}} > 0$ 的解集为_____．

17. 将 $\dfrac{1+2x-x^2}{x(x^2-1)}$ 化为部分分式为_____．

18. 将 $2x^2+3x-6$ 表示为 $(x-1)$ 的多项式为_____．

19. 数列 $\left\{n+\dfrac{1}{3^n}\right\}$ 的前 n 项和 $S_n = $_____．

20. （理科必做）设函数 $y=f(x)$ 由方程 $e^{x+y}+xy=0$ 确定，则 $f'(x) = $_____；

  （文科必做）过曲线 $f(x)=x+\ln x$ 上点 $(1,1)$ 的切线方程为：_____．

21. $\displaystyle\int_0^1 \dfrac{1}{2x+1}dx = $_____．

三、解答题：本大题共 6 个小题，共 66 分．解答应写出文字说明、证明过程或推演步骤．

22. （本小题满分 10 分）

（理科必做）已知关于 x 的方程 $x^4-x^3+mx^2+nx+6=0$ 在复数集 **C** 中有两个根，且其和为 3，其积为 2，求 m,n 的值及此方程在复数集 **C** 中的解集．

（文科必做）求方程 $f(x)=x^4+3x^2-2x^2-9x+7=0$ 在复数集 **C** 内的解集.

23. （本小题 10 分）

用数学归纳法证明：对 $\forall n \in \mathbf{N}$，有

$$1+(1+2)+\cdots+(1+2+\cdots+n)=\frac{n(n+1)(n+2)}{3!}$$

24. （本小题 12 分）

已知 $\sin\alpha=\dfrac{4}{5}$，$\cos(\alpha-\beta)=1$，$0<\beta<\dfrac{\pi}{2}$，求 $\tan(\alpha+2\beta)$ 的值.

25. （本小题 12 分）

已知圆 $(x-1)^2+(y-2)^2=1$，求过点 $P(2,4)$ 的圆的切线方程.

26. （本小题 12 分）

求函数 $f(x)=x^3+3x^2-9x+1$ 的极值、凹向及拐点.

27. （本小题 10 分）

（理科必做）求由 $y=x$，$y=-x^2+2x$ 与 $y=\dfrac{1}{2}x$ 所围成的平面图形的面积.

（文科必做）求由 $y=x^2$ 与 $2x+y=3$ 所围成的平面图形的面积.

普通高校少数民族本科预科

数学试卷答案

一. 选择题:
1. C   2.（理科）D（文科）B   3. D   4.（理科）A（文科）A
5. C   6. B   7. C   8. A   9.（理科）D（文科）D   10. B   11. A
12. B   13.（理科）B（文科）B   14. A   15. B

二. 填空题:

16. $\{x \mid x > 4\}$.   17. $\dfrac{1}{x-1} - \dfrac{1}{x+1} - \dfrac{1}{x}$.   18. $2(x-1)^2 + 7(x-1) - 1$.

19. $\dfrac{n(n+1)}{2} + \dfrac{1}{2}\left(1 - \dfrac{1}{3^n}\right)$.   20.（理科）$-\dfrac{e^{x+y} + y}{e^{x+y} + x}$ （文科）$2x - y - 1 = 0$.   21. $\dfrac{\ln 3}{2}$.

三. 解答题:

（理科）

解：因为方程在复数集 C 中的两个根的和为 3，积为 2

所以此方程的两个根为 1 和 2，   ----2 分

所以 $\begin{cases} m+n = -6 \\ 2m+n = -7 \end{cases}$，故 $\begin{cases} m = -1 \\ n = -5 \end{cases}$ ----5 分

又因为 $\dfrac{x^4 - x^3 - x^2 - 5x + 6}{x^2 - 3x + 2} = x^2 + 2x + 3$ ----7 分

而方程 $x^2 + 2x + 3 = 0$ 的根为 $-1 + \sqrt{2}i, -1 - \sqrt{2}i$ ----9 分

故原方程的解集为 $\{1, 2, -1 + \sqrt{2}i, -1 - \sqrt{2}i\}$.   ----10 分

（文科）

解：原方程的有理根只可能为 $\pm 1, \pm 7$. 因为原方程的系数之和为 0，

即 $f(1) = 0$，故 1 是原方程的一个根，   ----2 分

所以原方程可写成：

$(x-1)^2(x^2 + 5x + 7) = 0$ ----8 分

解原方程的降次方程 $x^2 + 5x + 7 = 0$ 得两根

$x = \dfrac{-5 \pm \sqrt{3}i}{2}$ ----9 分

所以，原方程在复数集 C 内的为：$\left\{1_{(2)}, \dfrac{-5 + \sqrt{3}i}{2}, \dfrac{-5 + \sqrt{3}i}{2}\right\}$ ----10 分

23. 证明：① 当 $n = 1$ 时，左 $= 1$，右 $= \dfrac{1 \times 2 \times 3}{3!} = 1$，左 $=$ 右，即等式成立   ----2 分

② 假设当 $n = k$ 时，等式成立，即

$$1 + (1+2) + \cdots + (1+2+\cdots+k) = \dfrac{k(k+1)(k+2)}{3!}$$ ----4 分

则当 $n=k+1$ 时，

$$1+(1+2)+\cdots+(1+2+\cdots+k)+[1+2+\cdots+k+(k+1)]$$

$$=\frac{k(k+1)(k+2)}{3!}+[1+2+\cdots+k+(k+1)]$$

$$=\frac{k(k+1)(k+2)}{3!}+\frac{(k+1)(k+2)}{2}$$

$$=\frac{(k+1)(k+2)(k+3)}{3!}$$

∴当 $n=k+1$ 时，等式成立 ----8 分

综合①、②，等式成立 ----10 分

24. 解：因为 $\cos(\alpha-\beta)=1$，所以 $\alpha-\beta=2k\pi, k\in\mathbf{Z}$ ----2 分

所以 $\sin\alpha=\sin(2k\pi+\beta)=\sin\beta$，$\cos\alpha=\cos(2k\pi+\beta)=\cos\beta$ ----4 分

因为 $\sin\alpha=\frac{4}{5}$，所以 $\sin\beta=\frac{4}{5}$ ----5 分

而 $\cos\beta=\sqrt{1-\sin\beta^2}=\sqrt{1-\left(\frac{4}{5}\right)^2}=\frac{3}{5}$，即 $\cos\alpha=\frac{3}{5}$ ----7 分

$\sin 2\beta=2\sin\beta\cos\beta=\frac{24}{25}$，$\cos 2\beta=1-2\sin^2\beta=-\frac{7}{25}$ ----9 分

所以 $\tan 2\beta=-\frac{24}{7}$ ----10 分

故 $\tan(\alpha+2\beta)=\frac{\tan\alpha+\tan 2\beta}{1-\tan\alpha\cdot\tan 2\beta}=\frac{\frac{4}{3}+\left(-\frac{24}{7}\right)}{1-\frac{4}{3}\times\left(-\frac{24}{7}\right)}=-\frac{44}{117}$ ----12 分

25. 解：设所求切线的斜率为 k，则切线方程为 $y=k(x-2)+4$ -----2 分

因为圆与直线 $y=k(x-2)+4$ 相交，所以 $(x-1)^2+[k(x-2)+2]^2=1$

即有 $(1+k^2)x^2-(4k^2-4k+2)x+(4k^2-8k+4)=0$ ----5 分

因为圆与其切线只有一个交点，

所以 $(4k^2-4k+2)^2-4(1+k^2)(4k^2-8k+4)=0$ ----7 分

解得 $k=\frac{3}{4}$ ----8 分

圆的切线方程是 $y=\frac{3}{4}(x-2)+4$ ----9 分

又因为点在圆外，故圆有另一切线，其方程为 $x=2$ ----11 分

故圆的切线方程是 $y=\frac{3}{4}(x-2)+4$ 和 $x=2$ ----12 分

26. 解：函数的定义域为 $(-\infty,+\infty)$ ----1 分

$f'(x)=3x^2+6x-9$　　$f''(x)=6x+6$ ----3 分

方程 $f'(x)=0$ 的根为 $x=-3$ 或 $x=1$，$f''(x)=0$ 的根为 $x=-1$ ----5 分

列表：

x	$(-\infty,-3)$	$(-3,1)$	$(1,+\infty)$
$f'(x)$	+	−	+
$f(x)$	↗	↘	↗

所以，极大值为 $f(-3)=28$，极小值为 $f(1)=-4$ ----9分

列表：

x	$(-\infty,-1)$	$(-1,+\infty)$
$f''(x)$	−	+
$y=f(x)$	向下凹	向上凹

所以，$y=f(x)$ 在 $(-\infty,-1)$ 上向下凹，在 $(-1,+\infty)$ 上向上凹，拐点为 $(-1,12)$ ----12分

27.（理科）解：求曲线的交点

由 $\begin{cases} y=x \\ y=-x^2+2x \end{cases}$ 得 $\begin{cases} x=0 \\ y=0 \end{cases}$ 或 $\begin{cases} x=1 \\ y=1 \end{cases}$ ----3分

由 $\begin{cases} y=\dfrac{1}{2}x \\ y=-x^2+2x \end{cases}$ 得 $\begin{cases} x=0 \\ y=0 \end{cases}$ 或 $\begin{cases} x=\dfrac{3}{2} \\ y=\dfrac{3}{4} \end{cases}$ ----6分

所以，所求平面图形的面积为

$$A=\int_0^1 \left(x-\frac{1}{2}x\right)dx+\int_1^{\frac{3}{2}}\left(-x^2+2x-\frac{1}{2}x\right)dx$$

$$=\frac{1}{4}x^2\Big|_0^1+\left(-\frac{x^3}{3}+\frac{3}{4}x^2\right)\Big|_1^{\frac{3}{2}}$$

$$=\frac{1}{4}+\frac{9}{16}-\frac{5}{12}=\frac{19}{48}$$

  ----10分

（文科）解：求曲线的交点

由 $\begin{cases} 2x+y=3 \\ y=x^2 \end{cases}$ 得 $\begin{cases} x=-3 \\ y=9 \end{cases}$ 或 $\begin{cases} x=1 \\ y=1 \end{cases}$ ----4分

所以，所求平面图形的面积为

$$A=\int_{-3}^1 (3-2x)dx-\int_{-3}^1 x^2 dx$$

$$=(3x-x^2)\Big|_{-3}^1-\frac{1}{3}x^3\Big|_{-3}^1$$

$$=1+18-\left(\frac{1}{3}+9\right)$$

$$=\frac{29}{3}$$

  ----10分

普通高校少数民族专科预科

数 学 试 卷

一．选择题：本大题共 15 个小题，每小题 4 分，共 60 分．在每小题给出的四个选项中，将唯一符合题目要求的一项代码填在题后的括号内．

1. 已知 $I=\{x|1\leqslant x\leqslant 10\}$，$A=\{x|3\leqslant x\leqslant 7\}$，$B=\{x|2\leqslant x<4\}$，则 $A\cap\bar{B}=$（　　）．

   A. $\{x|2\leqslant x\leqslant 7\}$ B. $\{x|3\leqslant x\leqslant 4\}$
   C. $\{x|4\leqslant x\leqslant 7\}$ D. $\{x|1\leqslant x<2$ 或 $4\leqslant x\leqslant 7\}$

2. （理科必做）$y=\dfrac{\sqrt{x-2}}{\log_2(x-1)}$ 的定义域为（　　）．

   A. $(1,+\infty)$ B. $(2,+\infty)$ C. $(1,2)\cup(2,+\infty)$ D. $[2,+\infty)$

   （文科必做）$y=\dfrac{x+1}{\sqrt{x^2-3x+2}}$ 的定义域为（　　）．

   A. $(-\infty,1]\cup[2,+\infty)$ B. $(-\infty,1)\cup(2,+\infty)$
   C. $[1,2]$ D. $(1,2)$

3. 等比数列的公比 $q=2$，前 4 项的和 $S_4=1$，则前 8 项的和 S_8 为（　　）．

   A. 15   B. 17   C. 19   D. 21

4. 关于 x 的方程 $kx^2+kx+3=0$ 有实根，则 k 的值为（　　）．

   A. $k\geqslant 12$ B. $k<0$ C. $k\geqslant 12$ 或 $k\leqslant 0$ D. $k\geqslant 12$ 或 $k<0$

5. 若 $m=\lg 3$，$n=\lg 2$，则 $\log_5 6$ 的值为（　　）．

   A. $\dfrac{m+n}{1+n}$ B. $\dfrac{m+n}{1-n}$ C. $\dfrac{m-n}{1+n}$ D. $\dfrac{m-n}{1-n}$

6. （理科必做）复数 $z=2e^{i\frac{2}{3}\pi}$ 的代数形式为（　　）．

   A. $1+\sqrt{3}i$ B. $-1+\sqrt{3}i$ C. $1-\sqrt{3}i$ D. $-1-\sqrt{3}i$

   （文科必做）$\left(\cos\dfrac{\pi}{3}+i\sin\dfrac{\pi}{3}\right)^3$ 的值为（　　）．

   A. 0   B. -1 C. 1   D. i

7. $\left(\sqrt{x}-\dfrac{2}{x}\right)^{12}$ 展开式中的常数项为（　　）．

   A. $2^4\cdot C_{12}^4$ B. $2^5\cdot C_{12}^5$ C. $-2^4\cdot C_{12}^4$ D. $-2^5\cdot C_{12}^5$

8. 若复数 $z=(m^2-2m-15)+(-m+4)i$（$m\in\mathbf{R}$）对应的复平面内的点在第三象限，则 m 的取值范围为（　　）．

   A. $(-3,5)$ B. $(4,+\infty)$ C. $(4,5)$ D. $[4,5]$

9. （理科必做）从 2，4，6，8 中任选取两个数字，从 1，3，5，7，9 中任取三个数字，可以组成没有重复数字的五位偶数的个数为（　　）．

   A. $C_5^3 C_4^2 P_5^5$ B. $C_4^2 P_5^5$ C. $C_4^1 P_4^4$ D. $C_5^3 C_4^2 C_2^1 P_4^4$

（文科必做）用数字 1, 2, 3, 4 能组成没有重复数字的偶数的个数为（   ）.

　　A. 16　　　　B. 20　　　　C. 24　　　　D. 32

10. 设 $\tan\alpha = \dfrac{3}{4}$, $0 < \alpha < \dfrac{\pi}{2}$, 则 $\sin 2\alpha =$（   ）.

　　A. $-\dfrac{24}{25}$　　B. $\dfrac{7}{25}$　　C. $\dfrac{24}{25}$　　D. $-\dfrac{7}{25}$

11. 圆 $C_1: x^2 + y^2 - 4x - 6y + 9 = 0$ 和圆 $C_2: x^2 + y^2 + 12x + 6y - 19 = 0$ 的位置关系是（   ）.

　　A. 相切　　B. 外离　　C. 内含　　D. 相交

12. $\lim\limits_{x \to +\infty}\left(\dfrac{2x+3}{2x+1}\right)^x =$（   ）.

　　A. 1　　B. e　　C. e^2　　D. $e^{\frac{1}{2}}$

13. （理科必做）$\int e^x \sin x\, dx =$（   ）.

　　A. $\dfrac{1}{2}e^x(\sin x + \cos x) + C$　　　　B. $-\dfrac{1}{2}e^x(\sin x + \cos x) + C$

　　C. $\dfrac{1}{2}e^x(\sin x - \cos x) + C$　　　　D. $\dfrac{1}{2}e^x(\cos x - \sin x) + C$

　　（文科必做）$\int f'(x)\, dx =$（   ）.

　　A. $f'(x) + C$　　B. $f'(x)$　　C. $f(x) + C$　　D. $f(x)$

14. 函数 $f(x) = x^3 - 3x + 1$ 的单调递增区间为（   ）.

　　A. $(-\infty, 1)$　　B. $(-1, 1)$　　C. $(-\infty, +\infty)$　　D. $(-\infty, -1) \cup (1, +\infty)$

15. $\dfrac{d(e^{\sin x^2})}{dx} =$（   ）.

　　A. $2x\cos x^2 \cdot e^{\sin x^2}$　　　　B. $2x\sin x^2 \cdot e^{\sin x^2}$

　　C. $2x\cos x^2 \cdot e^{\sin x^2}\, dx$　　　　D. $e^{\sin x^2} \cdot \cos x^2\, dx$

二. 填空题：本大题共 6 个小题，每小题 4 分，共 24 分.把答案填在题中的横线上.

16. 不等式 $\sqrt{3x-5} - \sqrt{x-4} > 0$ 的解集为_____.

17. 将 $\dfrac{1}{x^2(x+1)}$ 化为部分分式为_____.

18. $5x^4 + 3x^3 - 2x + 5$ 被 $x^2 - 3$ 除的余式为_____.

19. 数列 $\left\{1 + \dfrac{1}{2^n}\right\}$ 的前 n 项和 $S_n =$ _____.

20. （理科必做）设函数 $y = f(x)$ 由方程 $y^2 + 2xy + 2x = 0$ 确定，则 $f'(x) =$ _____.

　　（文科必做）过曲线 $f(x) = x^2 + 2x - 2$ 上点 $(1, 1)$ 的切线方程为：_____.

21. $\int_0^{\frac{\pi}{2}} e^{\sin x} \cos x\, dx =$ _____.

三. 解答题：本大题共 6 个小题，共 66 分.解答应写出文字说明、证明过程或推演步骤.

22. （本小题满分 10 分）

（理科必做）已知关于 x 的方程 $x^4 - 2x^3 + 3x^2 - 2x + 2 = 0$ 的一个根为 i，求此方程在复数集

C 中的解集.

（文科必做）解方程组 $\begin{cases} x^2 - 15xy - 3y^2 + 2x + 9y - 98 = 0 \\ 5xy + y^2 - 3y + 21 = 0 \end{cases}$.

23.（本小题 10 分）

用数学归纳法证明：对 $\forall n \in \mathbf{N}$，$4^{2n-1} + 3^{n+1}$ 能被 13 整除.

24.（本小题 12 分）

（理科必做）已知 $\tan 2\theta = -2\sqrt{2}$，$0 < 2\theta < \pi$，求 $\dfrac{2\cos^2\dfrac{\theta}{2} - \sin\theta - 1}{\sqrt{2}\sin\left(\theta + \dfrac{\pi}{4}\right)}$.

（文科必做）已知 $\sin\alpha = \dfrac{4}{5}$，$\cos(\alpha - \beta) = 1$，$0 < \alpha < \dfrac{\pi}{2}$，$0 < \beta < \dfrac{\pi}{2}$，求 $\sin 2\alpha + \cos 2\beta$ 的值.

25.（本小题 12 分）

已知以点 $C(12, -2)$ 为一个焦点的椭圆经过两点 $A(0, -7)$ 和 $B(0, 7)$，求椭圆另一个焦点的轨迹.

26.（本小题 12 分）

求函数 $f(x) = x^3 + 3x^2 - 9x + 1$ 的极值、凹向及拐点.

27.（本小题 10 分）

求由 $y = -x^2 + 2x$ 与 $y = \dfrac{1}{2}x$ 所围成的平面图形的面积.

普通高校少数民族专科预科

数学试卷答案

一. 选择题:

1. C   2.（理科）B（文科）(B)   3. B   4. D   5. B
6.（理科）B（文科）B   7. A   8. C   9.（理科）D（文科）D
10. C   11. A   12. B   13.（理科）C（文科）C   14. D   15. A

二. 填空题:

16. $\{x \mid x \geq 4\}$.   17. $\dfrac{1}{x^2} - \dfrac{1}{x} + \dfrac{1}{x+1}$.   18. $7x + 50$.   19. $n + 1 - \dfrac{1}{2^n}$.

20.（理）$-\dfrac{y+1}{y+x}$,（文）$4x - y - 3 = 0$.   21. $e - 1$.

三. 解答题:

22.（理科）解：因为 i 是方程的一个根，所以 −i 是方程的一个根，   ----3 分

由于 $\dfrac{x^4 - 2x^3 + 3x^2 - 2x + 2}{(x+i)(x-i)} = x^2 - 2x + 2$ ----6 分

解方程 $x^2 - 2x + 2 = 0$ 可得原方程中两根为 $1+i, 1-i$ ----9 分

故原方程的解集为 $\{i, -i, 1+i, 1-i\}$ ----10 分

（文科）解：

$$\begin{cases} x^2 - 15xy - 3y^2 + 2x + 9y - 98 = 0 & (1) \\ 5xy + y^2 - 3y + 21 = 0 & (2) \end{cases}$$

经观察，发现特点：两个方程含有 xy, y^2, y 项的系数成比例，可把这三项都消去.（1）式 +（2）式 ×（3）式得

$$x^2 + 2x - 35 = 0.$$

故原方程组可化为 $\begin{cases} x^2 + 2x - 35 = 0, \\ 5xy + y^2 - 3y + 21 = 0. \end{cases}$ ----2 分

先由 $x^2 + 2x - 35 = 0$ 解得 $x_1 = 5, x_3 = -7$. 再将 $x_1 = 5$ 代入此组的后一方程，并解得

$$y_1 = -1, y_2 = -21;$$

又将 $x_3 = -7$ 代入此组的的后一方程，并解得

$$y_3 = 19 + 2\sqrt{85}, y_4 = 19 - 2\sqrt{85},$$ ----8 分

所以原方程组的解是：

$\begin{cases} x_1 = 5, \\ y_1 = -1; \end{cases}$ $\begin{cases} x_2 = 5, \\ y_2 = -21; \end{cases}$

$\begin{cases} x_3 = -7, \\ y_3 = 19 + 2\sqrt{85}; \end{cases}$ $\begin{cases} x_4 = -7, \\ y_4 = 19 - 2\sqrt{85}. \end{cases}$ ----10 分

23. 证明： ① 当 $n=1$ 时，$4+3^2=13$，命题成立 ----2 分

② 假设当 $n=k$ 时，命题成立，即能 $4^{2k-1}+3^{k+1}$ 被 13 整除 ----4 分

则当 $n=k+1$ 时，$4^{2(k+1)-1}+3^{k+1+1}=4^2\cdot 4^{2k-1}+3\cdot 3^{k+1}=13\cdot 4^{2k-1}+3\cdot(4^{2k-1}+3^{k+1})$

因为 13 整除 $13\cdot 4^{2k-1}$，13 整除 $3(4^{2k-1}+3^{k+1})$ ----8 分

所以 $4^2\cdot 4^{2k-1}+3\cdot 3^{k+1}$ 能被 13 整除，即当 $n=k+1$ 时，命题成立

综合①、②，命题成立 ----10 分

24.（理）．

解　原式 $=\dfrac{1+\cos\theta-\sin\theta-1}{\sqrt{2}\sin\left(\theta+\dfrac{\pi}{4}\right)}$ ----2 分

$=\dfrac{\cos\theta-\sin\theta}{\sin\theta+\cos\theta}=\dfrac{1-\tan\theta}{1+\tan\theta}$,

由　$\tan 2\theta=\dfrac{2\tan\theta}{1-\tan^2\theta}=-2\sqrt{2}$, ----5 分

解得　$\tan\theta=-\dfrac{\sqrt{2}}{2}$ 或 $\tan\theta=\sqrt{2}$, ----8 分

因为 $0<2\theta<\pi$，所以 $0<\theta<\dfrac{\pi}{2}$，所以 $\tan\theta=\sqrt{2}$,

所以原式 $=\dfrac{1-\sqrt{2}}{1+\sqrt{2}}=2\sqrt{2}-3$. ----12 分

（文） 解　因为 $\cos(\alpha-\beta)=1$，所以 $\alpha-\beta=2k\pi,k\in\mathbf{Z}$，而 $0<\alpha<\dfrac{\pi}{2}$，$0<\beta<\dfrac{\pi}{2}$

所以 $\alpha=\beta$

所以 $\sin\alpha=\sin\beta$，$\cos\alpha=\cos\beta$ ----3 分

因为 $\sin\alpha=\dfrac{4}{5}$，所以 $\sin\beta=\dfrac{4}{5}$ ----4 分

而 $\cos\beta=\sqrt{1-\sin\beta^2}=\sqrt{1-\left(\dfrac{4}{5}\right)^2}=\dfrac{3}{5}$，即 $\cos\alpha=\dfrac{3}{5}$ ----7 分

$\sin 2\alpha=2\sin\alpha\cos\alpha=\dfrac{24}{25}=\sin 2\beta$，$\cos 2\beta=1-2\sin^2\beta=-\dfrac{7}{25}$ ----11 分

故 $\sin 2\alpha+\cos 2\beta=\dfrac{17}{25}$ ----12 分

25. 解　设椭圆的另一个焦点为 $P(x,y)$ ----1 分

则由题意有

$|PA|+|CA|=|PB|+|CB|$ ----3 分

而　$|CA|=\sqrt{12^2+(-2+7)^2}=13$

$|CB|=\sqrt{12^2+(-2-7)^2}=15$ ----5 分

所以　$|PA|-|PB|=2$，由双曲线的定义知，点的轨迹是以 A、B 为焦点的双曲线中居上的一支且焦点在 y 轴上， ----8 分

故可设点的轨迹方程为 $\dfrac{y^2}{a^2} - \dfrac{x^2}{b^2} = 1 (y \geq a)$ ----9分

又因为 $2a = 2, c = 7$，所以 $b^2 = c^2 - a^2 = 48$ ----11分

所以，椭圆的另一个焦点的轨迹方程为 $y^2 - \dfrac{x^2}{48} = 1 (y \geq 1)$ ----12分

26. **解** 函数的定义域为 $(-\infty, +\infty)$ ----1分

$f'(x) = 3x^2 + 6x - 9 \qquad f''(x) = 6x + 6$ ----3分

方程 $f'(x) = 0$ 的根为 $x = -3$ 或 $x = 1$，$f''(x) = 0$ 的根为 $x = -1$ ----5分

列表：

x	$(-\infty, -3)$	$(-3, 1)$	$(1, +\infty)$
$f'(x)$	+	−	+
$f(x)$	↗	↘	↗

所以，极大值为 $f(-3) = 28$，极小值为 $f(1) = -4$ ----9分

列表：

x	$(-\infty, -1)$	$(-1, +\infty)$
$f''(x)$	−	+
$y = f(x)$	向下凹	向上凹

所以，$y = f(x)$ 在 $(-\infty, -1)$ 上向下凹，在 $(-1, +\infty)$ 上向上凹，拐点为 $(-1, 12)$ ----12分

27. **解** 求曲线的交点

由 $\begin{cases} y = \dfrac{1}{2}x \\ y = -x^2 + 2x \end{cases}$ 得 $\begin{cases} x = 0 \\ y = 0 \end{cases}$ 或 $\begin{cases} x = \dfrac{3}{2} \\ y = \dfrac{3}{4} \end{cases}$ ----4分

所以，所求平面图形的面积为

$$A = \int_0^{\frac{3}{2}} \left[(-x^2 + 2x) - \dfrac{1}{2}x \right] dx$$

$$= \left(-\dfrac{x^3}{3} + \dfrac{3}{4}x^2 \right) \Big|_0^{\frac{3}{2}}$$

$$= \dfrac{9}{16}$$ ----10分

习题答案

第一章

习题 1-1-1

1. （1）$\notin$；（2）$\notin$；（3）$\in$；（4）$\notin$.

2. （1）{红色，黄色} 有限集； （2）{珠穆朗玛峰} 有限集；
   （3）{1, 2, 3, 12, 13, 21, 23, 31, 32, 123, 132, 213, 231, 312, 321}，有限集；
   （4）$\{P|PO = l\}$ (O 是定点，l 是定长)，无限集.

3. （1）$\{x|(x-1)(x-5)=0\}$； （2）$\{4, 5, 6\}$；
   （3）$\{x|x$ 是大于 1 且小于 9 的偶数$\}$； （4）$\left\{\dfrac{-1-\sqrt{5}}{2}, \dfrac{-1+\sqrt{5}}{2}\right\}$.

习题 1-1-2

2. （1）$\in$；（2）$\notin$；（3）$\subsetneqq$；（4）$=$；（5）$\supsetneqq$；（6）$\subsetneqq$.

3. （1）$\complement_S A = \{4, 5, 6, 7, 8\}$；$\complement_S B = \{1, 2, 7, 8\}$.
   （2）$\complement_U \mathbf{N} = \{$负整数$\}$. （3）$\complement_U (\complement_U \mathbf{Q}) = \mathbf{Q}$.

4. $A \subseteq B \subseteq C$ 6. （2）（3）（5）（7）（8）正确，（1）（4）（6）不正确.

7. $\complement_S A = \{$梯形$\}$.

8. $\complement_S A = \{x|x = 2k+1, k \in \mathbf{Z}\} = B$；$\complement_S B = \{x|x = 2k, k \in \mathbf{Z}\} = A$.

习题 1-1-3

1. $A \cap B = \{5, 8\}$，$A \cup B = \{3, 4, 5, 6, 7, 8\}$.   3. $A \cap B = \{x|0 \leqslant x < 5\}$.

4. $A \cap B = \varnothing$.   5. $A \cup B = \{x|-1 < x < 3\}$.   6. $A \cup B = \{$平行四边形$\}$.

7. $A \cap B = \{(1, -1)\}$，$B \cap C = \varnothing$，$A \cap D = \{(x, y)|3x + 2y = 1\}$.

8. $A \cap B = \{3\}$，$\complement_U (A \cap B) = \{1, 2, 4, 5, 6, 7, 8\}$.

10. $A \cap B = \{x|x$ 是既参加百米赛跑又参加跳高比赛的同学$\}$.

12. $A \cap B = \{4\}$，$A \cup B = \{1, 2, 4, 5, 6, 7, 8, 9, 10\}$，$(\complement_U A) \cap (\complement_U B) = \{3\}$，
    $(\complement_U A) \cup (\complement_U B) = \{1, 2, 3, 5, 6, 7, 8, 9, 10\}$，$(A \cap B) \cap C = \varnothing$，$(A \cup B) \cup C = U$.

13. $\complement_U A = \{b, e, f\}$，$\complement_U B = \{a, c, f\}$，$(\complement_U A) \cap (\complement_U B) = \{f\}$，
    $(\complement_U A) \cup (\complement_U B) = \{a, b, c, e, f\}$，$\complement_U (A \cap B) = \{a, b, c, e, f\}$，
    $\complement_U (A \cup B) = \{f\}$，$(\complement_U A) \cap (\complement_U B) = \complement_U (A \cup B)$，$(\complement_U A) \cup (\complement_U B) = \complement_U (A \cap B)$.

14. $(\complement_U A) \cap (\complement_U B) = \{5\}$.

习题 1-2-1

1. （1）p 或 q：6 是 18 或 24 的约数；p 且 q：6 是 18 和 24 的公约数；非 p：6 不是 18 的约数.
   （2）p 或 q：矩形的对角线相等或互相垂直；p 且 q：矩形的对角线相等且互相垂直；非 p：矩形的对角线不相等.
2. （1）p 且 q；（2）p 或 q；（3）非 p；（4）p 或 q
4. （1）p 且 q；（2）非 p；（3）p 或 q.
5. （1）假；（2）真；（3）假；（4）真.
6. （1）"p 或 q"为真；"p 且 q"为真；"非 p"为假.
   （2）"p 或 q"为假；"p 且 q"为假；"非 p"为真.

习题 1-2-2

2. （1）$\not\Rightarrow$；（2）$\not\Rightarrow$；（3）$\not\Rightarrow$.
3. （1）"充分而不必要条件"；　　　　　（2）"充分而不必要条件"；
   （3）"既不是充分条件也不是必要条件"；（4）"必要而不充分条件"；
   （5）"既不是充分条件也不是必要条件"；（6）"充要条件"；
   （7）"充要条件".
4. （1）假；（2）假；（3）假；（4）真.

复习题一

1. （1）$\{-3,3\}$；　　（2）$\{1,2\}$；　　（3）$\{1,2\}$.
3. （1）（3）（4）（8）（9）正确；　　（2）（5）（6）（7）不正确.
4. $A\cup B=\{1,2,3,4,6,8\}$；$A\cap B=\{2,4\}$.
5. （1）$\{实数\}$（2）$\varnothing$；（3）$\{1,2,3,6\}$；（4）$\{6的倍数\}$；
   （5）$\{3,5,7,11,13,17,19\}$；（6）$\{正方形\}$；$\{平行四边形\}$（8）$\{等边三角形\}$.
6. （1）$A\cap\varnothing=\varnothing$，$A\cup\varnothing=A$；　　（2）$A\cap\mathbf{R}=A$，$A\cup\mathbf{R}=\mathbf{R}$；
   （3）$\complement_U A=\{x\mid x>6\}$；　　　　　　（4）$A\cap(\complement_U A)=\varnothing$，$A\cup(\complement_U A)=\mathbf{R}$.
8. （1）正确；（2）不正确.　　　　9.（B）.
10. （1）必要条件；　　（2）充分条件.
11. （1）"充要条件"；　（2）"必要而不充分条件".
12. （1）充要条件；　　（2）充要条件；　　（3）必要条件.
13. 提示：反证法容易证明，四个顶点不共圆的四边形的对角不互补.

第二章

习题 2-1

1. （1）a^2+b^2；（2）$-3a-7b$；（3）$-m^2-20mn$.
2. （1）$x^6+1\,008x+720$；

(2) $2x^4 + 9x^3y + 3x^2y^2 - xy^3 + 12y^4$；

(3) $2x^6 - 7x^5 + 6x^4 - 6x^3 + 9x^2 + 3x - 1$；

(4) $6x^7 - 13x^6 + 7x^5 + 15x^4 - 34x^3 + 35x^2 - 21x + 5$.

3. (1) $a^4 + \frac{4}{3}a^2 + \frac{4}{9}$； (2) $9x^4 - 6x^3 + 31x^2 - 10x + 25$；

(3) $1 - x^4$； (4) $y^3 + 64$；

(5) $8x^3 - 36x^2y + 54xy^2 - 27y^3$； (6) $64a^3 - b^3$；

(7) $x^4 - 2x^2 + 1$； (8) $16 - x^4$.

4. (1) $(b-1)(a+1)$； (2) $x(x+1)(x^2+1)$；

(3) $(x+1)(x-1)(x^2-x+1)$； (4) $(2x+y)(2x-y)$；

(5) $(a+b-c)(a-b+c)$； (6) $-(x-3)^2$；

(7) $(a+b)(a+b-c)$； (8) $(7a-b)(a-7b)$；

(9) $(2a+3b)(a+4b)$； (10) $(a+b+8)(a+b+7)$；

(11) $3a(a+2b)(a-c)$； (12) $(2x-1)(x+2y-3a)$；

(13) $(2x-3y)(3x-y)$； (14) $(x-y-2z)(x-y-5z)$.

习题 2-2

3. $2(x-1)^2 + 7(x-1) - 1$. 4. $(2x+3)^2 - 2(2x+3) + 4$.

5. $(x^2+1)^2 - 2(x^2+1)$. 6. $2x^2 - 8x + 6$.

7. $a = -1$，$b = 1$，$c = 2$.

习题 2-3

1. (1) $q = 5x - 6$，$r = 0$； (2) $q = x^4 + 2x^3 - x^2 + 3x - 2$，$r = -8$；

(3) $q = x^7 - x^6 + x^5 - x^4 + x^3 - x^2 + x - 1$，$r = 0$； (4) $q = 2x^2 + \frac{5}{3}x - \frac{77}{9}$, $r = \frac{35}{9}$；

(5) $q = x^2 + ax + a^2$，$r = 0$； (6) $q = 3x^2 + 9x + 10$，$r = -39$.

2. $q = 3(x-2)^3 + 8(x-2)^2 - 4(x-2) - 3$.

3. (1) $a = 2$，$b = 3$，$c = 2$；

(2) $a = 1$，$b = -3$，$c = -5$，$d = 7$；

(3) $a = 3$，$b = 10$，$c = 4$，$d = 2$.

4. (1) $\frac{x+2}{x+1}$； (2) $\frac{a+b-c}{a-b-c}$； (3) $\frac{x+1}{2x-3}$.

5. 是最简分式

6. (1) $\frac{1}{(x-1)(x-3)}$； (2) $\frac{2(a-b)}{b-c}$； (3) $\frac{(a+x)(x-y)}{2}$； (4) $x + 6 + \frac{27}{x-6}$.

7. (1) $\frac{2}{x}$； (2) $\frac{5a+3}{3a+2}$.

8. (1) 2； (2) $-\frac{1}{5}$.

习题 2-4

1. （1） $\dfrac{1}{5}\left(\dfrac{8}{2x+1}+\dfrac{3}{3x-1}\right)$；

   （2） $\dfrac{2}{x}+\dfrac{5}{1-x}+\dfrac{3}{1+x}$；

   （3） $\dfrac{9}{2(x-4)}+\dfrac{11}{2(x-2)}-\dfrac{9}{x-3}-\dfrac{1}{x-1}$；

   （4） $\dfrac{2}{x-2}+\dfrac{11}{(x-2)^2}+\dfrac{20}{(x-2)^3}+\dfrac{13}{(x-2)^4}$；

   （5） $\dfrac{1}{x-1}-\dfrac{1}{x+1}-\dfrac{4}{2x^2+1}$；

   （6） $\dfrac{x}{x^2+1}-\dfrac{x-1}{x^2+1}$；

   （7） $\dfrac{1}{x-2}-\dfrac{x-1}{x^2+1}$；

   （8） $\dfrac{1}{x}+\dfrac{1}{x^2}-\dfrac{1}{x-1}+\dfrac{2}{(x-1)^2}$；

   （9） $\dfrac{4x+3}{2(x^2+x+1)}-\dfrac{2x-3}{2(x^2-x+1)}$；

   （10） $\dfrac{2x-4}{x^2+x+1}+\dfrac{2x+6}{(x^2+x+1)^2}-\dfrac{3x+1}{(x^2+x+1)^3}$.

2. $\dfrac{na}{x(x+na)}$.

3. （1） $\dfrac{1}{x-2}-\dfrac{1}{x-1}$； （2） $\dfrac{3}{x-3}-\dfrac{2}{x-2}$； （3） $\dfrac{1}{2x}-\dfrac{x}{2(x^2+2)}$；

   （4） $\dfrac{1}{x-3}+\dfrac{3}{(x-3)^2}$； （5） $2+\dfrac{12}{x-3}+\dfrac{18}{(x-3)^2}$.

习题 2-5

1. （1） $\sqrt[30]{243}$，$\sqrt[30]{27}$，$\sqrt[30]{9}$； （2） $\sqrt[12]{a^8}$，$\sqrt[12]{8a^9b^6}$，$\sqrt[12]{49b^{10}}$；

2. （1） $2\sqrt[12]{2}$； （2） 10； （3） $a^2b^3c^6\sqrt[6]{ab^5c}$； （4） $\sqrt[3]{a^2b^2}$；

   （5） a^4； （6） $\sqrt[6]{a}$； （7） $\dfrac{1}{a}\sqrt{a^2b-b^3}$； （8） $x\sqrt{x^2y+xy^2}$.

3. （1） -1； （2） $\sqrt[12]{a^4b^3}$； （3） $ab+2b-a+1$；

   （4） $\dfrac{a+b+c}{abc}\sqrt{abc}$； （5） 0； （6） $a+\sqrt{a}+1$.

4. （1） $\sqrt{ax}(|x+3|-|x-2a|)$； （2） 0.

5. （1） $\dfrac{x}{x+y}\sqrt[3]{3xy(x+y)}$； （2） $-4-3\sqrt{3}$；

   （3） $\dfrac{x^2+1+\sqrt{x^4-1}}{2}$； （4） $\dfrac{1}{a}\sqrt[3]{a^2xy}$.

7. $S=\begin{cases} a-b & (a\geqslant b), \\ \dfrac{b}{a}(b-a) & (a<b). \end{cases}$

习题 2-6

1. （1） 1； （2） $\dfrac{24x^4}{y^8}$； （3） 1.   3. （1） $\dfrac{a^2-1}{a^2+1}$； （2） $2m^2-\dfrac{3m}{n}+\dfrac{2}{n^2}$.

4. $q=16x^{-4}+14x^{-2}+12$，$r=0$.

习题答案

5. （1） $(a^{\frac{1}{3}}-b^{-\frac{1}{3}})(a^{\frac{1}{3}}+b^{-\frac{1}{3}})$； （2） $(x^{\frac{1}{2}}-y^{\frac{1}{2}})(x+x^{\frac{1}{2}}y^{\frac{1}{2}}+y)$；
（3） $(x^{-1}-3y^{-1})(x^{-2}+3x^{-1}y^{-1}+9y^{-2})$.

6. （1） a^{-1}； （2） $\dfrac{\sqrt[3]{a}\sqrt[12]{b^7}}{a^2 b^2}$； （3） $x-y$； （4） $a^{\frac{3}{2}}-b^{\frac{3}{2}}$；
（5） $\dfrac{b+a}{b-a}$； （6） $2\sqrt[18]{b}$； （7） a； （8） 2^{n+1}； （9） x.

7. （1） 0；（2） 7；（3） -5；（4） -288；（5） $2\sqrt[3]{ab}$.   8. 1.   9. 2.

复习题二

1. $a = -52$，$b = -15$.   2. $q = a^2+b^2+c^2+ab+bc-ac$，$r=0$.

3. （1） $-\dfrac{5}{3(x-2)} - \dfrac{4}{(x-2)^2} - \dfrac{1}{3(1-2x)}$； （2） $-\dfrac{2}{5(x-2)} + \dfrac{1}{(x-2)^2} + \dfrac{2x+4}{5(x^2+1)}$；

（3） $\dfrac{2}{x-1} - \dfrac{1}{x-2} + \dfrac{x+3}{x^2-2x+3}$； （4） $\dfrac{1}{x-2} - \dfrac{x+2}{x^2+1} - \dfrac{3x+4}{(x^2+1)^2}$.

4. $(x-1)^3 + 2(x-1)^2 + 3(x-1) + 4$.   7. 2.

10. （1） $\dfrac{5}{4}a^{11}$；（2） $\dfrac{c}{b}\sqrt[3]{a}$；（3） $a^{\frac{1}{12}}$；（4） a^2；（5） $bc - b^{-1}c^2$.   11. 0.

12. $f(\sqrt{ab}) = \begin{cases} \dfrac{\sqrt{ab}}{b} & (a \geqslant b), \\ \dfrac{\sqrt{ab}}{a} & (a < b). \end{cases}$ 13. $0 \leqslant \sqrt{x} = \dfrac{a-1}{\sqrt{a}} \Rightarrow a > 1, a - \dfrac{1}{a} > 0; a^2$.

14. $x = \sqrt{6+2\sqrt{5}} = \sqrt{5}+1$；$\dfrac{2\sqrt{5}-1}{19}$.   15. 4.   16. 1.   17. 1.

第三章

习题 3-1

2. （1） $3 \pm \sqrt{7}$； （2） $-5 \pm \sqrt{2}$； （3） $\dfrac{5 \pm \sqrt{13}}{6}$； （4） $2b$；$4a-2b$.

3. $-\dfrac{b}{a}, \dfrac{c}{a}$.   4. $\dfrac{-c-a+b}{a+c-b}, \dfrac{-c+a-b}{a+c-b}$.

5. （1） $\pm 3, \pm\dfrac{\sqrt{6}}{3}$； （2） $0, -a, \dfrac{-a(1 \pm \sqrt{57})}{2}$； （3） $1, -1, \dfrac{5}{3}, -\dfrac{1}{3}$； （4） 1；

（5） $-1, 2, \dfrac{1}{2}$； （6） $-a, -b, -\dfrac{a+b}{2}$； （7） $\dfrac{a+b}{2}, \dfrac{[a+b \pm \sqrt{2-(a-b)^2}]}{2}$.

习题 3-2

1. （1） $-\dfrac{1}{3}$；（2）无解；（3） 2；（4） 0；（5） $\dfrac{a+b+c}{3}$.   2. （1） 2；（2） 3.

3.（1）5，-2；（2）3；（3）$\dfrac{a-b}{2}$；（4）1，$-\dfrac{9}{2}$；（5）0，16，81.

4. $a \geqslant 1$，有解；$\pm\sqrt{a^2+1}$.

习题 3-3

1.（1）同解；（2）同解.　　2. 10，10；10，10.　　3. $\dfrac{5}{2}$，$\dfrac{1}{2}$；2，1；$-\dfrac{1}{2}$，$-\dfrac{5}{2}$；-1，-2.

4. 4，1；14，-4；-4，-1；-14，4.　　5. 4，$-\dfrac{7}{2}$；$-\dfrac{7}{2}$，4.

6. ± 1.　　7. ± 1.　　8. 3.

习题 3-4

15. $\dfrac{b^2}{a^2-b^2}(a^2-b^2-h^2)$.　　16. $x=\dfrac{5}{17}$，$y=-\dfrac{29}{17}$，$z=\dfrac{16}{17}$；$\dfrac{66}{17}$.

习题 3-5

1.（1）$\{x \mid x>3 \text{ 或 } x<2\}$；　　　　（2）$\{x \mid -1<x<5\}$；

（3）分别就 $k>1$，$k=1$，$k<1$ 写出解集；　　（4）$\{x \mid x \geqslant 4\}$.

2.（1）$\{x \mid 1 \leqslant x \leqslant 2\}$；　　　　　　（2）$\{x \mid x \leqslant -3 \text{ 或 } x \geqslant 7\}$；

（3）$(-\infty,-1) \cup (1-\sqrt{2}, 1+\sqrt{2}) \cup (3,+\infty)$；　　（4）$-1<x<4$.

3.（1）$x<-3$ 或 $x>1$；　　　　　　（2）$1<x<\dfrac{3}{2}$ 或 $x>2$；

4.（1）$-1<x<\dfrac{1}{6}$；　　（2）$|x|<2$；　　（3）$x<0$ 或 $x>2$；　　（4）$|x|<2$；

5. $k<-2$ 或 $k>\dfrac{1}{2}$.

复习题三

1.（1）$\pm\dfrac{3}{2}$，$\pm\sqrt{2}$；　　（2）$\pm\sqrt{3}$，$\pm 2\sqrt{3}$；　　（3）6，-3；　　（4）± 2.

2.（1）6；　　（2）$-(a+b)$.

3.（1）2；　　（2）1，$-\dfrac{1}{3}$，$\dfrac{1\pm\sqrt{19}}{3}$；　　（3）$\dfrac{16}{25}$；　　（4）1.

4.（1）$\dfrac{6+\sqrt{6}}{3}$；　　（2）$\dfrac{4}{5}$.　　　5. p^2-2q.

6.（1）-1，-1；$\dfrac{5}{3}$，$\dfrac{3}{5}$；（2）2，-2；-2，2；$-1\pm\sqrt{3}$，$1\pm\sqrt{3}$；（3）2，$\dfrac{1}{3}$；2，$-\dfrac{1}{3}$；-2，$\dfrac{1}{3}$；-2，$-\dfrac{1}{3}$.

7. 4，84.　　8. $\pm\dfrac{\sqrt{210}}{3}$.　　9. $x=-\dfrac{p}{2}$.　　10. $x=1$，$y=\pm 2$.

11. $|c| \leqslant \sqrt{a^2+b^2}$.　　12. $5-2\sqrt{3}$.

16. （1） $5 < x < 6$；　　　　　　　　　　（2） $x < -\dfrac{1}{2}$ 或 $x > 2$；

　　（3） $-\sqrt{3} \leqslant x \leqslant -1$ 或 $1 \leqslant x \leqslant \sqrt{3}$；　（4） $4 < x < 6$.

17. （1） $x < 1+\sqrt{6}$ 或 $x > 2+\sqrt{7}$；　（2） $-6 < x < 2$.

18. （1） $-4 < x < -1$ 或 $-1 < x < 6$；　（2） $2 < x < 3$ 或 $4 < x < 6$.

19. $x = \dfrac{5}{3}, y = \dfrac{13}{6}, z = \dfrac{7}{6}; \dfrac{53}{6}$.　　20. （1） 8；（2） $n > 14$.

第四章

习题 4-1

1. （1） $(-\infty, +\infty)$；（2） $(-\infty, +\infty)$；（3） $\left[1, \dfrac{3}{2}\right) \cup \left(\dfrac{3}{2}, 2\right]$；（4） $\left(-\infty, -\dfrac{1}{2}\right) \cup \left(-\dfrac{1}{2}, 0\right)$.

2. $[-1, 2]$.　　　　3. $(-2, 2)$.

4. $f(0) = 4$；$f(1) = 2$；$f(-1) = 6$.　　5. $f(-1) = -2$，$f(0) = 0$，$f(2) = 3$.

6. （1） $f[f(x)] = -\dfrac{1}{x}$；（2） $f(x) = x^2 - 5x + 6$.　　7. （1） $f(x) = \dfrac{1}{1-x}$；（2） $f(x) = x^2 + 1$.

8. （1） 偶函数；（2） 非奇非偶；（3） 奇函数；（4） 偶函数.

9. $\left(-\infty, \dfrac{2}{3}\right) \cup \left(\dfrac{2}{3}, +\infty\right)$，$f^{-1}(x) = \dfrac{2x+1}{3x-2}$.　　10. $(1, +\infty) \nearrow$，$(0, 1] \searrow$.

11. （1） $y = \dfrac{2x+3}{4x-2}$；（2） $y = x^3 - 1$；（3） $y = \log_2(x-1)$；（4） $y = 10^{x-1} - 2$.

12. $a = -2$ 或 $a = 6$.　　　　13. $(-\infty, -2) \cup (0, 2) \searrow$；$(-2, 0) \cup (2, +\infty) \nearrow$.

14. （2） $\{x \mid -1 < x \leqslant 1, 2 \leqslant x < 5\}$.

习题 4-2

1. （1） >；（2） >；（3） <；（4） >；（5） <；（6） <；（7） >；（8） >.

2. （1） $\left[-\dfrac{3}{4}, +\infty\right)$；　（2） $[-1, +\infty)$；　（3） $[-4, -3) \cup (-3, 0]$；　（4） $(-6, 1)$.

3. （1） $x = 1$；　（2） $\log_{\frac{49}{27}} \dfrac{35}{27}$；　（3） $x = 8$；　（4） $x = \dfrac{1}{5}$ 或 $x = \dfrac{1}{\sqrt[5]{5}}$.

4. （1） 1；　（2） $-\dfrac{1}{2}$；　（3） 2.

5. $\left(1, \dfrac{11}{9}\right)$.　　　　6. $x = 2^{81}$；25 位数.

7. （1） $[-1, 1] \nearrow$，$[1, 3] \searrow$；　（2） 在 $\left(-\infty, -\dfrac{1}{2}\right) \searrow$，$(3, +\infty) \nearrow$.

8. $x = 1$，$y = a$.　　　　10. $0 < a < \dfrac{1}{100}$.

11. $(1-\sqrt{3}, 1+\sqrt{3})$, $(1-\sqrt{3},1]\searrow$, $(1,1+\sqrt{3})\nearrow$, 最小值 $y_{\min}=\log_{\frac{1}{2}}3$.

12. $\left(0,\dfrac{2}{3}\right]\cup\left[\dfrac{4}{3},2\right)$. 　　　　　　　　13. $1<a<2$.

习题 4-3

1.（1）$\sin\alpha=-\dfrac{3}{5}$；$\cos\alpha=-\dfrac{4}{5}$；$\tan\alpha=\dfrac{3}{4}$；$\cot\alpha=\dfrac{4}{3}$；$\sec\alpha=-\dfrac{5}{4}$；$\csc\alpha=-\dfrac{5}{3}$.

（2）$\sin\alpha=-\dfrac{1}{2}$；$\cos\alpha=\dfrac{\sqrt{3}}{2}$；$\tan\alpha=-\dfrac{\sqrt{3}}{3}$；$\cot\alpha=-\sqrt{3}$；$\sec\alpha=\dfrac{2}{\sqrt{3}}$；$\csc\alpha=-2$.

2.（1）第二象限；　（2）第三象限；　（3）第一象限；　（4）第一、四象限.

3.（1）0；　　　（2）$(a-b)^2$；　　（3）$(a-b)^2$；　　（4）-2.

4. $\cos\alpha=\dfrac{1}{2}$，$\tan\alpha=-\sqrt{3}$，$\cot\alpha=-\dfrac{\sqrt{3}}{3}$，$\sec\alpha=2$，$\csc\alpha=-\dfrac{2\sqrt{3}}{3}$.

5.（1）1；（2）$\cos^2 A$；（3）$\sec^2\alpha$；（4）$\csc^2\dfrac{\alpha}{2}$.

7. $\dfrac{\sqrt{3}+1}{2}$.　　　10.（1）2；（2）$\dfrac{3}{2}$.　　　13. $\dfrac{1}{3}(2\sqrt{2}-1)$.

习题 4-4

1. $-\dfrac{6+\sqrt{35}}{12}$ $(0°<\alpha<90°)$；$-\dfrac{6-\sqrt{35}}{12}$ $(90°<\alpha<180°)$. 　　2. $\dfrac{1}{7}$.

3.（1）若 $\dfrac{\alpha}{2}$ 在第二象限，$\sin\dfrac{\alpha}{2}=\dfrac{\sqrt{5}}{5}$，$\cos\dfrac{\alpha}{2}=-\dfrac{2\sqrt{5}}{5}$，$\tan\dfrac{\alpha}{2}=-\dfrac{1}{2}$；

（2）若 $\dfrac{\alpha}{2}$ 在第四象限，$\sin\dfrac{\alpha}{2}=-\dfrac{\sqrt{5}}{5}$，$\cos\dfrac{\alpha}{2}=\dfrac{2\sqrt{5}}{5}$，$\tan\dfrac{\alpha}{2}=-\dfrac{1}{2}$.

4.（1）$\tan\dfrac{\theta}{2}$；（2）$2\cos\dfrac{x}{2}$；（3）$\cos\theta$.

5. $-\dfrac{6}{7}$.　　6. $\dfrac{2m}{1-m^2}$.　　7. $\dfrac{7}{25}$.

习题 4-5

1.（1）0；（2）$\dfrac{3}{16}$；（3）1；（4）4.　　2. $\dfrac{1}{2}$.

4. $\cos(\alpha-\beta)=\dfrac{3}{4}$，$\tan(\alpha-\beta)=-\dfrac{\sqrt{7}}{3}$.　　5. 等腰三角形.　　6. 钝角三角形.

7. $A=30°$，$B=60°$ 或 $A=60°$，$B=30°$，$k=\sqrt{3}$.

8. $\dfrac{2ab}{a^2+b^2}$.　　9.（1）$\left(-\dfrac{1}{2},\dfrac{1}{4}\right]$；（2）等边三角形.

习题 4-6

1. （1）$(-\infty, +\infty)$；（2）$(-2\pi, -\pi) \cup (0, \pi) \cup (2\pi, 8]$；（3）$x \neq k\pi + \dfrac{\pi}{4}$，$k \in \mathbf{Z}$；（4）$(-\infty, +\infty)$.

3. （1）π；（2）π；（3）2π；（4）π.

4. （1）奇函数；（2）偶函数；（3）非奇非偶.   5. $A=3$，$\omega=2$，$\varphi=\dfrac{\pi}{3}$.

6. （1）最大值 1，最小值 -1，$T=\dfrac{10\pi}{|k|}$；   （2）$k=32$.

7. $2k\pi < x < 2k\pi + \dfrac{2\pi}{3}$，$k \in \mathbf{Z}$.   9. $2k\pi < x < 2k\pi + \dfrac{2\pi}{3}$，$k \in \mathbf{Z}$.

10. 最大值 $8+\sqrt{17}$，最小值 $8-\sqrt{17}$.   11. $T=\dfrac{\pi}{2}$，最小值 $\dfrac{\sqrt{2}}{4} - \dfrac{1}{2}$.

习题 4-7

1. （1）$\left[-\dfrac{1}{2}, \dfrac{1}{2}\right]$；   （2）$\left[\dfrac{1}{3}, \dfrac{2}{3}\right]$；   （3）$[-1, 1]$；

   （4）$\left[2k\pi - \dfrac{\pi}{4}, 2k\pi + \dfrac{\pi}{4}\right] \cup \left[2k\pi + \dfrac{3\pi}{4}, 2k\pi + \dfrac{5\pi}{4}\right]$ $(k \in \mathbf{Z})$.

2. $\left[\dfrac{1-\sqrt{5}}{2}, \dfrac{1+\sqrt{5}}{2}\right]$，$\left[0, \arccos\left(-\dfrac{1}{4}\right)\right]$.

3. （1）$\dfrac{x}{\sqrt{1-x^2}}$；（2）$-\dfrac{3\sqrt{7}}{8}$；（3）$\dfrac{2\sqrt{5}}{5}$；（4）$-\dfrac{56}{65}$.

4. （1）$y = \pi - \arcsin x$；   （2）$y = 2\pi + \arcsin x$.

5. （1）$y = 2\pi + \arccos x$；   （2）$y = -2\pi - \arccos x$.

习题 4-8

1. 10 米.   2. $A=\dfrac{\pi}{2}$，$B=\dfrac{\pi}{6}$，$C=\dfrac{\pi}{3}$，$a=4$.

3. 4 或 2.   4. $12\dfrac{3}{26}$ 或 $6\dfrac{9}{26}$.

6. $\dfrac{\pi}{3}$.   8. $A=120°$，$B=30°$，$C=30°$.

复习题四

1. （1）$f(x) = x^2 - 2$；（2）$f(x) = \dfrac{1}{x^2} - 5$；（3）$f(x) = 1 - x$.

2. $f[g(x)] = \begin{cases} 0 & (x<0) \\ x^2 & (x \geqslant 0) \end{cases}$.

3. （1）$\left\{x \,\middle|\, k\pi - \dfrac{\pi}{4} \leqslant x \leqslant k\pi + \dfrac{\pi}{6}, k \in \mathbf{Z}\right\}$；（2）$\left\{x \,\middle|\, 2k\pi \leqslant x \leqslant 2k\pi + \dfrac{\pi}{2}, k \in \mathbf{Z}\right\}$；

(3) $\{x \mid \frac{1}{2} < x < 1, 1 < x \leq 2\}$; (4) $\{x \mid -\frac{5}{4} < x < -1, x > -1\}$

4. $[-1, 2]$.   5. $[1, 2]$.

7. (1) $y = \log_2 \frac{x}{1-x}$; (2) $y = \frac{1}{2}(a^x - a^{-x})$; (3) $y = \begin{cases} x, & -\infty < x < 1 \\ \sqrt{x}, & 1 \leq y \leq 16 \\ \log_2 x, & 16 < x < +\infty \end{cases}$.

8. (1) $\frac{1}{5}(6\sqrt{5} - 5)$; (2) 1.

9. (1) $[1, +\infty)$; (2) $[2, +\infty)\nearrow$, $f^{-1}(x) = \frac{x^2}{4} + 1$; (3) $[2, +\infty)$.

10. $f_n(x) = \frac{x}{\sqrt{1+nx^2}}$.   12. $-\frac{56}{65}$.

13. 最大值1，最小值 -2.   14. $\frac{2\sqrt{39}}{3}$.

第五章

习题 5-1

1. 7 种.   2. 24 种.   3. 10^4 个.   4. (1) 1; (2) $-\frac{17}{192}$.

5. 略.   6. (1) 5 个; (2) 7.   7. 120 种.

8. (1) 720 个; (2) 600 个; (3) 325 个; (4) 114 个.

9. (1) 720 种; (2) 288 种; (3) 1 440 种.

10. 1608 个.   11. (1) 1288 个; (2) 224 个.

习题 5-2

1. (1) 1 140; (2) 999.   2. 2.   3. 略   4. 220 个.   5. 162 场.

6. (1) 1960 种; (2) 3115 种; (3) 3850 种; (4) 2940 种; (5) 1058400 种.

7. (1) 60 种; (2) 360 种; (3) 15 种.   8. 72 种.   14. 144 种.

习题 5-3

1. (1) $1 \pm 6x + 15x^2 \pm 20x^3 + 15x^4 \pm 6x^5 + x^6$;

 (2) $27x^3 + 54x^2 y + 36xy^2 + 8y^3$;

 (3) $64x^6 - 192x^5 y^3 + 240x^4 y^6 - 160x^3 y^9 + 60x^2 y^{12} - 12xy^{15} + y^{18}$;

 (4) $16 + \frac{32}{x} + \frac{24}{x^2} + \frac{8}{x^3} + \frac{1}{x^4}$.

2. (1) $\frac{231}{16} x^5$; (2) $126x^4$, $-126x^5$; (3) 924.   3. 26   4. 180

习题 5-4

1. 略. 2.（1）$\frac{n}{3}(4n^2-1)$；（2）$n^2(2n^2-1)$. 3. 略

4. $(1-\sqrt{2})^n = a_n - b_n\sqrt{2}$. 5. 略. 6. 略. 7. 略.

复习题五

1.（1）mn；（2）525；（3）480. 2. 略. 3. 392 个.

4.（1）288 个；（2）479 个. 5.（1）10080 种；（2）30240 种；（3）1152 种.

6.（1）56 个；（2）30 个. 7. 78 个. 8.（1）$\frac{3}{x}$；（2）$20y^{\frac{9}{2}}$.

9. 略. 10. 2. 11. 略. 12. 略.

第六章

习题 6-1

3.（1）$\frac{3}{2}$；（2）$-\frac{2}{5}$；（3）$-\frac{5}{3}$. 5. $\left(\frac{x_1+x_2+x_3}{3}, \frac{y_1+y_2+y_3}{3}\right)$.

7. $6x-5y-1=0$. 8. $x^2+y^2=a^2$. 9. $xy=\pm 1$. 10. $y^2=8x-16$.

11. $(x+a)^2+y^2=4m^2$（以 A 为原点，边 AB 所在的直线为 x 轴建立直角坐标系）.

12. $(x-y)^2+y^2=a^2$. 13. $\left(x-\frac{2a}{3}\right)^2+y^2=\left(\frac{r}{3}\right)^2$.

14. $y^2-xy\cdot\tan\alpha+2\tan\alpha=0$. 15. $(0,0), \left(-\frac{4}{13}, -\frac{7}{13}\right)$.

习题 6-2

1.（1）$4x-y+11=0$；（2）$x+4y+11=0$；（3）$2x-2\sqrt{3}y+3=0$；（4）$y-2=0$.

2.（1）垂直；（2）平行；（3）重合.

3.（1）$m\neq 1$ 且 $m\neq -2$；（2）$m=1$；（3）$m=-2$. 4.（1）$x-7y+4=0$；（2）$90°$.

6. $\left(\frac{6}{5}, \frac{22}{5}\right)$. 7. $\frac{2}{\sqrt{13}}$. 8. $3x-7y-13=0$，$7x+3y-11=0$.

9. $x+3y+7=0$，$3x-y+9=0$，$3x-y-3=0$. 10. $x+4y-4=0$.

11. $y^2=4ax \ (x\neq 0)$. 12.（1）$(x-1)(y-1)=\frac{1}{2}$；（2）$3+2\sqrt{2}$.

习题 6-3

1.（1）$(x-3)^2+(y-4)^2=5$；（2）$(x-8)^2+(y+3)^2=25$；（3）$(x-3)^2+(y+5)^2=32$.

3. $-\frac{\sqrt{3}}{3}<k<\frac{\sqrt{3}}{3}$，相交；$k=\pm\frac{\sqrt{3}}{3}$，相切；$k<-\frac{\sqrt{3}}{3}$ 或 $k>\frac{\sqrt{3}}{3}$，相离.

4. （1） $-\frac{1}{7}<t<1$；（2） $t=\frac{3}{7}$.　　　6. $\left(x+\frac{7}{5}\right)^2+\left(y-\frac{9}{5}\right)^2=\frac{1}{10}$.

7. $(x+1)^2+(y-1)^2=13$.　　　8. $3x+4y-5=0$，$3x+4y+20=0$.

9. $3x^2+4y^2-18x-81=0$.　　10. $\frac{4\sqrt{13}}{13}-1$.　　11. $2\sqrt{3}$.

习题 6-4

1. （1） $\frac{x^2}{25}+\frac{y^2}{169}=1$；（2） $\frac{x^2}{36}+\frac{y^2}{16}=1$；（3） $\frac{x^2}{9}+\frac{y^2}{25}=1$；（4） $\frac{x^2}{5}+\frac{y^2}{9}=1$ 或 $\frac{x^2}{9}+\frac{y^2}{5}=1$.

2. $\frac{x^2}{25}+\frac{y^2}{16}=1\ (y\neq 0)$.　　3. $\frac{x^2}{4}+\frac{y^2}{3}=1$.　　4. $(x+13)^2+y^2=144$.

5. 8.　　6. $\frac{\sqrt{2}}{2}$.　　7. $(3,4)$，$(3,-4)$，$(-3,4)$，$(-3,-4)$.

8. $x^2+y^2=\frac{2a^2b^2}{a^2+b^2}$.　　9. $\frac{\pi}{6}$ 或 $\frac{5\pi}{6}$.　　10. $\frac{4}{3}$.

11. $2x^2+3y^2-4x-6y=0$.　　12. $\frac{x^2}{4}+y^2=1$，$\left(-\sqrt{3},-\frac{1}{2}\right)$ 或 $\left(\sqrt{3},-\frac{1}{2}\right)$.

习题 6-5

1. （1） $\frac{x^2}{64}-\frac{y^2}{36}=1$；（2） $\frac{y^2}{20}-\frac{x^2}{16}=1$；（3） $\frac{x^2}{20}-\frac{y^2}{16}=1$；（4） $\frac{x^2}{20}-\frac{y^2}{5}=1$.

2. $\frac{4x^2}{9}-\frac{y^2}{4}=1$.　　3. $\frac{13x^2}{64}-\frac{13y^2}{144}=1$.　　4. $\left(\frac{5}{4},-\frac{3}{4}\right)$.

6. $k>0$，双曲线；$k=0$，x 轴；$-1<k<0$ 或 $k<-1$，椭圆；$k=-1$，圆.

7. $\frac{x^2}{3}-\frac{y^2}{5}=1$.　　8. $60°$.

9. $6x-y-11=0$，$\frac{4\sqrt{66}}{33}\sqrt{37}$.　　10. $x^2-y^2+4x=0$.

习题 6-6

1. （1） $x^2=-2y$；（2） $y^2=4x$；（3） $y^2=\pm 24y$.　　2. $2p$.

3. $(6,6\sqrt{2})$，$(6,-6\sqrt{2})$.　　4. $y^2=-12x$.　　5. $(9,-6)$，$(9,6)$.

6. $3x-y-1=0$.　　7. $\frac{157}{20}$.　　8. $4\sqrt{3}p$.　　10. $a=2,2$.　　12. $y=3x^2+1$.

习题 6-7

1. $\begin{cases}x'=x-2\\y'=y+5\end{cases}$，$(1,9)$.　　2. $(-7,10)$.

3. $x'^2+y'^2=16$.

4.（1）$y'^2 = 6x'$；（2）$\dfrac{x'^2}{9} + \dfrac{y'^2}{4} = 1$；（3）$\dfrac{x'^2}{16} - \dfrac{y'^2}{9} = 1$.

5. $(-\sqrt{3}+1, -1)$、$(\sqrt{3}+1, -1)$，$\dfrac{\sqrt{3}}{2}$. 　　6. $\dfrac{(x-2)^2}{9} - \dfrac{(y-1)^2}{16} = 1$.

7. $(y+3)^2 = -\dfrac{5}{2}(x-1)$. 　　8. $4x^2 + y^2 - 8ax - 4ay + 8a^2 - 4 = 0$.

复习题六

1. $x + 4y - 4 = 0$. 　　2. $\sqrt{3}$.

3. $0 < m < 1$ 或 $m > 121$，内含；$1 < m < 121$，相交；$m = 1$ 或 $m = 121$，内切.

4. $\left(x + \dfrac{5}{3}\right)^2 + y^2 = \left(\dfrac{4}{3}\right)^2$，圆. 　　5. 48.

6. $\alpha = 0°$，圆；$0° < \alpha < 90°$，椭圆；$\alpha = 90°$，两条平行于 y 轴的直线；$90° < \alpha < 180°$，双曲线；$\alpha = 180°$，等轴双曲线.

7. $y = 2x \pm \dfrac{\sqrt{210}}{3}$. 　　8.（1）$\dfrac{y^2}{4} + \dfrac{x^2}{3} = 1$；（2）$\dfrac{4}{3}$. 　　9. $\dfrac{11\sqrt{5}}{5}$.

10. $\left(1, 3 - \dfrac{3\sqrt{6}}{2}\right)$，$\left(1, 3 + \dfrac{3\sqrt{6}}{2}\right)$；$y - 3 = \pm\sqrt{2}(x-1)$；$e = \dfrac{\sqrt{6}}{2}$.

11. $x = (y-1)^2$（$y > 1$ 且 $y \neq 2$）；$y = (x-1)^2$（$x > 1$ 且 $x \neq 2$）.

12.（1）$\dfrac{x^2}{16} + \dfrac{y^2}{9} = 1$；（2）$2k\pi \pm \dfrac{\pi}{3}$. 　　13.（1）6；（2）4.

第七章

习题 7-1

1.（1）实部 $2\sqrt{3}$，虚部 $-3\sqrt{2}$，是虚数；　　（2）实部 0，虚部 $-\sqrt{3}$，是纯虚数；

（3）实部 $2 - \sqrt{2}$，虚部 0，是实数；　　（4）实部 0，虚部 0，是实数.

2.（1）$-\sqrt{2} + i$；（2）$-\dfrac{\sqrt{2}}{2}i$；（3）3；（4）$1 - i$.

3.（1）6 或 -1；（2）4；（3）-1.

4.（1）$x = 4, y = -6$；（2）$x = 3, y = -8$ 或 $x = -8, y = 3$.

（3）$\begin{cases} x = \dfrac{1}{2}, \\ y = 1 \end{cases}$，$\begin{cases} x = \dfrac{1}{2}, \\ y = -2 \end{cases}$，$\begin{cases} x = 2 \\ y = -2 \end{cases}$，$\begin{cases} x = 2 \\ y = 1 \end{cases}$；

（4）$x = 3, y = 1$ 或 $x = -3, y = -1$.

5. $\begin{cases} x = 2 \\ y = 3 \end{cases}$ 或 $\begin{cases} x = 3 \\ y = 2 \end{cases}$.

6. （1） $r=2, \theta=\dfrac{\pi}{3}$；（2） $r=\sqrt{2}, \theta=\dfrac{3\pi}{4}$；（3） $r=2, \theta=\dfrac{13\pi}{10}$；（4） $r=4, \theta=\dfrac{9\pi}{5}$.

7. （1） $\cos\dfrac{\pi}{3}+i\sin\dfrac{\pi}{3}=e^{\frac{\pi}{3}i}$； （2） $4(\cos 0+i\sin 0)=4e^{0i}$；

（3） $2(\cos\pi+i\sin\pi)=2e^{i\pi}$； （4） $3\left(\cos\dfrac{3\pi}{2}+i\sin\dfrac{3\pi}{2}\right)=3e^{i\frac{3}{2}\pi}$；

（5） $2\left(\cos\dfrac{5\pi}{3}+i\sin\dfrac{5\pi}{3}\right)=2e^{i\frac{5\pi}{3}}$； （6） $3\left(\cos\dfrac{6\pi}{7}+i\sin\dfrac{6\pi}{7}\right)=3e^{\frac{6\pi}{7}i}$；

8. （1） $2\left(\cos\dfrac{11\pi}{6}+i\sin\dfrac{11\pi}{6}\right)$； （2） $3\left(\cos\dfrac{5\pi}{4}+i\sin\dfrac{5\pi}{4}\right)$；

（3） $\sqrt{3}(\cos 15°+i\sin 15°)$； （4） $3\left(\cos\dfrac{5\pi}{6}+i\sin\dfrac{5\pi}{6}\right)$；

（5） $2\sin\dfrac{x}{2}\left(\cos\dfrac{3\pi+x}{2}+i\sin\dfrac{3\pi+x}{2}\right)$.

9. （1） i；（2） $-i$.

习题 7-2

1. （1） $\dfrac{7}{6}-\dfrac{7}{6}i$；（2） $-2\sqrt{2}i$；（3） $(-x+y)+(-5x+5y)i$；（4） $2i$.

2. （1） $18+15i$；（2） $0.11-0.07i$；（3） $6-17i$；（4） 1；（5） $-25i$.

3. （1） $-1+i$；（2） $-\dfrac{1}{5}-\dfrac{2}{5}i$；（3） $\dfrac{1}{2}$；（4） $\dfrac{7}{25}-\dfrac{49}{25}i$.

4. （1） $\sqrt{3}(1+i)$；（2） 16；（3） $\sqrt{2}\left[\cos\left(\dfrac{5}{6}\pi-\theta\right)+i\sin\left(\dfrac{5}{6}\pi-\theta\right)\right]$；（4） $\dfrac{\sqrt{2}}{2}(-1+i)$.

5. （1） $2\left(\cos\dfrac{13}{12}\pi+i\sin\dfrac{13}{12}\pi\right)$；（2） $\dfrac{\sqrt{6}}{2}(\cos 285°+i\sin 285°)$；（3） $\sqrt{2}-\sqrt{2}i$；（4） $\dfrac{1}{4}(-\sqrt{3}+i)$.

6. （1） $243i$；（2） $729i$；（3） 4096；（4） 1.

7. $m=0, n=-510$.

8. （1） $\sqrt[6]{2}\left(\cos\dfrac{7\pi+8k\pi}{12}+i\sin\dfrac{7\pi+8k\pi}{12}\right)(k=0,1,2)$； （2） $2(1+i), 2(-1+i), 2(-1-i), 2(1-i)$；

（3） $-\dfrac{\sqrt{2}}{2}+\dfrac{\sqrt{2}}{2}i, -\dfrac{\sqrt{2}}{2}-\dfrac{\sqrt{2}}{2}i$； （4） $\sqrt[6]{2}\left(\cos\dfrac{\pi+3k\pi}{9}+i\sin\dfrac{\pi+3k\pi}{9}\right)(k=0,1,2,3,4,5)$.

9. （1） $\dfrac{-1\pm\sqrt{23}i}{2}$；（2） $\pm\sqrt{2}, \pm\sqrt{5}i$；

（3） $\sqrt[6]{2}\left(\cos\dfrac{3\pi+8k\pi}{12}+i\sin\dfrac{3\pi+8k\pi}{12}\right)(k=0,1,2)$;

（4） $\sqrt[10]{8}\left(\cos\dfrac{7\pi+8k\pi}{20}+i\sin\dfrac{7\pi+8k\pi}{20}\right)(k=0,1,2,3,4,5)$.

11. $z=2\pm\sqrt{3}$ 或 $\dfrac{1\pm\sqrt{3}i}{2}$. 　　12. $-\dfrac{1}{8}, 3$. 　　13. 8.

习题答案

14.（1）$1+\dfrac{3i}{2}, -1-\dfrac{i}{2}$；（2）$\pm\left(\dfrac{-2+\sqrt{6}}{2}\right), \pm\left(\dfrac{2\pm\sqrt{2}}{2}\right)i$；（3）$3+2i, 2-i$.

习题 7-3

1. -57.

3.（1）$(x-3)(x+4)(x-5)$；（2）$(x-2)(x+1-\sqrt{5})(x+1+\sqrt{5})$；
（3）$(x-1)(x+2)(2x+1)(2x-1)$；（4）$(x-3)(2x+5)(x+i)(x-i)$.

4.（1）$(4x+1)(x^3-x^2+4x-1)$；（2）$(a-2b)(3a+b)(a^3+ab^2-b^3)$.

5. 1 或 -2.

习题 7-4

1.（2）$\dfrac{-1\pm i\sqrt{3}}{2}$.　　2. $a=4$, $\left\{2_{(3)}, -\dfrac{1}{2}\right\}$.

3.（1）$\{2_{(2)}, 4\}$；（2）$\{2, -3, i, -i\}$；（3）$\left\{1, -\dfrac{6}{5}, -\dfrac{1}{2}+\dfrac{\sqrt{3}}{2}i, -\dfrac{1}{2}-\dfrac{\sqrt{3}}{2}i\right\}$；
（4）$\{1, -2, 3, -2+\sqrt{5}, -2-\sqrt{5}\}$.

4.（1）$x^3-2x^2-3x+10=0$；（2）$x^4-2x^3-x^2+2x+10$；（3）$x^5-2x^4+4x^3-2x^2+3x=0$.

5.（1）$\left\{2+\sqrt{7}i, 2-\sqrt{7}i, -\dfrac{8}{3}\right\}$；（2）$\left\{i, -i, \dfrac{1}{3}+\dfrac{\sqrt{20}}{3}i, \dfrac{1}{3}-\dfrac{\sqrt{20}}{3}i\right\}$；（3）$\{1-2i, 1+2i, 1+i, 1-i\}$.

6. $a=5, b=3, \{-1, -1+\sqrt{2}i, -1-\sqrt{2}i\}$.　　7. $\left\{2_{(2)}, -\dfrac{3}{2}\right\}$.　　8. $\left\{\dfrac{1}{2}, -\dfrac{1}{2}, \dfrac{2}{3}\right\}$.

9.（1）3；（2）$-\dfrac{3}{5}$.　　10. $\begin{cases}x_1=3\\y_1=2\end{cases}$；$\begin{cases}x_2=2\\y_2=-1\end{cases}$；$\begin{cases}x_3=\dfrac{5-3i}{2}\\y_3=\dfrac{1+i}{2}\end{cases}$；$\begin{cases}x_4=\dfrac{5+3i}{2}\\y_4=\dfrac{1-i}{2}\end{cases}$.

复习题七

1.（1）0；（2）0.

3.（1）$x=2, y=1$；（2）$x=2$ 或 $\dfrac{1}{2}, y=1$ 或 -2；（3）$x=-1, y=5$.

4.（1）$\text{Re}\, z^2=x^2-y^2$, $\text{Im}\, z^2=2xy$；（2）$\text{Re}\, z^3=x^3-3xy^2$, $\text{Im}\, z^3=3x^2y-y^3$；
（3）$\text{Re}\,\dfrac{1}{z}=\dfrac{x}{x^2+y^2}$, $\text{Im}\,\dfrac{1}{z}=-\dfrac{y}{x^2+y^2}$.

5. $z=4-3i$ 或 $-4-3i$.　　6. $8\left(\cos\dfrac{7}{12}\pi+i\sin\dfrac{7}{12}\pi\right)$.　　7. $x=\dfrac{k\pi}{3}\ (k=0, \pm1, \pm2, \cdots)$.

9.（1）$(x+\sqrt{2}i)(x-\sqrt{2}i)(x+\sqrt{2})(x-\sqrt{2})$；（2）$2\left(x-\dfrac{3}{2}-\dfrac{i}{2}\right)\left(x-\dfrac{3}{2}+\dfrac{i}{2}\right)$；
（3）$(x-\cos a-i\sin a)(x-\cos a+i\sin a)$

10.（1）$\{i,-i,-2+i,-2-i\}$；

（2）$\left\{\sqrt[4]{2}\left(\dfrac{\sqrt{3}}{2}+\dfrac{1}{2}i\right),\sqrt[4]{2}\left(-\dfrac{1}{2}+\dfrac{\sqrt{3}}{2}i\right),\sqrt[4]{2}\left(-\dfrac{\sqrt{3}}{2}-\dfrac{1}{2}i\right),\sqrt[4]{2}\left(\dfrac{1}{2}-\dfrac{\sqrt{3}}{2}i\right)\right\}$.

11.（1）$r=-12$, 商式: x^2-x+2；　　（2）$r=20$, 商式: x^3+2x-3.

12.（1）$a=-52,b=-15$；　（2）$a=24,b=2$；　（3）$a=3,b=-4$.

13. $\{\pm i,-2\pm i\}$.　　　　　14. $m=-7,n=13$,　$\{1_{(2)},2,-3\}$.

15.（1）$\sqrt{3}$；（3）$2\sqrt{6},4,2+2\sqrt{3}$.

第八章

习题 8-1

1.（1）$\sin 1,\dfrac{1}{2}\sin 8,\dfrac{1}{3}\sin 27,\dfrac{1}{4}\sin 64$；

（2）$\dfrac{\sqrt{2}}{2},\dfrac{\sqrt{5}}{5}+\dfrac{\sqrt{6}}{6},\dfrac{\sqrt{10}}{10}+\dfrac{\sqrt{11}}{11}+\dfrac{\sqrt{3}}{6},\dfrac{\sqrt{17}}{17}+\dfrac{\sqrt{2}}{6}+\dfrac{\sqrt{19}}{19}+\dfrac{\sqrt{5}}{10}$.

2. $n>10^4+1$.　　　　　　　3. 证明略.

4.（1）收敛，0；（2）收敛，3；（3）收敛，$\dfrac{1}{2}$；（4）不收敛；（5）不收敛；（6）收敛，0；

（7）收敛，0.

5.（1）$\dfrac{3}{7}$；（2）0；（3）6；（4）$\dfrac{1}{3}$；（5）$\dfrac{3}{10}$；（6）2.

6.（1）$\dfrac{\sqrt{6}}{3}$；（2）$\dfrac{1}{e}$；（3）0.

习题 8-2

1. 证明略.

2.（1）$\lim\limits_{x\to 0^+}f(x)=\lim\limits_{x\to 0^-}f(x)=1$, $\lim\limits_{x\to 0}f(x)=1$；

（2）$\lim\limits_{x\to 0^+}f(x)=1,\lim\limits_{x\to 0^-}f(x)=-1$, $\lim\limits_{x\to 0}f(x)$ 不存在；

（3）$\lim\limits_{x\to 0^+}f(x)=1,\lim\limits_{x\to 0^-}f(x)=-1$, $\lim\limits_{x\to 0}f(x)$ 不存在.

3.（1）$\lim\limits_{x\to+\infty}f(x)=0,\lim\limits_{x\to-\infty}f(x)=0$, $\lim\limits_{x\to\infty}f(x)=0$；

（2）$\lim\limits_{x\to+\infty}f(x)=1,\lim\limits_{x\to-\infty}f(x)=-1$, $\lim\limits_{x\to\infty}f(x)$ 存在,1；

（3）$\lim\limits_{x\to+\infty}\arctan x=\dfrac{\pi}{2}$,　$\lim\limits_{x\to-\infty}\arctan x=-\dfrac{\pi}{2},\lim\limits_{x\to\infty}\arctan x$ 不存在.

4.（1）存在，1；（2）存在，0；（3）不存在；（4）存在，1.

5. $\delta=0.00002$.　　6. $M=200001$.

习题 8-3

1. 不一定. 2. 证明略. 3. 证明略，$0 < |x-2| < 10^{-9}$ ($x \in \overset{\circ}{U}(2, 10^{-9})$).

4. (1) 3；(2) -3 (提示：利用定理 3.1).

5. 当 $x \to 0$ 时：(1) $2x^3 = o(3x^2)$；(2) $2x^2$ 与 $3x^2$ 是同阶无穷小；(3) $\sin x \sim \tan x$.

6. 当 $x \to \infty$ 时：(1) $\dfrac{1}{2x^3} = o\left(\dfrac{3}{x^2}\right)$；(2) $\dfrac{1}{3x^3}$ 与 $\dfrac{2}{x^3}$ 是同阶无穷小；(3) $\sin\dfrac{1}{x} \sim \tan\dfrac{1}{x}$.

习题 8-4

1. (1) 1；(2) $\dfrac{2}{3}$；(3) $\dfrac{1}{2}$；(4) 0；(5) $\dfrac{2}{3}$；(6) $\dfrac{3}{2}$；(7) 1；(8) -1；(9) -1.

2. (1) 0；(2) 0. 3. (1) ∞；(2) ∞；(3) ∞. 4. (1) $\dfrac{2}{3}$；(2) $\dfrac{3}{4}$；(3) $\dfrac{1}{2}$.

习题 8-5

1. (1) $\dfrac{m}{n}$；(2) $\dfrac{1}{3}$；(3) -1；(4) e^2；(5) e^2；(6) e.

2. 当 $x \to 0$ 时：(1) $2\sin 3x$ 与 $5x$ 是同阶无穷小；(2) $\dfrac{2x^3}{3\sin x} = o\left(\dfrac{3x^2}{2\sin x}\right)$.

3. $\lim\limits_{x \to 0} \dfrac{\sin x^n}{(\sin x)^m} = \begin{cases} \lim\limits_{x \to 0} \dfrac{x^m}{(\sin x)^m} \cdot \dfrac{\sin x^n}{x^n} \cdot x^{n-m} = 0, & m < n \\ \lim\limits_{x \to 0} \dfrac{x^m}{(\sin x)^m} \cdot \dfrac{\sin x^n}{x^n} = 1, & m = n \\ \lim\limits_{x \to 0} \dfrac{x^m}{(\sin x)^m} \cdot \dfrac{\sin x^n}{x^n} \cdot \dfrac{1}{x^{m-n}} = \infty, & m > n \end{cases}$ (n, m 为正整数)

4. (1) 1；(2) 2；(3) -1；(4) $\dfrac{1}{2}$；(5) e^2；(6) e^{-1}；(7) e^{mk}；(8) e.

习题 8-6

1. (1) $(-\infty, 1) \cup (1, 2) \cup (2, +\infty)$；(2) $(-\infty, 2)$；(3) $[4, 6]$；(4) $(0, 1)$.

2. $f(x)$ 在 $[0, 2]$ 连续.

3. (1) $\sqrt{2}$；(2) 2；(3) 1；(4) -2.   4. 证明略.

5. (1) 无间断点；(2) $x = -1$ 第一类（可去）间断点，$x = -2$ 第二类间断点；
(3) $x = 0$ 第一类（可去）间断点；   (4) $x = 1$ 第一类（跳跃）间断点；
(5) $x = 0$ 第二类间断点；   (6) $x = 2$ 第二类（无穷）间断点；
(7) $x = 0$ 第二类（震荡）间断点.

复习题八

1. (1) 4；(2) $\begin{cases} 0, & k < 2 \\ 1, & k = 2 \\ \infty, & k > 2 \end{cases}$；(3) $\dfrac{k}{m}$；(4) $\dfrac{1}{4}$.

2. $f(x)+g(x)$ 不连续，在 x_0 无意义或极限值不为 $f(x_0)+g(x_0)$；$f(x)g(x)$ 一般不连续，（只有及其特殊时连续，如 $f(x_0)=0$，而 $g(x)$ 在 x_0 有意义且为可去间断点）

3. 一般不连续，只有及其特殊时连续，如所举之例.

4. (1) $\dfrac{3}{2}$；(2) 0；(3)；(4) 1；(5) $\dfrac{1}{5}$；(6) $\dfrac{4}{9}$；(7) $-\dfrac{1}{2}$；(8) 0；(9) 0；(10) $\dfrac{1}{9}$；
   (11) $\dfrac{7}{3}$；(12) $e^{\frac{1}{3}}$；(13) e^{-2}.

5. 证明略.

6. 证明：设
$$f(x) = x^3 - 2x^2 + 3x - 1, \quad x \in [0,1]$$

则 $f(x)=x^3-2x^2+3x-1$ 在 $[0,1]$ 上连续. 因为

$$f(0) = -1 < 0, \quad f(1) = 1 > 0$$

由零点定理知存在 $x_0 \in (0,1)$，使得 $f(x_0)=0$. 所以方程至少有一实根 x_0.

第九章

习题 9-1

1. (1) $14+3\Delta t$； (2) 17，14.3，14.03； (3) 14.

3. (1) $y-2x+1=0$，$2y+x-3=0$；
   (2) $3y+4x-24=0$，$4y-3x-7=0$；
   (3) $ey-x=0$，$y+ex-e^2-1=0$.

习题 9-2

1. (1) $4x^3-6x$； (2) $21x^{\frac{4}{3}}+10x^{\frac{2}{3}}+3$；
   (3) $\dfrac{\sqrt{2}}{2}x^{-\frac{1}{2}}+\dfrac{1}{3}x^{-\frac{2}{3}}-x^{-2}$； (4) $\ln x + 1$；
   (5) $-x^2\sin x + 2x\cos x + \cos x$； (6) $18x^2-2x-2$；
   (7) $\dfrac{\log_2 x}{2\sqrt{x}} + \dfrac{1}{\ln 2\sqrt{x}}$； (8) $\dfrac{1}{1+\cos x}$；
   (9) $\arcsin x + \dfrac{x}{\sqrt{1-x^2}}$； (10) $2e^x \cos x$.

2. (1) $12x^2(2x^3-5)$； (2) $\dfrac{x}{\sqrt{x^2+a^2}}$； (3) $-e^{-x}$；
   (4) $3\cos\left(3x+\dfrac{\pi}{4}\right)$； (5) $-\dfrac{x\sin x^2}{\sqrt{\cos x^2}}$； (6) $\dfrac{1}{\sin x}$；
   (7) $-10\cot 5x \csc^2 5x$； (8) $3e^{3x+5}$；

（9）$2\cos 2x \cos 3x - 3\sin 2x \sin 3x$；　　（10）$\dfrac{1}{1-x^2}$.

习题 9-3

1.（1）$\dfrac{y}{y-x}$；　　（2）$\dfrac{x^2-ay}{ax-y^2}$；　　（3）$\dfrac{\sec xy - y}{x}$；

（4）$\dfrac{e^{x+y}-y}{x-e^{x+y}}$；　　（5）$-\dfrac{e^y}{1+xe^y}$；　　（6）$\dfrac{1+\sqrt{x-y}}{1-4\sqrt{x-y}}$.

2.（1）$-\dfrac{1}{4}$；（2）$-\dfrac{1}{2}$.

3.（1）$-9\sin 3x - 4\cos 2x$；　　（2）$\dfrac{e^{\sqrt{x}}-e^{\sqrt{x}}\dfrac{1}{\sqrt{x}}}{4x}$；　　（3）$\dfrac{(2x^3+3x)}{\sqrt{(1+x^2)^3}}$；

（4）$e^x(2+4x+x^2)$；　　（5）$\dfrac{1}{x}$；　　（6）$\dfrac{-a^2}{\sqrt{(a^2-x^2)^3}}$.

习题 9-4

1.（1）$2\Delta x + \Delta x^2$，$2dx$；　　（2）$\sqrt{\Delta x + 1} - 1$，$\dfrac{1}{2}dx$.

2.（1）$(1+x^2-x^4)dx$；　　（2）$(3x^2\cos x - x^3\sin x)dx$；

（3）$-\ln x\,dx$；　　（4）$\dfrac{2}{\sin 2x}dx$；

（5）$(a\cos ax \cos bx - b\sin ax \sin bx)dx$；　　（6）$\dfrac{(1-3x^4)dx}{(1+x^4)^2}$.

4.（1）2.991；（2）1.007；（3）0.484 9；（4）1.043.　　5. 1.16 g.

习题 9-5

1. $\xi = \dfrac{3}{2}$.　　2. $\xi = \dfrac{5}{2}$.　　3. $\xi_1 = 2 - \dfrac{\sqrt{3}}{3}$，$\xi_2 = 2 + \dfrac{\sqrt{3}}{3}$.　　4. $\xi = \dfrac{\pi}{4}$.

习题 9-6

（1）$\dfrac{\alpha}{\beta}x_0^{\alpha-\beta}$；　　（2）2；　　（3）$\infty$；　　（4）$\ln\dfrac{a}{b}$；　　（5）1；　　（6）$\dfrac{1}{2}$；

（7）1；　　（8）1；　　（9）1；　　（10）$\dfrac{2}{\pi}$；　　（11）1；　　（12）e^{-1}.

习题 9-7

1. $f(x)$ 在 $(-\infty,-2)$ 以及 $(1,+\infty)$ ↑，在 $(-2,1)$ ↓.
2. $f(x)$ 在 $(0,1)$ ↑，在 $(1,2)$ ↓.

3. $f(x)$ 在 $(-\infty,-1)$ 以及 $(0,1)\downarrow$，在 $(-1,0)$ 以及 $(1,+\infty)\uparrow$.

5. （1）$f(-1)=11$ 为极大值，$f(3)=-53$ 为极小值；

（2）$f(-a)=0$ 为极小值，$f(0)=\sqrt[3]{a^4}$ 为极大值，$f(a)=0$ 为极小值；

（3）$f(0)=0$ 为极小值；

（4）$f(a)=2a$ 为极小值，$f(-a)=-2a$ 为极大值.

习题 9-8

1. （1）$f(\pm 2)=13$ 为最大值，$f(\pm 1)=4$ 为最小值；

（2）$f(-1)=-12$ 为最小值，$f(1)=2$ 为最大值；

（3）$f\left(\dfrac{\pi}{2}\right)=-\dfrac{\pi}{2}$ 为最小值，$f\left(-\dfrac{\pi}{2}\right)=\dfrac{\pi}{2}$ 为最大值.

2. 各边长应为 3 厘米、6 厘米、4 厘米.

3. 高 $h=\dfrac{2\sqrt{3}}{3}R$. 4. 底宽为 $\dfrac{30}{\pi+4}$. 5. 100

习题 9-9

1. （1）在 $(-\infty,+\infty)$ 内曲线上凹；

（2）在 $(-\infty,-1)$ 内曲线下凹，在 $(-1,1)$ 内曲线上凹，在 $(1,+\infty)$ 内曲线下凹，$(-1,\ln 2)$，$(1,\ln 2)$ 为拐点.

2. $a=-\dfrac{3}{2}$，$b=\dfrac{9}{2}$.

复习题九

1. （1）$f(x)$ 在 $(-\infty,0]\uparrow$，在 $[0,+\infty)\downarrow$； （2）$f(x)$ 在 $\left(0,\dfrac{1}{2}\right)\downarrow$，在 $\left[\dfrac{1}{2},+\infty\right)\uparrow$.

3. （1）$f(e^{-\frac{1}{2}})=-\dfrac{1}{2e}$ 为极小值； （2）$f(0)=0$ 为极小值，$f(2)=\dfrac{4}{e^2}$ 为极大值；

（3）$f(1)=2-4\ln 2$ 为极小值.

4. 应离 A 处 15 km，运费最省.

第十章

习题 10-1

2. （1）$\dfrac{x^5}{5}-x^3+2x+C$； （2）$\dfrac{2}{7}x^{\frac{7}{2}}+C$； （3）$2x^{\frac{1}{2}}+C$；

（4）$-\dfrac{2}{3}x^{-\frac{3}{2}}+C$； （5）$-\cos x+\dfrac{2}{3}x^{\frac{3}{2}}+C$； （6）$2e^x-\ln x+C$；

（7）$\tan x - x + C$；

（8）$\frac{2}{3}x^{\frac{3}{2}} + 2x^{\frac{1}{2}} + C$；

（9）$\tan x - \sec x + C$；

（10）$-\cot x - \tan x + C$.

习题 10-2

1.（1）$\frac{1}{10}(2x+5)^5 + C$；

（2）$-\frac{2}{9}(1-x^3)^{\frac{3}{2}} + C$；

（3）$\frac{1}{2}\ln(x^2+1) + C$；

（4）$\ln|x^3+1| + C$；

（5）$\frac{1}{2}e^{x^2} + C$；

（6）$\sqrt[3]{(x^3-5)} + C$；

（7）$\ln\ln x + C$；

（8）$\frac{1}{2}\arctan x^2 + C$；

（9）$-\frac{1}{3}\cos 3x + C$；

（10）$\frac{5}{2}\sin\frac{2}{5}x + C$；

（11）$\ln|\csc 2x - \cot 2x| + C$；

（12）$\frac{\sin 2x}{4} - \frac{\sin 4x}{16} - \frac{x}{4} + C$；

（13）$\frac{1}{2}\tan^2 x + \ln|\cos x| + C$；

（14）$\sin e^x + C$；

（15）$-\frac{1}{\arcsin x} + C$.

2.（1）$\frac{2}{5}(x-6)^{\frac{5}{2}} + 4(x-6)^{\frac{3}{2}} + C$；

（2）$(\sqrt{x}-1)^2 + 2\ln(\sqrt{x}+1) + C$；

（3）$x + \frac{4}{3}x^{\frac{3}{4}} + 2x^{\frac{1}{2}} + 4\sqrt[4]{x} + 4\ln(\sqrt[4]{x}-1) + C$；

（4）$2\arctan\sqrt{x+1} + C$；

（5）$-\frac{1}{2}[\arccos x - x\sqrt{1-x^2}] + C$；

（6）$\frac{x}{\sqrt{1+x^2}} + C$；

（7）$\ln\frac{\sqrt{1+e^x}-1}{\sqrt{1+e^x}+1} + C$.

3.（1）$(x-2)e^x + C$；

（2）$-x\cos x + \sin x + C$；

（3）$x\tan x + \ln|\cos x| + C$；

（4）$\frac{x^3}{3}\ln|x| - \frac{x^3}{9} + C$；

（5）$\frac{x^2}{2}\arctan x - \frac{x}{2} + \frac{1}{2}\arctan x + C$；

（6）$x\ln x - x + C$.

习题 10-3

（1）$\frac{1}{4}\ln\left|\frac{2+x}{2-x}\right| + C$；

（2）$-\frac{1}{x-2} + C$；

（3）$\frac{1}{5}\ln\left|\frac{x-2}{x+3}\right| + C$；

（4）$\frac{1}{a+b}\ln\left|\frac{x-b}{x+a}\right| + C$；

（5）$\ln|x^2-5x+6| - 4\ln\left|\frac{x-2}{x-3}\right| + C$；

（6）$\ln|\ln x| + \ln|x| + C$；

（7）$\frac{1}{3}\sec^3 x - \sec x + C$；

（8）$(\arctan\sqrt{x})^2 + C$.

习题 10-4

3. $\frac{4}{3}$.

习题 10-5

1.（1）$\int_0^1 x\,dx > \int_0^1 x^2\,dx$；

（2）$\int_0^{\frac{\pi}{2}} x\,dx > \int_0^{\frac{\pi}{2}} \sin x\,dx$.

2. （1）12；（2）$\dfrac{3}{2}$；（3）0.　　3. $\dfrac{\sqrt{2}}{2}$.　　4. $-\sqrt{1+x^2}$.　　5. $y=x-1$.

习题 10-6

2. （1）$2-2\ln\dfrac{3}{2}$；（2）π；（3）2；（4）0；（5）0；（6）$\dfrac{2}{15}$.

4. （1）1；（2）$\dfrac{2}{3}\ln 2-\dfrac{5}{18}$；（3）$\dfrac{\pi}{4}-\dfrac{1}{2}$.

习题 10-7

1. （1）$\dfrac{1}{6}$；（2）$\dfrac{9}{2}$；（3）$2\sqrt{2}-2$；（4）9.　　2. πab.　　3. （1）8π；（2）$\dfrac{8\pi}{3}$，$\dfrac{8\pi}{3}$；（3）$\dfrac{4}{3}\pi ab^2$.

复习题十

1. （1）$\ln\left(x+\dfrac{1}{2}+\sqrt{x^2+x}\right)+C$；　　（2）$\dfrac{1}{2}\ln|x|-\dfrac{1}{8}\ln(x^4+2)+C$.

2. （1）$\pi-\dfrac{4}{3}$；（2）0；（3）$\dfrac{3}{2}$；（4）$\dfrac{2}{3}-\dfrac{3\sqrt{3}}{8}$；（5）$m=n$ 时，π，$m\neq n$ 时，0.

3. $2\pi+\dfrac{4}{3}$.　　　　4. $\dfrac{\pi}{7}$，$\dfrac{2\pi}{5}$.

参 考 文 献

[1] 全国高等学校民族预科《数学》教材编写组. 数学（上、下）. 天津：天津教育出版社，1995.
[2] 人民教育出版社中学数学室编. 数学（全日制普通高级中学教科书）. 北京：人民教育出版社，2004.
[3] 邱森. 高等数学基础（上、下）. 北京：高等教育出版社，2007.